산업안전지도사 1차대비
최신 산업안전보건법령

출제예상문제 종합편 합격 비서!

안전무재해 전문 지도위원
공학박사 · 기술사 · 지도사

권오운 편저

- ✓ 최신 개정 법령의 개정내용 반영 해설
- ✓ 산업안전관련법령 기출다발 중점 해설
- ✓ 최근 4년간 기출문제 수록, 핵심 해설
- ✓ 25여년간 안전 무재해 지도 경험 반영

성공하는 미래는 꿈의 아름다움을
믿는 도전자의 성과이다!
- 엘리너 루즈벨트 -

"산업안전지도사 1차대비 최신 산업안전보건법령" 을 내면서

이 책을 쓰게 된 동기는 대한민국의 산업경쟁력 향상을 위한 원동력은 바로 그 근간이 되는 무재해 사업장을 확보하는 것이 중요하므로, 필자가 25여년간 산업현장에서 제조업 경쟁력 향상을 위한 컨설팅(교육 및 지도)을 수행해 오면서 경험한 우수한 무재해 달성의 실무 이론 및 기법, 사례들을 바탕으로 산업안전지도사 자격증의 단기 취득에 도움을 주기 위해 집필하게 되었습니다.

산업안전지도사 자격증 취득에는 1차시험(3과목-산업안전보건법령, 산업안전일반, 기업진단·지도), 2차시험(전공 1과목), 3차시험(면접, 구술형)의 3단계를 거치며, 학습범위가 매우 **광범위**하므로 어렵고 수준 높은 시험으로 알려져 있습니다. 본 교재의 수록 예상문제 수준으로 출제되므로 법령 기초학습 후의 **종합적** 학습에 추천되며, 상세히 해설된 풀이가 어려운 경우에는 기초보강 지도사 기본서 등 확보로 병행학습을 추천합니다.

산업안전지도사의 **단기합격**을 위해서는 광범위한 시험범위이므로 기출문제 분석하에 시험에 나올 영역의 **예상문제**에 집중하는 것이 효과적이고 **합격비결**이라고 봅니다.

본 교재에서는 산업안전지도사 자격증을 단기간에 취득하기 위한 산업안전보건법령 기출문제 출제유형에 대비하고, 문제해결력이 생길 수 있도록 예상문제를 중심으로 산업안전보건 관련법 및 고시들을 엄선 해설함으로써 시험대비 체계적 학습으로 **고득점**할 수 있도록 했습니다. 교재 특징으로서 학습없이도 가능한 상식적 문제는 **제외**시켰습니다.

산업안전보건법령 분야는 공개되어 있는 산업안전지도사의 기출문제 검토, 관련 자격증의 기출문제를 검토하고 학습에 활용하여 시험에 대비하는 것이 합격을 위해 매우 효과적입니다. 산업안전보건법령과 관련된 국가기술자격시험인 산업안전지도사, 산업보건지도사, 산업안전관리기사, 건설안전기사, 산업위생관리기사, 인간공학기사 등의 **공개된 기출문제**를 검토완료 후에 시험출제 예상문제로 엄선하여 상세 해설을 제시했습니다.

본 교재의 해설에서 산업안전보건법령 관련은 명칭을 간략화 표기하고, 기타 법령·출처는 원문으로 표기했습니다(산업안전보건법 → **산안법**, 산업안전보건법 시행령 → **산안령**, 산업안전보건법 시행규칙 → **산시규**, 산업안전보건기준에 관한 규칙 → **산기규**).

이 책을 통한 효과적 학습으로 시험에 대비중이신 모든 분들에게 조기에 시험 합격이라는 목적달성과 대성공을 기원드립니다. 아울러 본 교재가 출판될 수 있도록 많은 도움을 주시고, 좋은 출판 도서로 거듭나게 할 수 있도록 항상 지원해 주시는 전통있는 "도서출판 정일"의 이병덕 사장님과 여러 직원분들께도 감사의 인사말씀을 전해 드립니다.

편저자 공학박사·기술사·지도사 권오운 배상

☆ 편저자 약력 : 공학박사 · 기술사 · 지도사 권오운

○ 소속 : ㈜ATPM컨설팅(www.atpm.co.kr) 대표컨설턴트/사장
국가기술자격취득 e-학원 CP에듀(www.cpedua.com) 원장
☆전문: 기술사(품질/공장)/지도사(안전/경영/기술)/기사(QM)
○ 경력 : 대우조선해양 QA/QC과장, 한국표준협회 수석전문위원/팀장
○ 학력 : 공학박사(산업공학; 고려대), 공학석사(산업경영공학; 연세대)
공학사(기관공학; 한국해양대학), 학군 ROTC 해군장교(기관)
○ 자격 : 기술사(품질관리), 기술지도사(생산관리/기술혁신관리), 선박기관사(갑종1등)
에너지관리기사(취득시: 열관리기사1급), 품질경영기사
산업안전지도사 1차합격(01070559)/2차합격(기계;01220256)(제13회)/단기고득점
○ 저서 : [최신]산업안전지도사 도서 총 6권 저술(1차&2차 2024년 R1판, 3차 2024 초판)
☆기출문제풀이집/산안법령/산안일반/기업진단지도/기계안전공학/면접실전연습
[최신]품질관리기술사 도서 총 3권 저술(품질경영 등 3권, ATPM, 2024 14판)
[최신]공장관리기술사 도서 총 3권 저술(생산시스템 등 4권, ATPM, 2024 14판)
[최신]경영지도사(생관) 도서 총 3권 저술(경영과학 등 3권, ATPM, 2024년 7판)
[최신]기술지도사(생관) 도서 총 3권 저술(생산관리 등 3권, ATPM, 2021년 6판)
기술지도사(기술혁신) 도서 총 3권 저술(재료역학 등 3권, 2024년, 3판)
[최신]품질경영기사 도서 총 6권 저술(신뢰성관리 등 6권, 정일출판, 2021 6판)
[종합]품질경영기사 필기(증보5판), 실기(증보2판)(성안당→ATPM,2024)
[최신]품경산업기사 도서 총 5권 저술(통계적품질 등 6권, 정일출판, 2021 6판)
[종합]품경산업기사 필기(증보5판), 실기(증보2판)(성안당→ATPM,2024)
혁신활동 단행본 저서 총 6권 공동저술(품질경영추진론, 차별화경영, e-Biz 등)
TPM혁신활동 저서 총 19권 저술(최신 TPM종합실무, 영문판 상·하 TPM실무 등)
○ 논문 : 이익이 나는 TPM의 효율적 추진방안 연구 등 10여편 (1996년~현재)
○ 기고 : TPM 도입 기업의 6시그마, TPS의 통합추진 방안 등 27건(KSA, 1996~현재)
○ 실적 : 삼성계열사(7개사), 두산계열사(7개사), LG/현대 계열사 등 대기업 60여개사 및
중소기업 220개사 무재해, TPM, 품질혁신, 원가혁신 등 기업혁신 교육 및 지도
○ 진흥 : 산업자원부 주관 국가품질경영상(품질·생산·TPM분야) 대통령상 심사위원 역임
국가품질망 웹구성설계 단독 수주 및 설계(www.q-korea.net) (KSA, 2005) 등
○ 수상 : 대한민국 인물 大賞(권오운)(한경BUSINESS), 대한민국 우수브랜드 大賞(CP에듀)
한국소비자만족도 평가1위(공장관리기술사 교육)(한국브랜드진흥협회) 권오운
대한민국 우수기업 브랜드 大賞(국가자격 총6종 교육)(주최: 한국브랜드진흥협회)
한국경제신문사장賞(공로상), 한국표준협회장賞(공로상), 대우조선 사장賞(공로상)

◆ 산업안전지도사 정보 및 시험 출제기준 ◆

□ 자격증 기본정보

○ 자격개요 :
  외부전문가인 지도사의 객관적이고도 전문적인 지도·조언을 통하여 사업장 내에서의 기존의 안전상의 문제점을 규명하여 개선하고 생산라인 관계자에게 생산현장의 생산방식이나 공법도입에 따른 안전대책수립에 도움을 주기 위함

○ 수행직무 :
  - 유해위험방지계획서, 안전보건개선계획서, 공정안전보고서, 물질안전보건자료 작성지도
  - 산업안전분야에 대한 안전성 평가 및 기술지도

○ 소관부처 : 고용노동부(산업보건과)

□ 시험과목 및 방법

구분	시험과목	문항수	시험시간	시험방법
제1차 시험	1. 공통필수Ⅰ (산업안전보건법령) 2. 공통필수Ⅱ (산업안전일반) 3. 공통필수Ⅲ (기업진단·지도)	과목 당 25문항 (총 75문항)	90분	객관식 5지 택일형
제2차 시험 (전공필수 - 택1)	1. 기계안전분야 2. 전기안전분야 3. 화공안전분야 4. 건설안전분야	논술형 4문항 (3문항 작성, 필수 2/택1) 및 단답형 5문항(전항 작성)	100분	논술형
제3차 시험	면접시험 : 전문지식과 응용능력, 산업안전·보건제도에 대한 이해 및 인식 정도, 지도·상담 능력 등		1인당 20분 내외	면접

□ 합격기준

구분	합격결정 기준
제1,2차 시험	매 과목 100점을 만점으로 하여 매 과목 40점 이상, 전 과목 평균 60점 이상 득점한 자
제3차 시험	10점 만점에 6점 이상 득점한 자

■ 출제 영역
□ 자격명 : 산업안전지도사 제1차 시험 세부내용

과목명	주요항목	세부항목
산업안전보건 법령	1. 산업안전보건법 2. 산업안전보건법 시행령 3. 산업안전보건법 시행규칙 4. 산업안전보건기준에 관한 규칙 5. 산업안전보건법령 관련 고시	1. 총칙 등에 관한 사항 2. 안전·보건관리체제 등에 관한 사항 3. 안전보건관리규정에 관한 사항 4. 유해·위험 예방조치에 관한 사항 (산업안전보건기준에 관한 규칙 포함) 5. 근로자의 보건관리에 관한 사항 6. 감독과 명령에 관한 사항 7. 산업안전지도사 및 산업보건지도사에 관한 사항 8. 보칙 및 벌칙에 관한 사항
산업안전일반	1. 산업안전교육론	1. 교육의 필요성과 목적 2. 안전·보건교육의 개념 3. 학습이론 4. 근로자 정기안전교육 등의 교육내용 5. 안전교육방법(OJT, O$_{ff}$JT 등) 및 교육 평가 6. 교육실시방법 (강의법, 토의법, 실연법, 시청각교육법 등)
	2. 안전관리 및 손실방지론	1. 안전과 위험의 개념 2. 안전관리 제이론 3. 안전관리의 조직 4. 안전관리 수립 및 운용 5. 위험성평가 활동 등 안전활동 기법
	3. 신뢰성공학	1. 신뢰성의 개념 2. 신뢰성 척도와 계산 3. 보전성과 유용성 4. 신뢰성 시험과 추정 5. 시스템의 신뢰도
	4. 시스템안전공학	1. 시스템 위험분석 및 관리 2. 시스템 위험분석기법 (PHA, FHA, FMEA, ETA, CA 등) 3. 결함수분석 및 정성적·정량적 분석 4. 안전성평가의 개요 5. 신뢰도 계산 6. 유해·위험 방지계획

산업안전일반	5. 인간공학	1. 인간공학의 정의 2. 인간-기계체계 3. 체계설계와 인간요소 4. 정보입력표시(시각·청각·촉각·후각 등의 표시장치) 5. 인간요소와 휴먼에러 6. 인간계측 및 작업공간 7. 작업환경의 조건 및 작업환경과 인간공학 8. 근골격계 부담 작업의 평가
	6. 산업재해조사 및 원인분석	1. 재해조사의 목적 2. 재해의 원인분석 및 조사기법 3. 재해사례 분석절차 4. 산재분류 및 통계분석 5. 안전점검 및 진단
기업진단·지도	1. 경영학(인적자원관리, 조직관리, 생산관리)	1. 인적자원관리의 개념 및 관리방안에 관한 사항 2. 노사관계관리에 관한 사항 3. 조직관리의 개념에 관한 사항 4. 조직행동론에 관한 사항 5. 생산관리의 개념에 관한 사항 6. 생산시스템의 설계, 운영에 관한 사항 7. 생산관리 최신이론에 관한 사항
	2. 산업심리학	1. 산업심리 개념 및 요소 2. 직무수행과 평가 3. 직무태도 및 동기 4. 작업집단의 특성 5. 산업재해와 행동 특성 6. 인간의 특성과 직무환경 7. 직무환경과 건강 8. 인간의 특성과 인간관계
	3. 산업위생개론	1. 산업위생의 개념 2. 작업환경노출기준 개념 3. 작업환경 측정 및 평가 4. 산업환기 5. 건강검진과 근로자건강관리 6. 유해인자의 인체영향
자료출처	담당부서 : 한국산업인력공단 인문교육출제부, 자료실 등록 : 2023.03.09	

□ 지도사 자격시험 중 제1차 및 제2차 시험의 업무 영역별 과목 및 범위

(산업안전보건법 시행령 별표 32) (1차 : 공통필수 3과목, 2차 : 전공필수 1과목)

구분			산업안전지도사			
			기계안전 분야	전기안전 분야	화공안전 분야	건설안전 분야
전공필수	과목		기계안전공학	전기안전공학	화공안전공학	건설안전공학
	시험범위		- 기계·기구·설비의 안전 등(위험기계·양중기·운반기계·압력용기 포함) - 공장자동화설비의 안전기술 등 - 기계·기구·설비의 설계·배치·보수·유지기술 등	- 전기기계·기구 등으로 인한 위험방지 등(전기방폭설비포함) - 정전기 및 전자파로 인한 재해예방 등 - 감전사고 방지기술 등 - 컴퓨터·계측제어 설비의 설계 및 관리기술 등	- 가스·방화 및 방폭설비 등, 화학장치·설비안전 및 방식기술 등 - 정성·정량적 위험성 평가, 위험물누출·확산 및 피해 예측 등 - 유해위험물질 화재폭발 방지론, 화학공정 안전관리 등	- 건설공사용 가설구조물·기계·기구 등의 안전기술 등 - 건설공법 및 시공방법에 대한 위험성평가 등 - 추락·낙하·붕괴·폭발 등 재해 요인별 안전대책 등 - 건설현장의 유해·위험요인에 대한 안전기술 등
공통필수Ⅰ			산업안전보건법령			
	시험범위		「산업안전보건법」, 「산업안전보건법 시행령」, 「산업안전보건법 시행규칙」, 「산업안전보건기준에 관한 규칙」			
공통필수Ⅱ			산업안전 일반			
	시험범위		산업안전교육론, 안전관리 및 손실방지론, 신뢰성공학, 시스템안전공학, 인간공학, 위험성평가, 산업재해 조사 및 원인분석 등			
공통필수Ⅲ			기업진단·지도			
	시험범위		경영학(인적자원관리, 조직관리, 생산관리), 산업심리학, 산업위생개론			

□ 자격명 : 산업안전지도사 제3차 시험 세부내용

과목명	평정내용	시험방법
면접시험	1. 전문지식과 응용능력 2. 산업안전·보건제도 관련 이해 및 인식 정도 3. 상담·지도능력	평정내용에 대한 질의·응답

■ 지도사의 업무 영역별 업무 범위

(산업안전보건법 시행령 별표 31) : 기계안전분야는 기계안전 해당업무 수행

1. 법 제145조 제1항에 따라 등록한 산업안전지도사(기계안전·전기안전·화공안전분야)
    가. 유해위험방지계획서, 안전보건개선계획서, 공정안전보고서, 기계·기구·설비의 작업계획서 및 물질안전보건자료 작성 지도
    나. 다음의 사항에 대한 설계·시공·배치·보수·유지에 관한 안전성 평가 및 기술 지도
        1) 전기 2) 기계·기구·설비 3) 화학설비 및 공정
    다. 정전기·전자파로 인한 재해의 예방, 자동화설비, 자동제어, 방폭전기설비 및 전력시스템 등에 대한 기술 지도
    라. 인화성 가스, 인화성 액체, 폭발성 물질, 급성독성 물질 및 방폭설비 등에 관한 안전성 평가 및 기술 지도
    마. 크레인 등 기계·기구, 전기작업의 안전성 평가
    바. 그 밖에 기계, 전기, 화공 등에 관한 교육 또는 기술 지도

2. 법 제145조 제1항에 따라 등록한 산업안전지도사(건설안전 분야)
    가. 유해위험방지계획서, 안전보건개선계획서, 건축·토목 작업계획서 작성 지도
    나. 가설구조물, 시공 중인 구축물, 해체공사, 건설공사 현장의 붕괴우려 장소 등의 안전성 평가
    다. 가설시설, 가설도로 등의 안전성 평가
    라. 굴착공사의 안전시설, 지반붕괴, 매설물 파손 예방의 기술 지도
    마. 그 밖에 토목, 건축 등에 관한 교육 또는 기술 지도

행운은 100% 노력한 뒤에
남는 것이다!
- 랭스턴 콜만 -

산업안전지도사 1차대비
최신 산업안전보건법령

차례

제1장 산업안전보건법	……	1
제2장 산업안전보건법 시행령	……	19
제3장 산업안전보건법 시행규칙	……	65
제4장 안전보건기준규칙 Ⅰ	……	131
제5장 안전보건기준규칙 Ⅱ	……	181
제6장 안전보건기준규칙 Ⅲ	……	265
제7장 산업안전보건법령 고시	……	279
제8장 최근 기출문제 풀이	……	369

낭비한 시간에 대한 후회는
더 큰 시간낭비이다.
- 메이슨 쿨리 -

제1장

산업안전보건법

1.1 산업안전보건법 총칙 및 체제 / 2

1.2 유해·위험 방지 조치 / 8

1.3 유해·위험 기계 등 조치 / 10

1.4 유해·위험물질 조치 / 12

1.5 근로자 보건관리 / 15

1.6 보칙 및 벌칙 / 17

1.1 산업안전보건법 총칙 및 체제

> 안전보건관리 총칙

01 산업안전보건법령상 용어와 뜻이 바르게 연결된 것은?

① "사업주대표"란 근로자의 과반수를 대표하는 자를 말한다.
② "도급인"이란 건설공사발주자를 포함한 물건의 제조·건설·수리 또는 서비스의 제공, 그 밖의 업무를 도급하는 사업주를 말한다.
③ "안전보건평가"란 산업재해를 예방하기 위하여 잠재적 위험성을 발견하고 그 개선대책을 수립할 목적으로 조사·평가하는 것을 말한다.
④ "산업재해"란 노무를 제공하는 사람이 업무에 관계되는 건설물·설비·원재료·가스·증기·분진 등에 의하거나 작업 또는 그 밖의 업무로 인하여 사망 또는 부상하거나 질병에 걸리는 것을 말한다.
⑤ "건설공사발주자"란 건설공사를 도급하는 자로서 건설공사의 시공을 주도하여 총괄·관리하지 아니하는 자를 말한다. 도급받은 건설공사를 다시 도급하는 자를 포함한다.

해설 ④ [○] 산업재해의 정의로서 옳은 내용이다(산안법 제2조).
① "근로자대표"란 근로자의 과반수로 조직된 노동조합이 있는 경우에는 그 노동조합을, 근로자의 과반수로 조직된 노동조합이 없는 경우에는 근로자의 과반수를 대표하는 자를 말한다.
② "도급인"이란 물건의 제조·건설·수리 또는 서비스의 제공, 그 밖의 업무를 도급하는 사업주를 말한다. 다만, 건설공사발주자는 제외한다.
③ "안전보건진단"이란 산업재해를 예방하기 위하여 잠재적 위험성을 발견하고 그 개선대책을 수립할 목적으로 조사·평가하는 것을 말한다.
⑤ "건설공사발주자"란 건설공사를 도급하는 자로서 건설공사의 시공을 주도하여 총괄·관리하지 아니하는 자를 말한다. 다만, 도급받은 건설공사를 다시 도급하는 자는 제외한다.
○ "수급인"이란 도급인으로부터 물건의 제조·건설·수리 또는 서비스의 제공, 그 밖의 업무를 도급받은 사업주를 말한다(산안법 제2조).

정답 01. ④

02 다음 보기에서 상해형태에 해당되는 항목으로만 제시된 것은?

> ㉠ 골절 ㉡ 부종 ㉢ 추락 ㉣ 이상온도접촉 ㉤ 낙하, 비래 ㉥ 협착
> ㉦ 화재, 폭발 ㉧ 중독 및 질식 ㉨ 익사

① ㉠, ㉡, ㉣, ㉨   ② ㉠, ㉡, ㉥, ㉦   ③ ㉠, ㉡, ㉧, ㉨
④ ㉠, ㉣, ㉦, ㉧   ⑤ ㉠, ㉡, ㉥, ㉨

해설 ③ [○] ㉠, ㉡, ㉧, ㉨은 상해의 종류에 해당한다.

○ 산업재해 발생형태 기록·분류 (산업재해 기록·분류에 관한 지침 : 산안법 제4조, 제10조 관련 KOSHA Guide G-83)

1) 상해의 종류

분류형태	설명
골절	뼈가 부러진 상해
동상	저온물 접촉으로 생긴 동상 상해
부종	국부의 혈액 순환 이상으로 몸이 퉁퉁 부어오르는 상태
찔림(자상)	칼날 등 날카로운 물건에 찔린 상해
타박상(삐임)	타박, 충돌, 추락 등으로 피부 표면보다는 피하 조직 또는 근육부를 다친 상해
절단	신체 부위가 절단된 상해
중독, 질식	음식, 약물, 가스 등에 의한 중독이나 질식된 상해
찰과상	스치거나 문질러서 벗겨진 상해
베임(창상)	창, 칼 등에 베인 상해
화상	화재 또는 고온물 접촉으로 인한 상해
뇌진탕	머리를 세게 맞았을 때 장해로 일어난 장해
익사	물속에 추락해서 익사한 상해
피부염	직업과 연관되어 발생 또는 악화되는 모든 질환
청력 장해	청력이 감퇴 또는 난청이 된 상해
시력 장해	시력이 감퇴 또는 실명된 상해

정답 02. ③

2) 재해의 종류

1. 떨어짐	2. 넘어짐
3. 깔림·뒤집힘	4. 부딪힘
5. 맞음	6. 끼임
7. 무너짐	8. 압박·진동
9. 신체반작용	10. 부자연스런 자세
11. 과도한 힘동작	12. 반복적 동작
13. 이상온도 노출·접촉	14. 이상기압 노출
15. 유해·위험물질 노출·접촉	16. 소음노출
17. 유해광선 노출	18. 산소결핍·질식
19. 화재	20. 폭발
21. 감전	22. 폭력행위

안전보건관리 체제

01 산업안전보건법령상 안전보건책임자의 업무와 관계가 먼 것은?

① 안전보건교육에 관한 사항
② 작업환경측정 등 작업환경의 점검 및 개선에 관한 사항
③ 위험성평가의 실시에 관한 사항
④ 산업재해에 관한 통계의 기록 및 유지에 관한 사항
⑤ 근로자의 건강진단 등 건강관리에 관한 사항

해설 ③ [×] 위험성평가의 실시에 관한 사항은 건설업에서의 안전보건총괄책임자의 직무이다.

○ 안전보건책임자의 업무 (산안법 제15조)
  1. 사업장의 산업재해 예방계획의 수립에 관한 사항
  2. 안전보건관리규정의 작성 및 변경에 관한 사항
  3. 안전보건교육에 관한 사항
  4. 작업환경측정 등 작업환경의 점검 및 개선에 관한 사항
  5. 근로자의 건강진단 등 건강관리에 관한 사항

정답 01. ③

6. 산업재해의 원인 조사 및 재발 방지대책 수립에 관한 사항
7. 산업재해에 관한 통계의 기록 및 유지에 관한 사항
8. 안전장치 및 보호구 구입 시 적격품 여부 확인에 관한 사항
9. 그 밖에 근로자의 유해·위험 방지조치에 관한 사항으로서 고용노동부령으로 정하는 사항

○ 안전보건총괄책임자의 직무 등 (산안령 제53조)
1. 위험성평가의 실시에 관한 사항
2. 작업의 중지
3. 도급 시 산업재해 예방조치
4. 산업안전보건관리비의 관계수급인 간의 사용에 관한 협의·조정 및 그 집행의 감독
5. 안전인증대상기계 등과 자율안전확인대상기계 등의 사용 여부 확인

02 산업안전보건법상 안전보건관리책임자의 업무로 규정된 것이 아닌 것은?

① 사업장의 산업재해 예방계획의 수립에 관한 사항
② 작업환경측정 등 작업환경의 점검 및 개선에 관한 사항
③ 근로자의 건강진단 등 건강관리에 관한 사항
④ 안전장치 및 보호구 구입 시 적격품 여부 확인에 관한 사항
⑤ 안전인증대상기계 등과 자율안전확인대상기계 등의 사용 여부 확인

해설 ⑤ [×] 안전인증대상기계 등과 자율안전확인대상기계 등의 사용 여부 확인은 도급시의 안전보건총괄책임자의 직무이다(산안령 제53조).
○ 안전보건관리책임자의 업무 (산안법 제15조)
○ 안전보건총괄책임자의 직무 등 (산안령 제53조)

03 산업안전보건법에 따른 산업안전보건위원회의 심의·의결 사항에 해당되지 않는 것은?

① 산업재해 예방계획의 수립에 관한 사항
② 안전보건관리규정의 작성 및 변경에 관한 사항
③ 작업환경측정 등 작업환경의 점검 및 개선에 관한 사항

정답 02. ⑤   03. ⑤

④ 근로자의 안전·보건교육에 관한 사항
⑤ 산업재해에 관한 통계의 작성에 관한 사항

해설 ⑤ [×] 산업재해에 관한 통계의 기록 및 유지에 관한 사항이 해당된다.

○ 산업안전보건위원회의 심의·의결 사항 (산안법 제24조)
1. 산업재해 예방계획의 수립에 관한 사항
2. 안전보건관리규정의 작성 및 변경에 관한 사항
3. 근로자의 안전·보건교육에 관한 사항
4. 작업환경측정 등 작업환경의 점검 및 개선에 관한 사항
5. 근로자의 건강진단 등 건강관리에 관한 사항
6. 산업재해에 관한 통계의 기록 및 유지에 관한 사항
7. 중대재해의 원인 조사 및 재발 방지대책 수립에 관한 사항
8. 유해하거나 위험한 기계·기구와 그 밖의 설비를 도입한 경우 안전·보건조치에 관한 사항
9. 그 밖에 해당 사업장 근로자의 안전 및 보건을 유지·증진을 위한 필요한 사항

04 산업안전보건법상 사업장에 안전보건관리규정을 작성하고자 할 때 포함되어야 할 사항으로 규정된 것이 아닌 것은?

① 안전 및 보건에 관한 관리조직과 그 직무에 관한 사항
② 안전보건교육에 관한 사항
③ 산업재해 통계·분석 유지에 관한 사항
④ 작업장의 안전 및 보건 관리에 관한 사항
⑤ 사고 조사 및 대책 수립에 관한 사항

해설 ③ [×] 산업재해 통계·분석 유지에 관한 사항은 규정된 것이 아니다.

○ 안전보건관리규정의 작성시 포함사항 (산안법 제25조)
1. 안전 및 보건에 관한 관리조직과 그 직무에 관한 사항
2. 안전보건교육에 관한 사항
3. 작업장의 안전 및 보건 관리에 관한 사항
4. 사고 조사 및 대책 수립에 관한 사항
5. 그 밖에 안전 및 보건에 관한 사항

정답 04. ③

05 산업안전보건법에 따른 산업안전보건위원회의 심의·의결사항으로 규정된 것이 아닌 것은?

① 안전보건교육에 관한 사항
② 작업환경측정 등 작업환경의 점검 및 개선에 관한 사항
③ 근로자의 건강진단 등 건강관리에 관한 사항
④ 안전장치 및 보호구 구입 시 적격품 여부 확인에 관한 사항
⑤ 중대재해에 관한 사항

해설 ④ [×] 안전장치 및 보호구 구입 시 적격품 여부 확인에 관한 사항은 안전보건관리책임자의 업무이다(산안법 제15조).

정답 05. ④

1.2 유해·위험 방지 조치

> 유해·위험 방지 조치

01 안전보건개선계획 수립·시행을 명할 수 있는 사업장에 해당하지 않는 것은?

① 산업재해율이 같은 업종의 규모별 평균 산업재해율보다 높은 사업장
② 대통령령으로 정하는 수 이상의 직업성 질병자가 발생한 사업장
③ 사업주가 필요한 안전조치 또는 보건조치를 이행하지 아니하여 중대재해가 발생한 사업장
④ 유해인자의 노출기준을 초과한 사업장
⑤ 작업환경 불량, 화재·폭발 또는 누출 사고 등으로 사업장 주변까지 피해가 확산된 사업장으로서 고용노동부령으로 정하는 사업장

해설   ⑤ [×] 작업환경 불량, 화재·폭발 또는 누출 사고 등으로 사업장 주변까지 피해가 확산된 사업장으로서 고용노동부령으로 정하는 사업장은 안전보건진단을 받아 안전보건개선계획을 수립할 대상이다(산안령 제49조).
○ 안전보건개선계획의 수립·시행 명령 대상 사업장 (산안법 제49조)
  1. 산업재해율이 같은 업종의 규모별 평균 산업재해율보다 높은 사업장
  2. 사업주가 필요한 안전조치 또는 보건조치를 이행하지 아니하여 중대재해가 발생한 사업장
  3. 대통령령으로 정하는 수 이상의 직업성 질병자가 발생한 사업장
  4. 유해인자의 노출기준을 초과한 사업장

02 산업안전보건법령상 해당 사업주가 유해위험방지계획서를 작성하여 제출해야 하는 대상은?

① 시·도지사   ② 관할 구청장   ③ 고용노동부장관
④ 행정안전부장관   ⑤ 관할지방노동관서의 장

해설   ③ [○] 유해위험방지계획서의 작성후 제출은 고용노동부장관에게 한다.

정답   01. ⑤   02. ③

○ 유해위험방지계획서의 작성·제출 등 (산안법 제42조) : 사업주는 다음 각 호의 어느 하나에 해당하는 경우에는 이 법 또는 이 법에 따른 명령에서 정하는 유해·위험 방지에 관한 사항을 적은 유해위험방지계획서를 작성하여 고용노동부령으로 정하는 바에 따라 고용노동부장관에게 제출하고 심사를 받아야 한다. 다만, 제3호에 해당하는 사업주 중 산업재해발생률 등을 고려하여 고용노동부령으로 정하는 기준에 해당하는 사업주는 유해위험방지계획서를 스스로 심사하고, 그 심사결과서를 작성하여 고용노동부장관에게 제출하여야 한다.

1. 대통령령으로 정하는 사업의 종류 및 규모에 해당하는 사업으로서 해당 제품의 생산 공정과 직접적으로 관련된 건설물·기계·기구 및 설비 등 전부를 설치·이전하거나 그 주요 구조부분을 변경하려는 경우
2. 유해하거나 위험한 작업 또는 장소에서 사용하거나 건강장해를 방지하기 위하여 사용하는 기계·기구 및 설비로서 대통령령으로 정하는 기계·기구 및 설비를 설치·이전하거나 그 주요 구조부분을 변경하려는 경우
3. 대통령령으로 정하는 크기, 높이 등에 해당하는 건설공사를 착공하려는 경우

03 산업안전보건법령상 건강장해를 예방하기 위하여 필요한 조치 관련하여 적절하지 않는 것은?

① 방사선·유해광선·고온·저온·초음파·소음·진동·이상기압 등에 의한 건강장해
② 사업장에서 배출되는 기체·액체 또는 찌꺼기 등에 의한 건강장해
③ 계측감시, 컴퓨터 단말기 조작, 정밀공작 등의 작업에 의한 건강장해
④ 단순반복작업 또는 인체에 과도한 부담을 주는 작업에 의한 건강장해
⑤ 폭염·한파에 장시간 작업함에 따라 발생하는 건강장해

[해설] ① [×] 방사선·유해광선·고열·한랭·초음파·소음·진동·이상기압 등에 의한 건강장해로 되어야 옳다(산안법 제39조). <개정 2024. 10. 22>

○ 보건조치 (산안법 제39조) <개정 2024. 10. 22>

[정답] 03. ①

1.3 유해·위험 기계 등 조치

> 유해·위험 기계 등 조치

01 산업안전보건법에 따라 자율안전확인대상 기계·기구 등의 안전에 관한 성능이 자율안전기준에 맞지 아니하게 된 경우에는 관련 사항을 신고한 자에게 몇 개월 이내의 기간을 정하여 자율안전확인표시의 사용을 금지하거나 자율안전기준에 맞게 개선하도록 명할 수 있는가?

① 1개월   ② 3개월   ③ 6개월   ④ 9개월   ⑤ 12개월

해설 ③ [○] 자율안전확인표시의 사용 금지 등(산안법 제91조) : 고용노동부장관은 신고된 자율안전확인대상기계 등의 안전에 관한 성능이 자율안전기준에 맞지 아니하게 된 경우에는 신고한 자에게 6개월 이내의 기간을 정하여 자율안전확인표시의 사용을 금지하거나 자율안전기준에 맞게 시정하도록 명할 수 있다.

02 자율검사프로그램을 인정받기 위해 보유하여야 할 검사 장비의 이력카드 작성, 교정주기와 방법 설정 및 관리 등의 관리주체는 누구인가?

① 사업주   ② 제조자   ③ 안전관리대행기관   ④ 안전보건관리책임자
⑤ 기업주

해설 ① [○] 자율검사프로그램에 따른 안전검사 (산안법 제98조)
① 안전검사를 받아야 하는 사업주가 근로자대표와 협의하여 자율검사프로그램을 정하고 고용노동부장관의 인정을 받아 다음 각 호의 어느 하나에 해당하는 사람으로부터 자율검사프로그램에 따라 안전검사대상기계 등에 대하여 안전 관련 자율안전검사를 받으면 안전검사를 받은 것으로 본다.
  1. 고용노동부령으로 정하는 안전에 관한 성능검사와 관련된 자격 및 경험을 가진 사람
  2. 고용노동부령으로 정하는 바에 따라 안전에 관한 성능검사 교육을 이수하고 해당 분야의 실무 경험이 있는 사람
② 자율검사프로그램의 유효기간은 2년으로 한다.

정답 01. ③   02. ①

03 고용노동부장관이 자율검사프로그램의 인정을 취소하거나 인정받은 자율검사프로그램의 내용에 따라 검사를 하도록 하는 등 개선을 명할 수 있는 경우 중 인정 취소에 해당되는 것은?

① 자율검사프로그램을 인정받고도 검사를 하지 아니한 경우
② 인정받은 자율검사프로그램의 내용에 따라 검사를 하지 아니한 경우
③ 거짓이나 그 밖의 부정한 방법으로 자율검사프로그램을 인정받은 경우
④ 자율검사프로그램의 자격을 가진 사람이 검사를 하지 아니한 경우
⑤ 자율검사프로그램의 자격을 가진 자율안전검사기관이 검사를 하지 아니한 경우

해설 ③ [×] 거짓이나 그 밖의 부정한 방법으로 자율검사프로그램을 인정받은 경우에 인정을 취소하여야 한다(산안법 제99조).

○ 자율검사프로그램 인정의 취소 등(산안법 제99조) : 고용노동부장관은 자율검사프로그램의 인정을 받은 자가 다음 각 호의 어느 하나에 해당하는 경우에는 자율검사프로그램의 인정을 취소하거나 인정받은 자율검사프로그램의 내용에 따라 검사를 하도록 하는 등 시정을 명할 수 있다. 다만, 제1호의 경우에는 인정을 취소하여야 한다.

1. 거짓이나 그 밖의 부정한 방법으로 자율검사프로그램을 인정받은 경우
2. 자율검사프로그램을 인정받고도 검사를 하지 아니한 경우
3. 인정받은 자율검사프로그램의 내용에 따라 검사를 하지 아니한 경우
4. 자율검사프로그램의 자격을 가진 사람 또는 자율안전검사기관이 검사를 하지 아니한 경우

정답 03. ③

1.4 유해·위험물질 조치

> 유해·위험물질 조치

01 대상화학물질을 양도하거나 제공하는 자는 물질안전보건자료의 기재 내용을 변경할 필요가 생긴 때에는 이를 물질안전보건자료에 반영하여 대상화학물질을 양도받거나 제공받은 자에게 신속하게 제공하여야 한다. 기재내용을 변경할 필요가 있는 사항 중 대상화학물질을 양도받거나 제공받은 자에게 제공하여야 하는 내용에 해당하지 않는 것은?

① 제품명 (구성성분의 명칭 및 함유량의 변경이 있는 경우를 포함한다)
② 물질안전보건자료대상물질을 구성하는 화학물질 중 분류기준에 해당하는 화학물질의 명칭 및 함유량 (제품명의 변경 없이 구성성분의 명칭 및 함유량만 변경된 경우로 한정한다)
③ 안전 및 보건상의 취급 주의 사항
④ 건강 및 환경에 대한 유해성, 물리적 위험성
⑤ 물리·화학적 특성 등 고용노동부령으로 정하는 사항

해설 ① [×] 제품명(구성성분의 명칭 및 함유량의 변경이 없는 경우로 한정한다)가 옳은 내용이다.
○ 물질안전보건자료의 작성 및 제출 (산안법 제110조)
① 화학물질 또는 이를 포함한 혼합물로서 분류기준에 해당하는 것을 제조하거나 수입하려는 자는 다음 각 호의 사항을 적은 자료(이하 "물질안전보건자료"라 한다)를 고용노동부령으로 정하는 바에 따라 작성하여 고용노동부장관에게 제출하여야 한다.
1. 제품명
2. 물질안전보건자료대상물질을 구성하는 화학물질 중 분류기준에 해당하는 화학물질의 명칭 및 함유량
3. 안전 및 보건상의 취급 주의 사항
4. 건강 및 환경에 대한 유해성, 물리적 위험성
5. 물리·화학적 특성 등 고용노동부령으로 정하는 사항

정답 01. ①

② 물질안전보건자료대상물질을 제조하거나 수입하려는 자는 물질안전보건자료대상물질을 구성하는 화학물질 중 분류기준에 해당하지 아니하는 화학물질의 명칭 및 함유량을 고용노동부장관에게 별도로 제출하여야 한다.

③ 물질안전보건자료대상물질을 제조하거나 수입한 자는 제1항 각 호에 따른 사항 중 고용노동부령으로 정하는 사항이 변경된 경우 그 변경 사항을 반영한 물질안전보건자료를 고용노동부장관에게 제출하여야 한다.

○ 변경이 필요한 물질안전보건자료의 항목 및 제출시기 (산시규 제159조)

① "고용노동부장관이 정하는 사항"이란 다음 각 호의 사항을 말한다.
1. 제품명 (구성성분의 명칭 및 함유량의 변경이 없는 경우로 한정한다)
2. 물질안전보건자료대상물질을 구성하는 화학물질 중 분류기준에 해당하는 화학물질의 명칭 및 함유량 (제품명의 변경 없이 구성성분의 명칭 및 함유량만 변경된 경우로 한정한다)
3. 건강 및 환경에 대한 유해성, 물리적 위험성

② 물질안전보건자료대상물질을 제조하거나 수입하는 자는 제1항의 변경사항을 반영한 물질안전보건자료를 지체 없이 공단에 제출해야 한다.

02 산업안전보건법상 물질안전보건자료(MSDS)의 작성 및 제출에 기재하여야 할 사항이 아닌 것은?

① 제품명
② 화학물질 구성성분의 명칭 및 함유량
③ 물리·화학적 특성
④ 건강 및 환경에 대한 유해성, 화학적 위험성
⑤ 안전 및 보건상의 취급 주의 사항

해설 ④ [×] 건강 및 환경에 대한 유해성, 물리적 위험성이 옳은 내용이다.

○ 물질안전보건자료의 작성 및 제출 (산안법 제110조) : 화학물질 또는 이를 포함한 혼합물로서 분류기준에 해당하는 것을 제조하거나 수입하려는 자는 다음 각 호의 사항을 적은 자료(물질안전보건자료)를 고용노동부령으로 정하는 바에 따라 작성하여 고용노동부장관에게 제출하여야 한다.

1. 제품명
2. 물질안전보건자료대상물질을 구성하는 화학물질 중 분류기준에 해당하는 화학물질의 명칭 및 함유량
3. 안전 및 보건상의 취급 주의 사항

정답 02. ④

4. 건강 및 환경에 대한 유해성, 물리적 위험성
5. 물리·화학적 특성 등 고용노동부령으로 정하는 사항
    가. 물리·화학적 특성
    나. 독성에 관한 정보
    다. 폭발·화재 시의 대처방법
    라. 응급조치 요령
    마. 그 밖에 고용노동부장관이 정하는 사항

1.5 근로자 보건관리

> 근로자 보건관리

01 사업주가 실시하여야 하는 근로자 건강진단종류에 해당되지 않는 것은?

① 정기건강진단 ② 특수건강진단 ③ 배치전건강진단
④ 수시건강진단 ⑤ 임시건강진단

해설 ① [×] 정기건강진단은 산업안전보건법 규정상의 건강진단 종류는 아니다.

○ 사업주가 실시해야 하는 근로자 건강진단종류 (산안법 제129조~제131조)

1. 일반건강진단 2. 특수건강진단 3. 배치전건강진단
4. 수시건강진단 5. 임시건강진단

02 다음은 근로자의 건강진단에 대한 설명이다. 보기에서 설명하고 있는 알맞은 용어를 제시한 것은?

1. 특수건강진단대상업무에 종사할 근로자에 대하여 배치 예정업무에 대한 적합성 평가를 위하여 사업주가 실시하는 건강진단 : (㉠)건강진단
2. 상시 사용하는 근로자의 건강관리를 위하여 사업주가 주기적으로 실시하는 건강진단 : (㉡)건강진단
3. 특수건강진단 대상 유해인자 또는 그 밖의 유해인자에 의한 중독 여부, 질병에 걸렸는지 여부 또는 질병의 발생 원인 등을 확인하기 위하여 지방고용노동관서의 장의 명령에 따라 사업주가 실시하는 건강진단 : (㉢)건강진단
4. 특수건강진단대상업무로 인하여 해당 유해인자에 의한 직업성 천식, 직업성 피부염, 그 밖에 건강장해를 의심하게 하는 증상을 보이거나 의학적 소견이 있는 근로자에 대하여 사업주가 실시하는 건강진단 : (㉣)건강진단
5. 소음·분진작업·연업무·4알킬연업무·유기용제품·특정화학물질취급업무 등에서 종사하는 근로자에 대하여 당해 업무와 관련되는 유해인자에 대하여 사업주가 추가로 실시하는 건강진단 : (㉤)건강진단

정답 01. ①   02. ③

① ㉠ 배치전, ㉡ 일반, ㉢ 수시, ㉣ 임시, ㉤ 특수
② ㉠ 배치전, ㉡ 일반, ㉢ 수시, ㉣ 특수, ㉤ 임시
③ ㉠ 배치전, ㉡ 일반, ㉢ 임시, ㉣ 수시, ㉤ 특수
④ ㉠ 배치전, ㉡ 일반, ㉢ 특수, ㉣ 임시, ㉤ 수시
⑤ ㉠ 배치전, ㉡ 일반, ㉢ 특수, ㉣ 수시, ㉤ 임시

해설 ③ [○] 근로자의 건강진단에 대한 설명으로서 옳은 내용이다.
○ 건강진단 및 건강관리 (산안법 제129조~제131조)

03 산업안전보건법령상 잠함(潛函) 또는 잠수작업 등 높은 기압에서 하는 작업에 종사하는 근로자의 근로제한시간으로 옳은 것은?

① 1일 5시간, 1주 29시간 초과금지
② 1일 6시간, 1주 34시간 초과금지
③ 1일 8시간, 1주 36시간 초과금지
④ 1일 8시간, 1주 40시간 초과금지
⑤ 1일 8시간, 1주 44시간 초과금지

해설 ② [○] 유해·위험작업에 대한 근로시간 제한 등 (산안법 제139조) : 사업주는 유해하거나 위험한 작업으로서 높은 기압에서 하는 작업 등 대통령령으로 정하는 작업에 종사하는 근로자에게는 1일 6시간, 1주 34시간을 초과하여 근로하게 해서는 아니 된다.

정답 03. ②

1.6 보칙 및 벌칙

> 보칙 및 벌칙

01 산업안전보건법령상 보관하여야 할 서류와 그 보존기간이 잘못 연결된 것은?

① 건강진단 결과를 증명하는 서류 : 3년간
② 지도사 업무 수행에 관한 서류 : 5년간
③ 작업환경측정 결과를 기록한 서류 : 5년간
④ 발암성 확인물질을 취급하는 근로자에 대한 건강진단 결과의 서류 : 30년간
⑤ 산업재해의 발생 원인 등 기록 서류 : 3년간

해설 ③ [×] 작업환경측정 결과를 기록한 서류는 3년간 보존해야 한다.
○ 서류의 보존 (산안법 제164조)
① 사업주는 다음 각 호의 서류를 3년(제2호의 경우 2년을 말한다) 동안 보존하여야 한다. 다만, 고용노동부령으로 정하는 바에 따라 보존기간을 연장할 수 있다.
1. 안전보건관리책임자・안전관리자・보건관리자・안전보건관리담당자 및 산업보건의의 선임에 관한 서류
2. 산업안전보건위원회 및 노사협의체에 따른 회의록
3. 안전조치 및 보건조치에 관한 사항으로서 고용노동부령으로 정하는 사항을 적은 서류
4. 산업재해의 발생 원인 등 기록
5. 화학물질의 유해성・위험성 조사에 관한 서류
6. 작업환경측정에 관한 서류
7. 건강진단에 관한 서류
② 안전인증 또는 안전검사의 업무를 위탁받은 안전인증기관 또는 안전검사기관은 안전인증・안전검사에 관한 사항으로서 고용노동부령으로 정하는 서류를 3년 동안 보존하여야 하고, 안전인증을 받은 자는 안전인증대상기계 등에 대하여 기록한 서류를 3년 동안 보존하여야 하며, 자율안전확인대상기계 등을 제조하거나 수입하는 자는 자율안전기준에 맞는 것임을 증

정답 01. ③

명하는 서류를 2년 동안 보존하여야 하고, 자율안전검사를 받은 자는 자율검사프로그램에 따라 실시한 검사 결과에 대한 서류를 2년 동안 보존하여야 한다.

③ 일반석면조사를 한 건축물·설비소유주 등은 그 결과에 관한 서류를 그 건축물이나 설비에 대한 해체·제거작업이 종료될 때까지 보존하여야 하고, 기관석면조사를 한 건축물·설비소유주 등과 석면조사기관은 그 결과에 관한 서류를 3년 동안 보존하여야 한다.

④ 작업환경측정기관은 작업환경측정에 관한 사항으로서 고용노동부령으로 정하는 사항을 적은 서류를 3년 동안 보존하여야 한다.

⑤ 지도사는 그 업무에 관한 사항으로서 고용노동부령으로 정하는 사항을 적은 서류를 5년 동안 보존하여야 한다.

⑥ 석면해체·제거업자는 석면해체·제거작업에 관한 서류 중 고용노동부령으로 정하는 서류를 30년 동안 보존하여야 한다.

02 산업안전보건법상 도급금지 등 의무위반에 따른 과징금 부과와 관련하여 다음 ( )내의 규정 내용으로 올바른 것은?

> 도급금지 등 의무위반으로 과징금을 내야 할 자가 납부기한까지 내지 아니하면 납부기한의 다음 날부터 과징금을 납부한 날의 전날까지의 기간에 대하여 내지 아니한 과징금의 연 100분의 (㉠)의 범위에서 대통령령으로 정하는 가산금을 징수한다. 이 경우 가산금을 징수하는 기간은 (㉡)개월을 초과할 수 없다.

① ㉠ 5, ㉡ 36   ② ㉠ 4, ㉡ 48   ③ ㉠ 5, ㉡ 48   ④ ㉠ 5, ㉡ 60
⑤ ㉠ 6, ㉡ 60

해설 ⑤ [○] 도급금지 등 의무위반에 따른 과징금 부과 벌칙으로 규정된 내용이다.
○ 도급금지 등 의무위반에 따른 과징금 부과 (산안법 제161조) : 고용노동부장관은 과징금을 내야 할 자가 납부기한까지 내지 아니하면 납부기한의 다음 날부터 과징금을 납부한 날의 전날까지의 기간에 대하여 내지 아니한 과징금의 연 100분의 6의 범위에서 대통령령으로 정하는 가산금을 징수한다. 이 경우 가산금을 징수하는 기간은 60개월을 초과할 수 없다.

정답 02. ⑤

제 2 장

산업안전보건법 시행령

2.1 시행령 총칙 / 20

2.2 안전관리 이론 / 22

2.3 유해·위험 방지 조치 / 37

2.4 도급 시 산업재해 예방 / 44

2.5 유해·위험 기계 등 조치 / 51

2.6 유해·위험물질 조치 / 56

2.7 근로자 보건관리 / 63

2.1 시행령 총칙

> 시행령 총칙

01 산업안전보건법에 의하여 산업재해를 예방하기 위하여 필요하다고 인정하는 산업재해 발생건수, 재해율 또는 그 순위 등을 공표할 수 있는 대상사업장의 종류에 해당하지 않는 것은?

① 산업재해로 인한 사망자가 연간 2명 이상 발생한 사업장
② 사망만인율이 규모별 같은 업종의 평균 사망만인율 이상인 사업장
③ 중대산업사고가 발생한 사업장
④ 산업재해 발생 사실을 은폐한 사업장
⑤ 산업재해의 발생에 관한 보고를 최근 2년 이내 3회 이상 하지 않은 사업장

[해설] ⑤ [×] 산업재해의 발생에 관한 보고를 최근 3년 이내 2회 이상 하지 않은 사업장이 대상이다.

○ 산업재해 관련 공표대상 사업장 (산안령 제10조)
1. 산업재해로 인한 사망자가 연간 2명 이상 발생한 사업장
2. 사망만인율이 규모별 같은 업종의 평균 사망만인율 이상인 사업장
3. 중대산업사고가 발생한 사업장
4. 산업재해 발생 사실을 은폐한 사업장
5. 산업재해 발생에 관한 보고를 최근 3년 이내 2회 이상 하지 않은 사업장

02 산업안전보건법령으로 정하는 산업재해 발생위험이 있는 장소로 규정된 것이 아닌 것은?

① 비계 또는 거푸집을 설치하거나 해체하는 장소
② 엘리베이터 등 근로자가 추락할 위험이 있는 장소
③ 석면이 붙어 있는 물질을 파쇄하거나 해체하는 작업을 하는 장소
④ 프레스 또는 전단기를 사용하여 작업을 하는 장소
⑤ 차량계 하역운반기계 또는 차량계 건설기계를 사용하여 작업하는 장소

정답 01. ⑤   02. ②

해설 ② [×] 엘리베이터홀 등 근로자가 추락할 위험이 있는 장소가 규정된 내용이다.

○ 도급인이 지배·관리하는 장소 (산안령 제11조) : 산업재해 발생건수 등의 공표 대상(산안법 제10조)인 산업재해 발생위험이 있는 장소란 다음 각 호의 어느 하나에 해당하는 장소를 말한다.

1. 토사(土砂)·구축물·인공구조물 등이 붕괴될 우려가 있는 장소
2. 기계·기구 등이 넘어지거나 무너질 우려가 있는 장소
3. 안전난간의 설치가 필요한 장소
4. 비계 또는 거푸집을 설치하거나 해체하는 장소
5. 건설용 리프트를 운행하는 장소
6. 지반을 굴착하거나 발파작업을 하는 장소
7. 엘리베이터홀 등 근로자가 추락할 위험이 있는 장소
8. 석면이 붙어 있는 물질을 파쇄하거나 해체하는 작업을 하는 장소
9. 공중 전선에 가까운 장소로서 시설물의 설치·해체·점검 및 수리 등의 작업을 할 때 감전의 위험이 있는 장소
10. 물체가 떨어지거나 날아올 위험이 있는 장소
11. 프레스 또는 전단기를 사용하여 작업을 하는 장소
12. 차량계 하역운반기계 또는 차량계 건설기계를 사용하여 작업하는 장소
13. 전기 기계·기구를 사용하여 감전의 위험이 있는 작업을 하는 장소
14. 「철도산업발전기본법」에 따른 철도차량(「도시철도법」에 따른 도시철도차량을 포함한다)에 의한 충돌 또는 협착의 위험이 있는 작업을 하는 장소
15. 그 밖에 화재·폭발 등 사고발생 위험이 높은 장소로서 고용노동부령으로 정하는 장소

2.2 안전보건관리 체제

> 안전보건관리 체제

01 산업안전보건법령상 안전보건관리책임자를 두어야 할 사업에서 상시근로자 300명 이상인 경우에 해당하지 않는 사업은?

① 식품제조업　　② 소프트웨어 개발 및 공급업　　③ 금융 및 보험업
④ 정보서비스업　⑤ 농업

해설　① [×] 식품제조업은 상시근로자 50명 이상인 경우에 해당한다.

○ 안전보건관리책임자를 두어야 하는 사업의 종류 및 사업장의 상시근로자수 (산안령 제14조 관련 별표 2)

사업의 종류	사업장의 상시근로자 수
1. 토사석 광업	상시 근로자 50명 이상
2. 식료품 제조업, 음료 제조업 ◆	
3. 목재 및 나무제품 제조업 (가구 제외)	
4. 펄프, 종이 및 종이제품 제조업	
5. 코크스, 연탄 및 석유정제품 제조업	
6. 화학물질 및 화학제품 제조업 (의약품 제외)	
7. 의료용 물질 및 의약품 제조업	
8. 고무 및 플라스틱제품 제조업	
9. 비금속 광물제품 제조업	
10. 1차 금속 제조업	
11. 금속가공제품 제조업 (기계 및 가구 제외)	
12. 전자부품, 컴퓨터, 영상, 음향 및 통신장비 제조업	
13. 의료, 정밀, 광학기기 및 시계 제조업	
14. 전기장비 제조업	
15. 기타 기계 및 장비 제조업	
16. 자동차 및 트레일러 제조업	

정답　01. ①

17. 기타 운송장비 제조업 18. 가구 제조업 19. 기타 제품 제조업 20. 서적, 잡지 및 기타 인쇄물 출판업 21. 해체, 선별 및 원료 재생업 22. 자동차 종합 수리업, 자동차 전문 수리업	상시 근로자 50명 이상
23. 농업 ◆ 24. 어업 25. 소프트웨어 개발 및 공급업 ◆ 26. 컴퓨터 프로그래밍, 시스템 통합 및 관리업 27. 정보서비스업 ◆ 28. 금융 및 보험업 ◆ 29. 임대업; 부동산 제외 30. 전문, 과학 및 기술 서비스업 (연구개발업 제외) 31. 사업지원 서비스업 32. 사회복지 서비스업	상시 근로자 300명 이상
33. 건설업	공사금액 20억원 이상
34. 제1호부터 제33호까지의 사업을 제외한 사업	상시 근로자 100명 이상

02 산업안전보건법령상 관리감독자의 업무와 관계가 먼 것은?

① 해당작업에서 발생한 산업재해에 관한 보고 및 이에 대한 응급조치
② 해당작업의 작업장 정리·정돈 및 통로 확보에 대한 확인·감독
③ 작업환경측정 등 작업환경의 점검 및 개선에 관한 사항
④ 위험성평가에 관한 유해·위험요인의 파악에 대한 참여, 개선조치의 시행에 대한 참여
⑤ 관리감독자에게 소속된 근로자의 작업복·보호구 및 방호장치의 점검과 그 착용·사용에 관한 교육·지도

해설 ③ [×] 작업환경측정 등 작업환경의 점검 및 개선에 관한 사항은 안전보건책임자의 업무이다.

정답 02. ③

○ 관리감독자의 업무 (산안령 제15조)
1. 관리감독자가 지휘·감독하는 작업과 관련된 기계·기구 또는 설비의 안전·보건 점검 및 이상 유무의 확인
2. 관리감독자에게 소속된 근로자의 작업복·보호구 및 방호장치의 점검과 그 착용·사용에 관한 교육·지도
3. 해당작업에서 발생한 산업재해에 관한 보고 및 이에 대한 응급조치
4. 해당작업의 작업장 정리·정돈 및 통로 확보에 대한 확인·감독
5. 사업장의 안전관리자, 보건관리자, 안전보건관리담당자, 산업보건의의 지도·조언에 대한 협조
6. 위험성평가에 관한 유해·위험요인의 파악에 대한 참여, 개선조치의 시행에 대한 참여
7. 그 밖에 해당작업의 안전 및 보건에 관한 사항으로서 고용노동부령으로 정하는 사항

03 다음 [보기]에서 산업안전관리법령상 안전관리자의 최소 인원으로 적절하게 제시된 것을 고르시오.

㉠ 펄프 제조업 : 상시근로자 600명 → 2명
㉡ 고무제품 제조업 : 상시근로자 300명 → 1명
㉢ 우편·통신업 : 상시근로자 500명 → 1명
㉣ 도매 및 소매업 : 상시근로자 500명 → 1명
---

① ㉠ : 2명, ㉡ 2명, ㉢ 1명, ㉣ 1명   ② ㉠ : 2명, ㉡ 1명, ㉢ 2명, ㉣ 1명
③ ㉠ : 2명, ㉡ 1명, ㉢ 1명, ㉣ 1명   ④ ㉠ : 2명, ㉡ 1명, ㉢ 1명, ㉣ 2명
⑤ ㉠ : 2명, ㉡ 1명, ㉢ 2명, ㉣ 2명

[해설] ③ [○] 안전관리자의 최소 인원으로 올바르게 제시된 것이다.
㉠ 펄프 제조업 : 상시근로자 500명 이상은 2명이다.
㉡ 고무제품 제조업 : 상시근로자 50명 이상 500명 미만은 1명이다.
㉢ 우편·통신업 : 상시근로자 50명 이상 1천명 미만은 1명이다.
㉣ 도매 및 소매업 : 상시근로자 50명 이상 1천명 미만은 1명이다.
○ 안전관리자를 두어야 하는 사업의 종류, 사업장의 상시근로자 수, 안전관리자의 수 및 선임방법 (산안령 제16조 관련 별표 3)

정답 03. ③

사업의 종류	사업장의 상시근로자 수	안전관리자의 수
1. 토사석 광업	상시근로자 50명 이상 500명미만	1명 이상
2. 식료품 제조업, 음료 제조업	상시근로자 500명 이상	2명 이상
3. 섬유제품 제조업		
4. 목재 및 나무제품 제조업		
5. 펄프, 종이 및 종이제품 제조업 ◆		
6. 코크스, 연탄 및 석유정제품 제조업		
7. 화학물질 및 화학제품 제조업		
8. 의료용 물질 및 의약품 제조업		
9. 고무 및 플라스틱제품 제조업 ◆		
10. 비금속 광물제품 제조업		
11. 1차 금속 제조업		
12. 금속가공제품 제조업		
13. 전자부품, 컴퓨터, 영상, 음향 및 통신장비 제조업		
14. 의료, 정밀, 광학기기·시계 제조업		
15. 전기장비 제조업		
16. 기타 기계 및 장비 제조업		
17. 자동차 및 트레일러 제조업		
18. 기타 운송장비 제조업		
19. 가구 제조업		
20. 기타 제품 제조업		
21. 산업용 기계 및 장비 수리업		
22. 서적, 잡지 및 기타 인쇄물 출판업		
23. 폐기물 수집, 운반, 처리 및 원료 재생업		
24. 환경 정화 및 복원업		
25. 자동차 종합 및 전문 수리업		
26. 발전업		
27. 운수 및 창고업		
28. 농업, 임업 및 어업	상시근로자 50명 이상 1천명미만	1명 이상
29. 제2호부터 제21호까지의 사업을 제외한 제조업	상시근로자 1천명 이상	2명 이상
30. 전기, 가스, 증기 및 공기조절공급업		

31. 수도, 하수 및 폐기물 처리, 원료
    재생업
32. 도매 및 소매업 ◆
33. 숙박 및 음식점업
34. 영상·오디오 기록물 제작·배급업
35. 방송업
36. 우편 및 통신업 ◆
37. 부동산업
38. 임대업 : 부동산 제외
39. 연구개발업
40. 사진처리업
41. 사업시설 관리 및 조경 서비스업
42. 청소년 수련시설 운영업
43. 보건업
44. 예술, 스포츠 및 여가 서비스업
45. 개인 및 소비용품수리업
46. 기타 개인 서비스업
47. 공공행정
48. 교육서비스업 중 초등·중등·고등
    교육기관, 특수학교·외국인학교 및
    대안학교

사업 종류	사업장의 상시근로자 수	안전관리자의 수
49. 건설업	공사금액 50억원 이상(관계수급인은 100억원 이상) 120억원 미만 (토목공사업은 150억원 미만)	1명 이상
	공사금액 120억원 이상(토목공사업은 150억원 이상) 800억원 미만	
	공사금액 800억원 이상 1,500억원 미만	2명 이상
	공사금액 1,500억원 이상 2,200억원 미만	3명 이상
	공사금액 2,200억원 이상 3천억원 미만	4명 이상
	공사금액 3천억원 이상 3,900억원 미만	5명 이상
	공사금액 3,900억원 이상 4,900억원 미만	6명 이상
	공사금액 4,900억원 이상 6천억원 미만	7명 이상
	공사금액 6천억원 이상 7,200억원 미만	8명 이상
	공사금액 7,200억원 이상 8,500억원 미만	9명 이상
	공사금액 8,500억원 이상 1조원 미만	10명이상
	1조원 이상	11명이상

04 산업안전보건법령상 사업주가 안전관리자를 선임한 경우, 선임한 날부터 며칠 이내에 고용노동부장관에게 증명할 수 있는 서류를 제출하여야 하는가?

① 7일　　② 14일　　③ 30일　　④ 45일　　⑤ 60일

해설　② [○] 안전관리자를 선임한 경우 서류 제출로 옳은 내용이다.
　　　○ 안전관리자의 선임 등 (산안령 제16조) : 사업주는 안전관리자를 선임하거나 안전관리자의 업무를 안전관리전문기관에 위탁한 경우에는 고용노동부령으로 정하는 바에 따라 선임하거나 위탁한 날부터 14일 이내에 고용노동부장관에게 그 사실을 증명할 수 있는 서류를 제출해야 한다.

05 산업안전보건법령상 공사금액이 1,500억원인 건설현장에서 두어야 할 안전관리자는 몇 명 이상인가?

① 1명　　② 2명　　③ 3명　　④ 4명　　⑤ 5명

해설　③ [○] 1,500억 이상 2,200억 미만은 안전관리자 수 3명 이상이다(산안령 제16조 관련 별표 3).

06 다음 보기에서 안전관리자의 최소 인원을 바르게 지시한 것은?

㉠ 통신업 – 상시근로자 150명	㉡ 펄프 제조업 – 상시근로자 300명
㉢ 식료품 제조업 – 상시근로자 500명	㉣ 운수업 – 상시근로자 1,000명
㉤ 총공사금액 700억원 이상인 건설업	

① ㉠ 1명, ㉡ 1명, ㉢ 1명, ㉣ 2명, ㉤ 1명
② ㉠ 1명, ㉡ 1명, ㉢ 2명, ㉣ 1명, ㉤ 1명
③ ㉠ 1명, ㉡ 1명, ㉢ 2명, ㉣ 2명, ㉤ 1명
④ ㉠ 1명, ㉡ 1명, ㉢ 2명, ㉣ 2명, ㉤ 2명
⑤ ㉠ 1명, ㉡ 2명, ㉢ 2명, ㉣ 2명, ㉤ 1명

해설　③ [○] 안전관리자 최소 인원으로 옳은 내용이다(산안령 제16조 관련 별표 3).
　　　㉠ 통신 및 우편업 : 상시근로자 50명 이상 1천명 미만 → 1명 이상
　　　㉡ 펄프 제조업 : 상시근로자 50명 이상 500명 미만 → 1명 이상
　　　㉢ 식료품 제조업 : 상시근로자 500명 이상 → 2명 이상

정답　04. ②　　05. ③　　06. ③

㉣ 운수업 : 상시근로자 500명 이상 → 2명 이상
㉤ 건설업 : 총공사금액 50억원 이상 800억원 미만 → 1명 이상

07 둘 이상의 사업장에 안전관리자를 공동으로 선임할 수 있는 경우에 해당되지 않는 것은?

① 사업장 간의 경계를 기준으로 15km 이내에 소재하는 경우
② 같은 시·군·구(자치구를 말한다) 지역에 소재하는 경우
③ 해당 사업장의 상시근로자 수의 합계는 350명 이내인 경우
④ 건설업의 경우에는 공사금액의 합계가 120억원 이내인 경우
⑤ 토목공사업의 경우에는 150억원 이내인 경우

해설 ③ [×] 해당 사업장의 상시근로자 수의 합계는 300명 이내인 경우이다.
○ 안전관리자의 공동 선임 등 (산안령 제16조)
1. 사업주가 경영하는 둘 이상의 사업장이 다음 각 호의 어느 하나에 해당하는 경우 그 둘 이상의 사업장에 1명의 안전관리자를 공동으로 둘 수 있다.
① 같은 시·군·구(자치구를 말한다) 지역에 소재하는 경우
② 사업장 간의 경계를 기준으로 15km 이내에 소재하는 경우
2. 이 경우 해당 사업장의 상시근로자 수의 합계는 300명 이내(건설업의 경우에는 공사금액의 합계가 120억원, 토목공사업의 경우에는 150억원 이내)이어야 한다.

08 다음은 건설공사에서 안전관리자 선임에 대한 내용이다. 괄호 안에 알맞은 내용을 제시한 것은?

1. 공사금액이 (㉠)억원을 기준으로 하여 (㉡)억원이 증가될 때마다 1명씩 추가하여야 한다.
2. 공사금액이 1,600억원이면서 상시근로자가 600명일 경우 안전관리자를 선임해야 할 수는 (㉢)명 이상이다.

① ㉠ 800, ㉡ 500, ㉢ 2   ② ㉠ 800, ㉡ 600, ㉢ 2
③ ㉠ 800, ㉡ 700, ㉢ 3   ④ ㉠ 800, ㉡ 800, ㉢ 3
⑤ ㉠ 800, ㉡ 900, ㉢ 4

정답 07. ③   08. ③

해설 ③ [○] 건설공사에서 안전관리자 선임 방법으로 옳은 내용이다.

○ 안전관리자를 두어야 하는 사업의 종류, 사업장의 상시근로자수, 안전관리자의 수 및 선임방법 (산안령 제16조 관련 별표 3)

1. 공사금액이 800억원을 기준으로 하여 700억원이 증가될 때마다 1명씩 추가하여야 한다.
2. 건설공사의 공사금액 1,500억원 이상 2,200억원 미만인 경우 안전관리자를 선임해야 할 수는 3명 이상이다.

09 산업안전보건법령상 안전관리자의 업무에 해당되지 않는 것은? (단, 안전에 관한 사항으로서 노동부장관이 정하는 사항은 제외한다)

① 업무 수행 내용의 기록·유지 ② 위험성평가에 관한 보좌 및 지도·조언
③ 사업장 순회점검, 지도 및 조치 건의
④ 산업재해에 관한 통계의 유지·관리·분석을 위한 보좌 및 지도·조언
⑤ 해당작업에서 발생한 산업재해에 관한 보고 및 이에 대한 응급조치

해설 ⑤ [×] ⑤항은 관리감독자에 해당하는 업무이다.

○ 안전관리자의 업무 등 (산안령 제18조)

1. 산업안전보건위원회 또는 안전 및 보건에 관한 노사협의체에서 심의·의결한 업무와 해당 사업장의 안전보건관리규정 및 취업규칙에서 정한 업무
2. 위험성평가에 관한 보좌 및 지도·조언
3. 안전인증대상기계 등과 자율안전확인대상기계 등 구입 시 적격품의 선정에 관한 보좌 및 지도·조언
4. 해당 사업장 안전교육계획의 수립 및 안전교육 실시에 관한 보좌 및 지도·조언
5. 사업장 순회점검, 지도 및 조치 건의
6. 산업재해 발생의 원인 조사·분석 및 재발 방지를 위한 기술적 보좌 및 지도·조언
7. 산업재해에 관한 통계의 유지·관리·분석을 위한 보좌 및 지도·조언
8. 법 또는 법에 따른 명령으로 정한 안전에 관한 사항의 이행에 관한 보좌 및 지도·조언
9. 업무 수행 내용의 기록·유지

정답 09. ⑤

10. 그 밖에 안전에 관한 사항으로서 고용노동부장관이 정하는 사항

10 산업안전보건법령상 보건관리자의 자격에 해당되지 않는 것은?

① 「의료법」에 따른 의사
② 「의료법」에 따른 간호사
③ 「국가기술자격법」에 따른 산업위생관리산업기사 이상의 자격을 취득한 사람
④ 「국가기술자격법」에 따른 대기환경산업기사 이상의 자격을 취득한 사람
⑤ 「국가기술자격법」에 따른 인간공학산업기사 이상의 자격을 취득한 사람

해설 ⑤ [×] 「국가기술자격법」에 따른 인간공학기사 이상의 자격을 취득한 사람이 규정된 내용이다. 인간공학산업기사는 한국의 국가기술자격 종목에는 없다.

○ 보건관리자의 자격 (산안령 제21조) : 보건관리자는 다음 각 호의 어느 하나에 해당하는 사람으로 한다.

1. 산업보건지도사 자격을 가진 사람
2. 「의료법」에 따른 의사
3. 「의료법」에 따른 간호사
4. 「국가기술자격법」에 따른 산업위생관리산업기사 또는 대기환경산업기사 이상의 자격을 취득한 사람
5. 「국가기술자격법」에 따른 인간공학기사 이상의 자격을 취득한 사람
6. 「고등교육법」에 따른 전문대학 이상의 학교에서 산업보건 또는 산업위생분야의 학위를 취득한 사람 (법령에 따라 이와 같은 수준 이상의 학력이 있다고 인정되는 사람을 포함한다)

11 산업안전보건법령상 보건관리자의 업무가 아닌 것은? (단, 그 밖에 작업관리 및 작업환경관리에 관한 사항은 제외한다)

① 물질안전보건자료의 게시 또는 비치에 관한 보좌 및 지도·조언
② 보건교육계획의 수립 및 보건교육 실시에 관한 보좌 및 지도·조언
③ 작업환경측정 등 작업환경의 점검 및 개선에 관한 사항
④ 전체 환기장치 등에 관한 설비의 점검과 작업방법의 공학적 개선에 관한 보좌 및 지도·조언
⑤ 사업장 순회점검, 지도 및 조치 건의

정답 10. ⑤   11. ③

해설 ③ [×] 작업환경측정 등 작업환경의 점검 및 개선에 관한 사항은 안전보건관리책임자의 업무 내용이다.

○ 보건관리자의 업무 (산안령 제22조)

1. 산업안전보건위원회 또는 노사협의체에서 심의·의결한 업무와 안전보건관리규정 및 취업규칙에서 정한 업무
2. 안전인증대상기계 등과 자율안전확인대상기계 등 중 보건과 관련된 보호구 구입 시 적격품 선정에 관한 보좌 및 지도·조언
3. 위험성평가에 관한 보좌 및 지도·조언
4. 작성된 물질안전보건자료의 게시 또는 비치에 관한 보좌 및 지도·조언
5. 산업보건의의 직무 (보건관리자가 보건관리자 자격요건에 해당하는 사람인 경우로 한정한다)
6. 해당 사업장 보건교육계획의 수립 및 보건교육 실시에 관한 보좌 및 지도·조언
7. 해당 사업장의 근로자를 보호하기 위한 다음 각 목의 조치에 해당하는 의료행위(보건관리자가 「의료법」에 따른 의사, 간호사에 해당하는 경우로 한정한다)
    가. 자주 발생하는 가벼운 부상에 대한 치료
    나. 응급처치가 필요한 사람에 대한 처치
    다. 부상·질병의 악화를 방지하기 위한 처치
    라. 건강진단 결과 발견된 질병자의 요양 지도 및 관리
    마. 가목부터 라목까지의 의료행위에 따르는 의약품의 투여
8. 작업장 내에서 사용되는 전체 환기장치 및 국소 배기장치 등에 관한 설비의 점검과 작업방법의 공학적 개선에 관한 보좌 및 지도·조언
9. 사업장 순회점검, 지도 및 조치 건의
10. 산업재해 발생의 원인 조사·분석 및 재발 방지를 위한 기술적 보좌 및 지도·조언
11. 산업재해에 관한 통계의 유지·관리·분석을 위한 보좌 및 지도·조언
12. 법 또는 법에 따른 명령으로 정한 보건에 관한 사항의 이행에 관한 보좌 및 지도·조언
13. 업무 수행 내용의 기록·유지
14. 그 밖에 보건과 관련된 작업관리 및 작업환경관리에 관한 사항으로서 고용노동부장관이 정하는 사항

12 산업안전보건법령에서 정하고 있는 안전보건관리담당자의 선임대상 업종으로 규정된 것이 아닌 것은?

① 제조업　　　　② 건설업　　　③ 하수, 폐수 및 분뇨 처리업
④ 환경 정화 및 복원업　⑤ 폐기물 수집, 운반, 처리 및 원료 재생업

해설　② [×] 건설업이 아닌 임업이 규정된 업종이다.
　　○ 안전보건관리담당자의 선임 등 (산안령 제24조)
　　　① 다음 각 호의 어느 하나에 해당하는 사업의 사업주는 상시근로자 20명 이상 50명 미만 사업장에 안전보건관리담당자를 1명 이상 선임해야 한다.
　　　　1. 제조업　2. 임업　3. 하수, 폐수 및 분뇨 처리업
　　　　4. 폐기물 수집, 운반, 처리 및 원료 재생업
　　　　5. 환경 정화 및 복원업
　　　② 안전보건관리담당자는 해당 사업장 소속 근로자로서 다음 각 호의 어느 하나에 해당하는 요건을 갖추어야 한다.
　　　　1. 안전관리자의 자격을 갖추었을 것
　　　　2. 보건관리자의 자격을 갖추었을 것
　　　　3. 고용노동부장관이 정하여 고시하는 안전보건교육을 이수했을 것

13 산업안전보건법상 제조업에서 상시근로자가 몇 명 이상인 경우 안전보건관리담당자를 선임하여야 하는가?

① 5명　　② 20명　　③ 50명　　④ 100명　　⑤ 150명

해설　② [○] 상시근로자 20명 이상 50명 미만인 사업장에 법적 요건을 갖춘 안전보건관리담당자를 1명 이상 선임해야 한다(산안령 제24조).

14 산업안전보건법령상 안전보건관리담당자의 업무가 아닌 것은?

① 안전보건교육 실시에 관한 보좌 및 지도·조언
② 위험성평가에 관한 보좌 및 지도·조언
③ 업무 수행 내용의 기록·유지
④ 작업환경측정 및 개선에 관한 보좌 및 지도·조언
⑤ 건강진단에 관한 보좌 및 지도·조언

정답　12. ②　13. ②　14. ③

해설 ③ [×] 업무 수행 내용의 기록·유지는 안전관리자의 업무이다.
○ 안전보건관리담당자의 업무 (산안령 제25조)
1. 안전보건교육 실시에 관한 보좌 및 지도·조언
2. 위험성평가에 관한 보좌 및 지도·조언
3. 작업환경측정 및 개선에 관한 보좌 및 지도·조언
4. 건강진단에 관한 보좌 및 지도·조언
5. 산업재해 발생의 원인 조사, 산업재해 통계의 기록 및 유지를 위한 보좌 및 지도·조언
6. 산업 안전·보건과 관련된 안전장치 및 보호구 구입 시 적격품 선정에 관한 보좌 및 지도·조언

15 산업안전보건법령상 안전관리전문기관 등의 지정 취소의 사유에 해당하지 않는 것은?

① 안전관리 또는 보건관리 업무 관련 서류를 거짓으로 작성한 경우
② 안전관리 또는 보건관리 업무의 수탁을 거부한 경우
③ 위탁받은 안전관리 또는 보건관리 업무에 차질을 일으키거나 업무를 게을리한 경우
④ 안전관리 또는 보건관리 업무를 수행하지 않고 위탁 수수료를 받은 경우
⑤ 안전관리 또는 보건관리 업무와 관련된 비치서류를 보존하지 않은 경우

해설 ② [×] 정당한 사유 없이 안전관리 또는 보건관리 업무의 수탁을 거부한 경우가 규정된 내용으로서 지정 취소의 사유가 된다.
○ 안전관리전문기관 등의 지정 취소 등의 사유 (산안령 제28조)
1. 안전관리 또는 보건관리 업무 관련 서류를 거짓으로 작성한 경우
2. 정당한 사유 없이 안전관리 또는 보건관리 업무의 수탁을 거부한 경우
3. 위탁받은 안전관리 또는 보건관리 업무에 차질을 일으키거나 업무를 게을리한 경우
4. 안전관리 또는 보건관리 업무를 수행하지 않고 위탁 수수료를 받은 경우
5. 안전관리 또는 보건관리 업무와 관련된 비치서류를 보존하지 않은 경우
6. 안전관리 또는 보건관리 업무 수행과 관련한 대가 외에 금품을 받은 경우
7. 법에 따른 관계 공무원의 지도·감독을 거부·방해 또는 기피한 경우

정답 15. ②

16 산업안전보건법령상 명예산업안전감독관의 업무에 속하지 않는 것은? (단, 산업안전보건위원회 구성 대상 사업의 근로자 중에서 근로자대표가 사업주의 의견을 들어 추천하여 위촉된 명예산업 안전감독관의 경우)

① 사업장에서 하는 자체점검 참여
② 안전장치 및 보호구 구입 시 적격품 여부 확인에 관한 사항
③ 근로자에 대한 안전수칙 준수 지도
④ 사업장 산업재해 예방계획 수립 참여
⑤ 법령 위반한 사실이 있는 경우 사업주에 대한 개선 요청 및 감독기관에의 신고

해설 ② [×] 안전장치 및 보호구 구입 시 적격품 여부 확인에 관한 사항은 안전보건관리책임자 업무이다.

○ 명예산업안전감독관 업무 (산안령 제32조) : 명예산업안전감독관의 업무는 다음 각 호와 같다. 이 경우 근로자대표 추천에 따라 위촉된 명예산업안전감독관의 업무 범위는 해당 사업장에서의 업무(제8호는 제외한다)로 한정하며, 단체추천에 따라 위촉된 명예산업안전감독관의 업무 범위는 제8호부터 제10호까지의 규정에 따른 업무로 한정한다.

1. 사업장에서 하는 자체점검 참여 및 「근로기준법」에 따른 근로감독관이 하는 사업장 감독 참여
2. 사업장 산업재해 예방계획 수립 참여 및 사업장에서 하는 기계·기구 자체검사 참석
3. 법령을 위반한 사실이 있는 경우 사업주에 대한 개선 요청 및 감독기관에의 신고
4. 산업재해 발생의 급박한 위험이 있는 경우 사업주에 대한 작업중지 요청
5. 작업환경측정, 근로자 건강진단 시 참석 및 그 결과에 대한 설명회 참여
6. 직업성 질환의 증상이 있거나 질병에 걸린 근로자가 여러 명 발생한 경우 사업주에 대한 임시건강진단 실시 요청
7. 근로자에 대한 안전수칙 준수 지도
8. 법령 및 산업재해 예방정책 개선 건의
9. 안전·보건 의식을 북돋우기 위한 활동 등에 대한 참여와 지원
10. 그 밖에 산업재해 예방에 대한 홍보 등 산업재해 예방업무와 관련하여 고용노동부장관이 정하는 업무

정답 16. ②

17 산업안전보건위원회를 설치·운영하여야 할 사업의 종류 중 상시근로자가 50명 이상일 경우 해당 사업의 종류에 속하지 않는 것은?

① 목재 및 나무제품 제조업(단, 가구제외) ② 자동차 및 트레일러 제조업
③ 비금속 광물제품 제조업 ④ 소프트웨어 개발 및 공급업
⑤ 1차 금속 제조업

해설 ④ [×] 소프트웨어 개발 및 공급업은 상시근로자 300명 이상이 해당된다.

○ 산업안전보건위원회를 구성해야 할 사업의 종류 및 사업장의 상시근로자 수 (산안령 제34조 별표 9)

사업의 종류	사업장의 상시근로자수
1. 토사석 광업 2. 목재 및 나무제품 제조업 (가구 제외) ◆ 3. 화학물질 및 화학제품 제조업 : 의약품 제외 (세제, 화장품 및 광택제 제조업과 화학섬유 제조업은 제외) 4. 비금속 광물제품 제조업 ◆ 5. 1차 금속 제조업 ◆ 6. 금속가공제품 제조업 (기계 및 가구 제외) 7. 자동차 및 트레일러 제조업 ◆ 8. 기타 기계 및 장비 제조업 (사무용 기계 및 장비 제조업은 제외) 9. 기타 운송장비 제조업 (전투용 차량 제조업은 제외)	상시근로자 50명 이상
10. 농업 11. 어업 12. 소프트웨어 개발 및 공급업 ◆ 13. 컴퓨터 프로그래밍, 시스템 통합 및 관리업 14. 정보서비스업 15. 금융 및 보험업 16. 임대업 (부동산 임대업은 제외) 17. 전문, 과학 및 기술 서비스업 (연구개발업은 제외) 18. 사업지원 서비스업 19. 사회복지 서비스업	상시근로자 300명 이상
20. 건설업	공사금액 120억원 이상 (토목공사의 경우에는 150억원 이상)
21. 제1호부터 제20호까지의 사업을 제외한 사업	상시근로자 100명 이상

정답 17. ④

18 산업안전보건위원회의 사용자위원 자격에 속하지 않는 것은?

① 명예산업안전감독관　② 안전관리자　③ 산업보건의　④ 보건관리자
⑤ 사업의 대표자가 지명하는 9명 이내의 해당 사업장 부서의 장

해설　① [×] 명예산업안전감독관은 근로자위원이다(산안령 제35조).

○ 산업안전보건위원회의 사용자위원 구성 (산안령 제35조) : 상시근로자 50명 이상 100명 미만을 사용하는 사업장에서는 제5호에 해당하는 사람을 제외하고 구성할 수 있다.

1. 해당 사업의 대표자 (같은 사업으로서 다른 지역에 사업장이 있는 경우에는 그 사업장의 안전보건관리책임자를 말한다)
2. 안전관리자 (안전관리자를 두어야 하는 사업장으로 한정하되, 안전관리자의 업무를 안전관리전문기관에 위탁한 사업장의 경우에는 그 안전관리전문기관의 해당 사업장 담당자를 말한다) 1명
3. 보건관리자 (보건관리자를 두어야 하는 사업장으로 한정하되, 보건관리자의 업무를 보건관리전문기관에 위탁한 사업장의 경우에는 그 보건관리전문기관의 해당 사업장 담당자를 말한다) 1명
4. 산업보건의 (해당 사업장에 선임되어 있는 경우로 한정한다)
5. 해당 사업의 대표자가 지명하는 9명 이내의 해당 사업장 부서의 장

19 산업안전보건법에서 산업안전보건위원회의 회의록 작성사항에 해당되지 않는 것은?

① 개최 목적　② 개최 일시 및 장소　③ 출석위원　④ 심의 내용
⑤ 의결·결정 사항

해설　① [×] 개최 목적은 산업안전보건위원회의 회의록 작성사항으로 규정되어 있는 것이 아니다.

○ 산업안전보건위원회의 회의록 작성사항 (산안령 제37조)

1. 개최 일시 및 장소　　2. 출석위원
3. 심의 내용 및 의결·결정 사항　　4. 그 밖의 토의사항

정답　18. ①　　19. ①

2.3 유해·위험 방지 조치

> 유해·위험 방지 조치

01 산업안전보건법령상 제조업 유해·위험방지계획서 제출 대상 업종으로 규정된 것이 아닌 것은?

① 금속가공제품 제조업(기계 및 가구 포함)   ② 비금속 광물제품 제조업
③ 기타 제품 제조업   ④ 반도체 제조업   ⑤ 전자부품 제조업

해설 ① [×] 금속가공제품 제조업(단, 기계 및 가구 제외)가 제출 대상에 해당된다.

○ 유해위험방지계획서 제출 대상 사업 (단, 전기계약용량 300kW 이상인 경우) (산안령 제42조)

1. 금속가공제품 제조업 (기계 및 가구 제외)
2. 비금속 광물제품 제조업
3. 기타 기계 및 장비 제조업
4. 자동차 및 트레일러 제조업
5. 식료품 제조업
6. 고무제품 및 플라스틱제품 제조업
7. 목재 및 나무제품 제조업
8. 기타 제품 제조업
9. 1차 금속 제조업
10. 가구 제조업
11. 화학물질 및 화학제품 제조업
12. 반도체 제조업
13. 전자부품 제조업

○ 유해위험방지계획서 제출 대상 건설공사 (산안령 제42조)

1. 다음 각 목의 어느 하나에 해당하는 건축물 또는 시설 등의 건설·개조 또는 해체 공사

  가. 지상높이가 31m 이상인 건축물 또는 인공구조물
  나. 연면적 3만m^2 이상인 건축물
  다. 연면적 5천m^2 이상인 시설로서 다음의 어느 하나에 해당하는 시설
      1) 문화 및 집회시설 (전시장 및 동물원·식물원은 제외한다)
      2) 판매시설, 운수시설 (고속철도의 역사 및 집배송시설은 제외한다)
      3) 종교시설   4) 의료시설 중 종합병원

정답 01. ①

5) 숙박시설 중 관광숙박시설   6) 지하도상가
7) 냉동·냉장 창고시설

2. 연면적 5천m² 이상인 냉동·냉장 창고시설의 설비공사 및 단열공사
3. 최대 지간(支間)길이(다리의 기둥과 기둥의 중심사이의 거리)가 50m 이상인 다리의 건설 등 공사
4. 터널의 건설 등 공사
5. 다목적댐, 발전용댐, 저수용량 2천만톤 이상의 용수 전용 댐 및 지방상수도 전용 댐의 건설 등 공사
6. 깊이 10m 이상인 굴착공사

02 산업안전보건법령상 유해하거나 위험한 장소에서 사용하는 기계·기구 및 설비를 설치·이전하는 경우 유해·위험방지계획서를 작성, 제출하여야 하는 대상이 아닌 것은?

① 화학설비   ② 금속 용해로   ③ 건조설비   ④ 전기용접장치
⑤ 고용노동부령으로 정하는 물질의 밀폐·환기·배기를 위한 설비

해설 ④ [×] 가스집합 용접장치가 규정된 대상 설비이다(산안령 제42조).

03 산업안전보건법령상 제조업 유해·위험방지계획서 작성대상 기계·기구 설비 종류로 규정된 것이 아닌 것은?

① 건조설비   ② 화학설비   ③ 금속이나 그 밖의 광물의 용해로
④ 가스집합 용접장치   ⑤ 분진작업 관련설비

해설 ⑤ [×] 분진작업 관련설비는 법 개정으로 삭제되었다(산안령 제42조).

04 산업안전보건법상 건설공사 유해위험방지계획서를 제출하여야 하는 대상 공사로 규정된 것이 아닌 것은?

① 지상높이가 31m 이상인 건축물 또는 인공구조물
② 연면적 30,000m² 이상인 건축물
③ 연면적 3,000m² 이상인 냉동·냉장 창고시설

정답 02. ④   03. ⑤   04. ③

④ 최대 지간길이가 50m 이상인 다리의 건설 등 공사
⑤ 깊이 10m 이상인 굴착공사

해설 ③ [×] 연면적 5,000m² 이상인 냉동·냉장 창고시설이 옳은 내용이다(산안령 제42조).

05 다음은 산업안전보건법상 건설업 유해·위험방지계획서의 제출대상에 관한 내용이다. 빈칸에 알맞은 내용을 제시한 것은?

---
1. 지상높이가 (㉠)미터 이상인 건축물
2. 연면적 (㉡)제곱미터 이상의 냉동·냉장 창고시설의 설비공사 및 단열공사
3. 다목적댐, 발전용댐 및 저수용량 (㉢)톤 이상의 용수 전용 댐, 지방상수도 전용 댐 건설 등의 공사
4. 깊이 (㉣)미터 이상인 굴착공사
---

① ㉠ 31, ㉡ 3천, ㉢ 2천만, ㉣ 8
② ㉠ 31, ㉡ 4천, ㉢ 2천만, ㉣ 9
③ ㉠ 31, ㉡ 5천, ㉢ 2천만, ㉣ 10
④ ㉠ 31, ㉡ 6천, ㉢ 3천만, ㉣ 12
⑤ ㉠ 31, ㉡ 7천, ㉢ 4천만, ㉣ 15

해설 ③ [○] 건설업 유해·위험방지계획서의 제출대상으로서 옳은 내용이다(산안령 제42조).

06 산업안전보건법령상 공정안전보고서 제출대상 사업장이 아닌 것은?

① 석유화학계 기초화학물질 제조업 또는 합성수지 및 기타 플라스틱물질 제조업
② 질소 화합물, 질소·인산 및 칼리질 화학비료 제조업 중 질소·인산 및 칼리질 화학비료 비료 제조업
③ 화약 및 불꽃제품 제조업
④ 복합비료 및 기타 화학비료 제조업 중 복합비료 제조 (단순혼합 또는 배합에 의한 경우는 제외한다)
⑤ 화학 살균·살충제 및 농업용 약제 제조업 (농약 원제 제조만 해당한다)

해설 ② [×] 질소 화합물, 질소·인산 및 칼리질 화학비료 제조업 중 질소질 비료 제조업이 옳은 내용이다(산안령 제42조).

정답 05. ③ 06. ②

○ 공정안전보고서의 제출 대상 사업장 (산안령 제43조)
1. 원유 정제처리업   2. 기타 석유정제물 재처리업
3. 석유화학계 기초화학물질 제조업 또는 합성수지 및 기타 플라스틱물질 제조업
4. 질소 화합물, 질소·인산 및 칼리질 화학비료 제조업 중 질소질 비료 제조업
5. 복합비료 및 기타 화학비료 제조업 중 복합비료 제조 (단순혼합 또는 배합에 의한 경우는 제외한다)
6. 화학 살균·살충제 및 농업용 약제 제조업 (농약 원제 제조만 해당한다)
7. 화약 및 불꽃제품 제조업

07 공정안전관리(process safety management : PSM)의 적용대상 사업장이 아닌 것은?

① 복합비료 제조업   ② 질소질 비료 제조업
③ 차량 등의 운송설비업   ④ 화약 및 불꽃제품 제조업
⑤ 합성수지 및 기타 플라스틱물질 제조업

해설 ③ [×] 차량 등의 운송설비업은 PSM의 적용대상 사업장이 아니다. 공정안전관리(process safety management : PSM)의 적용대상 사업장은 공정안전보고서의 제출대상 설비 해당 사업장을 의미한다(산안령 제43조).

08 공정안전보고서 비 제출대상이 되는, 유해·위험설비로 보지 않은 설비의 종류로 올바르게 제시된 것은?

① 원자력 설비   ② 군사시설   ③ 도매·소매시설
④ 사업주가 직접 사용하기 위한 난방용 연료의 저장설비 및 사용설비
⑤ 「도시가스사업법」에 따른 가스공급시설

해설 ④ [×] 사업주가 해당 사업장 내에서 직접 사용하기 위한 난방용 연료의 저장설비 및 사용설비가 규정된 내용이다.
○ 공정안전보고서의 제출 대상으로 보지 않는 설비 (산안령 제43조)
1. 원자력 설비   2. 군사시설

정답 07. ③   08. ④

3. 사업주가 해당 사업장 내에서 직접 사용하기 위한 난방용 연료의 저장설비 및 사용설비
4. 도매·소매시설
5. 차량 등의 운송설비
6. 「액화석유가스의 안전관리 및 사업법」에 따른 액화석유가스의 충전·저장시설
7. 「도시가스사업법」에 따른 가스공급시설
8. 그 밖에 고용노동부장관이 누출·화재·폭발 등의 사고가 있더라도 그에 따른 피해의 정도가 크지 않다고 인정하여 고시하는 설비

09 산업안전보건법령에서 인화성 액체를 정의할 때 기준이 되는 표준압력은 몇 kPa인가?

① 1　　② 100　　③ 101.3　　④ 273.15　　⑤ 1013

해설　③ [○] 인화성 액체의 표준기압으로 옳은 내용이다.

○ 인화성 가스 및 액체의 정의 (산안령 제43조 관련 별표 13)

1. "인화성 가스"란 인화한계 농도의 최저한도가 13% 이하 또는 최고한도와 최저한도의 차가 12% 이상인 것으로서 표준압력(101.3kPa)에서 20°C에서 가스 상태인 물질을 말한다.

2. 인화성 가스 중 사업장 외부로부터 배관을 통해 공급받아 최초 압력조정기 후단 이후의 압력이 0.1MPa(계기압력) 미만으로 취급되는 사업장의 연료용 도시가스(메탄 중량성분 85% 이상으로 이 표에 따른 유해·위험물질이 없는 설비에 공급되는 경우에 한정)는 취급규정량을 50,000kg으로 한다.

3. 인화성 액체란 표준압력(101.3kPa)에서 인화점이 60°C 이하이거나 고온·고압의 공정운전조건으로 인하여 화재·폭발위험이 있는 상태에서 취급되는 가연성 물질을 말한다.

○ 인화성 액체의 정의 (산기규 제16조, 제17조 및 제225조 관련 별표 1)

1. 에틸에테르, 가솔린, 아세트알데히드, 산화프로필렌, 그 밖에 인화점이 23°C 미만이고 초기끓는점이 35°C 이하인 물질

2. 노르말헥산, 아세톤, 메틸에틸케톤, 메틸알코올, 에틸알코올, 이황화탄소, 그 밖에 인화점이 23°C 미만이고 초기 끓는점이 35°C를 초과하는 물질

3. 크실렌, 아세트산아밀, 등유, 경유, 테레핀유, 이소아밀알코올, 아세트산, 하이드라진, 그 밖에 인화점이 23℃ 이상 60℃ 이하인 물질

10 산업안전보건법령상 공정안전보고서에 들어갈 내용으로 규정된 것이 아닌 것은?

① 공정안전자료　② 공정위험성 평가서　③ 안전운전계획
④ 안전운전지침서　⑤ 비상조치계획

해설　④ [×] 안전운전지침서는 안전운전계획의 세부 내용에 해당한다.

○ 공정안전보고서의 내용 (산안령 제44조)

1. 공정안전자료　2. 공정위험성 평가서　3. 안전운전계획
4. 비상조치계획

○ 공정안전보고서의 세부 내용 등 (산시규 제50조)

1. 공정안전자료
2. 공정위험성평가서 및 잠재위험에 대한 사고예방·피해 최소화 대책
3. 안전운전계획
　가. 안전운전지침서
　나. 설비점검·검사 및 보수계획, 유지계획 및 지침서
　다. 안전작업허가　　라. 도급업체 안전관리계획
　마. 근로자 등 교육계획　바. 가동 전 점검지침
　사. 변경요소 관리계획　아. 자체감사 및 사고조사계획
　자. 그 밖에 안전운전에 필요한 사항
4. 비상조치계획

11 산업안전보건법상 공정안전보고서에 포함되어야 할 사항으로 규정된 것이 아닌 것은?

① 공정안전자료　② 공정위험성 평가서　③ 안전운전계획
④ 비상조치계획　⑤ 공정운전지침

해설　⑤ [×] 공정안전보고서의 구성 내용에 공정운전지침은 해당 사항이 아니다(산안령 제44조).

2.3 유해·위험 방지 조치 / 43

12 안전·보건진단을 받아 안전보건개선계획 수립·제출을 명할 수 있는 사업장에 해당되지 않는 것은?

① 산업재해율이 같은 업종 평균 산업재해율의 2배 이상인 사업장
② 사업주가 필요한 안전조치 또는 보건조치를 이행하지 아니하여 중대재해가 발생한 사업장
③ 유해인자의 노출기준을 초과한 사업장
④ 직업성 질병자가 연간 2명 이상(상시근로자 1천명 이상 사업장의 경우 3명 이상) 발생한 사업장
⑤ 작업환경 불량, 화재·폭발 또는 누출 사고 등으로 사업장 주변까지 피해가 확산된 사업장으로서 고용노동부령으로 정하는 사업장

해설 ③ [×] 유해인자의 노출기준을 초과한 사업장은 안전보건개선계획의 수립·시행 명령 대상 사업장이다(산안법 제49조).

○ 안전보건진단을 받아 안전보건개선계획 수립할 대상 (산안령 제49조)

1. 산업재해율이 같은 업종 평균 산업재해율의 2배 이상인 사업장
2. 사업주가 필요한 안전조치 또는 보건조치를 이행하지 아니하여 중대재해가 발생한 사업장
3. 직업성 질병자가 연간 2명 이상(상시근로자 1천명 이상 사업장의 경우 3명 이상) 발생한 사업장
4. 그 밖에 작업환경 불량, 화재·폭발 또는 누출 사고 등으로 사업장 주변까지 피해가 확산된 사업장으로서 고용노동부령으로 정하는 사업장

정답 12. ③

2.4 도급 시 산업재해 예방

> 도급 시 산업재해 예방

01 산업안전보건법상 도급사업에서 안전보건총괄책임자를 지정해야 하는 대상 사업에 해당되지 않는 것은?

① 관계수급인에게 고용된 근로자를 포함한 상시근로자가 100명 이상인 사업
② 상시근로자 수가 50명 이상인 선박 및 보트 건조업
③ 상시근로자 수가 50명 이상인 1차 금속 제조업
④ 상시근로자 수가 50명 이상인 토사석 광업
⑤ 관계수급인의 공사금액 포함 해당 공사 총공사금액이 30억원 이상인 건설업

해설 ⑤ [×] 관계수급인의 공사금액을 포함한 해당 공사의 총공사금액이 20억원 이상인 건설업이 규정된 내용이다.

○ 안전보건총괄책임자 지정 대상사업 (산안령 제52조) : 안전보건총괄책임자를 지정해야 하는 사업의 종류 및 사업장의 상시근로자 수는 관계수급인에게 고용된 근로자를 포함한 상시근로자가 100명(선박 및 보트 건조업, 1차 금속 제조업 및 토사석 광업의 경우에는 50명) 이상인 사업이나 관계수급인의 공사금액을 포함한 해당 공사의 총공사금액이 20억원 이상인 건설업으로 한다.

02 산업안전보건법에서 정하고 있는 안전보건총괄책임자의 직무로 규정된 것이 아닌 것은?

① 위험성평가의 실시에 관한 사항
② 도급 시 산업재해 예방조치
③ 작업환경측정 등 작업환경의 점검 및 개선에 관한 사항
④ 산업안전보건관리비의 관계수급인 간 사용에 관한 협의·조정 및 그 집행 감독
⑤ 안전인증대상기계 등과 자율안전확인대상기계 등의 사용 여부 확인

해설 ③ [×] 작업환경측정 등 작업환경의 점검 및 개선에 관한 사항은 안전보건관리책임자의 업무이다(산안법 제15조).

○ 안전보건총괄책임자의 직무 등 (산안령 제53조)

정답 01. ⑤   02. ③

1. 위험성평가의 실시에 관한 사항
2. 작업의 중지
3. 도급 시 산업재해 예방조치
4. 산업안전보건관리비의 관계수급인 간의 사용에 관한 협의·조정 및 그 집행의 감독
5. 안전인증대상기계 등과 자율안전확인대상기계 등의 사용 여부 확인

03 산업안전보건법령상 안전보건총괄책임자의 직무가 아닌 것은?

① 위험성평가의 실시에 관한 사항 　② 작업의 중지
③ 도급 시 산업재해 예방조치
④ 산업재해의 원인 조사 및 재발 방지대책 수립에 관한 사항
⑤ 안전인증대상기계 등과 자율안전확인대상기계 등의 사용 여부 확인

[해설] ④ [×] 산업재해의 원인 조사 및 재발 방지대책 수립에 관한 사항은 안전보건관리책임자의 업무에 해당한다(산안법 제15조).

04 산업안전보건법령상 건설공사 산업재해 예방 조치와 관련하여 안전보건전문가로 규정된 내용이 아닌 것은?

① 건설안전 분야의 산업안전지도사 자격을 가진 사람
② 산업보건지도사 자격을 가진 사람
③ 건설안전기술사 자격을 가진 사람
④ 건설안전기사 자격을 취득한 후 건설안전 분야에서 3년 이상의 실무경력이 있는 사람
⑤ 건설안전산업기사 자격을 취득한 후 건설안전 분야에서 5년 이상의 실무경력이 있는 사람

[해설] ② [×] 산업보건지도사 자격을 가진 사람은 규정상의 자격자가 아니다.
○ 건설공사의 안전보건전문가 (산안령 제55조의 2) : 건설공사발주자의 산업재해 예방 조치(산안법 제67조)에서 "대통령령으로 정하는 안전보건 분야의 전문가"란 다음 각 호의 사람을 말한다.
1. 건설안전 분야의 산업안전지도사 자격을 가진 사람

[정답] 03. ④　04. ②

2. 건설안전기술사 자격을 가진 사람
3. 건설안전기사 자격을 취득한 후 건설안전 분야에서 3년 이상의 실무경력이 있는 사람
4. 건설안전산업기사 자격을 취득한 후 건설안전 분야에서 5년 이상의 실무경력이 있는 사람

05 산업안전보건법령상 안전보건조정자를 두어야 하는 건설공사 금액은?

① 20억원 이상 ② 30억원 이상 ③ 50억원 이상 ④ 100억원 이상
⑤ 120억원 이상

해설 ③ [○] 건설공사에서 각 건설공사의 금액의 합이 50억원 이상인 경우이다.

○ 안전보건조정자의 선임 등 (산안령 제56조)
건설공사에서 각 건설공사의 금액의 합이 50억원 이상인 경우

○ 안전보건조정자의 업무 (산안령 제57조)
1. 같은 장소에서 이루어지는 각각의 공사 간에 혼재된 작업의 파악
2. 혼재된 작업으로 인한 산업재해 발생의 위험성 파악
3. 혼재된 작업으로 인한 산업재해를 예방하기 위한 작업의 시기·내용 및 안전보건 조치 등의 조정
4. 각각의 공사 도급인의 안전보건관리책임자 간 작업 내용에 관한 정보 공유 여부의 확인

06 재해발생 위험이 높다고 판단되는 경우 설계변경 요청 대상이 되는 건설공사의 종류로 규정된 것이 아닌 것은?

① 높이 31m 이상인 비계 ② 작업발판 일체형 거푸집
③ 높이 5m 이상인 거푸집 동바리
④ 터널의 지보공 또는 높이 3m 이상인 흙막이 지보공
⑤ 동력을 이용하여 움직이는 가설구조물

해설 ④ [×] 터널의 지보공 또는 높이 2m 이상인 흙막이 지보공이 규정된 내용이다.

○ 설계변경의 요청 (산안법 제71조) : 건설공사도급인은 해당 건설공사 중에 대통령령으로 정하는 가설구조물의 붕괴 등으로 산업재해가 발생할 위험이 있

정답 05. ③ 06. ④

다고 판단되면 건축·토목 분야의 전문가 등 대통령령으로 정하는 전문가의 의견을 들어 건설공사발주자에게 해당 건설공사의 설계변경을 요청할 수 있다. 다만, 건설공사발주자가 설계를 포함하여 발주한 경우는 그러하지 아니하다.

○ 설계변경 요청 대상 (산안령 제58조) : "대통령령으로 정하는 가설구조물"이란 다음 각 호의 어느 하나에 해당하는 것을 말한다.

1. 높이 31m 이상인 비계
2. 작업발판 일체형 거푸집 또는 높이 5m 이상인 거푸집 동바리 (타설된 콘크리트가 일정 강도에 이르기까지 하중 등을 지지하기 위하여 설치하는 부재)
3. 터널의 지보공(支保工: 무너지지 않도록 지지하는 구조물) 또는 높이 2m 이상인 흙막이 지보공
4. 동력을 이용하여 움직이는 가설구조물

07 건설공사도급인은 건설공사 중에 가설구조물의 붕괴 등 산업재해가 발생할 위험이 있다고 판단되면 건축·토목 분야의 전문가의 의견을 들어 건설공사발주자에게 해당 건설공사의 설계변경을 요청할 수 있는데, 이러한 가설구조물의 기준으로 옳지 않은 것은?

① 높이 20m 이상인 비계
② 높이 5m 이상인 거푸집 동바리
③ 작업발판 일체형 거푸집
④ 동력을 이용하여 움직이는 가설구조물
⑤ 터널의 지보공 또는 높이 2m 이상인 흙막이 지보공

해설 ① [×] 높이 31m 이상인 비계가 대상이 된다(산안령 제58조).

08 산업안전보건법상 안전보건개선계획의 수립, 시행명령을 받은 사업주는 고용노동부장관이 정하는 바에 따라 안전계획서를 작성하여 그 명령을 받은 날부터 며칠 이내에 관할 지방고용노동관서의 장에게 제출해야 하는가?

① 15일 ② 30일 ③ 45일 ④ 60일 ⑤ 90일

해설 ④ [○] 안전보건개선계획의 제출로서 옳은 내용이다.
○ 안전보건개선계획의 제출 등 (산시규 제61조)

정답 07. ① 08. ④

① 안전보건개선계획서를 제출해야 하는 사업주는 안전보건개선계획서 수립·시행 명령을 받은 날부터 60일 이내에 관할 지방고용노동관서의 장에게 해당 계획서를 제출(전자문서로 제출하는 것을 포함한다)해야 한다.

② 제1항에 따른 안전보건개선계획서에는 시설, 안전보건관리체제, 안전보건교육, 산업재해 예방 및 작업환경의 개선을 위하여 필요한 사항이 포함되어야 한다.

09 노사협의체 설치대상 2가지와 개최주기에 대해 바르게 제시된 것은?

노사협의체 설치대상은 공사금액이 (㉠) 이상인 건설업과 공사금액이 (㉡) 이상인 토목공사업이고, 개최주기는 (㉢)이다.

① ㉠ : 20억원, ㉡ 50억원, ㉢ 1개월마다
② ㉠ : 50억원, ㉡ 100억원, ㉢ 1개월마다
③ ㉠ : 100억원, ㉡ 120억원, ㉢ 1개월마다
④ ㉠ : 120억원, ㉡ 150억원, ㉢ 2개월마다
⑤ ㉠ : 120억원, ㉡ 300억원, ㉢ 2개월마다

해설 ④ [○] 노사협의체 설치대상 2가지와 개최주기로 올바르게 제시된 것이다.

○ 노사협의체의 설치 대상 (산안령 제63조)
   1. 공사금액이 120억원 이상인 건설공사
   2. 공사금액이 150억원 이상인 토목공사

○ 노사협의체의 구성 (산안령 제64조)
   1. 근로자위원
      가. 도급 또는 하도급 사업을 포함한 전체 사업의 근로자대표
      나. 근로자대표가 지명하는 명예산업안전감독관 1명. 다만, 명예산업안전감독관이 위촉되어 있지 않은 경우에는 근로자대표가 지명하는 해당 사업장 근로자 1명
      다. 공사금액이 20억원 이상인 공사의 관계수급인의 각 근로자대표
   2. 사용자위원
      가. 도급 또는 하도급 사업을 포함한 전체 사업의 대표자
      나. 안전관리자 1명

정답 09. ④

다. 보건관리자 1명 (보건관리자 선임대상 건설업으로 한정한다)
라. 공사금액이 20억원 이상인 공사의 관계수급인의 각 대표자

○ 노사협의체의 운영 등 (산안령 제65조)
1. 노사협의체의 회의는 정기회의와 임시회의로 구분하여 개최
2. 정기회의는 2개월마다 노사협의체의 위원장이 소집
3. 임시회의는 위원장이 필요하다고 인정할 때에 소집

10 산업안전보건법령상 안전·보건에 관한 노사협의체 구성의 근로자위원으로 구성기준 중 틀린 것은?

① 근로자대표가 지명하는 안전관리자 1명
② 근로자대표가 지명하는 명예감독관 1명
③ 도급 또는 하도급 사업을 포함한 전체 사업의 근로자대표
④ 공사금액이 20억원 이상인 도급 또는 하도급 사업의 근로자대표
⑤ 명예산업안전감독관이 위촉되어 있지 않은 경우에는 근로자대표가 지명하는 해당 사업장 근로자 1명

해설   ① [×] 안전관리자 1명은 사용자위원에 해당한다.

11 노사협의체 설치, 구성 및 운영에 관한 내용이다. 다음 물음에 올바른 답을 제시한 것은?

> ㉠ 노사협의체 설치대상으로서 건설업의 경우 공사금액이 얼마인가?
> ㉡ 근로자위원, 사용자위원은 합의를 통해 노사협의체에 공사금액이 얼마 미만인 도급, 하도급 사업의 사업주, 근로자대표를 위원으로 위촉할 수 있는가?
> ㉢ 노사협의체 정기회의 개최주기는?

① ㉠ 20억원 이상, ㉡ 15억원, ㉢ 1개월 마다
② ㉠ 50억원 이상, ㉡ 10억원, ㉢ 1개월 마다
③ ㉠ 100억원 이상, ㉡ 20억원, ㉢ 2개월 마다
④ ㉠ 120억원 이상, ㉡ 20억원, ㉢ 2개월 마다
⑤ ㉠ 120억원 이상, ㉡ 20억원, ㉢ 3개월 마다

정답   10. ①   11. ④

해설 ④ [○] 노사협의체 관련으로서 옳은 내용이다.

○ 노사협의체의 설치 대상 (산안령 제63조) : 공사금액이 120억원(「건설산업기본법 시행령」에 따른 토목공사업은 150억원) 이상인 건설공사를 말한다.

○ 노사협의체의 구성 (산안령 제64조)

① 노사협의체는 다음 각 호에 따라 근로자위원과 사용자위원으로 구성한다.

1. 근로자위원

   가. 도급 또는 하도급 사업을 포함한 전체 사업의 근로자대표

   나. 근로자대표가 지명하는 명예산업안전감독관 1명. 다만, 명예산업안전감독관이 위촉되어 있지 않은 경우에는 근로자대표가 지명하는 해당 사업장 근로자 1명

   다. 공사금액이 20억원 이상인 공사의 관계수급인의 각 근로자대표

2. 사용자위원

   가. 도급 또는 하도급 사업을 포함한 전체 사업의 대표자

   나. 안전관리자 1명

   다. 보건관리자 1명(별표 5 제44호에 따른 보건관리자 선임대상 건설업으로 한정한다)

   라. 공사금액이 20억원 이상인 공사의 관계수급인의 각 대표자

② 노사협의체의 근로자위원과 사용자위원은 합의하여 노사협의체에 공사금액이 20억원 미만인 공사의 관계수급인 및 관계수급인 근로자대표를 위원으로 위촉할 수 있다.

③ 노사협의체의 근로자위원과 사용자위원은 합의하여 「건설기계관리법」에 따라 등록된 건설기계를 직접 운전하는 사람을 노사협의체에 참여하도록 할 수 있다. <개정 2024. 12. 31>

○ 노사협의체의 운영 등 (산안령 제65조) : 노사협의체의 회의는 정기회의와 임시회의로 구분하여 개최하되, 정기회의는 2개월마다 노사협의체의 위원장이 소집하며, 임시회의는 위원장이 필요하다고 인정할 때에 소집한다.

2.5 유해·위험 기계 등 조치

안전인증 대상 기계 등

01 산업안전보건법상 안전인증 대상 기계·기구 및 설비에 해당하지 않는 것은?

① 전단기 및 절곡기 ② 압력용기 ③ 롤러기 ④ 산업용 원심기
⑤ 곤돌라

해설 ④ [×] 산업용 원심기는 안전검사 대상 기계에 해당한다(산안령 제78조).

○ 안전인증 대상 기계·기구 및 설비 (산안령 제74조)

1. 프레스 2. 전단기 및 절곡기(折曲機)
3. 크레인 4. 리프트
5. 압력용기 6. 롤러기
7. 사출성형기(射出成形機) 8. 고소(高所) 작업대
9. 곤돌라

02 산업안전보건법상 안전인증 대상 방호장치에 해당하지 않는 것은?

① 양중기용 과부하 방지장치 ② 압력용기 압력방출용 안전밸브
③ 보일러 압력방출용 안전밸브 ④ 교류 아크용접기용 자동전격방지기
⑤ 절연용 방호구 및 활선작업용 기구

해설 ④ [×] 교류 아크용접기용 자동전격방지기는 자율안전확인대상 방호장치이다 (산안령 제77조).

○ 안전인증 대상 방호장치 (산안령 제74조)

1. 프레스 및 전단기 방호장치
2. 양중기용(揚重機用) 과부하 방지장치
3. 보일러 압력방출용 안전밸브
4. 압력용기 압력방출용 안전밸브

정답 01. ④   02. ④

5. 압력용기 압력방출용 파열판
6. 절연용 방호구 및 활선작업용(活線作業用) 기구
7. 방폭구조(防爆構造) 전기기계·기구 및 부품
8. 추락·낙하 및 붕괴 등의 위험 방지 및 보호에 필요한 가설기자재로서 고용노동부장관이 정하여 고시하는 것
9. 충돌·협착 등의 위험 방지에 필요한 산업용 로봇 방호장치로서 고용노동부장관이 정하여 고시하는 것

03 산업안전보건법상 안전인증 대상 보호구에 해당하지 않는 것은?

① 추락 및 감전 위험방지용 안전모　　② 안전장갑　　③ 호흡보호구
④ 방음용 귀마개 또는 귀덮개　　　　⑤ 안전대

해설　③ [×] 전동식 호흡보호구가 안전인증 대상 보호구이다.
○ 안전인증 대상 보호구 (산안령 제74조)
1. 추락 및 감전 위험방지용 안전모　　2. 안전화
3. 안전장갑　　　　　　　　　　　　4. 방진마스크
5. 방독마스크　　　　　　　　　　　6. 송기(送氣)마스크
7. 전동식 호흡보호구　　　　　　　　8. 보호복
9. 안전대
10. 차광(遮光) 및 비산물(飛散物) 위험방지용 보안경
11. 용접용 보안면　　　　　　　　　12. 방음용 귀마개 또는 귀덮개

04 다음 보기에서 안전인증 대상 기계·기구 및 설비, 방호장치 또는 보호구에 해당하는 것만을 올바르게 제시한 것은?

㉠ 안전대	㉡ 연삭기 덮개	㉢ 아세틸렌용접장치용 안전기
㉣ 산업용 로봇 안전매트	㉤ 압력용기	㉥ 양중기용 과부하방지장치
㉦ 교류아크용접기용 자동전격방지장치		㉧ 곤돌라
㉨ 동력식 수동대패용 칼날접촉 방지장치		㉩ 보호복

① ㉠, ㉡, ㉥, ㉧, ㉩　　② ㉠, ㉢, ㉦, ㉧, ㉩　　③ ㉠, ㉢, ㉥, ㉨, ㉩

정답　03. ③　　04. ④

④ ㉠, ㉱, ㉲, ㉳, ㉷   ⑤ ㉠, ㉢, ㉲, ㉶, ㉷

해설 ④ [○] 안전인증 대상으로서 ㉠ 안전대는 보호구, ㉱ 압력용기는 기계·기구 및 설비, ㉲ 양중기용 과부하방지장치는 방호장치, ㉳ 곤돌라는 기계·기구 및 설비, ㉷ 보호복은 보호구에 각각 해당한다(산안령 제74조).

○ 자율안전확인 대상으로서 ㉡ 연삭기 덮개는 방호장치, ㉢ 아세틸렌용접장치용 안전기는 방호장치, ㉣ 산업용 로봇 안전매트는 방호장치, ㉶ 교류아크용접기용 자동전격방지장치는 방호장치에 각각 해당한다(산안령 제77조).

자율안전확인 대상 기계 등

01 자율안전확인 대상 기계·기구 및 설비에 해당하지 않는 것은?

① 산업용 로봇   ② 혼합기   ③ 컨베이어   ④ 파쇄기 또는 분쇄기
⑤ 목재가공용 기계

해설 ⑤ [×] 고정형 목재가공용 기계(둥근톱, 대패, 루타기, 띠톱, 모떼기 기계만 해당)가 자율안전확인 대상 기계·기구 및 설비에 해당한다.

○ 자율안전확인대상 기계·기구 및 설비 (산안령 제77조)

1. 연삭기(研削機) 또는 연마기 (휴대형은 제외한다)
2. 산업용 로봇   3. 혼합기
4. 파쇄기 또는 분쇄기
5. 식품가공용 기계 (파쇄·절단·혼합·제면기만 해당한다)
6. 컨베이어   7. 자동차정비용 리프트
8. 공작기계 (선반, 드릴기, 평삭·형삭기, 밀링만 해당한다)
9. 고정형 목재가공용 기계 (둥근톱, 대패, 루타기, 띠톱, 모떼기 기계만 해당한다)
10. 인쇄기

정답 01. ⑤

02 산업안전보건법상 자율안전확인 대상 방호장치에 해당하지 않는 것은?

① 아세틸렌 용접장치용 또는 가스집합 용접장치용 안전기
② 교류 아크용접기용 자동전격방지기
③ 목재 가공용 둥근톱 반발 예방장치와 날 접촉 예방장치
④ 롤러기 급정지장치   ⑤ 동력식 칼날 접촉 방지장치

해설   ⑤ [×] 동력식 수동대패용 칼날 접촉 방지장치가 자율안전확인 대상 방호장치에 해당한다.

○ 자율안전확인 대상 방호장치 (산안령 제77조)

1. 아세틸렌 용접장치용 또는 가스집합 용접장치용 안전기
2. 교류 아크용접기용 자동전격방지기
3. 롤러기 급정지장치
4. 연삭기 덮개
5. 목재 가공용 둥근톱 반발 예방장치와 날 접촉 예방장치
6. 동력식 수동대패용 칼날 접촉 방지장치
7. 추락·낙하 및 붕괴 등의 위험 방지 및 보호에 필요한 가설기자재로서 고용노동부장관이 정하여 고시하는 것

안전검사 대상 기계 등

01 산업안전보건법상 안전검사 대상 유해·위험기계에 해당하지 않는 것은?

① 리프트   ② 압력용기   ③ 곤돌라   ④ 컨베이어
⑤ 파쇄기 또는 분쇄기

해설   ⑤ [×] 파쇄기 또는 분쇄기는 자율안전확인 대상 기계·기구 및 설비이다.

○ 안전검사 대상 기계 등 (산안령 제78조) <개정 2024. 6. 25>

1. 프레스   2. 전단기
3. 크레인 (정격 하중이 2톤 미만인 것은 제외한다)
4. 리프트   5. 압력용기
6. 곤돌라   7. 국소 배기장치 (이동식은 제외한다)

정답   02. ⑤ | 01. ⑤

8. 원심기 (산업용만 해당한다)   9. 롤러기 (밀폐형 구조는 제외한다)

10. 사출성형기 (형 체결력 294킬로뉴턴(kN) 미만은 제외한다)

11. 고소작업대 (화물자동차 또는 특수자동차에 탑재한 고소작업대로 한정한다)

12. 컨베이어   13. 산업용 로봇

14. 혼합기   15. 파쇄기 또는 분쇄기

2.6 유해·위험물질 조치

> 유해·위험물질 조치

01 산업안전보건법령상 허용기준 이하 유지 대상 유해인자의 종류에 해당하지 않는 것은?

① 6가크롬 화합물 ② 니켈카르보닐 ③ 디클로로메탄
④ 크롬산 아연 ⑤ 망간 및 그 무기화합물

해설 ④ [×] 크롬산 아연은 허용기준 이하 유지 대상 유해인자의 종류에 해당되지 않는다. 허가대상 유해물질이다.

○ 유해인자 허용기준 이하 유지 대상 유해인자 (산안령 제84조 관련 별표 26)

1. 6가크롬 화합물
2. 납 및 그 무기화합물
3. 니켈 화합물 (불용성 무기화합물로 한정한다)
4. 니켈카르보닐
5. 디메틸포름아미드
6. 디클로로메탄
7. 1,2-디클로로프로판
8. 망간 및 그 무기화합물
9. 메탄올
10. 메틸렌 비스(페닐 이소시아네이트)
11. 베릴륨 및 그 화합물
12. 벤젠
13. 1,3-부타디엔
14. 2-브로모프로판
15. 브롬화 메틸
16. 산화에틸렌
17. 석면(제조·사용의 경우만 해당)
18. 수은 및 그 무기화합물
19. 스티렌
20. 시클로헥사논
21. 아닐린
22. 아크릴로니트릴
23. 암모니아
24. 염소
25. 염화비닐
26. 이황화탄소
27. 일산화탄소
28. 카드뮴 및 그 화합물
29. 코발트 및 그 무기화합물
30. 콜타르피치 휘발물
31. 톨루엔
32. 톨루엔-2,4-디이소시아네이트
33. 톨루엔-2,6-디이소시아네이트

정답 01. ④

34. 트리클로로메탄   35. 트리클로로에틸렌
36. 포름알데히드   37. n-헥산
38. 황산

02 유해물질에 대한 유해·위험성조사 제외 화학물질에 해당하지 않는 것은?

① 원소
② 「위생용품 관리법」에 따른 위생용품
③ 「농약관리법」에 따른 농약 및 원제
④ 「폐기물관리법법」에 따른 폐기물
⑤ 「식품위생법」에 따른 식품 및 식품첨가물

해설 ④ [×] 「폐기물관리법」에 따른 폐기물은 규정된 내용이 아니다. 물질안전보건자료 작성 비치 제외 대상에 해당하는 물질이다.

○ 유해성·위험성 조사 제외 화학물질 (산안령 제85조)

1. 원소
2. 천연으로 산출된 화학물질
3. 「건강기능식품에 관한 법률」에 따른 건강기능식품
4. 「군수품관리법」 및 「방위사업법」에 따른 군수품 [「군수품관리법」에 따른 통상품(痛常品)은 제외한다]
5. 「농약관리법」에 따른 농약 및 원제
6. 「마약류 관리에 관한 법률」에 따른 마약류
7. 「비료관리법」에 따른 비료
8. 「사료관리법」에 따른 사료
9. 「생활화학제품 및 살생물제의 안전관리에 관한 법률」에 따른 살생물질 및 살생물제품
10. 「식품위생법」에 따른 식품 및 식품첨가물
11. 「약사법」에 따른 의약품 및 의약외품(醫藥外品)
12. 「원자력안전법」에 따른 방사성물질
13. 「위생용품 관리법」에 따른 위생용품
14. 「의료기기법」에 따른 의료기기
15. 「총포·도검·화약류 등의 안전관리에 관한 법률」에 따른 화약류

정답 02. ④

16. 「화장품법」에 따른 화장품과 화장품에 사용하는 원료
17. 고용노동부장관이 명칭, 유해성·위험성, 근로자의 건강장해 예방을 위한 조치 사항 및 연간 제조량·수입량을 공표한 물질로서 공표된 연간 제조량·수입량 이하로 제조하거나 수입한 물질
18. 고용노동부장관이 환경부장관과 협의하여 고시하는 화학물질 목록에 기록되어 있는 물질

03 산업안전보건법상 물질안전보건자료의 작성 비치 등의 제외 대상에 해당되지 않는 것은?

① 「농약관리법」에 따른 농약
② 「약사법」에 따른 의약품 및 의약외품
③ 「원자력안전법」에 따른 방사성물질
④ 「군수품관리법」 및 「방위사업법」에 따른 군수품
⑤ 「폐기물관리법」에 따른 폐기물

해설 ④ [×] 「군수품관리법」 및 「방위사업법」에 따른 군수품은 유해성·위험성 조사 제외 화학물질에는 해당한다.

○ 물질안전보건자료의 작성·제출 제외 대상 화학물질 등 (산안령 제86조)

1. 「건강기능식품에 관한 법률」에 따른 건강기능식품
2. 「농약관리법」에 따른 농약
3. 「마약류 관리에 관한 법률」에 따른 마약 및 향정신성의약품
4. 「비료관리법」에 따른 비료
5. 「사료관리법」에 따른 사료
6. 「생활주변방사선 안전관리법」에 따른 원료물질
7. 「생활화학제품 및 살생물제의 안전관리에 관한 법률」에 따른 안전확인대상생활화학제품 및 살생물제품 중 일반소비자의 생활용으로 제공되는 제품
8. 「식품위생법」에 따른 식품 및 식품첨가물
9. 「약사법」에 따른 의약품 및 의약외품
10. 「원자력안전법」에 따른 방사성물질
11. 「위생용품 관리법」에 따른 위생용품
12. 「의료기기법」에 따른 의료기기

정답 03. ④

13. 「첨단재생의료 및 첨단바이오의약품 안전 및 지원에 관한 법률」에 따른 첨단바이오의약품
14. 「총포·도검·화약류 등의 안전관리에 관한 법률」에 따른 화약류
15. 「폐기물관리법」에 따른 폐기물
16. 「화장품법」에 따른 화장품
17. 제1호부터 제15호까지의 규정 외의 화학물질 또는 혼합물로서 일반소비자의 생활용으로 제공되는 것 (일반소비자의 생활용으로 제공되는 화학물질 또는 혼합물이 사업장 내에서 취급되는 경우를 포함한다)
18. 고용노동부장관이 정해 고시하는 연구·개발용 화학물질 또는 화학제품.
19. 그 밖에 고용노동부장관이 독성·폭발성 등으로 인한 위해의 정도가 적다고 인정하여 고시하는 화학물질

04 산업안전보건법령상 제조 등이 금지되는 유해물질의 종류로 규정된 것이 아닌 것은?

① β-나프틸아민과 그 염
② 4-니트로디페닐과 그 염
③ 백연을 포함한 페인트 (포함된 중량의 비율이 5% 이하인 것은 제외한다)
④ 폴리클로리네이티드 터페닐
⑤ 황린 성냥

해설 ③ [×] 백연을 포함한 페인트(포함된 중량의 비율이 2% 이하인 것은 제외한다)가 규정된 내용이다.

○ 제조 등이 금지되는 유해물질 (산안령 제87조)

1. β-나프틸아민과 그 염
2. 4-니트로디페닐과 그 염
3. 백연을 포함한 페인트 (포함된 중량 비율이 2% 이하인 것은 제외한다)
4. 벤젠을 포함하는 고무풀 (포함된 중량 비율이 5% 이하인 것은 제외한다)
5. 석면
6. 폴리클로리네이티드 터페닐
7. 황린 성냥
8. 제1호, 제2호, 제5호 또는 제6호에 해당하는 물질을 포함한 혼합물 (포함된 중량 비율이 1% 이하인 것은 제외한다)
9. 「화학물질관리법」에 따른 금지물질

정답 04. ③

10. 그 밖에 보건상 해로운 물질로서 산업재해보상보험및예방심의위원회의 심의를 거쳐 고용노동부장관이 정하는 유해물질

05 산업안전보건법령상 허가대상 유해물질의 종류로 규정된 것이 아닌 것은?

① α-나프틸아민 및 그 염 ② 디아니시딘 및 그 염
③ 벤조트리클로라이드 ④ 석면 ⑤ 황화니켈류

해설 ④ [×] 석면은 제조 등이 금지되는 유해물질이며, 허가대상 유해물질이 아니다.
○ 허가 대상 유해물질 (산안령 제88조)

1. α-나프틸아민 및 그 염 2. 디아니시딘 및 그 염
3. 디클로로벤지딘 및 그 염 4. 베릴륨
5. 벤조트리클로라이드 6. 비소 및 그 무기화합물
7. 염화비닐 8. 콜타르피치 휘발물
9. 크롬광 가공 (열을 가하여 소성 처리하는 경우만 해당한다)
10. 크롬산 아연 11. o-톨리딘 및 그 염
12. 황화니켈류
13. 제1호부터 제4호까지 또는 제6호부터 제12호까지의 어느 하나에 해당하는 물질을 포함한 혼합물 (포함된 중량의 비율이 1% 이하인 것은 제외한다)
14. 제5호의 물질을 포함한 혼합물 (포함된 중량의 비율이 0.5% 이하인 것은 제외한다)
15. 그 밖에 보건상 해로운 물질로서 산업재해보상보험및예방심의위원회의 심의를 거쳐 고용노동부장관이 정하는 유해물질

06 산업안전보건법령상 기관석면조사 대상으로 적절하지 않은 것은?

① 건축물의 연면적 합계가 50m² 이상이면서, 그 건축물의 철거·해체하려는 부분의 면적 합계가 50m² 이상인 경우
② 주택의 연면적 합계가 200m² 이상이면서, 그 주택의 철거·해체하려는 부분의 면적 합계가 200m² 이상인 경우

정답 05. ④ 06. ⑤

③ 설비의 철거·해체하려는 부분에 단열재를 사용한 면적의 합이 15m² 이상 또는 그 부피의 합이 1m³ 이상인 경우

④ 설비의 철거·해체하려는 부분에 내화피복재를 사용한 면적의 합이 15m² 이상 또는 그 부피의 합이 1m³ 이상인 경우

⑤ 파이프 길이의 합이 90m 이상이면서, 그 파이프의 철거·해체하려는 부분의 보온재로 사용된 길이의 합이 90m 이상인 경우

해설 ⑤ [×] 파이프 길이의 합이 80m 이상이면서, 그 파이프의 철거·해체하려는 부분의 보온재로 사용된 길이의 합이 80m 이상인 경우가 규정된 내용이다.

○ 기관석면조사 대상 (산안령 제89조)

1. 건축물(제2호에 따른 주택은 제외)의 연면적 합계가 50m² 이상이면서, 그 건축물의 철거·해체하려는 부분의 면적 합계가 50m² 이상인 경우

2. 주택(「건축법 시행령」에 따른 부속건축물을 포함한다)의 연면적 합계가 200m² 이상이면서, 그 주택의 철거·해체하려는 부분의 면적 합계가 200m² 이상인 경우

3. 설비의 철거·해체하려는 부분에 다음 각 목의 어느 하나에 해당하는 자재(물질을 포함한다)를 사용한 면적의 합이 15m² 이상 또는 그 부피의 합이 1m³ 이상인 경우

　가. 단열재　나. 보온재　다. 분무재　라. 내화피복재　마. 개스킷
　바. 패킹재　사. 실링재
　아. 그 밖에 가목부터 사목까지의 자재와 유사한 용도로 사용되는 자재로서 고용노동부장관이 정하여 고시하는 자재

4. 파이프 길이의 합이 80m 이상이면서, 그 파이프의 철거·해체하려는 부분의 보온재로 사용된 길이의 합이 80m 이상인 경우

07 기관석면조사 대상 중 설비의 철거·해체하려는 부분의 자재를 사용한 면적의 합이 15제곱미터 이상 또는 그 부피의 합이 1세제곱미터 이상인 경우에 해당하는 자재의 종류로 적절하지 않은 것은?

정답　07. ③

① 단열재　② 보온재　③ 충진재　④ 내화피복재　⑤ 개스킷

해설　③ [×] 충진재는 규정된 내용이 아니다. 단열재, 보온재, 분무재, 내화피복재, 개스킷, 패킹재, 실링재가 규정된 내용이다(산안령 제89조).

08 산업안전보건법령상 석면해체·제거업자를 통한 석면해체·제거 대상으로 적절하지 않은 것은?

① 철거·해체하려는 벽체재료, 바닥재, 천장재 및 지붕재 등의 자재에 석면이 중량비율 1%가 넘게 포함되어 있고, 그 자재의 면적의 합이 50m² 이상인 경우
② 석면이 중량비율 1%가 넘게 포함된 분무재 또는 내화피복재를 사용한 경우
③ 석면이 중량비율 1%가 넘게 포함된 자재의 면적의 합이 12m² 이상인 경우
④ 석면이 중량비율 1%가 넘게 포함된 자재의 부피의 합이 1m³ 이상인 경우
⑤ 파이프에 사용된 보온재에서 석면이 중량비율 1%가 넘게 포함되어 있고, 그 보온재 길이의 합이 80m 이상인 경우

해설　③ [×] 석면이 중량비율 1%가 넘게 포함된 자재의 면적의 합이 15m² 이상인 경우가 규정된 내용이다.

○ 석면해체·제거업자를 통한 석면해체·제거 대상 (산안령 제94조)
1. 철거·해체하려는 벽체재료, 바닥재, 천장재 및 지붕재 등의 자재에 석면이 중량비율 1%가 넘게 포함되어 있고, 그 자재의 면적의 합이 50m² 이상인 경우
2. 석면이 중량비율 1%가 넘게 포함된 분무재 또는 내화피복재를 사용한 경우
3. 석면이 중량비율 1%가 넘게 포함된 자재의 면적의 합이 15m² 이상 또는 그 부피의 합이 1m³ 이상인 경우
4. 파이프에 사용된 보온재에서 석면이 중량비율 1%가 넘게 포함되어 있고 그 보온재 길이의 합이 80m 이상인 경우

정답　08. ③

2.7 근로자 보건관리

> 근로자 보건관리

01 산업안전보건법령상 유해·위험 예방조치 외에 작업과 휴식의 적정한 배분, 그 밖에 근로시간과 관련된 근로조건의 개선을 통하여 근로자의 건강 보호를 위한 조치가 필요한 작업에 해당하지 않는 것은?

① 갱(坑) 내에서 하는 작업
② 다량의 고열물체를 취급하는 작업과 현저히 덥고 뜨거운 장소에서 하는 작업
③ 자외선, 극저주파, 레이저, 그 밖의 유해 광선을 취급하는 작업
④ 유리·흙·돌·광물의 먼지가 심하게 날리는 장소에서 하는 작업
⑤ 인력(人力)으로 중량물을 취급하는 작업

해설 ③ [×] 라듐방사선이나 엑스선, 그 밖의 유해 방사선을 취급하는 작업이 옳은 내용이다. 엑스선 등 전리방사선(이온화방사선)은 건강보호 조치 대상이다.
  ○ 유해·위험작업에 대한 근로시간 제한 등 (산안령 제99조)
    ① "높은 기압에서 하는 작업 등 대통령령으로 정하는 작업"이란 잠함(潛函) 또는 잠수 작업 등 높은 기압에서 하는 작업을 말한다.
    ② 제1항에 따른 작업에서 잠함·잠수 작업시간, 가압·감압방법 등 해당 근로자의 안전과 보건을 유지하기 위하여 필요한 사항은 고용노동부령으로 정한다.
    ③ "대통령령으로 정하는 유해하거나 위험한 작업"이란 다음 각 호의 어느 하나에 해당하는 작업을 말한다.
      1. 갱(坑) 내에서 하는 작업
      2. 다량의 고열물체를 취급하는 작업과 현저히 덥고 뜨거운 장소에서 하는 작업
      3. 다량의 저온물체를 취급하는 작업과 현저히 춥고 차가운 장소에서 하는 작업
      4. 라듐방사선이나 엑스선, 그 밖의 유해 방사선을 취급하는 작업
      5. 유리·흙·돌·광물의 먼지가 심하게 날리는 장소에서 하는 작업

정답 01. ③

6. 강렬한 소음이 발생하는 장소에서 하는 작업
7. 착암기(바위에 구멍을 뚫는 기계) 등에 의하여 신체에 강렬한 진동을 주는 작업
8. 인력(人力)으로 중량물을 취급하는 작업
9. 납·수은·크롬·망간·카드뮴 등의 중금속 또는 이황화탄소·유기용제, 그 밖에 고용노동부령으로 정하는 특정 화학물질의 먼지·증기 또는 가스가 많이 발생하는 장소에서 하는 작업

02 산업안전보건법령상 근로자의 건강 보호를 위한 조치로서 교육기관의 지정 취소 등의 사유에 해당하지 않는 것은?

① 정당한 사유 없이 특정인에 대한 교육을 거부한 경우
② 정당한 사유 없이 3개월 이상의 휴업으로 인하여 위탁받은 교육 업무의 수행에 차질을 일으킨 경우
③ 교육과 관련된 비치서류를 보존하지 않은 경우
④ 교육과 관련된 서류를 거짓으로 작성한 경우
⑤ 교육과 관련한 수수료 외의 금품을 받은 경우

해설 ② [×] 정당한 사유 없이 1개월 이상의 휴업으로 인하여 위탁받은 교육 업무의 수행에 차질을 일으킨 경우가 해당이 된다.
○ 교육기관의 지정 취소 등의 사유 (산안령 제100조)
1. 교육과 관련된 서류를 거짓으로 작성한 경우
2. 정당한 사유 없이 특정인에 대한 교육을 거부한 경우
3. 정당한 사유 없이 1개월 이상의 휴업으로 인하여 위탁받은 교육 업무의 수행에 차질을 일으킨 경우
4. 교육과 관련된 비치서류를 보존하지 않은 경우
5. 교육과 관련한 수수료 외의 금품을 받은 경우
6. 법에 따른 관계 공무원의 지도·감독을 거부·방해 또는 기피한 경우

정답 02. ②

제3장

산업안전보건법 시행규칙

3.1 시행규칙 총칙 및 체제 / 66

3.2 안전보건교육 / 70

3.3 유해·위험 방지 조치 / 88

3.4 도급 시 산업재해 예방 / 106

3.5 유해·위험 기계 등 조치 / 108

3.6 유해·위험물질 조치 / 120

3.7 근로자 보건관리 / 125

3.1 시행규칙 총칙 및 체제

> 중대재해의 범위

01 산업안전보건법령상 중대재해로 볼 수 있는 것이 아닌 것은?

① 사망자가 1명 이상 발생한 재해
② 3개월 이상의 요양이 필요한 부상자가 동시에 2명 이상 발생한 재해
③ 동일한 사고로 6개월 이상 치료가 필요한 부상자가 2명 이상 발생
④ 부상자가 동시에 10명 이상 발생한 재해
⑤ 직업성 질병자가 동시에 10명 이상 발생한 재해

해설 ③ [×] 중대재해 처벌 등에 관한 법률상의 중대산업재해의 범위에 속한다.
　　○ 중대재해의 범위 (산시규 제3조) : 다음 각 호의 어느 하나 해당하는 경우
　　　1. 사망자가 1명 이상 발생한 재해
　　　2. 3개월 이상의 요양이 필요한 부상자가 동시에 2명 이상 발생한 재해
　　　3. 부상자 또는 직업성 질병자가 동시에 10명 이상 발생한 재해
　　○ 중대재해의 범위 (중대재해 처벌 등에 관한 법률, 제2조)
　　　1. "중대재해"란 "중대산업재해"와 "중대시민재해"를 말한다.
　　　2. "중대산업재해"란 「산업안전보건법」에 따른 산업재해 중 다음 각 목의 어느 하나에 해당하는 결과를 야기한 재해를 말한다.
　　　　가. 사망자가 1명 이상 발생
　　　　나. 동일한 사고로 6개월 이상 치료가 필요한 부상자가 2명 이상 발생
　　　　다. 동일한 유해요인으로 급성중독 등 대통령령으로 정하는 직업성 질병자가 1년 이내에 3명 이상 발생
　　　3. "중대시민재해"란 특정 원료 또는 제조물, 공중이용시설 또는 공중교통수단의 설계, 제조, 설치, 관리상의 결함을 원인으로 하여 발생한 재해로서 다음 각 목의 어느 하나에 해당하는 결과를 야기한 재해를 말한다. 다만, 중대산업재해에 해당하는 재해는 제외한다.
　　　　가. 사망자가 1명 이상 발생
　　　　나. 동일한 사고로 2개월 이상 치료가 필요한 부상자가 10명 이상 발생

정답 01. ③

다. 동일 원인으로 3개월 이상 치료가 필요한 질병자가 10명 이상 발생

안전보건관리 체제

01 다음 중 산업안전보건법상 사업주가 안전·보건조치의무를 이행하지 아니하여 발생한 중대재해가 연간 2건이 발생하였을 경우 조치하여야 하는 사항에 해당하는 것은?

① 보건관리자 선임
② 안전보건개선계획의 수립
③ 안전관리자의 증원
④ 물질안전보건자료의 작성
⑤ 명예산업안전감독관 증원

해설 ③ [○] 안전관리자의 증원을 해야 할 대상 중의 하나에 해당한다.

○ 안전관리자 등의 증원·교체임명 명령 (산시규 제12조) : 지방고용노동관서의 장은 다음 각 호의 어느 하나에 해당하는 사유가 발생한 경우에는 사업주에게 안전관리자·보건관리자 또는 안전보건관리담당자를 정수 이상으로 증원하게 하거나 교체하여 임명할 것을 명할 수 있다. 다만, 직업성 질병자 발생 당시 사업장에서 해당 화학적 인자(因子)를 사용하지 않은 경우에는 그렇지 않다.

1. 해당 사업장의 연간재해율이 같은 업종의 평균재해율의 2배 이상인 경우
2. 중대재해가 연간 2건 이상 발생한 경우. 다만, 해당 사업장의 전년도 사망만인율이 같은 업종의 평균 사망만인율 이하인 경우는 제외한다.
3. 관리자가 질병이나 그 밖의 사유로 3개월 이상 직무를 수행할 수 없게 된 경우
4. 화학적 인자로 인한 직업성 질병자가 연간 3명 이상 발생한 경우. 이 경우 직업성 질병자의 발생일은 「산업재해보상보험법 시행규칙」에 따른 요양급여의 결정일로 한다.

02 산업안전보건법령상 지방고용노동관서의 장이 사업주에게 안전관리자·보건관리자 또는 안전보건관리담당자를 정수 이상으로 증원하게 하거나 교체하여 임명할 것을 명할 수 있는 경우의 기준 중 다음 ( ) 안에 알맞은 것은?

정답 01. ③   02. ③

○ 중대재해가 연간 (㉠)건 이상 발생한 경우
○ 해당 사업장 연간재해율이 같은 업종의 평균재해율의 (㉡)배 이상인 경우

① ㉠ 3, ㉡ 2   ② ㉠ 2, ㉡ 3   ③ ㉠ 2, ㉡ 2   ④ ㉠ 3, ㉡ 3
⑤ ㉠ 3, ㉡ 4

해설 ③ [○] 안전관리자 등의 증원·교체임명 명령으로 옳은 내용이다(산시규 제12조).

03 안전관리자를 정수 이상으로 증원·교체 임명 대상이 되는 경우에 해당되지 않는 것은?

① 해당 사업장의 연간재해율이 같은 업종의 평균재해율의 2배 이상인 경우
② 중대재해가 연간 2건 이상 발생한 경우
③ 관리자가 질병이나 그 밖의 사유로 3개월 이상 직무를 수행할 수 없게 된 경우
④ 화학적 인자로 인한 직업성 질병자가 연간 3명 이상 발생한 경우
⑤ 해당 사업장의 전년도 사망만인율이 같은 업종의 평균 사망만인율과 동일한 수준인 경우

해설 ⑤ [×] 해당 사업장의 전년도 사망만인율이 같은 업종의 평균 사망만인율 이하인 경우는 제외한다(산시규 제12조).

안전보건관리 규정

01 산업안전보건법령상 안전보건관리규정을 작성하여야 할 사업의 사업주는 안전보건관리 규정을 작성하여야 할 사유가 발생한 날부터 며칠 이내에 안전보건관리규정의 세부 내용을 포함한 안전보건관리규정을 작성하여야 하는가?

① 7일   ② 14일   ③ 30일   ④ 45일   ⑤ 60일

해설 ③ [○] 안전보건관리규정의 작성 (산시규 제25조) : 사업주는 안전보건관리규정을 작성해야 할 사유가 발생한 날부터 30일 이내에 안전보건관리규정을 작성해야 한다. 이를 변경할 사유가 발생한 경우에도 또한 같다.

정답 03. ⑤ | 01. ③

02 산업안전보건법령상 안전보건관리규정을 작성하여야 할 사업의 종류에 해당하지 않는 것은? (단, 상시근로자 300명 이상을 사용하는 사업장인 경우)

① 어업
② 소프트웨어 개발 및 공급업
③ 금융 및 보험업
④ 사업지원 서비스업
⑤ 전기장비 제조업

해설 ⑤ [×] 전기장비 제조업은 상시근로자 100명 이상이 해당된다.

○ 안전보건관리규정 작성 대상 사업의 종류 및 상시근로자 수 (산시규 제25조 별표 2)

사업의 종류	상시근로자 수
1. 농업 2. 어업 ◆ 3. 소프트웨어 개발 및 공급업 ◆ 4. 컴퓨터 프로그래밍, 시스템 통합 및 관리업 5. 정보서비스업 6. 금융 및 보험업 ◆ 7. 임대업 : 부동산 제외 8. 전문, 과학 및 기술 서비스업 (연구개발업은 제외한다) 9. 사업지원 서비스업 ◆ 10. 사회복지 서비스업	300명 이상
11. 제1호부터 제10호까지의 사업을 제외한 사업	100명 이상

정답 02. ⑤

3.2 안전보건교육

안전보건교육 일반

01 산업안전보건법상 사업주가 근로자에게 실시하여야 하는 사업내 안전·보건교육 대상과 시간이다. 빈칸에 대해 올바르게 제시된 것은?

교육과정	교육대상	교육시간
정기교육	사무직 종사 근로자	매반기 (㉠)시간 이상
	판매업무에 직접 종사하는 근로자	매반기 (㉡)시간 이상
	판매업무에 직접 종사 근로자 외 근로자	매반기 (㉢)시간 이상
	관리감독자 지위에 있는 사람	연간 (㉣)시간이상
채용시 교육	일용근로자 및 근로계약기간이 1주일 이하인 기간제근로자	매반기 (㉤)시간 이상
	근로계약기간이 1주일 초과 1개월 이하인 기간제근로자를 제외한 그 밖의 근로자	매반기 (㉥)시간 이상
작업내용 변경시 교육	일용근로자 및 근로계약기간이 1주일 이하인 기간제근로자	(㉦)시간 이상
	그 밖의 근로자	(㉧)시간 이상

① ㉠ 3, ㉡ 6, ㉢ 12, ㉣ 16, ㉤ 1, ㉥ 4, ㉦ 1, ㉧ 2
② ㉠ 3, ㉡ 6, ㉢ 12, ㉣ 8, ㉤ 1, ㉥ 8, ㉦ 1, ㉧ 2
③ ㉠ 6, ㉡ 6, ㉢ 12, ㉣ 16, ㉤ 1, ㉥ 8, ㉦ 1, ㉧ 2
④ ㉠ 6, ㉡ 6, ㉢ 8, ㉣ 16, ㉤ 1, ㉥ 8, ㉦ 1, ㉧ 2
⑤ ㉠ 6, ㉡ 6, ㉢ 8, ㉣ 16, ㉤ 1, ㉥ 12, ㉦ 1, ㉧ 2

해설 ③ [○] 교육시간으로서 빈칸에 대해 올바르게 제시된 것이다.
○ 안전보건교육 교육과정별 교육시간 (산시규 별표 4) <개정 2023. 9. 27.>
　　1. 근로자 안전보건교육 (산시규 제26조 제1항, 제28조 제1항 관련)

정답　01. ③

교육과정	교육대상		교육시간
가. 정기교육	1) 사무직 종사 근로자		매반기 6시간 이상
	2) 그 밖의 근로자	가) 판매업무에 직접 종사하는 근로자	매반기 6시간 이상
		나) 판매업무에 직접 종사 근로자 외 근로자	매반기 12시간 이상
나. 채용 시 교육	1) 일용근로자 및 근로계약기간이 1주일 이하인 기간제근로자		1시간 이상
	2) 근로계약기간이 1주일 초과 1개월 이하인 기간제근로자		4시간 이상
	3) 그 밖의 근로자		8시간 이상
다. 작업내용 변경시 교육	1) 일용근로자 및 근로계약기간이 1주일 이하인 기간제근로자		1시간 이상
	2) 그 밖의 근로자		2시간 이상
라. 특별교육	1) 일용근로자 및 근로계약기간이 1주일 이하인 기간제근로자 : 별표 5 제1호 라목(제39호 타워크레인 신호업무 작업은 제외한다)에 해당 작업 종사 근로자에 한정한다.		2시간 이상
	2) 일용근로자 및 근로계약기간이 1주일 이하인 기간제근로자 : 별표 5 제1호 라목 제39호에 해당하는 작업에 종사하는 근로자에 한정한다.		8시간 이상
	3) 일용근로자 및 근로계약기간이 1주일 이하인 기간제근로자를 제외한 근로자: 별표 5 제1호라목에 해당하는 작업에 종사하는 근로자에 한정한다.		가) 16시간 이상 (최초 작업 종사 전 4시간 이상 실시하고 12시간은 3개월 이내에서 분할하여 실시 가능) 나) 단기간 작업 또는 간헐적 작업인 경우 2시간 이상
마. 건설업 기초 안전·보건교육	건설 일용근로자		4시간 이상

○ 1의 2. 관리감독자 안전보건교육 (산시규 제26조 제1항 관련)

교육과정	교육시간
가. 정기교육	연간 16시간 이상
나. 채용 시 교육	8시간 이상
다. 작업내용 변경 시 교육	2시간 이상
라. 특별교육	16시간 이상 (최초 작업에 종사하기 전 4시간 이상 실시하고, 12시간은 3개월 이내에서 분할하여 실시 가능)
	단기간 작업 또는 간헐적 작업인 경우에는 2시간 이상

02 산업안전보건법상 사업주가 근로자에게 실시하여야 하는 안전·보건교육의 종류에 해당되지 않는 것은?

① 정기교육　　② 채용시 교육　　③ 작업내용 변경시 교육
④ 특별교육　　⑤ 건설업 안전보건교육

해설　⑤ [×] 건설업 기초안전보건교육이 규정된 교육 종류이다(산시규 제26조).

03 다음의 안전보건관리책임자 등에 대한 교육의 내용 중 빈칸에 알맞은 시간을 올바르게 제시된 것은?

교육대상	교육시간	
	신규교육	보수교육
가. 안전보건관리책임자	(㉠)시간 이상	6시간 이상
나. 안전관리자, 안전관리전문기관의 종사자	34시간 이상	(㉡)시간 이상
다. 보건관리자, 보건관리전문기관의 종사자	34시간 이상	(㉢)시간 이상
라. 건설재해예방전문지도기관의 종사자	34시간 이상	(㉣)시간 이상
마. 석면조사기관의 종사자	(㉤)시간 이상	24시간 이상
바. 안전보건관리담당자	-	8시간 이상
사. 안전검사기관, 자율안전검사기관의 종사자	(㉥)시간 이상	24시간 이상

① ㉠ 4, ㉡ 24, ㉢ 24, ㉣ 24, ㉤ 32, ㉥ 34

정답　02. ⑤　03. ③

② ㉠ 4, ㉡ 28, ㉢ 24, ㉣ 24, ㉤ 32, ㉥ 36
③ ㉠ 6, ㉡ 24, ㉢ 24, ㉣ 24, ㉤ 34, ㉥ 34
④ ㉠ 6, ㉡ 28, ㉢ 28, ㉣ 24, ㉤ 34, ㉥ 36
⑤ ㉠ 8, ㉡ 28, ㉢ 28, ㉣ 28, ㉤ 34, ㉥ 38

해설   ③ [○] 안전보건관리책임자 등에 대한 교육시간이 올바르게 제시된 것이다.

04 산업안전보건법령상 신규·보수 교육 대상자에 해당되지 않는 것은?

① 안전보건관리책임자   ② 안전관리자, 안전관리전문기관의 종사자
③ 명예산업안전감독관   ④ 건설재해예방전문지도기관의 종사자
⑤ 석면조사기관의 종사자

해설   ③ [×] 명예산업안전감독관은 안전보건관리책임자 등에 대한 교육 대상자에 해당이 되지 않는다(산시규 제26조 관련 별표 4).

05 산업안전보건법상 사업장내 안전보건 교육 중 관리감독자 정기안전 보건 교육의 교육내용으로 적절하지 않은 것은?

① 유해·위험 작업환경 관리에 관한 사항
② 산업안전보건법령 및 산업재해보상보험 제도에 관한 사항
③ 직무스트레스 예방 및 관리에 관한 사항
④ 물질안전보건자료에 관한 사항
⑤ 사업장 내 안전보건관리체제 및 안전·보건조치 현황에 관한 사항

해설   ④ [×] 물질안전보건자료에 관한 사항은 관리감독자 채용 시 교육 및 작업내용 변경 시 교육 내용이다.
　　　○ 관리감독자 정기안전·보건교육 내용 (산시규 제26조 관련 별표 5)
　　　　1. 산업안전 및 사고 예방에 관한 사항
　　　　2. 산업보건 및 직업병 예방에 관한 사항
　　　　3. 위험성평가에 관한 사항 <추가됨 2023. 9. 27>
　　　　4. 유해·위험 작업환경 관리에 관한 사항
　　　　5. 산업안전보건법령 및 산업재해보상보험 제도에 관한 사항
　　　　6. 직무스트레스 예방 및 관리에 관한 사항

정답   04. ③   05. ④

7. 직장 내 괴롭힘, 고객의 폭언 등으로 인한 건강장해 예방 및 관리에 관한 사항
8. 작업공정의 유해·위험과 재해 예방대책에 관한 사항
9. 사업장 내 안전보건관리체제 및 안전·보건조치 현황에 관한 사항
10. 표준안전 작업방법 결정 및 지도·감독 요령에 관한 사항
11. 현장근로자와의 의사소통능력 및 강의능력 등 안전보건교육 능력 배양에 관한 사항
12. 비상시 또는 재해 발생 시 긴급조치에 관한 사항
13. 그 밖의 관리감독자의 직무에 관한 사항

○ 관리감독자 채용 시 교육 및 작업내용 변경 시 교육 (산시규 별표 5)
1. 산업안전 및 사고 예방에 관한 사항
2. 산업보건 및 직업병 예방에 관한 사항
3. 위험성평가에 관한 사항 <추가됨 2023. 9. 27>
4. 산업안전보건법령 및 산업재해보상보험 제도에 관한 사항
5. 직무스트레스 예방 및 관리에 관한 사항
6. 직장 내 괴롭힘, 고객의 폭언 등으로 인한 건강장해 예방 및 관리에 관한 사항
7. 기계·기구의 위험성과 작업의 순서 및 동선에 관한 사항
8. 작업 개시 전 점검에 관한 사항
9. 물질안전보건자료에 관한 사항
10. 사업장 내 안전보건관리체제 및 안전·보건조치 현황에 관한 사항
11. 표준안전 작업방법 결정 및 지도·감독 요령에 관한 사항
12. 비상시 또는 재해 발생 시 긴급조치에 관한 사항
12. 그 밖의 관리감독자의 직무에 관한 사항

06 산업안전보건법령상 사업장내 안전·보건교육에 있어서 500명의 사업장에 근로자의 채용시 및 작업내용 변경시 교육 내용으로 적절하지 않은 것은?

① 산업안전보건법령 및 산업재해보상보험 제도에 관한 사항
② 직무스트레스 예방 및 관리에 관한 사항
③ 정리정돈 및 청소에 관한 사항
④ 물질안전보건자료에 관한 사항
⑤ 사업장 내 안전보건관리체제 및 안전·보건조치 현황에 관한 사항

정답 06. ⑤

해설 ⑤ [×] 사업장 내 안전보건관리체제 및 안전·보건조치 현황에 관한 사항은 관리감독자 채용 시 교육 및 작업내용 변경 시 교육내용이다(산시규 제26조 관련 별표 5). <개정 2023. 9. 27>

○ 근로자 채용 시 교육 및 작업내용 변경 시 교육 내용 (산시규 제26조 관련 별표 5)

1. 산업안전 및 사고 예방에 관한 사항
2. 산업보건 및 직업병 예방에 관한 사항
3. 위험성 평가에 관한 사항 <추가됨 2023. 9. 27>
4. 산업안전보건법령 및 산업재해보상보험 제도에 관한 사항
5. 직무스트레스 예방 및 관리에 관한 사항
6. 직장 내 괴롭힘, 고객의 폭언 등으로 인한 건강장해 예방 및 관리에 관한 사항
7. 기계·기구의 위험성과 작업의 순서 및 동선에 관한 사항
8. 작업 개시 전 점검에 관한 사항
9. 정리정돈 및 청소에 관한 사항
10. 사고 발생 시 긴급조치에 관한 사항
11. 물질안전보건자료에 관한 사항

07 산업안전보건법령상 근로자 정기안전·보건교육 내용이 아닌 것은?

① 유해·위험 작업환경 관리에 관한 사항
② 산업보건 및 직업병 예방에 관한 사항
③ 위험성 평가에 관한 사항
④ 사고 발생 시 긴급조치에 관한 사항
⑤ 산업안전보건법령 및 산업재해보상보험 제도에 관한 사항

해설 ④ [×] 사고 발생 시 긴급조치에 관한 사항은 채용 시 교육 및 작업내용 변경 시 교육내용이다.

○ 근로자 정기안전·보건교육 내용 (산시규 제26조 관련 별표 5)

1. 산업안전 및 사고 예방에 관한 사항
2. 산업보건 및 직업병 예방에 관한 사항
3. 위험성 평가에 관한 사항 <추가됨 2023. 9. 27>

정답 07. ④

4. 건강증진 및 질병 예방에 관한 사항
5. 유해·위험 작업환경 관리에 관한 사항
6. 산업안전보건법령 및 산업재해보상보험 제도에 관한 사항
7. 직무스트레스 예방 및 관리에 관한 사항
8. 직장 내 괴롭힘, 고객의 폭언 등으로 인한 건강장해 예방 및 관리에 관한 사항

08 산업안전보건법상 안전·보건교육을 자체적으로 실시할 수 있는 사람으로 적절하지 않은 것은? (단, 정기교육, 채용시 교육, 특별교육에만 해당한다)

① 관리감독자   ② 안전보건관리담당자
③ 공단에서 실시하는 해당 분야의 강사요원 교육과정을 이수한 사람
④ 산업안전지도사 또는 산업보건지도사
⑤ 산업안전보건에 관하여 학식과 경험이 있는 사람

해설　⑤ [×] 산업안전보건에 관하여 학식과 경험이 있는 사람으로서 고용노동부장관이 정하는 기준에 해당하는 사람이 적격자이다.

○ 안전보건교육 자체적 실시의 경우 교육가능자 (산시규 제26조)
1. 다음 각 목의 어느 하나에 해당하는 사람
   가. 안전보건관리책임자
   나. 관리감독자
   다. 안전관리자 (안전관리전문기관에서 안전관리자의 위탁업무 수행하는 사람을 포함)
   라. 보건관리자 (보건관리전문기관에서 보건관리자의 위탁업무 수행하는 사람을 포함)
   마. 안전보건관리담당자 (안전관리전문기관 및 보건관리전문기관에서 안전보건관리담당자의 위탁업무 수행하는 사람을 포함)
   바. 산업보건의
2. 공단에서 실시하는 해당 분야의 강사요원 교육과정을 이수한 사람
3. 산업안전지도사 또는 산업보건지도사
4. 산업안전보건에 관하여 학식과 경험이 있는 사람으로서 고용노동부장관이 정하는 기준에 해당하는 사람

정답　08. ⑤

안전보건교육 중 특별교육

01 산업안전보건법령상 근로자 안전보건교육 중 특별교육 대상 작업에 해당하지 않는 것은?

① 굴착면의 높이가 5m되는 지반 굴착작업
② 콘크리트 파쇄기를 사용하여 5m의 구축물을 파쇄하는 작업
③ 흙막이 지보공의 보강 또는 동바리를 설치하거나 해체하는 작업
④ 휴대용 목재가공기계를 3대 보유한 사업장에서 해당 기계로 하는 작업
⑤ 건조설비 중 위험물 등에 관계되는 설비로 속부피가 $1m^3$ 이상인 것의 작업

해설   ④ [×] 휴대용 목재가공기계를 5대 보유한 사업장에서 해당 기계로 하는 작업이 규정된 내용이다.

○ 안전보건교육 중 특별교육 대상 작업 (산시규 제26조 관련 별표 5)

1. 고압실 내 작업 (잠함공법이나 그 밖의 압기공법으로 대기압을 넘는 기압인 작업실 또는 수갱 내부에서 하는 작업만 해당)
2. 아세틸렌 용접장치 또는 가스집합 용접장치를 사용하는 금속의 용접·용단 또는 가열작업 (발생기·도관 등에 의하여 구성되는 용접장치만 해당)
3. 밀폐된 장소(탱크 내 또는 환기가 극히 불량한 좁은 장소)에서 하는 용접작업 또는 습한 장소에서 하는 전기용접 작업
4. 폭발성·물반응성·자기반응성·자기발열성 물질, 자연발화성 액체·고체 및 인화성 액체의 제조 또는 취급작업(시험연구를 위한 취급작업은 제외)
5. 액화석유가스·수소가스 등 인화성 가스 또는 폭발성 물질 중 가스의 발생장치 취급 작업
6. 화학설비 중 반응기, 교반기·추출기의 사용 및 세척작업
7. 화학설비의 탱크 내 작업
8. 분말·원재료 등을 담은 호퍼·저장창고 등 저장탱크의 내부작업
9. 다음 각 목에 정하는 설비에 의한 물건의 가열·건조작업

   가. 건조설비 중 위험물 등에 관계되는 설비로 속부피가 $1m^3$ 이상인 것
   나. 건조설비 중 가목의 위험물 등 외의 물질에 관계되는 설비로서, 연료를 열원으로 사용하는 것(최대연소소비량이 매 시간당 10kg 이상인

정답   01. ④

것만 해당) 또는 전력을 열원으로 사용하는 것(정격소비전력이 10kW 이상인 경우만 해당)
10. 다음 각 목에 해당하는 집재장치의 조립, 해체, 변경 또는 수리작업 및 이들 설비에 의한 집재 또는 운반 작업
    가. 원동기의 정격출력이 7.5kW를 넘는 것
    나. 지간의 경사거리 합계가 350m 이상인 것
    다. 최대사용하중이 200kg 이상인 것
11. 동력에 의하여 작동되는 프레스기계를 5대 이상 보유한 사업장에서 해당 기계로 하는 작업
12. 목재가공용 기계[둥근톱기계, 띠톱기계, 대패기계, 모떼기기계 및 라우터기(목재를 자르거나 홈을 파는 기계)만 해당하며, 휴대용은 제외]를 5대 이상 보유한 사업장에서 해당 기계로 하는 작업
13. 운반용 등 하역기계를 5대 이상 보유한 사업장에서의 해당 기계로 하는 작업
14. 1톤 이상의 크레인을 사용하는 작업 또는 1톤 미만의 크레인 또는 호이스트를 5대 이상 보유한 사업장에서 해당 기계로 하는 작업
15. 건설용 리프트·곤돌라를 이용한 작업
16. 주물 및 단조(금속을 두들기거나 눌러서 형체를 만드는 일) 작업
17. 전압이 75V 이상인 정전 및 활선작업
18. 콘크리트 파쇄기를 사용하여 하는 파쇄작업 (2m 이상 구축물의 파쇄작업만 해당)
19. 굴착면의 높이가 2m 이상이 되는 지반 굴착(터널 및 수직갱 외의 갱 굴착은 제외)작업
20. 흙막이 지보공의 보강 또는 동바리를 설치하거나 해체하는 작업
21. 터널 안에서의 굴착작업(굴착용 기계를 사용하여 하는 굴착작업 중 근로자가 칼날 밑에 접근하지 않고 하는 작업은 제외) 또는 같은 작업에서의 터널 거푸집 지보공의 조립 또는 콘크리트 작업
22. 굴착면의 높이가 2m 이상이 되는 암석의 굴착작업
23. 높이가 2m 이상인 물건을 쌓거나 무너뜨리는 작업 (하역기계로만 하는 작업은 제외)
24. 선박에 짐을 쌓거나 부리거나 이동시키는 작업
25. 거푸집 동바리의 조립 또는 해체작업
26. 비계의 조립·해체 또는 변경작업

27. 건축물의 골조, 다리의 상부구조 또는 탑의 금속제의 부재로 구성되는 것(5m 이상인 것만 해당)의 조립·해체 또는 변경작업
28. 처마 높이가 5m 이상인 목조건축물의 구조 부재의 조립이나 건축물의 지붕 또는 외벽 밑에서의 설치작업
29. 콘크리트 인공구조물(높이가 2m 이상인 것만 해당)의 해체 또는 파괴작업
30. 타워크레인을 설치(상승작업을 포함)·해체하는 작업
31. 보일러(소형 보일러 및 다음 각 목에서 정하는 보일러는 제외)의 설치 및 취급 작업
    가. 몸통 반지름이 750mm 이하이고 그 길이가 1,300mm 이하인 증기보일러
    나. 전열면적이 $3m^2$ 이하인 증기보일러
    다. 전열면적이 $14m^2$ 이하인 온수보일러
    라. 전열면적이 $30m^2$ 이하인 관류보일러
32. 게이지 압력을 cm^2당 1kg 이상으로 사용하는 압력용기의 설치 및 취급작업
33. 방사선 업무에 관계되는 작업 (의료 및 실험용은 제외)
34. 밀폐공간에서의 작업
35. 허가 또는 관리 대상 유해물질의 제조 또는 취급작업
36. 로봇작업
37. 석면해체·제거작업
38. 가연물이 있는 장소에서 하는 화재위험작업
39. 타워크레인을 사용하는 작업시 신호업무를 하는 작업

02 산업안전보건법에서 정하고 있는 아세틸렌 용접장치 또는 가스집합용접장치를 사용하는 금속의 용접·용단 또는 가열작업시 실시하는 특별안전·보건교육내용으로 적절하지 않은 것은?

① 용접 흄, 분진 및 유해광선 등의 유해성에 관한 사항
② 가스용접기, 압력조정기, 호스 및 취관두 등의 기기점검에 관한 사항
③ 환기설비에 관한 사항

정답 02. ③

④ 작업방법·순서 및 응급처치에 관한 사항
⑤ 안전기 및 보호구 취급에 관한 사항

해설 ③ [×] 환기설비에 관한 사항은 밀폐된 장소에서 하는 용접작업 또는 습한 장소에서 하는 전기용접 작업에 해당하는 교육내용이다(산시규 제26조 관련 별표 5).

○ 아세틸렌 용접장치 또는 가스집합 용접장치를 사용하는 금속의 용접·용단 또는 가열작업시 특별교육 내용 (산시규 별표 5)
　1. 용접 흄, 분진 및 유해광선 등의 유해성에 관한 사항
　2. 가스용접기, 압력조정기, 호스 및 취관두(불꽃이 나오는 용접기의 앞부분) 등의 기기점검에 관한 사항
　3. 작업방법·순서 및 응급처치에 관한 사항
　4. 안전기 및 보호구 취급에 관한 사항
　5. 화재예방 및 초기대응에 관한 사항
　6. 그 밖에 안전·보건관리에 필요한 사항

03 밀폐된 장소(탱크 내 또는 환기가 극히 불량한 좁은 장소를 말한다)에서 하는 용접작업 또는 습한 장소에서 하는 전기용접 작업시 특별안전보건교육을 실시할 때 교육내용으로 적절하지 않은 것은?

① 작업순서, 안전작업방법 및 수칙에 관한 사항
② 용접 흄, 분진 및 유해광선 등의 유해성에 관한 사항
③ 환기설비에 관한 사항
④ 전격 방지 및 보호구 착용에 관한 사항
⑤ 질식 시 응급조치에 관한 사항

해설 ② [×] 용접 흄, 분진 및 유해광선 등의 유해성에 관한 사항은 아세틸렌 용접장치 또는 가스집합 용접장치를 사용하는 금속의 용접·용단 또는 가열작업시 특별교육 내용이다(산시규 제26조 관련 별표 5).

○ 밀폐된 장소(탱크 내 또는 환기가 극히 불량한 좁은 장소를 말한다)에서 하는 용접작업 또는 습한 장소에서 하는 전기용접 작업시 특별교육 내용 (산시규 별표 5)
　1. 작업순서, 안전작업방법 및 수칙에 관한 사항

정답　03. ②

2. 환기설비에 관한 사항
3. 전격 방지 및 보호구 착용에 관한 사항
4. 질식 시 응급조치에 관한 사항
5. 작업환경 점검에 관한 사항
6. 그 밖에 안전·보건관리에 필요한 사항

04 화학설비의 탱크내 작업시 특별안전·보건교육의 내용으로 적절하지 않은 것은?

① 차단장치·정지장치 및 밸브 개폐장치의 점검에 관한 사항
② 투시창·수위 및 유량계 등의 점검 및 밸브의 조작주의에 관한 사항
③ 탱크 내의 산소농도 측정 및 작업환경에 관한 사항
④ 안전보호구 및 이상 발생 시 응급조치에 관한 사항
⑤ 작업절차·방법 및 유해·위험에 관한 사항

해설 ② [×] 투시창·수위 및 유량계 등의 점검 및 밸브의 조작주의에 관한 사항은 화학설비 중 반응기, 교반기·추출기의 사용 및 세척작업시 특별안전·보건교육의 내용이다(산시규 제26조 관련 별표 5).

○ 특별교육 대상 작업별 교육 : 화학설비의 탱크 내 작업 (산시규 제26조 관련 별표 5)
   1. 차단장치·정지장치 및 밸브 개폐장치의 점검에 관한 사항
   2. 탱크 내의 산소농도 측정 및 작업환경에 관한 사항
   3. 안전보호구 및 이상 발생 시 응급조치에 관한 사항
   4. 작업절차·방법 및 유해·위험에 관한 사항
   5. 그 밖에 안전·보건관리에 필요한 사항

○ 화학설비 중 반응기, 교반기·추출기의 사용 및 세척작업
   1. 각 계측장치의 취급 및 주의에 관한 사항
   2. 투시창·수위 및 유량계 등의 점검 및 밸브의 조작주의에 관한 사항
   3. 세척액의 유해성 및 인체에 미치는 영향에 관한 사항
   4. 작업 절차에 관한 사항
   5. 그 밖에 안전·보건관리에 필요한 사항

정답 04. ②

05 건설용 리프트, 곤돌라를 사용하는 작업에서 사업자가 근로자에게 실시하여야 하는 특별안전보건교육 내용으로 적절하지 않은 것은?

① 방호장치의 기능 및 사용에 관한 사항
② 기계, 기구, 달기체인 및 와이어 등의 점검에 관한 사항
③ 화물의 권상·권하 작업방법 및 안전작업 지도에 관한 사항
④ 인양 물건의 위험성 및 낙하·비래(飛來)·충돌재해 예방에 관한 사항
⑤ 기계·기구에 특성 및 동작원리에 관한 사항

해설　④ [×] 인양 물건의 위험성 및 낙하·비래(飛來)·충돌재해 예방에 관한 사항은 1톤 이상의 크레인을 사용하는 작업 또는 1톤 미만의 크레인 또는 호이스트를 5대 이상 보유한 사업장에서 해당기계로 하는 작업시 특별안전·보건교육의 내용이다(산시규 제26조 관련 별표 5).

　　○ 특별교육 대상 작업별 교육 : 건설용 리프트·곤돌라를 이용한 작업 (산시규 제26조 관련 별표 5)
　　1. 방호장치의 기능 및 사용에 관한 사항
　　2. 기계, 기구, 달기체인 및 와이어 등의 점검에 관한 사항
　　3. 화물의 권상·권하 작업방법 및 안전작업 지도에 관한 사항
　　4. 기계·기구에 특성 및 동작원리에 관한 사항
　　5. 신호방법 및 공동작업에 관한 사항
　　6. 그 밖에 안전·보건관리에 필요한 사항

06 산업안전보건법령상 2미터 이상인 구축물을 콘크리트 파쇄기를 사용하여 파쇄작업을 하는 경우 특별교육의 내용이 아닌 것은? (단, 그 밖에 안전·보건관리에 필요한 사항은 제외한다)

① 작업안전조치 및 안전기준에 관한 사항
② 비계의 조립방법 및 작업 절차에 관한 사항
③ 콘크리트 해체 요령과 방호거리에 관한 사항
④ 파쇄기의 조작 및 공통작업 신호에 관한 사항
⑤ 보호구 및 방호장비 등에 관한 사항

해설　② [×] 비계의 조립방법 및 작업 절차에 관한 사항은 비계의 조립·해체 또는 변경작업시의 특별교육의 내용이다.

정답　05. ④　06. ②

○ 콘크리트 파쇄기를 사용하여 하는 파쇄작업(2m 이상인 구축물의 파쇄작업만 해당) 특별교육 대상 작업별 교육 내용 (산시규 제26조 관련 별표 5)

1. 콘크리트 해체 요령과 방호거리에 관한 사항
2. 작업안전조치 및 안전기준에 관한 사항
3. 파쇄기의 조작 및 공통작업 신호에 관한 사항
4. 보호구 및 방호장비 등에 관한 사항
5. 그 밖에 안전·보건관리에 필요한 사항

07 산업안전보건법상 타워크레인을 설치·해체하는 작업을 하는 경우 사업주가 실시하여야 하는 특별안전보건교육 내용으로 규정된 것이 아닌 것은?

① 붕괴·추락 및 재해 방지에 관한 사항
② 설치·해체 순서 및 안전작업방법에 관한 사항
③ 부재의 구조·재질 및 특성에 관한 사항
④ 신호방법 및 요령에 관한 사항
⑤ 안전장비 착용 및 해체순서에 관한 사항

해설 ⑤ [×] 안전장비 착용 및 해체순서에 관한 사항은 규정된 내용이 아니다.

○ 타워크레인을 설치(상승작업 포함)·해체하는 작업 특별교육 (산시규 제26조 관련 별표 5)

1. 붕괴·추락 및 재해 방지에 관한 사항
2. 설치·해체 순서 및 안전작업방법에 관한 사항
3. 부재의 구조·재질 및 특성에 관한 사항
4. 신호방법 및 요령에 관한 사항
5. 이상 발생 시 응급조치에 관한 사항
6. 그 밖에 안전·보건관리에 필요한 사항

08 산업안전보건법상 타워크레인을 설치·해체하는 작업을 하는 경우 사업주가 실시하여야 하는 특별안전보건교육 내용으로 적절하지 않은 것은?

① 붕괴·추락 및 재해 방지에 관한 사항
② 부재의 구조·재질 및 특성에 관한 사항

정답 07. ⑤   08. ③

③ 타워크레인의 기계적 특성 및 방호장치 등에 관한 사항
④ 신호방법 및 요령에 관한 사항
⑤ 이상 발생 시 응급조치에 관한 사항

해설 ③ [×] 타워크레인의 기계적 특성 및 방호장치 등에 관한 사항은 타워크레인을 사용하는 작업시 신호업무를 하는 작업시 특별안전·보건교육의 내용이다 (산시규 제26조 관련 별표 5).

09 산업안전보건법상 보일러의 설치 및 취급 작업시 특별안전보건교육을 실시할 때 교육내용으로 적절하지 않은 것은?

① 기계 및 기기 점화장치 계측기의 점검에 관한 사항
② 압력용기의 위험성에 관한 사항
③ 열관리 및 방호장치에 관한 사항
④ 작업순서 및 방법에 관한 사항
⑤ 그 밖에 안전·보건관리에 필요한 사항

해설 ② [×] 압력용기의 위험성에 관한 사항은 게이지 압력을 1kg/cm² 이상으로 사용하는 압력용기의 설치 및 취급작업시 특별안전·보건교육의 내용이다 (산시규 제26조 관련 별표 5).

○ 특별교육 대상 작업별 교육 : 보일러의 설치 및 취급 작업 (산시규 제26조 관련 별표 5)

1. 기계 및 기기 점화장치 계측기의 점검에 관한 사항
2. 열관리 및 방호장치에 관한 사항
3. 작업순서 및 방법에 관한 사항
4. 그 밖에 안전·보건관리에 필요한 사항

10 산업안전보건법상 방사선 업무에 관계되는 작업(의료 및 실험용은 제외한다)에 종사하는 근로자에게 실시하여야 하는 특별 안전·보건교육 내용으로 적절하지 않은 것은?

① 방사선의 유해·위험 및 인체에 미치는 영향
② 방사선의 측정기기 기능의 점검에 관한 사항

정답 09. ②   10. ③

③ 취급물질의 성질 및 상태에 관한 사항
④ 방호거리·방호벽 및 방사선물질의 취급 요령에 관한 사항
⑤ 응급처치 및 보호구 착용에 관한 사항

[해설] ③ [×] 취급물질의 성질 및 상태에 관한 사항은 허가 또는 관리 대상 유해물질의 제조 또는 취급작업시 특별안전·보건교육의 내용이다(산시규 제26조 관련 별표 5).

○ 특별교육 대상 작업별 교육 : 방사선 업무에 관계되는 작업 (산시규 제26조 관련 별표 5)

1. 방사선의 유해·위험 및 인체에 미치는 영향
2. 방사선의 측정기기 기능의 점검에 관한 사항
3. 방호거리·방호벽 및 방사선물질의 취급 요령에 관한 사항
4. 응급처치 및 보호구 착용에 관한 사항
5. 그 밖에 안전·보건관리에 필요한 사항

11 밀폐공간에서의 작업할 경우 실시해야 하는 특별안전보건교육 교육내용으로 적절하지 않은 것은?

① 산소농도 측정 및 작업환경에 관한 사항
② 사고 시의 응급처치 및 비상 시 구출에 관한 사항
③ 국소배기장치 및 안전설비에 관한 사항
④ 보호구 착용 및 보호 장비 사용에 관한 사항
⑤ 작업내용·안전작업방법 및 절차에 관한 사항

[해설] ③ [×] 국소배기장치 및 안전설비에 관한 사항은 허가 또는 관리 대상 유해물질의 제조 또는 취급작업시 특별안전·보건교육의 내용이다(산시규 제26조 관련 별표 5).

○ 특별교육 대상 작업별 교육 : 밀폐공간에서의 작업 (산시규 제26조 관련 별표 5)

1. 산소농도 측정 및 작업환경에 관한 사항
2. 사고 시의 응급처치 및 비상 시 구출에 관한 사항
3. 보호구 착용 및 보호 장비 사용에 관한 사항
4. 작업내용·안전작업방법 및 절차에 관한 사항

[정답] 11. ③

5. 장비·설비 및 시설 등의 안전점검에 관한 사항
6. 그 밖에 안전·보건관리에 필요한 사항

12 로봇작업에 대한 특별안전보건교육을 실시할 때 교육내용으로 적절하지 않은 것은?

① 로봇의 기본원리·구조 및 작업방법에 관한 사항
② 방호장치 종류와 취급에 관한 사항
③ 이상 발생 시 응급조치에 관한 사항
④ 안전시설 및 안전기준에 관한 사항
⑤ 조작방법 및 작업순서에 관한 사항

해설 ② [×] 방호장치 종류와 취급에 관한 사항은 동력에 의하여 작동되는 프레스기계를 5대 이상 보유한 사업장에서 해당 기계로 하는 작업시 특별안전·보건교육의 내용이다(산시규 제26조 관련 별표 5).
○ 특별교육 대상 작업별 교육 : 로봇작업 (산시규 제26조 관련 별표 5)
1. 로봇의 기본원리·구조 및 작업방법에 관한 사항
2. 이상 발생 시 응급조치에 관한 사항
3. 안전시설 및 안전기준에 관한 사항
4. 조작방법 및 작업순서에 관한 사항

13 산업안전보건법령상 명시된 타워크레인을 사용하는 작업에서 신호업무를 하는 작업 시 특별교육 대상 작업별 교육 내용이 아닌 것은? (단, 그 밖에 안전·보건관리에 필요한 사항은 제외한다)

① 인양 물건의 위험성 및 낙하·비래·충돌재해 예방에 관한 사항
② 타워크레인의 기계적 특성 및 방호장치 등에 관한 사항
③ 화물의 취급 및 안전작업방법에 관한 사항
④ 인양물이 적재될 지반의 조건, 인양하중, 풍압 등이 인양물과 타워크레인에 미치는 영향
⑤ 붕괴·추락 및 재해 방지에 관한 사항

정답 12. ②   13. ⑤

해설 ⑤ [×] 붕괴·추락 및 재해 방지에 관한 사항은 타워크레인을 설치(상승작업을 포함한다)·해체하는 작업시 특별교육 내용이다.

○ 타워크레인을 사용하는 작업시 신호업무를 하는 작업시 특별교육 내용 (산시규 제26조 관련 별표 5)

1. 타워크레인의 기계적 특성 및 방호장치 등에 관한 사항
2. 화물의 취급 및 안전작업방법에 관한 사항
3. 신호방법 및 요령에 관한 사항
4. 인양 물건의 위험성 및 낙하·비래·충돌재해 예방에 관한 사항
5. 인양물이 적재될 지반의 조건, 인양하중, 풍압 등이 인양물과 타워크레인에 미치는 영향
6. 그 밖에 안전·보건관리에 필요한 사항

3.3 유해·위험 방지 조치

안전보건 표지

01 산업안전보건법상 다음 그림에 해당하는 금지 및 경고 안전보건표지의 명칭에 대해 적절한 내용을 제시한 것은?

① ㉠ 물체이동금지, ㉡ 인화성물질 경고, ㉢ 방사성물질 경고
② ㉠ 물체이동금지, ㉡ 산화성물질 경고, ㉢ 방사성물질 경고
③ ㉠ 사용금지, ㉡ 산화성물질 경고, ㉢ 레이저광선 경고
④ ㉠ 물체이동금지, ㉡ 산화성물질 경고, ㉢ 급성독성물질 경고
⑤ ㉠ 물체이동금지, ㉡ 산화성물질 경고, ㉢ 방사성물질 경고

해설 ② [○] 안전보건표지의 종류와 형태로서 옳은 내용이다.

○ 안전보건표지의 종류와 형태 (산시규 제38조 관련 별표 6)
1. 금지표지

출입금지	보행금지	차량통행금지	사용금지	탑승금지

금연	화기금지	물체이동금지

정답 01. ②

3.3 유해·위험 방지 조치 / 89

2. 경고표지

인화성물질 경고	산화성물질 경고	폭발성물질 경고	급성독성물질 경고
부식성물질 경고	방사성물질 경고	고압전기 경고	매달린 물체 경고
낙하물 경고	고온 경고	저온 경고	몸균형상실 경고
레이저광선 경고	발암성·변이원성·생식독성·전신독성·호흡기 과민성 물질 경고	위험장소 경고	

02 산업안전보건법령상 안전보건표지의 종류 중 경고표지의 기본모형(형태)이 다른 것은?

① 고압전기 경고 ② 방사성물질 경고 ③ 폭발성물질 경고
④ 매달린 물체 경고 ⑤ 레이저광선 경고

해설 ③ [○] 폭발성물질 경고만 ◇ 형태이고, 나머지는 △ 형태이다.

○ 경고표지 (산시규 제38조 관련 별표 6)

1. 인화성물질 경고   2. 산화성물질 경고
3. 폭발성물질 경고   4. 급성독성물질 경고

정답 02. ③

5. 부식성물질 경고   6. 방사성물질 경고
7. 고압전기 경고   8. 매달린 물체 경고
9. 낙하물 경고   10. 고온 경고
11. 저온 경고   12. 몸균형 상실 경고
13. 레이저광선 경고
14. 발암성·변이원성·생식독성·전신독성·호흡기과민성물질 경고
15. 위험장소 경고

이들 중 1~5, 14항은 ◇ 형태, 6~13, 15항은 △ 형태이다.

03 산업안전보건법령상 금지표시에 속하는 것은?

①    ② 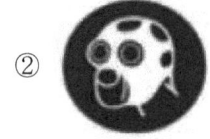   ③

④    ⑤

해설 ④ [○] 탑승금지로서 옳은 내용이다(산시규 제38조 관련 별표 6).

① 산화성물질 경고 (경고표지)   ② 방독마스크 착용 (지시표지)
③ 급성독성물질 경고 (경고표지)   ④ 탑승금지 (금지표지)
⑤ 매달린 물체 경고 (경고표지)

04 다음 그림에 해당하는 산업안전보건법상 안전·보건 표지의 명칭은?

① 화물적재금지   ② 사용금지   ③ 물체이동금지   ④ 화물출입금지
⑤ 들것사용금지

정답 03. ④   04. ③

해설 ③ [○] 금지표지 중 하나로서 맞는 내용이다(산시규 제38조 관련 별표 6).

05 안전보건표지 종류 중 경고표지로 규정된 것이 아닌 것은?

① 급성독성물질 경고   ② 부식성물질 경고   ③ 화기금지 경고
④ 매달린 물체 경고   ⑤ 몸균형상실 경고

해설 ③ [×] 화기금지는 금지표지에 해당한다.

06 다음 중 산업안전보건법령상 [그림]에 해당하는 안전·보건표지의 명칭으로 옳은 것은?

① 물체이동 경고   ② 양중기운행 경고   ③ 낙하위험 경고
④ 매달린 물체 경고 ⑤ 전도위험 경고

해설 ④ [○] 안전·보건표지 중 경고표지로서 옳은 내용이다(산시규 제38조 관련 별표 6).

07 산업안전보건법상 안전보건표지 중 안내표지 종류로 규정된 것이 아닌 것은?

① 안전복 착용   ② 녹십자표지   ③ 세안장치   ④ 비상용기구
⑤ 비상구

해설 ① [×] 안전복 착용은 지시표지에 해당한다.
  ○ 안전보건표지 종류 중 안내표지 (산시규 제38~40조 관련 별표 7)
    1. 녹십자표지   2. 응급구호표지   3. 들것
    4. 세안장치   5. 비상용기구   6. 비상구
    7. 좌측비상구   8. 우측비상구

정답 05. ③   06. ④   07. ①

08 산업안전보건법령상 안전·보건표지의 색채와 색도기준의 연결이 틀린 것은?

① 빨간색 - 7.5R 4/14 ② 노란색 - 5Y 8.5/12 ③ 파란색 - 2.5PB 4/10
④ 흰색 - N0.5 ⑤ 녹색 - 2.5G 4/10

해설 ④ [×] 흰색 - N9.5, 검정색 - N0.5

○ 안전·보건표지의 색채, 색도기준 및 용도 (산시규 제38조 관련 별표 8)

색채	색도기준	용도	사용 예
빨간색	7.5R 4/14	금지	정지신호, 소화설비 및 그 장소, 유해행위의 금지
		경고	화학물질 취급장소에서의 유해·위험 경고
노란색	5Y 8.5/12	경고	화학물질 취급장소에서의 유해·위험경고 이외의 위험경고, 주의표지 또는 기계방호물
파란색	2.5PB 4/10	지시	특정 행위의 지시 및 사실의 고지
녹색	2.5G 4/10	안내	비상구 및 피난소, 사람 또는 차량의 통행표지
흰색	N9.5	-	파란색 또는 녹색에 대한 보조색
검은색	N0.5	-	문자 및 빨간색 또는 노란색에 대한 보조색
(참고)	1. 허용 오차 범위 : H=± 2, V=± 0.3, C=± 1 (H는 색상, V는 명도, C는 채도를 말한다) 2. 위의 색도기준은 한국산업규격(KS)에 따른 색의 3속성에 의한 표시방법(KS A 0062 기술표준원 고시 제2008-0759)에 따른다.		

09 다음 그림은 안전·보건표지 중 어떠한 표지의 기본도형인가? (단, 색도 기준은 2.5PB 4/10이고, L은 안전·보건표지를 인식할 수 있거나 인식해야 할 안전거리를 말한다.)

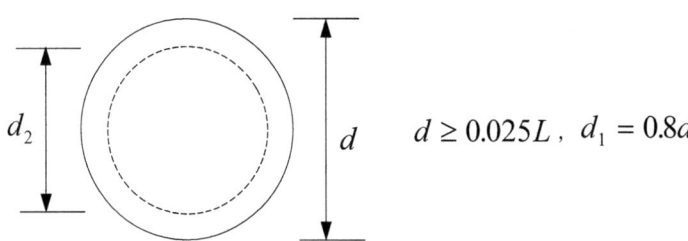

정답 08. ④ 09. ③

① 금지표지 ② 경고표지 ③ 지시표지 ④ 안내표지
⑤ 관계자 외 출입금지

해설 ③ [○] 색도기준과 기본형태를 고려하며, 지시표지가 옳은 내용이다.

○ 안전보건표지의 색도기준 및 용도 (산시규 제38조 관련 별표 8)

1. 금지 : 7.5R 4/14   2. 경고 : 5Y 8.5/12
3. 안내 : 2.5G 4/10   4. 지시 : 2.5PB 4/10

10 산업안전보건법령상 ( )에 알맞은 기준은?

> 안전·보건표지의 제작에 있어 안전·보건표지 속의 그림 또는 부호의 크기는 안전·보건표지의 크기와 비례하여야 하며, 안전·보건표지 전체 규격의 ( ) 이상이 되어야 한다.

① 20%   ② 30%   ③ 40%   ④ 50%   ⑤ 60%

해설 ② [○] 안전보건표지의 제작 (산시규 제40조) : 안전보건표지 속의 그림 또는 부호의 크기는 안전보건표지의 크기와 비례해야 하며, 안전보건표지 전체 규격의 30% 이상이 되어야 한다.

유해·위험 방지계획서

01 건설공사 유해·위험방지 계획서 중 공사 개요 및 안전보건관리계획의 첨부서류로 규정된 것이 아닌 것은?

① 공사 개요서
② 공사현장의 주변 현황 및 주변과의 관계를 나타내는 도면 (매설물 현황 포함)
③ 발주 건설공사 공정표
④ 산업안전보건관리비 사용계획서
⑤ 재해 발생 위험 시 연락 및 대피방법

해설 ③ [×] 전체 공정표가 규정된 내용이다.

정답 10. ② | 01. ③

○ 유해위험방지계획서 제출 등 : 건설공사 사업주가 유해위험방지계획서를 제출할 때에는 별지 제17호 서식의 건설공사 유해위험방지계획서에 별표 10의 서류를 첨부하여 해당 공사의 착공 전날까지 공단에 2부를 제출해야 한다(산시규 제42조).

○ 건설공사 유해·위험방지 계획서의 첨부서류 (산시규 제42조 별표 10)
1. 공사 개요 및 안전보건관리계획
    가. 공사 개요서 (별지 제101호 서식)
    나. 공사현장의 주변 현황 및 주변과의 관계를 나타내는 도면 (매설물 현황을 포함한다)
    다. 전체 공정표
    라. 산업안전보건관리비 사용계획서 (별지 제102호 서식)
    마. 안전관리 조직표
    바. 재해 발생 위험 시 연락 및 대피방법
2. 작업 공사 종류별 유해위험방지계획

02 유해·위험방지 계획서 제출 시 첨부서류에 해당하지 않는 것은?

① 안전관리 조직표   ② 전체 공정표
③ 공사현장의 주변현황 및 주변과의 관계를 나타내는 도면
④ 교통처리계획   ⑤ 산업안전보건관리비 사용계획서

해설 ④ [×] 교통처리계획은 규정된 내용이 아니다.

03 산업안전보건법상 건설업 중 냉동·냉장 창고시설의 설비 공사 및 단열공사를 착공할 때 연면적이 얼마일 경우 유해·위험 방지계획서를 작성하여야 하는가?

① 3천제곱미터 이상   ② 5천제곱미터 이상   ③ 7천제곱미터 이상
④ 9천제곱미터 이상   ⑤ 1만제곱미터 이상

해설 ② [○] 유해위험방지계획서 제출 대상 (산기규 제42조) : 연면적 5천m^2 이상인 냉동·냉장 창고시설의 설비공사 및 단열공사

정답   02. ④   03. ②

04 지상높이가 31m 이상되는 건축물을 건설하는 공사현장에서 건설공사 유해·위험방지계획서를 작성하여 제출하고자 할 때 첨부하여야 하는 작업공정별 유해·위험방지계획의 해당 작업공사의 종류로 규정된 것이 아닌 것은?

① 가설공사   ② 철골공사   ③ 마감공사   ④ 기계설비공사   ⑤ 해체공사

해설 ② [×] 철골공사는 해당이 아니다. 구조물공사가 해당 사항이다.
○ 유해위험방지계획서 첨부서류로서 작업 공사 종류별 유해위험방지계획 (산시규 제42조 관련 별표 10)
1. 가설공사 2. 구조물공사 3. 마감공사 4. 기계설비공사 5. 해체공사

05 산업안전보건법상 유해·위험방지계획서를 제출한 사업주는 건설공사 중 얼마 이내마다 관련법에 따라 유해·위험방지계획서의 내용과 실제공사 내용이 부합하는지의 여부 등을 확인받아야 하는가?

① 1개월   ② 2개월   ③ 3개월   ④ 6개월   ⑤ 12개월

해설 ④ [○] 유해위험방지계획서 이행의 확인 (산시규 제46조) : 유해위험방지계획서를 제출한 사업주는 해당 건설물·기계·기구 및 설비의 시운전단계에서, 건설공사는 건설공사 중 6개월 이내마다 다음 각 호의 사항에 관하여 공단의 확인을 받아야 한다.
1. 유해위험방지계획서의 내용과 실제공사 내용이 부합하는지 여부
2. 유해위험방지계획서 변경내용의 적정성
3. 추가적인 유해·위험요인의 존재 여부

공정안전보고서

01 공정안전보고서의 포함되어야 할 항목에서 공정안전자료 내용으로 규정된 것이 아닌 것은?

① 유해·위험물질에 대한 물질안전보건자료
② 유해하거나 위험한 설비의 목록 및 사양

정답 04. ②   05. ④ | 01. ③

③ 유해하거나 위험한 설비의 운전방법을 알 수 있는 배관도
④ 각종 건물·설비의 배치도
⑤ 폭발위험장소 구분도 및 전기단선도

해설 ③ [×] 유해하거나 위험한 설비의 운전방법을 알 수 있는 공정도면이 해당된다.
○ 공정안전자료 내용 (산시규 제50조)
1. 취급·저장하고 있거나 취급·저장하려는 유해·위험물질의 종류 및 수량
2. 유해·위험물질에 대한 물질안전보건자료
3. 유해하거나 위험한 설비의 목록 및 사양
4. 유해하거나 위험한 설비의 운전방법을 알 수 있는 공정도면
5. 각종 건물·설비의 배치도
6. 폭발위험장소 구분도 및 전기단선도
7. 위험설비의 안전설계·제작 및 설치 관련 지침서

02 공정흐름도에 표시되어야 할 사항에 해당하지 않는 것은?

① 공정 처리순서 및 흐름의 방향
② 기본 제어논리
③ 주요 동력기계, 장치 및 설비류의 배열
④ 기본설계를 바탕으로 한 온도, 압력, 물질수지 및 열수지 등
⑤ 펌프, 압축기 등 주요 동력기계의 세부적 사양

해설 ⑤ [×] 펌프, 압축기 등 주요 동력기계의 간단한 사양이 옳은 내용이다.
○ 공정흐름도에 표시되어야 할 사항 (공정흐름도(PFD) 작성에 관한 기술지침 : 산시규 제50조, KOSHA Guide D-39-2012) : 공정흐름도에는 공정설계 개념을 파악하는데 필요한 기본적인 제조공정 개요와 공정흐름, 공정제어의 원리, 제조설비의 종류 및 기본사양 등이 표현되어야 하며, 다음의 사항을 포함한다.
1. 공정 처리순서 및 흐름의 방향
2. 주요 동력기계, 장치 및 설비류의 배열
3. 기본 제어논리
4. 기본설계를 바탕으로 한 온도, 압력, 물질수지 및 열수지 등
5. 압력용기, 저장탱크 등 주요 용기류의 간단한 사양
6. 열교환기, 가열로 등의 간단한 사양

정답 02. ⑤

7. 펌프, 압축기 등 주요 동력기계의 간단한 사양
8. 회분식 공정인 경우에는 작업순서 및 작업시간

03 공정안전보고서의 세부 내용 등에서 공정위험성평가서 및 잠재위험에 대한 사고예방·피해 최소화 대책과 관련한 평가기법으로 적절하지 않은 것은?

① 체크리스트
② 상대위험순위 결정
③ 작업자 실수 분석
④ 톱날파형 분석
⑤ 사고 예상 질문 분석

해설 ④ [×] 톱날파형 분석은 무사고일수관리 관련이며, 해당 평가기법이 아니다.

○ 공정위험성평가 기법 (산시규 제50조)
공정위험성평가서 및 잠재위험에 대한 사고예방·피해 최소화 대책 (공정위험성평가서는 공정의 특성 등을 고려하여 다음 각 목의 위험성평가 기법 중 한 가지 이상을 선정하여 위험성평가를 한 후 그 결과에 따라 작성해야 하며, 사고예방·피해최소화 대책은 위험성평가 결과 잠재위험이 있다고 인정되는 경우에만 작성한다)

1. 체크리스트 (Check List)
2. 상대위험순위 결정 (Dow and Mond Indices)
3. 작업자 실수 분석 (HEA)
4. 사고 예상 질문 분석 (What-if)
5. 위험과 운전 분석 (HAZOP)
6. 이상위험도 분석 (FMECA)
7. 결함 수 분석 (FTA)
8. 사건 수 분석 (ETA)
9. 원인결과 분석 (CCA)
10. 제1호부터 제9호까지의 규정과 같은 수준 이상의 기술적 평가기법

04 공정안전보고서의 포함되어야 할 항목에서 비상조치 계획 내용으로 적절하지 않은 것은?

① 비상조치를 위한 장비·인력 보유현황
② 사고발생 시 각 부서·관련 기관과의 비상연락체계
③ 사고발생 시 비상조치를 위한 조직의 임무 및 수행 절차

정답 03. ④ 04. ⑤

④ 비상조치계획에 따른 교육계획   ⑤ 주민대피계획

해설 ⑤ [×] 주민홍보계획이 옳은 내용이다.

○ 비상조치계획 구성 내용 (산시규 제50조)
1. 비상조치를 위한 장비·인력 보유현황
2. 사고발생 시 각 부서·관련 기관과의 비상연락체계
3. 사고발생 시 비상조치를 위한 조직의 임무 및 수행 절차
4. 비상조치계획에 따른 교육계획
5. 주민홍보계획   6. 그 밖에 비상조치 관련 사항

05 공정안전보고서에 포함되어야 할 항목에서 안전운전계획 내용으로 적절하지 않은 것은?

① 설비점검·검사 및 보수계획, 유지계획 및 지침서
② 도급업체 안전관리계획   ③ 근로자 등 교육계획
④ 변경요소 관리계획   ⑤ 외부감사 및 사고조사계획

해설 ⑤ [×] 자체감사 및 사고조사계획이 옳은 내용이다.

○ 안전운전계획 구성 내용 (산시규 제50조)
1. 안전운전지침서
2. 설비점검·검사 및 보수계획, 유지계획 및 지침서
3. 안전작업허가   4. 도급업체 안전관리계획
5. 근로자 등 교육계획   6. 가동 전 점검지침
7. 변경요소 관리계획   8. 자체감사 및 사고조사계획
9. 그 밖에 안전운전에 필요한 사항

06 공정안전보고서 내용 중 안전작업허가 작성에 포함되어야 하는 위험작업의 종류로 규정된 것이 아닌 것은?

① 화기작업 허가   ② 고소위험작업 허가   ③ 밀폐공간 출입작업 허가
④ 정전작업 허가   ⑤ 굴착작업 허가

해설 ② [×] 고소위험작업 허가는 규정된 내용이 아니다.

정답 05. ⑤   06. ②

○ 공정안전보고서의 내용 (산안령 제44조)
  1. 공정안전자료 2. 공정위험성 평가서 3. 안전운전계획 4. 비상조치계획
○ 공정안전보고서의 세부 내용 등 (산시규 제50조)
  1. 공정안전자료
  2. 공정위험성평가서 및 잠재위험에 대한 사고예방·피해 최소화 대책
  3. 안전운전계획

  　　가. 안전운전지침서
  　　나. 설비점검·검사 및 보수계획, 유지계획 및 지침서
  　　다. 안전작업허가　　　　　　라. 도급업체 안전관리계획
  　　마. 근로자 등 교육계획　　　바. 가동 전 점검지침
  　　사. 변경요소 관리계획　　　 아. 자체감사 및 사고조사계획
  　　자. 그 밖에 안전운전에 필요한 사항

  4. 비상조치계획

○ 안전작업허가 : 안전작업허가는 다음 각 호의 사항을 포함하여야 한다(공정안전보고서의 제출·심사·확인 및 이행상태평가 등에 관한 규정 제33조).

  1. 목적　　　　　　　　　　　2. 적용범위
  3. 안전작업허가의 일반사항　　4. 안전작업 준비
  5. 화기작업 허가　　　　　　　6. 일반위험작업 허가
  7. 밀폐공간 출입작업 허가　　　8. 정전작업 허가
  9. 굴착작업 허가　　　　　　　10. 방사선 사용작업 허가 등

07 다음은 공정안전보고서 제출시기에 대한 설명이다. 보기에서 빈칸에 알맞은 내용을 제시한 것은?

> 사업주는 유해·위험설비의 설치·이전 또는 주요 구조부분의 변경공사의 착공일(기존 설비의 제조·취급·저장 물질이 변경되거나 제조량·취급량·저장량이 증가하여 유해·위험물질 규정량에 해당하게 된 경우에는 그 해당일을 말한다) (㉠)전까지 공정안전보고서를 (㉡) 작성하여 공단에 제출하여야 한다.

① ㉠ 10일, ㉡ 2부　　② ㉠ 15일, ㉡ 2부　　③ ㉠ 30일, ㉡ 2부
④ ㉠ 45일, ㉡ 3부　　⑤ ㉠ 60일, ㉡ 3부

정답　07. ③

해설 ③ [○] 공정안전보고서의 제출 시기 (산시규 제51조) : 사업주는 유해하거나 위험한 설비의 설치·이전 또는 주요 구조부분의 변경공사의 착공일(기존 설비의 제조·취급·저장 물질이 변경되거나 제조량·취급량·저장량이 증가하여 유해·위험물질 규정량에 해당하게 된 경우 그 해당일을 말함) 30일 전까지 공정안전보고서를 2부 작성하여 공단에 제출해야 한다.

08 다음은 공정안전보고서의 심사에 대한 내용이다. 보기의 빈칸에 알맞은 내용을 제시한 것은?

> 1. 신규로 설치될 유해·위험설비에 대해서는 설치 과정 및 설치 완료 후 시운전단계에서 각 (㉠)
> 2. 기존에 설치되어 사용 중인 유해·위험설비에 대해서는 심사 완료 후 (㉡) 이내
> 3. 유해·위험설비와 관련한 공정의 중대한 변경의 경우에는 변경 완료 후 (㉢) 이내
> 4. 유해·위험설비 또는 이와 관련된 공정에 중대한 사고 또는 결함이 발생한 경우에는 (㉣) 이내

① ㉠ 1회, ㉡ 2개월, ㉢ 1개월, ㉣ 1개월
② ㉠ 1회, ㉡ 3개월, ㉢ 1개월, ㉣ 1개월
③ ㉠ 1회, ㉡ 6개월, ㉢ 1개월, ㉣ 2개월
④ ㉠ 1회, ㉡ 9개월, ㉢ 1개월, ㉣ 2개월
⑤ ㉠ 1회, ㉡ 12개월, ㉢ 1개월, ㉣ 2개월

해설 ② [○] 공정안전보고서의 확인 등으로 옳은 내용이다.

○ 공정안전보고서의 확인 등 (산시규 제53조)

1. 신규로 설치될 유해하거나 위험한 설비에 대해서는 설치 과정 및 설치 완료 후 시운전단계에서 각 1회
2. 기존에 설치되어 사용 중인 유해하거나 위험한 설비에 대해서는 심사 완료 후 3개월 이내
3. 유해하거나 위험한 설비와 관련한 공정의 중대한 변경이 있는 경우에는 변경 완료 후 1개월 이내

정답 08. ②

4. 유해하거나 위험한 설비 또는 이와 관련된 공정에 중대한 사고 또는 결함이 발생한 경우에는 1개월 이내. 다만, 안전보건진단을 받은 사업장 등 고용노동부장관이 정하여 고시하는 사업장의 경우에는 공단의 확인을 생략할 수 있다.

09 다음은 공정안전보고서의 심사에 대한 내용이다. 보기의 빈칸에 알맞은 내용을 제시한 것은?

> 공단은 사업주로부터 확인요청을 받은 날부터 (㉠)이내에 공정안전보고서의 작성 내용이 현장과 일치하는지 여부를 확인하고, 확인한 날부터 (㉡)이내에 그 결과를 사업주에게 통보하고 (㉢)에게 보고하여야 한다.

① ㉠ 10일, ㉡ 15일, ㉢ 지방고용노동관서의 장
② ㉠ 15일, ㉡ 15일, ㉢ 고용노동부장관
③ ㉠ 1개월, ㉡ 15일, ㉢ 지방고용노동관서의 장
④ ㉠ 45일, ㉡ 15일, ㉢ 고용노동부장관
⑤ ㉠ 2개월, ㉡ 15일, ㉢ 지방고용노동관서의 장

해설 ③ [○] 공정안전보고서의 확인 등과 관련하여 공단은 사업주로부터 확인요청을 받은 날부터 1개월 이내에 공정안전보고서의 내용이 현장과 일치하는지 여부를 확인하고, 확인한 날부터 15일 이내에 그 결과를 사업주에게 통보하고 지방고용노동관서의 장에게 보고해야 한다(산시규 제53조).

10 공정안전보고서 이행 상태의 평가에 관한 내용이다. 다음 빈칸에 대해 적절한 내용을 제시한 것은?

> 1. 고용노동부장관은 공정안전보고서의 확인 후 1년이 경과한 날부터 (㉠)년 이내에 공정안전보고서 이행 상태의 평가를 하여야 한다.
> 2. 고용노동부장관은 이행상태평가 후 4년마다 이행상태평가를 하여야 한다. 다만, 사업주가 이행평가에 대한 추가요청을 하는 경우에는 (㉡)마다 실시할 수 있다.

정답 09. ③ 10. ③

① ㉠ 0.5, ㉡ 1년 또는 2년　　② ㉠ 1, ㉡ 1년 또는 2년
③ ㉠ 2, ㉡ 1년 또는 2년　　④ ㉠ 1.5, ㉡ 1년 또는 2년
⑤ ㉠ 2, ㉡ 2년 또는 3년

해설　③ [○] 공정안전보고서 이행 상태의 평가로서 옳은 내용이다

○ 공정안전보고서 이행 상태의 평가 (산시규 제54조)

① 고용노동부장관은 공정안전보고서의 확인(신규로 설치되는 유해하거나 위험한 설비의 경우에는 설치 완료 후 시운전 단계에서의 확인을 말한다) 후 1년이 지난 날부터 2년 이내에 공정안전보고서 이행 상태의 평가를 해야 한다.

② 고용노동부장관은 제1항에 따른 이행상태평가 후 4년마다 이행상태평가를 해야 한다. 다만, 다음 각 호의 어느 하나에 해당하는 경우에는 1년 또는 2년마다 이행상태평가를 할 수 있다.

　1. 이행상태평가 후 사업주가 이행상태평가를 요청하는 경우
　2. 사업장에 출입하여 검사 및 안전·보건점검 등을 실시한 결과 변경요소 관리계획 미준수로 공정안전보고서 이행상태가 불량한 것으로 인정되는 경우 등 고용노동부장관이 정하여 고시하는 경우

안전보건개선계획서

01 안전보건개선계획서에 포함되어야 할 내용에 해당하지 않는 것은?

① 시설　② 안전보건관리체제　③ 안전보건교육　④ 안전보건순회점검
⑤ 산업재해 예방 및 작업환경의 개선을 위하여 필요한 사항

해설　④ [×] 안전보건순회점검은 명시적으로 규정된 것이 아니다.

○ 안전보건개선계획의 제출 등 (산시규 제61조)

　1. 안전보건개선계획서를 제출해야 하는 사업주는 안전보건개선계획서 수립·시행 명령을 받은 날부터 60일 이내에 관할 지방고용노동관서의 장에게 해당 계획서를 제출(전자문서로 제출하는 것을 포함한다)해야 한다.

　2. 안전보건개선계획서에는 시설, 안전보건관리체제, 안전보건교육, 산업재해 예방 및 작업환경의 개선을 위하여 필요한 사항이 포함되어야 한다.

정답　01. ④

02 안전보건개선계획서에 포함되어야 할 내용으로 규정된 것이 아닌 것은?

① 시설　　② 안전보건관리체제　　③ 안전보건교육　　④ 안전보건예산
⑤ 산업재해 예방 및 작업환경의 개선을 위하여 필요한 사항

해설　④ [×] 안전보건예산은 명시적으로 규정된 내용은 아니다(산시규 제61조).

03 산업안전보건법상 안전보건개선계획의 수립·시행명령을 받은 사업주는 고용노동부장관이 정하는 바에 따라 안전보건개선계획서를 작성하여 그 명령을 받은 날부터 며칠 이내에 관할 지방고용노동관서의 장에게 제출해야 하는가?

① 15일　　② 30일　　③ 45일　　④ 60일　　⑤ 90일

해설　④ [○] 안전보건개선계획서 제출 기한으로서 옳은 내용이다.

　　○ 안전보건개선계획의 제출 등 (산시규 제61조) : 안전보건개선계획서를 제출해야 하는 사업주는 안전보건개선계획서 수립·시행 명령을 받은 날부터 60일 이내에 관할 지방고용노동관서의 장에게 해당 계획서를 제출(전자문서로 제출하는 것을 포함한다)해야 한다.

――― 중대재해 조치 ―――

01 중대재해 발생시 보고하여야 할 보고내용으로 규정된 것이 아닌 것은?

① 발생 개요　　② 피해 상황　　③ 조치 및 전망　　④ 대피 및 인근 상황
⑤ 그 밖의 중요한 사항

해설　④ [×] 대피 및 인근 상황은 규정된 사항이 아니다.

　　○ 중대재해 발생 시 사업주의 조치 (산안법 제54조)

　　　1. 사업주는 중대재해가 발생하였을 때에는 즉시 해당 작업을 중지시키고 근로자를 작업장소에서 대피시키는 등 필요한 안전보건 조치를 해야 한다.

　　　2. 사업주는 중대재해가 발생한 사실을 알게 된 경우에는 고용노동부령으로 정하는 바에 따라 지체 없이 고용노동부장관에게 보고하여야 한다. 다만, 천재지변 등 부득이한 사유가 발생한 경우에는 그 사유가 소멸되면 지체 없이 보고하여야 한다.

정답　02. ④　03. ④　｜　01. ④

○ 중대재해 발생 시 보고 (산시규 제67조)

사업주는 중대재해가 발생한 사실을 알게 된 경우에는 지체 없이 다음 각 호의 사항을 사업장 소재지를 관할하는 지방고용노동관서의 장에게 전화·팩스 또는 그 밖의 적절한 방법으로 보고해야 한다.
1. 발생 개요 및 피해 상황   2. 조치 및 전망   3. 그 밖의 중요한 사항

02 산업재해 발생시 사업주가 기록·보존해야 하는 항목에 대해 적절한 내용을 제시한 것이 아닌 것은?

① 사업장의 개요 및 근로자의 인적사항   ② 재해 발생의 일시 및 장소
③ 재해 발생의 원인 및 과정   ④ 재해피해액 및 주민피해보상액
⑤ 재해 재발방지 계획

해설 ④ [×] 재해피해액 및 주민피해보상액은 규정된 내용이 아니다.

○ 산업재해 기록 등 (산시규 제72조) : 사업주는 산업재해가 발생한 때에는 다음 각 호의 사항을 기록·보존해야 한다. 다만, 산업재해조사표의 사본을 보존하거나 요양신청서의 사본에 재해 재발방지 계획을 첨부하여 보존한 경우에는 그렇지 않다.

1. 사업장의 개요 및 근로자의 인적사항   2. 재해 발생의 일시 및 장소
3. 재해 발생의 원인 및 과정   4. 재해 재발방지 계획

산업재해조사

01 산업재해조사표의 주요항목에 해당하지 않는 것을 다음 보기 중에서 골라 올바르게 제시한 것은?

> ㉠ 재해자의 국적   ㉡ 재발방지 계획   ㉢ 재해발생 일시   ㉣ 고용형태
> ㉤ 휴업예상일수   ㉥ 급여수준   ㉦ 응급조치 내역   ㉧ 발생장소·작업유형
> ㉨ 재해자 복귀 일시

① ㉤, ㉥, ㉨   ② ㉤, ㉥, ㉧   ③ ㉥, ㉦, ㉨   ④ ㉠, ㉦, ㉨
⑤ ㉤, ㉦, ㉨

정답   02. ④ | 01. ③

해설 ③ [×] 산업재해조사표 기재항목으로 해당되지 않는 항목이다.

○ 산업재해조사표 기재항목 (산시규 제73조 관련 별지 제30호 서식)
  Ⅰ. 사업장 정보
    1. 산재관리번호 (사업개시번호)
    2. 사업장명   3. 근로자 수   4. 업종
    5. 재해자가 사내수급인 소속인 경우(건설업 제외) 원도급인 사업장명
    6. 재해자가 파견근로자인 경우 파견사업주 사업장명
    7. 원수급 사업장명 : 건설업만 작성
    8. 원수급 사업장 산재관리번호 (사업개시번호) : 건설업만 작성
    9. 공사종류 : 건설업만 작성
  Ⅱ. 재해정보
    10. 체류자격   11. 직업   12. 같은 종류업무 근속기간   13. 고용형태
    14. 근무형태   15. 상해종류 (질병명)   16. 상해부위 (질병부위)
    17. 휴업예상일수
  Ⅲ. 재해발생 개요 및 원인
    18. 재해발생 개요   19. 재해발생원인
  Ⅳ. 재발방지계획
    20. 재발방지계획

02 산업안전보건법 시행규칙에서 산업재해조사표에 작성해야 하는 상해의 종류로 적절하지 않은 것은?

① 중독   ② 고혈압   ③ 뇌졸중   ④ 수근관증후군
⑤ 이상온도 노출접촉

해설 ⑤ [×] 이상온도 노출접촉은 재해 형태별 분류에 해당한다.

○ 산업재해조사표 작성시 상해종류(질병명) 기재 (산시규 제73조 관련 별지 제30호 서식) : 골절, 절단, 타박상, 찰과상, 중독·질식, 화상, 감전, 뇌진탕, 고혈압, 뇌졸중, 피부염, 진폐, 수근관증후군 등

정답 02. ⑤

3.4 도급 시 산업재해 예방

> 도급 시 산업재해 예방

01 산업안전보건법령상 협의체 구성 및 운영에 관한 사항으로 ( )에 알맞은 내용은?

> 도급인은 관계수급인 근로자가 도급인의 사업장에서 작업을 하는 경우 도급인과 수급인을 구성원으로 하는 안전 및 보건에 관한 협의체를 구성 및 운영하여야 한다. 이 협의체는 ( ) 정기적으로 회의를 개최하고 그 결과를 기록·보존해야 한다.

① 매월 1회 이상　　② 2개월마다 1회　　③ 3개월마다 1회
④ 4개월마다 1회　　⑤ 6개월마다 1회

해설　① [○] 협의체의 구성 및 운영 (산시규 제79조)
  1. 도급인의 안전조치 및 보건조치로 구성되는 안전 및 보건에 관한 협의체는 도급인 및 그의 수급인 전원으로 구성해야 한다.
  2. 협의체는 다음 각 호의 사항을 협의해야 한다.
     가. 작업의 시작 시간
     나. 작업 또는 작업장 간의 연락방법
     다. 재해발생 위험이 있는 경우 대피방법
     라. 작업장에서의 법 제36조에 따른 위험성평가의 실시에 관한 사항
     마. 사업주와 수급인 또는 수급인 상호 간 연락 방법 및 작업공정의 조정
  3. 협의체는 매월 1회 이상 정기적으로 회의를 개최하고 그 결과를 기록·보존해야 한다.

02 산업안전보건법령에서 정하고 있는 도급사업 시의 안전·보건조치 중 도급인의 사업주가 2일에 1회 이상 작업장 순회점검을 하여야 할 대상으로 규정된 것이 아닌 것은?

정답　01. ①　　02. ②

① 금속 및 비금속 원료 재생업   ② 해체, 선별 및 원료 재생업
③ 토사석 광업   ④ 서적, 잡지 및 기타 인쇄물 출판업
⑤ 음악 및 기타 오디오물 출판업

해설 ② [×] 해체, 선별 및 원료 재생업은 규정된 내용이 아니다.

○ 도급사업 시의 안전·보건조치 등 관련 작업장 순회점검 (산시규 제80조)

1. 다음 각 목의 사업 : 2일에 1회 이상
   가. 건설업   나. 제조업   다. 토사석 광업
   라. 서적, 잡지 및 기타 인쇄물 출판업
   마. 음악 및 기타 오디오물 출판업
   바. 금속 및 비금속 원료 재생업
2. 제1호 각 목의 사업을 제외한 사업 : 1주일에 1회 이상

03 산업안전보건법령상 산업안전보건관리비 사용명세서의 공사종료 후 보존 기간은?

① 6개월간   ② 1년간   ③ 2년간   ④ 3년간   ⑤ 5년간

해설 ② [○] 산업안전보건관리비의 사용 (산시규 제89조) : 건설공사도급인은 산업안전보건관리비를 사용하는 해당 건설공사의 금액(고용노동부장관이 정하여 고시하는 방법에 따라 산정한 금액을 말한다)이 4천만원 이상인 때에는 고용노동부장관이 정하는 바에 따라 매월(건설공사가 1개월 이내에 종료되는 사업의 경우에는 해당 건설공사가 끝나는 날이 속하는 달을 말한다) 사용명세서를 작성하고, 건설공사 종료 후 1년 동안 보존해야 한다.

정답 03. ②

3.5 유해·위험 기계 등 조치

유해·위험 기계 방호조치

01 유해하거나 위험한 기계 등에 대한 방호조치로 적절하지 않는 것은?

① 원심기 : 가공물 이탈 예방장치
② 금속절단기 : 날접촉 예방장치
③ 예초기 : 날접촉 예방장치
④ 공기압축기 : 압력방출장치
⑤ 포장기계 : 구동부 방호 연동장치

해설 ① [×] 원심기는 회전체 접촉 예방장치가 방호장치이다.

○ 유해하거나 위험한 기계 등에 대한 방호조치 (산시규 제98조)
1. 예초기 : 날접촉 예방장치
2. 원심기 : 회전체 접촉 예방장치
3. 공기압축기 : 압력방출장치
4. 금속절단기 : 날접촉 예방장치
5. 지게차 : 헤드 가드, 백레스트(backrest), 전조등, 후미등, 안전벨트
6. 포장기계 : 구동부 방호 연동장치

02 유해하거나 위험한 기계 등에 대한 대여자의 조치로서 해당 기계 등을 대여 받은 자에게 서면을 발급할 사항으로 규정된 사항이 아닌 것은?

① 해당 기계 등의 성능 및 방호조치의 내용
② 해당 기계 등의 특성 및 사용 시의 주의사항
③ 해당 기계 등의 수리·보수 및 점검 내역과 주요 부품의 제조일
④ 해당 기계 등의 정밀진단 및 수리 후 안전점검 내역, 주요 안전부품의 교환이력 및 제조일
⑤ 해당 기계 등의 사용자 또는 운전자에 대한 자격조건

해설 ⑤ [×] 해당 기계 등의 사용자 또는 운전자에 대한 자격조건은 규정되어 있지 않다(산시규 제100조).

정답 01. ① 02. ⑤

03 산업안전보건법령상 기계 등을 대여받는 자의 조치로서 해당 기계 등을 조작하는 사람에게 주지시킬 사항으로 규정된 내용이 아닌 것은?

① 작업의 내용   ② 지휘계통   ③ 연락·신호 등의 방법
④ 점검 및 검사항목, 이상발생시 조치방법
⑤ 운행경로, 제한속도, 그 밖에 해당 기계 등의 운행에 관한 사항

해설 ④ [×] 점검 및 검사항목, 이상발생시 조치방법은 해당사항이 아니다.

○ 기계 등을 대여받는 자의 조치 (산시규 제101조) : 기계 등을 대여받는 자는 그가 사용하는 근로자가 아닌 사람에게 해당 기계 등을 조작하도록 하는 경우에는 다음 각 호의 조치를 해야 한다. 다만, 해당 기계 등을 구입할 목적으로 기종(機種)의 선정 등을 위하여 일시적으로 대여받는 경우에는 그렇지 않다.

1. 해당 기계 등을 조작하는 사람이 관계 법령에서 정하는 자격이나 기능을 가진 사람인지 확인할 것
2. 해당 기계 등을 조작하는 사람에게 다음 각 목의 사항을 주지시킬 것
   가. 작업의 내용   나. 지휘계통   다. 연락·신호 등의 방법
   라. 운행경로, 제한속도, 그 밖에 해당 기계 등의 운행에 관한 사항
   마. 그 밖에 해당 기계 등의 조작에 따른 산업재해를 방지하기 위하여 필요한 사항

안전인증

01 설치·이전하는 경우 안전인증을 받아야 하는 기계에 속하는 것은?

① 프레스   ② 전단기 및 절곡기   ③ 리프트   ④ 압력용기
⑤ 고소(高所)작업대

해설 ③ [○] 설치·이전하는 경우 안전인증을 받아야 하는 기계로는 크레인, 리프트, 곤돌라가 규정되어 있는 대상이다(산시규 제107조).

○ 안전인증대상기계 등 (산시규 제107조)
   1. 설치·이전하는 경우 안전인증을 받아야 하는 기계
      가. 크레인   나. 리프트   다. 곤돌라

정답   03. ④ | 01. ③

2. 주요 구조 부분 변경의 경우 안전인증을 받아야 하는 기계 및 설비
    가. 프레스   나. 전단기 및 절곡기(折曲機)
    다. 크레인   라. 리프트   마. 압력용기   바. 롤러기
    사. 사출성형기(射出成形機)   아. 고소(高所)작업대   자. 곤돌라

02 주요 구조 부분을 변경하는 경우 안전인증을 받아야 하는 기계 및 설비에 속하지 않는 것은?

① 롤러기   ② 전단기 및 절곡기   ③ 분쇄기   ④ 압력용기
⑤ 고소(高所)작업대

해설 ③ [○] 분쇄기는 안전인증이 아닌 자율안전확인 대상 기계·기구에 속한다.

03 산업안전보건법령상 안전인증을 전부 면제할 수 있는 안전인증대상기계 등에 속하지 않는 것은?

① 연구·개발을 목적으로 제조·수입하거나 수출을 목적으로 제조하는 경우
② 「건설기계관리법」에 따른 검사를 받은 경우
③ 「고압가스 안전관리법」에 따른 검사를 받은 경우
④ 「전기용품 및 생활용품 안전관리법」에 따른 안전인증을 받은 경우
⑤ 「방위사업법」에 따른 품질보증을 받은 경우

해설 ④ [×] 「전기용품 및 생활용품 안전관리법」에 따른 안전인증을 받은 경우는 일부 면제 대상이다(산안법 제109조).
○ 안전인증의 면제 (산시규 제109조) : 안전인증대상기계 등이 다음 각 호의 어느 하나에 해당하는 경우에는 안전인증을 전부 면제한다.
1. 연구·개발을 목적으로 제조·수입하거나 수출을 목적으로 제조하는 경우
2. 「건설기계관리법」에 따른 검사를 받은 경우 또는 형식승인을 받거나 형식신고를 한 경우
3. 「고압가스 안전관리법」에 따른 검사를 받은 경우
4. 「광산안전법」에 따른 검사 중 광업시설의 설치공사 또는 변경공사가 완료되었을 때에 받는 검사를 받은 경우

정답 02. ③   03. ④

5. 「방위사업법」에 따른 품질보증을 받은 경우
6. 「선박안전법」에 따른 검사를 받은 경우
7. 「에너지이용 합리화법」에 따른 검사를 받은 경우
8. 「원자력안전법」에 따른 검사를 받은 경우
9. 「위험물안전관리법」에 따른 검사를 받은 경우
10. 「전기사업법」 또는 「전기안전관리법」에 따른 검사를 받은 경우
11. 「항만법」에 따른 검사를 받은 경우
12. 「소방시설 설치 및 관리에 관한 법률」에 따른 형식승인을 받은 경우

04 안전인증대상기계 등이 인증 또는 시험을 받았거나 그 일부 항목이 안전인증기준과 같은 수준 이상인 것으로 인정되는 경우에는 해당 인증 또는 시험이나 그 일부 항목에 한정하여 안전인증을 면제하는 대상이 아닌 것은?

① 고용노동부장관이 정하여 고시하는 외국의 안천인증기관에서 인증을 받은 경우
② 「국가표준기본법」에 따른 시험·검사기관에서 실시하는 시험을 받은 경우
③ 「전기용품 및 생활용품 안전관리법」에 따른 안전인증을 받은 경우
④ 「에너지이용 합리화법」에 따른 검사를 받은 경우
⑤ 「산업표준화법」에 따른 인증을 받은 경우

해설 ④ [×] 「에너지이용 합리화법」에 따른 검사를 받은 경우는 전부 면제 대상이다(산시규 제109조).

○ 안전인증의 일부 면제 (산시규 제109조) : 안전인증대상기계 등이 다음 각 호의 어느 하나에 해당하는 인증 또는 시험을 받았거나 그 일부 항목이 안전인증기준과 같은 수준 이상인 것으로 인정되는 경우에는 해당 인증 또는 시험이나 그 일부 항목에 한정하여 안전인증을 면제한다.

1. 고용노동부장관이 정하여 고시하는 외국의 안전인증기관에서 인증을 받은 경우
2. 국제전기기술위원회(IEC)의 국제방폭전기기계·기구 상호인정제도(IECEx Scheme)에 따라 인증을 받은 경우
3. 「국가표준기본법」에 따른 시험·검사기관에서 실시하는 시험을 받은 경우
4. 「산업표준화법」에 따른 인증을 받은 경우
5. 「전기용품 및 생활용품 안전관리법」에 따른 안전인증을 받은 경우

정답 04. ④

05 산업안전보건법령상 유해·위험기계 등이 안전인증기준에 적합한지를 확인하기 위한 안전인증 심사의 종류로 규정된 것이 아닌 것은?

① 예비심사   ② 서면심사   ③ 기술능력 및 생산체계 심사
④ 제품형식심사   ⑤ 제품심사

해설   ④ [×] 안전인증 심사의 종류로 제품형식심사는 해당 사항이 아니다.

○ 안전인증 심사의 종류 및 방법 (산시규 제110조) : 유해·위험기계 등이 안전인증기준에 적합한지를 확인하기 위하여 안전인증기관이 하는 심사는 다음 각 호와 같다.

1. 예비심사 : 기계 및 방호장치·보호구가 유해·위험기계 등인지를 확인하는 심사(안전인증을 신청한 경우만 해당한다)

2. 서면심사 : 유해·위험기계 등의 종류별 또는 형식별로 설계도면 등 유해·위험기계 등의 제품기술과 관련된 문서가 안전인증기준에 적합한지에 대한 심사

3. 기술능력 및 생산체계 심사 : 유해·위험기계 등의 안전성능을 지속적으로 유지·보증하기 위하여 사업장에서 갖추어야 할 기술능력과 생산체계가 안전인증기준에 적합한지에 대한 심사. 다만, 다음 각 목의 어느 하나에 해당하는 경우에는 기술능력 및 생산체계 심사를 생략한다.
   가. 방호장치 및 보호구를 고용노동부장관이 정하여 고시하는 수량 이하로 수입하는 경우
   나. 개별 제품심사를 하는 경우
   다. 안전인증(형식별 제품심사를 하여 안전인증을 받은 경우로 한정한다)을 받은 후 같은 공정에서 제조되는 같은 종류의 안전인증대상 기계 등에 대하여 안전인증을 하는 경우

4. 제품심사 : 유해·위험기계 등이 서면심사 내용과 일치하는지와 유해·위험기계 등의 안전에 관한 성능이 안전인증기준에 적합한지에 대한 심사. 다만, 다음 각 목의 심사는 유해·위험기계 등별로 고용노동부장관이 정하여 고시하는 기준에 따라 어느 하나만을 받는다.
   가. 개별 제품심사 : 서면심사 결과가 안전인증기준에 적합할 경우에 유해·위험기계 등 모두에 대하여 하는 심사 (안전인증을 받으려는 자가 서면심사와 개별 제품심사를 동시에 할 것을 요청하는 경우 병행할 수 있다)

정답   05. ④

나. 형식별 제품심사 : 서면심사와 기술능력 및 생산체계 심사 결과가 안전인증기준에 적합할 경우에 유해·위험기계 등의 형식별로 표본을 추출하여 하는 심사 (안전인증을 받으려는 자가 서면심사, 기술능력 및 생산체계 심사와 형식별 제품심사를 동시에 할 것을 요청하는 경우 병행할 수 있다)

06 산업안전보건법령상 안전인증 심사의 종류별 심사기간에 대한 사항으로 올바르지 않은 것은?

① 예비심사 : 7일
② 서면심사 : 15일 (외국에서 제조한 경우는 30일)
③ 기술능력 및 생산체계 심사 : 30일 (외국에서 제조한 경우는 60일)
④ 개별 제품심사 : 15일
⑤ 형식별 제품심사 : 30일 (보호구는 60일)

해설 ③ [×] 기술능력 및 생산체계 심사 : 30일(외국에서 제조한 경우는 45일)이 올바른 규정 사항이다.

○ 안전인증 심사의 기간 (산시규 제110조) : 안전인증기관은 안전인증 신청서를 제출받으면 다음 각 호의 구분에 따른 심사 종류별 기간 내에 심사해야 한다. 다만, 제품심사의 경우 처리기간 내에 심사를 끝낼 수 없는 부득이한 사유가 있을 때에는 15일의 범위에서 심사기간을 연장할 수 있다.

1. 예비심사 : 7일
2. 서면심사 : 15일 (외국에서 제조한 경우는 30일)
3. 기술능력 및 생산체계 심사 : 30일 (외국에서 제조한 경우는 45일)
4. 제품심사
   가. 개별 제품심사 : 15일
   나. 형식별 제품심사 : 30일 (보호구는 60일)

07 안전인증을 받은 자가 안전인증기준을 지키고 있는지에 대해 안전인증기관의 확인을 받아야 하는데, 확인 내용에 관해 올바르지 못한 것은?

① 안전인증기관은 안전인증을 받은 자가 안전인증기준을 지키고 있는지를 2년에 1회 이상 확인해야 한다.

정답 06. ③   07. ④

② 규정된 충족조건 모두에 해당하는 경우에는 3년에 1회 이상 확인할 수 있다.
③ 최근 3년 동안 안전인증이 취소된 사실이 없는 경우
④ 최근 5년 동안 안전인증표시 사용금지 또는 시정명령을 받은 사실이 없는 경우
⑤ 최근 2회 확인 결과 기술능력 및 생산체계가 고용노동부장관이 정하는 기준 이상인 경우

해설 ④ [×] 최근 3년 동안 안전인증표시의 사용금지 또는 시정명령을 받은 사실이 없는 경우가 규정된 내용이다.

○ 확인의 주기 등 (산시규 제111조) : 안전인증기관은 안전인증을 받은 자가 안전인증기준을 지키고 있는지를 2년에 1회 이상 확인해야 한다. 다만, 다음 각 호의 모두에 해당하는 경우에는 3년에 1회 이상 확인할 수 있다.

1. 최근 3년 동안 안전인증이 취소되거나 안전인증표시의 사용금지 또는 시정명령을 받은 사실이 없는 경우
2. 최근 2회의 확인 결과 기술능력 및 생산체계가 고용노동부장관이 정하는 기준 이상인 경우

08 안전인증기관으로 지정받으려는 자가 고용노동부장관에게 제출(전자문서로 제출하는 것을 포함한다)해야 할 서류로서 올바르지 못한 것은?

① 정관 (법인인 경우만 해당한다)
② 인력기준을 갖추었음을 증명할 수 있는 자격증 (국가기술자격증은 제외한다)
③ 인력기준을 갖추었음을 증명할 수 있는 졸업증명서, 경력증명서 및 재직증명서 등 서류
④ 시설·장비기준을 갖추었음을 증명할 수 있는 서류와 시설·장비 명세서
⑤ 최초 2년간의 사업계획서

해설 ⑤ [×] 최초 1년간의 사업계획서가 규정된 내용이다.

○ 안전인증기관의 지정 신청 등 (산시규 제117조) : 안전인증기관으로 지정받으려는 자는 안전인증기관 지정신청서에 다음 각 호의 서류를 첨부하여 고용노동부장관에게 제출(전자문서로 제출하는 것을 포함한다)해야 한다.

1. 정관 (법인인 경우만 해당한다)

정답 08. ⑤

2. 인력기준을 갖추었음을 증명할 수 있는 자격증(국가기술자격증은 제외한다), 졸업증명서, 경력증명서 및 재직증명서 등 서류
3. 시설·장비기준을 갖추었음을 증명할 수 있는 서류와 시설·장비 명세서
4. 최초 1년간의 사업계획서

자율안전확인 신고

01 자율안전확인의 신고 면제 대상이 아닌 것은?

① 「농업기계화촉진법」에 따른 검정을 받은 경우
② 「산업표준화법」에 따른 인증을 받은 경우
③ 「전기용품 및 생활용품 안전관리법」에 따른 안전인증 및 안전검사를 받은 경우
④ 「방위사업법」에 따른 품질보증을 받은 경우
⑤ 국제전기기술위원회의 국제방폭전기기계·기구 상호인정제도에 따라 인증을 받은 경우

해설 ④ [×] 「방위사업법」에 따른 품질보증을 받은 경우는 안전인증의 면제 대상이다(산시규 제109조).

○ 자율안전확인의 신고의 면제(산시규 제119조) : 다음 각 호의 어느 하나에 해당하는 경우 자율안전확인의 신고의 면제 대상이다.
1. 「농업기계화촉진법」에 따른 검정을 받은 경우
2. 「산업표준화법」에 따른 인증을 받은 경우
3. 「전기용품 및 생활용품 안전관리법」에 따른 안전인증 및 안전검사를 받은 경우
4. 국제전기기술위원회의 국제방폭전기기계·기구 상호인정제도에 따라 인증을 받은 경우

정답 01. ④

안전검사

01 안전검사를 받아야 하는 자가 검사 주기 만료일 며칠 전에 안전검사 업무를 위탁받은 기관에 제출해야 하는가?

① 7일   ② 15일   ③ 30일   ④ 45일   ⑤ 60일

해설 ③ [○] 검사 주기 만료일 30일 전에 신청해야 한다.

○ 안전검사의 신청 등 (산시규 제124조) : 안전검사를 받아야 하는 자는 안전검사 신청서를 검사 주기 만료일 30일 전에 안전검사 업무를 위탁받은 안전검사기관에 제출(전자문서로 제출하는 것을 포함한다)해야 한다.

02 안전검사의 면제 대상에 해당하지 않는 것은?

① 「고압가스 안전관리법」에 따른 검사를 받은 경우
② 「선박안전법」의 규정에 따른 검사를 받은 경우
③ 「방위사업법」 제28조제1항에 따른 품질보증을 받은 경우
④ 「에너지이용 합리화법」에 따른 검사를 받은 경우
⑤ 「전기사업법」에 따른 검사를 받은 경우

해설 ③ [×] 「방위사업법」에 따른 품질보증을 받은 경우는 안전인증의 면제 대상이다(산시규 제109조).

○ 안전검사의 면제 대상 (산시규 제125조)
1. 「건설기계관리법」에 따른 검사를 받은 경우 (안전검사 주기에 해당하는 시기의 검사로 한정한다)
2. 「고압가스 안전관리법」에 따른 검사를 받은 경우
3. 「광산안전법」에 따른 검사 중 광업시설의 설치·변경공사 완료 후 일정한 기간이 지날 때마다 받는 검사를 받은 경우
4. 「선박안전법」의 규정에 따른 검사를 받은 경우
5. 「에너지이용 합리화법」에 따른 검사를 받은 경우
6. 「원자력안전법」에 따른 검사를 받은 경우
7. 「위험물안전관리법」에 따른 정기점검 또는 정기검사를 받은 경우

정답 01. ③   02. ③

8. 「전기사업법」 또는 「전기안전관리법」에 따른 검사를 받은 경우
9. 「항만법」에 따른 검사를 받은 경우
10. 「소방시설 설치 및 관리에 관한 법률」에 따른 자체점검 등을 받은 경우 <개정 2024. 6. 28>
11. 「화학물질관리법」에 따른 정기검사를 받은 경우

03 산업안전보건법령상의 안전검사의 주기로 올바르지 못한 것은?

① 크레인, 리프트 및 곤돌라 : 사업장에 설치가 끝난 날부터 2년 이내에 최초 안전검사를 실시하되, 그 이후부터 3년마다
② 건설현장에서 사용하는 크레인, 리프트 및 곤돌라 : 최초로 설치한 날부터 6개월마다
③ 이동식 크레인, 이삿짐운반용 리프트 및 고소작업대 : 「자동차관리법」에 따른 신규등록 이후 3년 이내에 최초 안전검사를 실시하되, 그 이후부터 2년마다
④ 프레스, 전단기, 압력용기, 국소 배기장치, 원심기, 롤러기, 사출성형기, 컨베이어 및 산업용 로봇 : 사업장에 설치가 끝난 날부터 3년 이내에 최초 안전검사를 실시하되, 그 이후부터 2년마다
⑤ 공정안전보고서를 제출하여 확인을 받은 압력용기는 4년마다

[해설] ① [×] 크레인, 리프트 및 곤돌라 : 사업장에 설치가 끝난 날부터 3년 이내에 최초 안전검사를 실시하되, 그 이후부터 2년마다 실시한다.

○ 안전검사의 주기 (산시규 제126조) : 안전검사대상기계 등의 안전검사 주기는 다음 각 호와 같다.

1. 크레인(이동식 크레인은 제외한다), 리프트(이삿짐운반용 리프트는 제외한다) 및 곤돌라 : 사업장에 설치가 끝난 날부터 3년 이내에 최초 안전검사를 실시하되, 그 이후부터 2년마다 (건설현장에서 사용하는 것은 최초로 설치한 날부터 6개월마다)
2. 이동식 크레인, 이삿짐운반용 리프트 및 고소작업대 : 「자동차관리법」 따른 신규등록 이후 3년 이내에 최초 안전검사를 실시하되, 그 이후부터 2년마다
3. 프레스, 전단기, 압력용기, 국소 배기장치, 원심기, 롤러기, 사출성형기, 컨베이어 및 산업용 로봇, 혼합기, 파쇄기 또는 분쇄기 : 사업장에 설치가

정답 03. ①

끝난 날부터 3년 이내에 최초 안전검사를 실시하되, 그 이후부터 2년마다 (공정안전보고서를 제출하여 확인을 받은 압력용기는 4년마다) <개정 2024. 6. 28.>

04 산업안전보건법령상 안전검사 검사원의 자격으로 올바르지 못한 것은?

① 「국가기술자격법」에 따른 기계・전기・전자・화공 또는 산업안전 분야에서 기사 이상의 자격을 취득한 후 해당 분야의 실무경력이 3년 이상인 사람
② 「국가기술자격법」에 따른 기계・전기・전자・화공 또는 산업안전 분야에서 기능사 이상의 자격을 취득한 후 해당 분야의 실무경력이 5년 이상인 사람
③ 「고등교육법」에 따른 학교 중 수업연한이 4년인 학교에서 기계・전기・전자・화공 또는 산업안전 분야의 관련 학과를 졸업한 후 해당 분야의 실무경력이 3년 이상인 사람
④ 「고등교육법」에 따른 학교 중 수업연한이 4년인 학교 외의 학교에서 기계・전기・전자・화공 또는 산업안전 분야의 관련 학과를 졸업한 후 해당 분야의 실무경력이 5년 이상인 사람
⑤ 자율검사프로그램에 따라 안전에 관한 성능검사 교육을 이수한 후 해당 분야의 실무경력이 1년 이상인 사람

해설 ② [×] 「국가기술자격법」에 따른 기계・전기・전자・화공 또는 산업안전 분야에서 기능사 이상의 자격을 취득한 후 해당 분야의 실무경력이 7년 이상인 사람이 자격조건이다.

○ 안전검사 검사원의 자격 조건 (산시규 제130조)

1. 「국가기술자격법」에 따른 기계・전기・전자・화공 또는 산업안전 분야에서 기사 이상의 자격을 취득한 후 해당 분야의 실무경력이 3년 이상인 사람
2. 「국가기술자격법」에 따른 기계・전기・전자・화공 또는 산업안전 분야에서 산업기사 이상의 자격을 취득한 후 해당 분야의 실무경력이 5년 이상인 사람
3. 「국가기술자격법」에 따른 기계・전기・전자・화공 또는 산업안전 분야에서 기능사 이상의 자격을 취득한 후 해당 분야의 실무경력이 7년 이상인 사람

정답 04. ②

4. 「고등교육법」에 따른 학교 중 수업연한이 4년인 학교에서 기계·전기·전자·화공 또는 산업안전 분야의 관련 학과를 졸업한 후 해당 분야의 실무경력이 3년 이상인 사람

5. 「고등교육법」에 따른 학교 중 수업연한이 4년인 학교 외의 학교에서 기계·전기·전자·화공 또는 산업안전 분야의 관련 학과를 졸업한 후 해당 분야의 실무경력이 5년 이상인 사람

6. 「초·중등교육법」에 따른 고등학교·고등기술학교에서 기계·전기 또는 전자·화공 관련 학과를 졸업한 후 해당 분야의 실무경력이 7년 이상인 사람

7. 자율검사프로그램에 따라 안전에 관한 성능검사 교육을 이수한 후 해당 분야의 실무경력이 1년 이상인 사람

05 산업안전보건법령상 자율검사프로그램의 인정 조건으로 옳지 못한 것은?

① 검사원을 고용하고 있을 것
② 고용노동부장관이 정하여 고시하는 바에 따라 검사를 할 수 있는 장비를 갖추고 이를 유지·관리할 수 있을 것
③ 안전검사 주기의 2분의 1에 해당하는 주기마다 검사를 할 것
④ 건설현장 외에서 사용하는 크레인의 경우에는 3개월마다 검사를 할 것
⑤ 자율검사프로그램의 검사기준이 고용노동부장관이 정하여 고시하는 안전검사기준을 충족할 것

해설 ④ [×] 건설현장 외의 사용 크레인은 6개월마다 검사를 할 것이 규정 내용이다.

○ 자율검사프로그램의 인정 등(산시규 제132조) : 사업주가 자율검사프로그램을 인정받기 위해서는 다음 각 호의 요건을 모두 충족해야 한다.

1. 검사원을 고용하고 있을 것
2. 고용노동부장관이 정하여 고시하는 바에 따라 검사를 할 수 있는 장비를 갖추고 이를 유지·관리할 수 있을 것
3. 안전검사 주기의 2분의 1에 해당하는 주기(크레인 중 건설현장 외에서 사용하는 크레인의 경우에는 6개월)마다 검사를 할 것
4. 자율검사프로그램의 검사기준이 고용노동부장관이 정하여 고시하는 안전검사기준을 충족할 것

정답 05. ④

3.6 유해·위험물질 조치

유해·위험물질 조치

01 다음 설명은 산업안전보건법상 신규화학물질의 제조 및 수입 등에 관한 설명이다. ( )안에 해당하는 내용으로 올바른 것은?

> 신규화학물질을 제조하거나 수입하려는 자는 제조하거나 수입하려는 날 (㉠)일 전까지 신규화학물질 유해성·위험성 조사보고서에 따른 서류를 첨부하여 (㉡)에게 제출하여야 한다.

① ㉠ 10, ㉡ 고용노동부장관   ② ㉠ 15, ㉡ 지방고용노동관서의 장
③ ㉠ 30, ㉡ 고용노동부장관   ④ ㉠ 45, ㉡ 지방고용노동관서의 장
⑤ ㉠ 60, ㉡ 고용노동부장관

해설 ③ [○] 신규화학물질의 유해성·위험성 조사보고서의 제출로서 옳은 내용이다.
○ 신규화학물질의 유해성·위험성 조사보고서의 제출 (산시규 제147조) : 신규화학물질을 제조하거나 수입하려는 자는 제조하거나 수입하려는 날 30일(연간 제조하거나 수입하려는 양이 100kg 이상 1톤 미만인 경우에는 14일) 전까지 신규화학물질 유해성·위험성 조사보고서에 따른 서류를 첨부하여 고용노동부장관에게 제출해야 한다.

물질안전보건자료

01 물질안전보건자료의 대상이 되는 화학물질을 취급하는 작업장에서 작업공정별로 게시하여야 할 사항이 아닌 것은?

① 화학물질 구성성분의 명칭 및 함유량
② 건강 및 환경에 대한 유해성, 물리적 위험성
③ 안전 및 보건상의 취급주의 사항
④ 적절한 보호구   ⑤ 응급조치 요령 및 사고 시 대처방법

정답 01. ③ | 01. ①

해설 ① [×] 화학물질 구성성분의 명칭 및 함유량이 아닌 제품명이 해당 사항이다.

○ 물질안전보건자료의 게시 및 교육 (산안법 제114조) : 물질안전보건자료 대상물질을 취급하려는 사업주는 작성하였거나 제공받은 물질안전보건자료를 고용노동부령으로 정하는 방법에 따라 물질안전보건자료 대상물질을 취급하는 작업장 내에 이를 취급하는 근로자가 쉽게 볼 수 있는 장소에 게시하거나 갖추어 두어야 한다.

○ 물질안전보건자료 대상물질의 관리 요령 게시 (산시규 제168조)
  1. 제품명
  2. 건강 및 환경에 대한 유해성, 물리적 위험성
  3. 안전 및 보건상의 취급주의 사항
  4. 적절한 보호구
  5. 응급조치 요령 및 사고 시 대처방법

02 작업장에서 취급하는 대상화학물질의 물질안전보건자료에 해당되는 내용을 근로자에게 교육하여야 한다. 근로자에게 실시하는 교육사항으로 규정되지 않은 것은?

① 물리적 위험성 및 건강 유해성
② 취급상의 주의사항
③ 응급조치 요령 및 사고시 대처방법
④ 물질안전보건자료의 구성성분
⑤ 물질안전보건자료 및 경고표지를 이해하는 방법

해설 ④ [×] 물질안전보건자료의 구성성분은 근로자에게 실시하는 교육사항으로는 규정되어 있지 않다.

○ 물질안전보건자료에 관한 교육 내용 (산시규 제169조 관련 별표 5)
  1. 대상화학물질의 명칭(또는 제품명)
  2. 물리적 위험성 및 건강 유해성
  3. 취급상의 주의사항
  4. 적절한 보호구
  5. 응급조치 요령 및 사고시 대처방법
  6. 물질안전보건자료 및 경고표지를 이해하는 방법

정답 02. ④

화학물질 경고표지

01 대상화학물질을 양도하거나 제공하는 자는 고용노동부령으로 정하는 방법에 따라 이를 담은 용기 및 포장에 경고표시를 하여야 한다. 경고표지에 포함되어야 할 사항으로 규정된 것이 아닌 것은?

① 그림문자 ② 신호어 ③ 유해·위험 문구 ④ 예방조치 문구
⑤ 취급상 주의사항

해설 ⑤ [×] 취급상 주의사항은 경고표시에는 해당하지 않는다. 관리대상물질을 작업장에 게시해야 할 사항에는 해당한다.

○ 경고표시 방법 및 기재항목 (산시규 제170조)
① 물질안전보건자료 대상물질을 양도하거나 제공하는 자 또는 이를 사업장에서 취급하는 사업주가 경고표시를 하는 경우에는 물질안전보건자료 대상물질 단위로 경고표지를 작성하여 물질안전보건자료 대상물질을 담은 용기 및 포장에 붙이거나 인쇄하는 등 유해·위험정보가 명확히 나타나도록 해야 한다. 다만, 다음 각 호의 어느 하나에 해당하는 표시를 한 경우에는 경고표시를 한 것으로 본다.
1. 「고압가스 안전관리법」에 따른 용기 등의 표시
2. 「위험물 선박운송 및 저장규칙」에 따른 표시
3. 「위험물안전관리법」에 따른 위험물의 운반용기에 관한 표시
4. 「항공안전법 시행규칙」에 따라 국토교통부장관이 고시하는 포장물의 표기
5. 「화학물질관리법」에 따른 유해화학물질에 관한 표시

② 제1항 각 호 외의 부분 본문에 따른 경고표지에는 다음 각 호의 사항이 모두 포함되어야 한다.
1. 명칭 : 제품명
2. 그림문자 : 화학물질 분류에 따라 유해·위험의 내용을 나타내는 그림
3. 신호어 : 유해·위험의 심각성 정도에 따라 표시하는 "위험" 또는 "경고" 문구
4. 유해·위험 문구 : 화학물질의 분류에 따라 유해·위험을 알리는 문구

정답 01. ⑤

5. 예방조치 문구 : 화학물질에 노출되거나 부적절한 저장·취급 등으로 발생하는 유해·위험을 방지하기 위하여 알리는 주요 유의사항
6. 공급자 정보 : 물질안전보건자료 대상물질의 제조자 또는 공급자의 이름 및 전화번호 등

02 대상화학물질에 경고표지를 붙이지 않아도 경고표지를 한 것으로 보는 표시의 종류에 해당되지 않는 것은?

① 「고압가스 안전관리법」에 따른 용기 등의 표시
② 「위험물 선박운송 및 저장규칙」에 따른 표시
③ 「위험물안전관리법」에 따른 위험물의 운반용기에 관한 표시
④ 「항공안전법 시행규칙」에 따라 국토교통부장관이 고시하는 포장물의 표기
⑤ 「원자력안전법」에 따른 표시

해설 ⑤ [×] 「원자력안전법」에 따른 표시는 규정된 내용이 아니다.
○ 경고표시 방법 및 기재항목 (산시규 제170조) : 물질안전보건자료 대상물질을 양도하거나 제공하는 자 또는 이를 사업장에서 취급하는 사업주가 경고표시를 하는 경우에는 물질안전보건자료 대상물질 단위로 경고표지를 작성하여 물질안전보건자료 대상물질을 담은 용기 및 포장에 붙이거나 인쇄하는 등 유해·위험정보가 명확히 나타나도록 해야 한다. 다만, 다음 각 호의 어느 하나에 해당하는 표시를 한 경우는 경고표시를 한 것으로 본다.
1. 「고압가스 안전관리법」에 따른 용기 등의 표시
2. 「위험물 선박운송 및 저장규칙」에 따른 표시
3. 「위험물안전관리법」에 따른 위험물의 운반용기에 관한 표시
4. 「항공안전법 시행규칙」에 따라 국토교통부장관이 고시하는 포장물 표기
5. 「화학물질관리법」에 따른 유해화학물질에 관한 표시

석면에 대한 조치

01 석면해체·제거작업에 있어서 석면해체·제거작업 완료 후의 세제곱센티미터당 석면농도기준은?

① 0.01개/cm³   ② 0.02개/cm³   ③ 0.03개/cm³   ④ 0.04개/cm³
⑤ 0.05개/cm³

해설 ① [○] 석면해체·제거작업 완료 후의 석면농도기준 (산시규 제182조) : 석면해체·제거작업이 완료된 후 해당 작업장의 공기 중 석면농도는 1cm³당 0.01개를 말한다.

02 산업안전보건법령상 작업환경측정 대상 유해인자(분진)에 해당하지 않는 것은? (단, 그 밖에 고용노동부장관이 정하여 고시하는 인체에 해로운 유해인자는 제외한다)

① 면 분진(Cotton dusts)   ② 목재 분진(Wood dusts)
③ 지류 분진(Paper dusts)   ④ 곡물 분진(Grain dusts)
⑤ 유리섬유(Glass fibers)

해설 ③ [×] 지류 분진(Paper dusts)은 규정된 내용이 아니다.
   ○ 작업환경측정 대상 분진 (7종) (산시규 제185조 관련 별표 21)
      1. 광물성 분진
         가. 규산
            1) 석영   2) 크리스토발라이트   3) 트리디마이트
         나. 규산염
            1) 소우프스톤   2) 운모   3) 포틀랜드 시멘트
            4) 활석 (석면 불포함)   5) 흑연
         다. 그 밖의 광물성 분진
      2. 곡물 분진   3. 면 분진   4. 목재 분진   5. 석면 분진   6. 용접 흄
      7. 유리섬유

정답 01. ①   02. ③

3.7 근로자 보건관리

> 작업환경측정

01 작업환경측정기관이 작업환경측정을 한 경우 결과를 시료채취를 마친 날부터 며칠 이내에 관할 지방고용노동관서의 장에게 제출하여야 하는가? (단, 제출기간의 연장은 고려하지 않는다.)

① 30일   ② 60일   ③ 90일   ④ 120일   ⑤ 150일

해설 ① [○] 작업환경측정 결과의 보고는 시료채취를 마친 날부터 30일 이내에 관할 지방고용노동관서의 장에게 제출해야 한다

○ 작업환경측정 결과의 보고 (산시규 제188조) : 사업주는 작업환경측정을 한 경우에는 작업환경측정 결과보고서에 작업환경측정 결과표를 첨부하여 시료채취방법으로 시료채취를 마친 날부터 30일 이내에 관할 지방고용노동관서의 장에게 제출해야 한다. 다만, 시료분석 및 평가에 상당한 시간이 걸려 시료채취를 마친 날부터 30일 이내에 보고하는 것이 어려운 사업장의 사업주는 고용노동부장관이 정하여 고시하는 바에 따라 그 사실을 증명하여 관할 지방고용노동관서의 장에게 신고하면 30일의 범위에서 제출기간을 연장할 수 있다.

02 산업안전보건법령상 최근 1년간 작업공정에서 공정 설비의 변경, 작업방법의 변경, 설비의 이전, 사용 화학물질의 변경 등으로 작업환경측정 결과에 영향을 주는 변화가 없는 경우로 해당 유해인자에 대한 작업환경 측정을 1년에 1회 이상으로 할 수 있는 경우는?

① 작업장 또는 작업공정이 신규로 가동되는 경우
② 작업공정 내 소음 작업환경측정 결과가 최근 2회 연속 90데시벨 미만인 경우
③ 작업환경측정 대상 유해 화학적 인자의 측정치가 노출기준을 초과하는 경우
④ 작업공정 내 소음 외의 다른 모든 인자의 작업환경측정 결과가 최근 2회 연속 노출기준 미만인 경우

정답   01. ①   02. ④

⑤ 화학적 인자(고용노동부장관이 정하여 고시하는 물질은 제외한다)의 측정치가 노출기준을 초과하는 경우

해설 ④ [○] 작업환경측정 주기 및 횟수 관련 규정된 내용으로서 올바른 것이다.

○ 작업환경측정 주기 및 횟수 (산시규 제190조)

① 사업주는 작업장 또는 작업공정이 신규로 가동되거나 변경되는 등으로 작업환경측정 대상 작업장이 된 경우에는 그 날부터 30일 이내에 작업환경측정을 하고, 그 후 반기(半期)에 1회 이상 정기적으로 작업환경을 측정해야 한다. 다만, 작업환경측정 결과가 다음 각 호의 어느 하나에 해당하는 작업장 또는 작업공정은 해당 유해인자에 대하여 그 측정일부터 3개월에 1회 이상 작업환경측정을 해야 한다.

1. 화학적 인자(고용노동부장관이 정하여 고시하는 물질만 해당한다)의 측정치가 노출기준을 초과하는 경우
2. 화학적 인자(고용노동부장관이 정하여 고시하는 물질은 제외한다)의 측정치가 노출기준을 2배 이상 초과하는 경우

② 제1항에도 불구하고 사업주는 최근 1년간 작업공정에서 공정 설비의 변경, 작업방법의 변경, 설비의 이전, 사용 화학물질의 변경 등으로 작업환경측정 결과에 영향을 주는 변화가 없는 경우로서 다음 각 호의 어느 하나에 해당하는 경우에는 해당 유해인자에 대한 작업환경측정을 연(年) 1회 이상 할 수 있다. 다만, 고용노동부장관이 정하여 고시하는 물질을 취급하는 작업공정은 그렇지 않다.

1. 작업공정 내 소음의 작업환경측정 결과가 최근 2회 연속 85데시벨(dB) 미만인 경우
2. 작업공정 내 소음 외의 다른 모든 인자의 작업환경측정 결과가 최근 2회 연속 노출기준 미만인 경우

○ 작업환경측정 대상 유해인자 (산시규 제186조 관련 별표 21)

1. 화학적 인자

가. 유기화합물 (114종) 나. 금속류 (24종)
다. 산 및 알칼리류 (17종) 라. 가스 상태 물질류 (15종)
마. 허가 대상 유해물질 (12종)
바. 금속가공유 [Metal working fluids(MWFs), 1종]

2. 물리적 인자 (2종)

가. 8시간 시간가중평균 80dB 이상의 소음

나. 안전보건규칙 제558조에 따른 고열
3. 분진 (7종)
　　가. 광물성 분진(Mineral dust)　　나. 곡물 분진(Grain dusts)
　　다. 면 분진(Cotton dusts)　　라. 목재 분진(Wood dusts)
　　마. 석면 분진(Asbestos dusts)　　바. 용접 흄(Welding fume)
　　사. 유리섬유(Glass fibers)
4. 그 밖에 고용노동부장관이 정하여 고시하는 인체에 해로운 유해인자

03 산업안전보건법령상 황화수소에 대한 작업환경측정 결과 측정치가 노출기준을 초과하는 경우 그 측정일로부터 몇 개월에 몇 회 이상의 작업환경측정을 하여야 하는가?

① 1개월에 1회 이상　　② 3개월에 1회 이상　　③ 6개월에 1회 이상
④ 9개월에 1회 이상　　⑤ 12개월에 1회 이상

해설　② [○] 황화수소는 화학적 인자 중 가스 상태 물질류로서 노출기준 초과시에 3개월에 1회 이상 작업환경측정을 하여야 한다.

근로자 건강진단

01 산업안전보건법령상 특수건강진단 대상자에 해당하지 않는 것은?

① 고온환경 하에서 작업하는 근로자　　② 소음환경 하에서 작업하는 근로자
③ 자외선 및 적외선을 취급하는 근로자　　④ 저기압 하에서 작업하는 근로자
⑤ 마이크로파 및 라디오파 하에서 작업하는 근로자

해설　① [×] 고온환경 하에서 작업하는 근로자는 규정되어 있는 항목은 아니다.
　　○ 특수건강진단 대상 물리적 인자 (6종) (산시규 제201조 관련 별표 22)
　　　1. 소음작업, 강렬한 소음작업 및 충격소음작업에서 발생하는 소음
　　　2. 진동　3. 방사선　4. 고기압　5. 저기압
　　　6. 유해광선
　　　　가. 자외선　　나. 적외선　　다. 마이크로파 및 라디오파

정답　03. ②　｜　01. ①

○ 특수건강진단 대상 유해인자 (산시규 제201조 관련 별표 22)
  1. 화학적 인자
    가. 유기화합물 (109종)   나. 금속류 (20종)
    다. 산 및 알카리류 (8종)   라. 가스 상태 물질류 (14종)
    마. 허가 대상 유해물질 (12종)
  2. 분진 (7종)
    가. 곡물 분진(Grain dusts)   나. 광물성 분진(Mineral dusts)
    다. 면 분진(Cotton dusts)   라. 목재 분진(Wood dusts)
    마. 용접 흄(Welding fume)   바. 유리 섬유(Glass fiber dusts)
    사. 석면 분진(Asbestos dusts)
  3. 물리적 인자 (6종)
    가. 소음작업, 강렬한 소음작업 및 충격소음작업에서 발생하는 소음
    나. 진동작업에서 발생하는 진동
    다. 방사선   라. 고기압   마. 저기압
    바. 유해광선
      1) 자외선 2) 적외선 3) 마이크로파 및 라디오파
  4. 야간작업 (2종)
    가. 6개월간 밤 12시부터 오전 5시까지의 시간을 포함하여 계속되는 8시간 작업을 월 평균 4회 이상 수행하는 경우
    나. 6개월간 오후 10시부터 다음날 오전 6시 사이의 시간 중 작업을 월 평균 60시간 이상 수행하는 경우

02 산업안전보건법령상 실시하는 특수건강진단의 주기로 보기에서 제시되는 유해인자에 대한 것으로 올바르게 제시된 것은?

㉠ 벤젠 ㉡ 소음 ㉢ 석면

① ㉠ 6개월, ㉡ 6개월, ㉢ 12개월   ② ㉠ 6개월, ㉡ 12개월, ㉢ 12개월
③ ㉠ 6개월, ㉡ 24개월, ㉢ 12개월   ④ ㉠ 6개월, ㉡ 24개월, ㉢ 6개월
⑤ ㉠ 6개월, ㉡ 12개월, ㉢ 6개월

해설 ③ [○] 특수건강진단의 주기로서 옳은 내용이다.

정답 02. ③

○ 특수건강진단의 시기 및 주기 (산시규 제202조 관련 별표 23)

구분	대상 유해인자	시기 (배치후 첫 번째 특수 건강진단)	주기
1	N,N-디메틸아세트아미드 디메틸포름아미드	1개월 이내	6개월
2	벤젠	2개월 이내	6개월
3	1,1,2,2-테트라클로로에탄 사염화탄소 아크릴로니트릴 염화비닐	3개월 이내	6개월
4	석면, 면 분진	12개월 이내	12개월
5	광물성 분진, 목재 분진 소음 및 충격소음	12개월 이내	24개월
6	제1호부터 제5호까지의 대상 유해인자를 제외한 별표 22의 모든 대상 유해인자	6개월 이내	12개월

03 산업안전보건법령상 건강진단기관이 건강진단을 실시하였을 때에는 그 결과를 고용노동부장관이 정하는 건강진단개인표에 기록하고, 건강진단을 실시한 날로부터 며칠 이내에 근로자에게 송부하여야 하는가?

① 15일   ② 30일   ③ 45일   ④ 60일   ⑤ 90일

해설 ② [○] 건강진단 결과의 보고로 건강진단을 실시한 날부터 30일 이내에 근로자에게 송부해야 한다.

○ 건강진단 결과의 보고 등 (산시규 제209조)

1. 건강진단기관이 건강진단을 실시하였을 때에는 그 결과를 고용노동부장관이 정하는 건강진단개인표에 기록하고, 건강진단을 실시한 날부터 30일 이내에 근로자에게 송부해야 한다.
2. 건강진단기관은 건강진단을 실시한 결과 질병 유소견자가 발견된 경우에는 건강진단을 실시한 날부터 30일 이내에 해당 근로자에게 의학적 소견 및 사후관리에 필요한 사항과 업무수행의 적합성 여부(특수건강진단기관인 경우만 해당한다)를 설명해야 한다.

정답   03. ②

04 산업안전보건법령상 근로자를 고기압 업무에 종사하도록 해서는 안 되는 경우로서 올바르지 못한 것은?

① 감압증이나 그 밖에 고기압에 의한 장해 또는 그 후유증
② 결핵, 급성상기도감염, 진폐, 폐기종, 그 밖의 호흡기계의 질병
③ 심장·신장·폐 등의 질환이 있는 사람으로서 근로에 의하여 병세가 악화될 우려가 있는 사람
④ 정신신경증, 알코올중독, 신경통, 그 밖의 정신신경계의 질병
⑤ 관절염, 류마티스, 그 밖의 운동기계의 질병

해설 ③ [×] 심장·신장·폐 등의 질환이 있는 사람으로서 근로에 의하여 병세가 악화될 우려가 있는 사람은 근로금지 대상이다(산기규 제220조).

○ 질병자의 근로금지 (산기규 제 220조) : 사업주는 다음 각 호의 어느 하나에 해당하는 사람에 대해서는 근로를 금지해야 한다.
  1. 전염될 우려가 있는 질병에 걸린 사람. 다만, 전염을 예방하기 위한 조치를 한 경우는 제외한다.
  2. 조현병, 마비성 치매에 걸린 사람
  3. 심장·신장·폐 등의 질환이 있는 사람으로서 근로에 의하여 병세가 악화될 우려가 있는 사람
  4. 제1호부터 제3호까지의 규정에 준하는 질병으로서 고용노동부장관이 정하는 질병에 걸린 사람

○ 질병자 등의 근로제한 (산기규 제 221조) : 사업주는 다음 각 호의 어느 하나에 해당하는 질병이 있는 근로자를 고기압 업무에 종사하도록 해서는 안 된다.
  1. 감압증이나 그 밖에 고기압에 의한 장해 또는 그 후유증
  2. 결핵, 급성상기도감염, 진폐, 폐기종, 그 밖의 호흡기계의 질병
  3. 빈혈증, 심장판막증, 관상동맥경화증, 고혈압증, 그 밖의 혈액 또는 순환기계의 질병
  4. 정신신경증, 알코올중독, 신경통, 그 밖의 정신신경계의 질병
  5. 메니에르씨병, 중이염, 그 밖의 이관(耳管)협착을 수반하는 귀 질환
  6. 관절염, 류마티스, 그 밖의 운동기계의 질병
  7. 천식, 비만증, 바세도우씨병, 그 밖에 알레르기성·내분비계·물질대사 또는 영양장해 등과 관련된 질병

정답 04. ③

제4장

안전보건기준규칙 I

4.1 작업장 및 통로 / 132

4.2 보호구 / 144

4.3 관리감독자의 직무 등 / 145

4.4 추락·붕괴 위험방지 / 161

4.5 비계 / 164

4.6 환기장치 / 178

4.1 작업장 및 통로

작업장

01 산업안전보건법 시행규칙에서 정하고 있는 산업재해 발생위험이 있는 장소 중 화재·폭발 우려가 있는 장소에 해당되지 않는 것은?

① 선박 내부에서의 용접·용단작업
② 인화성 액체를 취급·저장하는 설비 및 용기에서의 용접·용단작업
③ 특수화학설비에서의 용접·용단작업
④ 가연물이 있는 곳에서의 용접·용단 및 금속의 가열 등 화기를 사용하는 작업
⑤ 가연물이 있는 곳에서의 연삭숫돌에 의한 습식연마작업 등 불꽃이 발생할 우려가 있는 작업

해설 ⑤ [×] 가연물이 있는 곳에서의 연삭숫돌에 의한 건식연마작업 등 불꽃이 발생할 우려가 있는 작업이 규정된 내용이다.

○ 도급인의 안전·보건 조치 장소 (산시규 제6조)

1. 화재·폭발 우려가 있는 다음 각 목의 어느 하나에 해당하는 작업을 하는 장소
   가. 선박 내부에서의 용접·용단작업
   나. 안전보건규칙에 따른 인화성 액체를 취급·저장하는 설비 및 용기에서의 용접·용단작업
   다. 특수화학설비에서의 용접·용단작업
   라. 가연물이 있는 곳에서의 용접·용단 및 금속의 가열 등 화기를 사용하는 작업이나 연삭숫돌에 의한 건식연마작업 등 불꽃이 발생할 우려가 있는 작업
2. 양중기에 의한 충돌 또는 협착의 위험이 있는 작업을 하는 장소
3. 유기화합물 취급 특별장소
4. 방사선 업무를 하는 장소
5. 밀폐공간
6. 위험물질을 제조하거나 취급하는 장소
7. 화학설비 및 그 부속설비에 대한 정비·보수 작업이 이루어지는 장소

정답 01. ⑤

02 산업안전보건기준에 관한 규칙에 따른 근로자가 상시 작업하는 장소의 작업면의 최소 조도기준으로 옳은 것은?

① 초정밀작업 : 1000럭스 이상 ② 정밀작업 : 500럭스 이상
③ 보통작업 : 150럭스 이상 ④ 그 밖의 작업 : 100럭스 이상
⑤ 갱내 작업장 : 50럭스 이상

해설 ③ [○] 조도 (산기규 제8조) : 사업주는 근로자가 상시 작업하는 장소의 작업면 조도(照度)를 다음 각 호의 기준에 맞도록 하여야 한다. 다만, 갱내 작업장과 감광재료를 취급하는 작업장은 그러하지 아니하다.

1. 초정밀작업 : 750럭스(lux) 이상
2. 정밀작업 : 300럭스 이상
3. 보통작업 : 150럭스 이상
4. 그 밖의 작업 : 75럭스 이상

03 다음은 작업장의 출입구에 대한 내용으로서 적절하지 않은 것은?

① 출입구의 위치, 수 및 크기가 작업장의 용도와 특성에 맞도록 할 것
② 출입구에 문을 설치하는 경우에는 근로자가 쉽게 열고 닫을 수 있도록 할 것
③ 주된 목적이 하역운반기계용인 출입구에는 인접하여 보행자용 출입구를 따로 설치할 것
④ 하역운반기계의 통로와 인접하여 있는 출입구에서 접촉에 의하여 근로자에게 위험을 미칠 우려가 있는 경우에는 비상등·비상벨 등 경보장치를 할 것
⑤ 계단이 출입구와 바로 연결된 경우에는 작업자의 안전한 통행을 위하여 그 사이에 1.5m 이상 거리를 두거나 안내표지 또는 비상벨 등을 설치할 것.

해설 ⑤ [×] 계단이 출입구와 바로 연결된 경우에는 작업자의 안전한 통행을 위하여 그 사이에 1.2m 이상 거리를 두거나 안내표지 또는 비상벨 등을 설치할 것이 옳은 내용이다.
○ 작업장의 출입구 설치시 준수사항 (산기규 제11조)

정답 02. ③   03. ⑤

04 다음은 동력으로 작동되는 문의 설치 조건에 대해 빈칸에 옳은 수치는?

> 동력으로 작동되는 문에 근로자가 끼일 위험이 있는 (㉠) 높이까지는 위급하거나 위험한 사태가 발생한 경우에 문의 작동을 정지시킬 수 있도록 비상정지장치 설치 등 필요한 조치를 할 것.

① 2.0m ② 2.2m ③ 2.5m ④ 2.8m ⑤ 3.0m

해설 ③ [○] 동력으로 작동되는 문의 설치 조건 (산기규 제12조) : 동력으로 작동되는 문에 근로자가 끼일 위험이 있는 2.5m 높이까지는 위급하거나 위험한 사태가 발생한 경우에 문의 작동을 정지시킬 수 있도록 비상정지장치 설치 등 필요한 조치를 할 것. 다만, 위험구역에 사람이 없어야만 문이 작동되도록 안전장치가 설치되어 있거나 운전자가 특별히 지정되어 상시 조작하는 경우에는 그러하지 아니하다.

05 근로자의 추락 등의 위험을 방지하기 위한 안전난간의 설치요건에서 상부난간대를 120cm 이상 지점에 설치하는 경우 중간난간대를 최소 몇 단 이상 균등하게 설치하여야 하는가?

① 2단 ② 3단 ③ 4단 ④ 5단 ⑤ 6단

해설 ① [○] 안전난간의 구조 및 설치요건 (산기규 제13조) : 상부 난간대는 바닥면·발판 또는 경사로의 표면(이하 "바닥면 등"이라 한다)으로부터 90cm 이상 지점에 설치하고, 상부 난간대를 120cm 이하에 설치하는 경우에는 중간 난간대는 상부 난간대와 바닥면 등의 중간에 설치해야 하며, 120cm 이상 지점에 설치하는 경우에는 중간 난간대를 2단 이상으로 균등하게 설치하고 난간의 상하 간격은 60cm 이하가 되도록 할 것. 다만, 난간기둥 간의 간격이 25cm 이하인 경우에는 중간 난간대를 설치하지 않을 수 있다.

06 근로자의 추락 등에 의한 위험을 방지하기 위하여 설치하는 안전난간의 주요구성 요소에 해당되지 않는 것은?

① 상부 난간대 ② 중간 난간대 ③ 발끝막이판 ④ 난간기둥
⑤ 난간연결대

정답 04. ③ 05. ① 06. ⑤

해설 ⑤ [×] 난간연결대는 안전난간의 주요구성 요소에 해당되지 않는다.

○ 안전난간의 구조 및 설치요건 (산기규 제13조)

1. 상부 난간대, 중간 난간대, 발끝막이판 및 난간기둥으로 구성할 것. 다만, 중간 난간대, 발끝막이판 및 난간기둥은 이와 비슷한 구조와 성능을 가진 것으로 대체할 수 있다.

2. 상부 난간대는 바닥면·발판 또는 경사로의 표면(이하 "바닥면 등"이라 한다)으로부터 90cm 이상 지점에 설치하고, 상부 난간대를 120cm 이하에 설치하는 경우에는 중간 난간대는 상부 난간대와 바닥면 등의 중간에 설치해야 하며, 120cm 이상 지점에 설치하는 경우에는 중간 난간대를 2단 이상으로 균등하게 설치하고 난간의 상하 간격은 60cm 이하가 되도록 할 것. 다만, 난간기둥 간의 간격이 25cm 이하인 경우에는 중간 난간대를 설치하지 않을 수 있다.

3. 발끝막이판은 바닥면 등으로부터 10cm 이상의 높이를 유지할 것. 다만, 물체가 떨어지거나 날아올 위험이 없거나 그 위험을 방지할 수 있는 망을 설치하는 등 필요한 예방 조치를 한 장소는 제외한다.

4. 난간기둥은 상부 난간대와 중간 난간대를 견고하게 떠받칠 수 있도록 적정한 간격을 유지할 것

5. 상부 난간대와 중간 난간대는 난간 길이 전체에 걸쳐 바닥면 등과 평행을 유지할 것

6. 난간대는 지름 2.7cm 이상의 금속제 파이프나 그 이상의 강도가 있는 재료일 것

7. 안전난간은 구조적으로 가장 취약한 지점에서 가장 취약한 방향으로 작용하는 100kg 이상의 하중에 견딜 수 있는 튼튼한 구조일 것

07 물체가 떨어지거나 날아올 위험을 방지하기 위한 낙하물 방지망 또는 방호선반을 설치할 때 수평면과의 적정한 각도는?

① 10°~20° ② 20°~30° ③ 30°~40° ④ 40°~45° ⑤ 45°~60°

해설 ② [○] 낙하물 방지망 또는 방호선반의 수평면과의 각도로 옳은 내용이다.

○ 낙하물에 의한 위험의 방지 (산기규 제14조) : 낙하물 방지망 또는 방호선반을 설치하는 경우에는 다음 각 호의 사항을 준수하여야 한다.

정답 07. ②

1. 높이 10m 이내마다 설치하고, 내민 길이는 벽면으로부터 2m 이상으로 할 것
2. 수평면과의 각도는 20도 이상 30도 이하를 유지할 것

08 다음은 낙하물 방지망 또는 방호선반을 설치하는 경우이다. 빈칸에 대해 적절한 내용을 제시한 것은?

> 1. 높이 (㉠) 이내마다 설치하고. 내민 길이는 벽면으로부터 (㉡) 이상으로 할 것
> 2. 수평면과의 각도는 (㉢)도 이상 (㉣)도 이하를 유지할 것

① ㉠ 8m, ㉡ 1.5m, ㉢ 15, ㉣ 20
② ㉠ 9m, ㉡ 2m, ㉢ 18, ㉣ 25
③ ㉠ 10m, ㉡ 2m, ㉢ 20, ㉣ 30
④ ㉠ 12m, ㉡ 2.5m, ㉢ 22, ㉣ 35
⑤ ㉠ 15m, ㉡ 2.5m, ㉢ 25, ㉣ 40

해설 ③ [○] 낙하물에 의한 위험의 방지 대책으로서 옳은 내용이다.

○ 낙하물에 의한 위험의 방지 : 낙하물 방지망 또는 방호선반을 설치하는 경우에는 다음 각 호의 사항을 준수하여야 한다(산기규 제14조).

1. 높이 10m 이내마다 설치하고, 내민 길이는 벽면으로부터 2m 이상으로 할 것
2. 수평면과의 각도는 20도 이상 30도 이하를 유지할 것

09 다음은 작업장의 출입구로서 규정된 내용이다. 빈칸에 대해 적절한 내용을 제시한 것은?

> 계단이 출입구와 바로 연결된 경우에는 작업자의 안전한 통행을 위하여 그 사이에 (   )미터 이상 거리를 두거나 안내표지 또는 비상벨 등을 설치할 것. 다만, 출입구에 문을 설치하지 아니한 경우에는 그러하지 아니다.

① 0.9   ② 1.2   ③ 1.5   ④ 1.8   ⑤ 2.0

해설 ② [○] 계단이 출입구와 바로 연결된 경우에 1.2미터가 규정된 내용이다.

정답 08. ③   09. ②

○ 작업장의 출입구 (산기규 제11조 제5항) : 계단이 출입구와 바로 연결된 경우에는 작업자의 안전한 통행을 위하여 그 사이에 1.2미터 이상 거리를 두거나 안내표지 또는 비상벨 등을 설치할 것. 다만, 출입구에 문을 설치하지 아니한 경우에는 그러하지 아니하다.

10 다음은 산업안전보건법령에 따른 투하설비 설치에 관련된 사항이다. ( ) 안에 들어갈 내용으로 옳은 것은?

> 사업주는 높이가 ( )미터 이상인 장소로부터 물체를 투하하는 때에는 적당한 투하설비를 설치하거나 감시인을 배치하는 등 위험방지를 위하여 필요한 조치를 하여야 한다.

① 1 ② 2 ③ 3 ④ 4 ⑤ 5

해설 ③ [○] 투하설비 등 (산기규 제15조) : 사업주는 높이가 3m 이상인 장소로부터 물체를 투하하는 경우 적당한 투하설비를 설치하거나 감시인을 배치하는 등 위험을 방지하기 위하여 필요한 조치를 하여야 한다.

11 니트로 화합물질을 제조·취급하는 작업장과 그 작업장이 있는 건축물에는 출입구 외에 안전한 장소로 대피할 수 있는 비상구를 1개 이상 아래와 같은 구조로 설치하여야 한다. 다음 빈칸의 내용으로 적절한 것은?

> 1. 출입구와 같은 방향에 있지 아니하고, 출입구로부터 (㉠)m 이상 떨어져 있을 것
> 2. 작업장의 각 부분으로부터 하나의 비상구 또는 출입구까지의 수평거리가 (㉡)m 이하가 되도록 할 것
> 3. 비상구의 너비는 (㉢)m 이상으로 하고, 높이는 (㉣)m 이상으로 할 것

① ㉠ 2.5, ㉡ 50, ㉢ 0.65, ㉣ 1.5
② ㉠ 3, ㉡ 50, ㉢ 0.65, ㉣ 1.5
③ ㉠ 3, ㉡ 50, ㉢ 0.75, ㉣ 1.5
④ ㉠ 3.5, ㉡ 55, ㉢ 0.85, ㉣ 2.0
⑤ ㉠ 4, ㉡ 60, ㉢ 0.85, ㉣ 2.5

해설 ③ [○] 비상구의 설치 기준으로 옳은 내용이다.

정답 10. ③ 11. ③

○ 비상구의 설치 (산기규 제17조)

① 사업주는 위험물질을 제조·취급하는 작업장과 그 작업장이 있는 건축물에 출입구 외에 안전한 장소로 대피할 수 있는 비상구 1개 이상을 다음 각 호의 기준을 모두 충족하는 구조로 설치해야 한다. 다만, 작업장 바닥면의 가로 및 세로가 각 3m 미만인 경우에는 그렇지 않다.

1. 출입구와 같은 방향에 있지 아니하고, 출입구로부터 3m 이상 떨어져 있을 것
2. 작업장의 각 부분으로부터 하나의 비상구 또는 출입구까지의 수평거리가 50m 이하가 되도록 할 것. 다만, 작업장이 있는 층에 「건축법 시행령」에 따라 피난층 또는 지상으로 통하는 직통계단(경사로를 포함한다)을 설치한 경우에는 그 부분에 한정하여 본문에 따른 기준을 충족한 것으로 본다.
3. 비상구의 너비는 0.75m 이상으로 하고, 높이는 1.5m 이상으로 할 것
4. 비상구의 문은 피난 방향으로 열리도록 하고, 실내에서 항상 열 수 있는 구조로 할 것

② 사업주는 제1항에 따른 비상구에 문을 설치하는 경우 항상 사용할 수 있는 상태로 유지하여야 한다.

12 산업안전보건법령상 경보용 설비의 설치기준으로 올바르게 제시한 것은?

사업주는 연면적이 (㉠)제곱미터 이상이거나 상시 (㉡)명 이상의 근로자가 작업하는 옥내작업장에는 비상시에 근로자에게 신속하게 알리기 위한 경보용 설비 또는 기구를 설치하여야 한다.

① ㉠ 200, ㉡ 30명　② ㉠ 250, ㉡ 35명　③ ㉠ 300, ㉡ 40명
④ ㉠ 350, ㉡ 45명　⑤ ㉠ 400, ㉡ 50명

해설　⑤ [○] 경보용 설비의 규정된 설치 기준으로 옳은 내용이다.

○ 경보용 설비 등 (산기규 제19조) : 사업주는 연면적이 400m² 이상이거나 상시 50명 이상의 근로자가 작업하는 옥내작업장에는 비상시에 근로자에게 신속하게 알리기 위한 경보용 설비 또는 기구를 설치하여야 한다.

통로 및 가설통로

01 산업안전보건법령상 통로의 채광 또는 조명시설 기준으로 올바르게 제시한 것은?

① 75럭스 이상   ② 90럭스 이상   ③ 100럭스 이상   ④ 120럭스 이상
⑤ 150럭스 이상

해설 ① [○] 통로의 채광 또는 조명시설 기준으로 옳은 내용이다.

○ 통로의 조명 (산기규 제21조) : 사업주는 근로자가 안전하게 통행할 수 있도록 통로에 75럭스 이상의 채광 또는 조명시설을 하여야 한다. 다만, 갱도 또는 상시 통행을 하지 아니하는 지하실 등을 통행하는 근로자에게 휴대용 조명기구를 사용하도록 한 경우에는 그러하지 아니하다.

02 산업안전보건법령상 통로의 설치기준으로 올바르게 제시한 것은?

사업주는 통로면으로부터 높이 (㉠)미터 이내에는 장애물이 없도록 하여야 한다. 다만, 부득이하게 통로면으로부터 높이 (㉡)미터 이내에 장애물을 설치할 수밖에 없거나 통로면으로부터 높이 (㉢)미터 이내의 장애물을 제거하는 것이 곤란하다고 고용노동부장관이 인정하는 경우에는 근로자에게 발생할 수 있는 부상 등의 위험을 방지하기 위한 안전 조치를 하여야 한다.

① ㉠ 2, ㉡ 2, ㉢ 2   ② ㉠ 2, ㉡ 3, ㉢ 2   ③ ㉠ 2, ㉡ 2, ㉢ 3
④ ㉠ 3, ㉡ 2, ㉢ 2   ⑤ ㉠ 2, ㉡ 3, ㉢ 2

해설 ① [○] 통로의 규정된 설치 기준으로 옳은 내용이다.

○ 통로의 설치 (산기규 제22조) : 사업주는 통로면으로부터 높이 2m 이내에는 장애물이 없도록 하여야 한다. 다만, 부득이하게 통로면으로부터 높이 2m 이내에 장애물을 설치할 수 밖에 없거나 통로면으로부터 높이 2m 이내의 장애물을 제거하는 것이 곤란하다고 고용노동부장관이 인정하는 경우에는 근로자에게 발생할 수 있는 부상 등의 위험을 방지하기 위한 안전 조치를 하여야 한다.

정답 01. ①   02. ①

03) 다음은 산업안전보건기준에 관한 규칙에서의 가설통로 설치기준에 관한 사항이다. 보기의 빈칸에 대해 올바른 내용을 제시한 것은?

> 1. 경사는 (㉠)도 이하일 것
> 2. 경사가 (㉡)도를 초과하는 경우에는 미끄러지지 아니하는 구조로 할 것
> 3. 수직갱에 가설된 통로의 길이가 (㉢)m 이상인 경우에는 (㉣)m 이내마다 계단참을 설치
> 4. 건설공사에 사용하는 높이 (㉤)m 이상인 비계다리에는 (㉥)m 이내마다 계단참을 설치

① ㉠ 15, ㉡ 12, ㉢ 12, ㉣ 10, ㉤ 8, ㉥ 7
② ㉠ 25, ㉡ 13, ㉢ 13, ㉣ 10, ㉤ 8, ㉥ 7
③ ㉠ 30, ㉡ 15, ㉢ 15, ㉣ 10, ㉤ 8, ㉥ 7
④ ㉠ 35, ㉡ 20, ㉢ 18, ㉣ 10, ㉤ 10, ㉥ 8
⑤ ㉠ 35, ㉡ 25, ㉢ 20, ㉣ 10, ㉤ 10, ㉥ 8

해설 ③ [○] 가설통로의 구조로서 옳은 내용이다.

○ 가설통로의 구조 (산기규 제23조)
1. 견고한 구조로 할 것
2. 경사는 30도 이하로 할 것. 다만, 계단을 설치하거나 높이 2m 미만의 가설통로로서 튼튼한 손잡이를 설치한 경우에는 그러하지 아니하다.
3. 경사가 15도를 초과하는 경우에는 미끄러지지 아니하는 구조로 할 것
4. 추락할 위험이 있는 장소에는 안전난간을 설치할 것. 다만, 작업상 부득이한 경우에는 필요한 부분만 임시로 해체할 수 있다.
5. 수직갱에 가설된 통로의 길이가 15m 이상인 경우에는 10m 이내마다 계단참을 설치할 것
6. 건설공사에 사용하는 높이 8m 이상인 비계다리에는 7m 이내마다 계단참을 설치할 것

04) 사다리식 통로 등을 설치하는 경우 고정식 사다리식 통로의 기울기는 최대 몇 도 이하로 하여야 하는가?

① 60도   ② 70도   ③ 75도   ④ 80도   ⑤ 90도

정답 03. ③   04. ⑤

해설 ⑤ [○] 사다리식 통로 등의 구조 (산기규 제24조) : 사다리식 통로의 기울기는 75도 이하로 할 것. 다만, 고정식 사다리식 통로의 기울기는 90도 이하로 하고, 그 높이가 7m 이상인 경우에는 다음 각 목의 구분에 따른 조치를 할 것 <개정 2024. 6. 28>

    가. 등받이울이 있어도 근로자 이동에 지장이 없는 경우 : 바닥으로부터 높이가 2.5m 되는 지점부터 등받이울을 설치할 것

    나. 등받이울이 있으면 근로자가 이동이 곤란한 경우 : 한국산업표준에서 정하는 기준에 적합한 개인용 추락 방지 시스템을 설치하고 근로자로 하여금 한국산업표준에서 정하는 기준에 적합한 전신안전대를 사용하도록 할 것

05 사다리식 통로 등을 설치하는 경우 준수하여야 할 사항으로 적절하지 않은 것은?

① 발판과 벽과의 사이는 15cm 이상의 간격을 유지할 것
② 폭은 30cm 이상으로 할 것
③ 사다리의 상단은 걸쳐놓은 지점으로부터 60cm 이상 올라가도록 할 것
④ 사다리식 통로의 길이가 10m 이상인 경우 7m 이내마다 계단참을 설치할 것
⑤ 사다리식 통로의 기울기는 75도 이하로 할 것.

해설 ④ [×] 사다리식 통로의 길이가 10m 이상인 경우에는 5m 이내마다 계단참을 설치할 것이 규정된 내용이다.

    ○ 사다리식 통로 등의 구조 (산기규 제24조) <개정 2024. 6. 28>

    1. 견고한 구조로 할 것
    2. 심한 손상·부식 등이 없는 재료를 사용할 것
    3. 발판의 간격은 일정하게 할 것
    4. 발판과 벽과의 사이는 15cm 이상의 간격을 유지할 것
    5. 폭은 30cm 이상으로 할 것
    6. 사다리가 넘어지거나 미끄러지는 것을 방지하기 위한 조치를 할 것
    7. 사다리의 상단은 걸쳐놓은 지점으로부터 60cm 이상 올라가도록 할 것
    8. 사다리식 통로의 길이가 10m 이상인 경우에는 5m 이내마다 계단참을 설치할 것

정답 05. ④

9. 사다리식 통로의 기울기는 75도 이하로 할 것. 다만, 고정식 사다리식 통로의 기울기는 90도 이하로 하고, 그 높이가 7m 이상인 경우에는 다음 각 목의 구분에 따른 조치를 할 것

　가. 등받이울이 있어도 근로자 이동에 지장이 없는 경우 : 바닥으로부터 높이가 2.5m 되는 지점부터 등받이울을 설치할 것

　나. 등받이울이 있으면 근로자가 이동이 곤란한 경우 : 한국산업표준에서 정하는 기준에 적합한 개인용 추락방지 시스템을 설치하고 근로자로 하여금 한국산업표준에서 정하는 기준에 적합한 전신안전대를 사용하도록 할 것

10. 접이식 사다리 기둥은 사용 시 접혀지거나 펼쳐지지 않도록 철물 등을 사용하여 견고하게 조치할 것

06 산업안전보건법상의 가설통로에 관한 내용이다. 다음 내용 중 ( )의 내용으로 올바르게 제시된 것은?

1. 사업주는 계단 및 계단참을 설치하는 경우 매제곱미터당 (㉠)kg 이상의 하중에 견딜 수 있는 강도를 가진 구조로 설치하여야 하며, 안전율은 (㉡) 이상으로 하여야 한다.
2. 계단을 설치하는 경우 그 폭을 (㉢)m 이상으로 하여야 한다.
3. 높이가 (㉣)m를 초과하는 계단에는 높이 3m 이내마다 너비 1.2m 이상의 계단참을 설치하여야 한다.
4. 높이 (㉤)m 이상인 계단의 개방된 측면에 안전난간을 설치하여야 한다.

① ㉠ 300, ㉡ 3, ㉢ 1.5, ㉣ 2, ㉤ 0.8　　② ㉠ 450, ㉡ 5, ㉢ 1, ㉣ 3, ㉤ 1
③ ㉠ 400, ㉡ 4, ㉢ 1.5, ㉣ 2.5, ㉤ 0.9　　④ ㉠ 500, ㉡ 4, ㉢ 1, ㉣ 3, ㉤ 1
⑤ ㉠ 550, ㉡ 4, ㉢ 2, ㉣ 3.5, ㉤ 1.5

해설　④ [○] 계단의 강도로 옳은 내용이다.

○ 계단의 강도 (산기규 제26조) : 사업주는 계단 및 계단참을 설치하는 경우 매 m^2 당 500kg 이상의 하중에 견딜 수 있는 강도를 가진 구조로 설치하여야 하며, 안전율(안전의 정도를 표시하는 것으로서 재료의 파괴응력도와 허용응력도의 비율을 말한다)은 4 이상으로 하여야 한다.

정답　06. ④

○ 계단의 폭 (산기규 제27조) : 사업주는 계단을 설치하는 경우 그 폭을 1m 이상으로 하여야 한다. 다만, 급유용·보수용·비상용 계단 및 나선형 계단이거나 높이 1m 미만의 이동식 계단인 경우에는 그러하지 아니하다

○ 계단참의 설치 (산기규 제28조) : 사업주는 높이가 3m를 초과하는 계단에 높이 3m 이내마다 진행방향으로 길이 1.2m 이상의 계단참을 설치해야 한다.

○ 계단의 난간(산기규 제30조) : 사업주는 높이 1m 이상인 계단의 개방된 측면에 안전난간을 설치하여야 한다.

07 산업안전보건법령상 천장의 높이 설치기준으로 올바르게 제시한 것은?

> 사업주는 계단을 설치하는 경우 바닥면으로부터 높이 ( )미터 이내의 공간에 장애물이 없도록 하여야 한다. 다만, 급유용·보수용·비상용 계단 및 나선형 계단인 경우에는 그러하지 아니하다.

① 2   ② 2.2   ③ 2.4   ④ 2.5   ⑤ 2.8

해설 ① [○] 천장의 높이(산기규 제29조) 조항에서 계단의 높이로 규정된 설치 기준으로 옳은 내용이다.

○ 천장의 높이 (산기규 제29조) : 사업주는 계단을 설치하는 경우 바닥면으로부터 높이 2m 이내의 공간에 장애물이 없도록 하여야 한다. 다만, 급유용·보수용·비상용 계단 및 나선형 계단인 경우에는 그러하지 아니하다.

정답 07. ①

4.2 보호구

> 보호구

01 -18°C 이하인 급냉동어창에서 하는 하역작업을 하는 경우 사업주가 근로자에게 지급하여야 하는 보호구 종류로 적절하지 않은 것은?

① 방한모 ② 방한복 ③ 방한화 ④ 방한장갑 ⑤ 방한내의

해설 ⑤ [×] 산업안전보건법령상 방한내의는 규정된 내용이 아니다.

○ 보호구의 지급 등 (산기규 제32조) : 사업주는 다음 각 호의 어느 하나에 해당하는 작업을 하는 근로자에 대해서는 다음 각 호의 구분에 따라 그 작업조건에 맞는 보호구를 작업하는 근로자 수 이상으로 지급하고 착용하도록 하여야 한다. <개정 2024. 6. 28>

1. 물체가 떨어지거나 날아올 위험 또는 근로자가 추락할 위험이 있는 작업 : 안전모
2. 높이 또는 깊이 2m 이상의 추락할 위험이 있는 장소에서 하는 작업 : 안전대(安全帶)
3. 물체의 낙하·충격, 물체에의 끼임, 감전 또는 정전기의 대전(帶電)에 의한 위험이 있는 작업 : 안전화
4. 물체가 흩날릴 위험이 있는 작업 : 보안경
5. 용접 시 불꽃이나 물체가 흩날릴 위험이 있는 작업 : 보안면
6. 감전의 위험이 있는 작업 : 절연용 보호구
7. 고열에 의한 화상 등의 위험이 있는 작업 : 방열복
8. 선창 등에서 분진(粉塵)이 심하게 발생하는 하역작업 : 방진마스크
9. 영하 18°C 이하인 급냉동어창에서 하는 하역작업 : 방한모·방한복·방한화·방한장갑
10. 물건을 운반하거나 수거·배달하기 위하여 「자동차관리법」에 따른 이륜자동차를 운행하는 작업 : 「도로교통법 시행규칙」의 기준에 적합한 승차용 안전모
11. 물건을 운반하거나 수거·배달하기 위해 「도로교통법」에 따른 자전거 등을 운행하는 작업 : 「도로교통법 시행규칙」의 기준에 적합한 안전모

정답 01. ⑤

4.3 관리감독자의 직무 등

> 유해·위험 방지 업무 등

01) 로봇의 작동범위 내에서 그 로봇에 관하여 교시 등(로봇의 동력원을 차단하고 행하는 것을 제외한다)의 작업을 행하는 때 작업시작 전 점검 사항으로 옳은 것은?

① 과부하방지장치의 이상 유무
② 압력제한 스위치 등의 기능의 이상 유무
③ 권과방지장치의 이상 유무
④ 외부전선의 피복 또는 외장의 손상 유무
⑤ 언로드밸브의 기능

[해설] ④ [○] 로봇의 교시 등의 작업시 작업시작 전 점검 사항으로 옳은 것이다.

○ 로봇의 작동 범위에서 그 로봇에 관하여 교시 등의 작업을 할 때 작업시작 전 점검 사항 (산기규 제35조 관련 별표 3)
  1. 외부 전선의 피복 또는 외장의 손상 유무
  2. 매니퓰레이터(manipulator) 작동의 이상 유무
  3. 제동장치 및 비상정지장치의 기능

02) 산업용 로봇의 교시작업을 할 때 작업시작 전 점검사항으로 적절하지 않은 것은?

① 외부 전선의 피복 또는 외장의 손상 유무
② 비상정지장치의 기능
③ 매니퓰레이터(manipulator) 작동의 이상 유무
④ 제동장치의 기능
⑤ 방호장치의 기능

[해설] ⑤ [×] 방호장치의 기능은 일반작업을 할 때 작업시작 전 점검사항이다.

03) 산업안전보건법령상 프레스 작업시작 전 점검사항에 해당하는 것은?

① 언로드 밸브의 기능
② 하역장치 및 유압장치 기능
③ 회전부의 덮개 또는 울
④ 권과방지장치 및 그 밖의 경보장치의 기능

정답 01. ④   02. ⑤   03. ⑤

⑤ 1행정 1정지기구·급정지장치 및 비상정지 장치의 기능

해설 ⑤ [○] 프레스 작업시작 전 점검해야 할 사항으로 옳은 내용이다.

○ 프레스 작업시작 전 점검해야 할 사항 (산기규 제35조 관련 별표 3)
1. 클러치 및 브레이크의 기능
2. 크랭크축·플라이휠·슬라이드·연결봉 및 연결 나사의 풀림 여부
3. 1행정 1정지기구·급정지장치 및 비상정지장치의 기능
4. 슬라이드 또는 칼날에 의한 위험방지 기구의 기능
5. 프레스의 금형 및 고정볼트 상태   6. 방호장치의 기능
7. 전단기(剪斷機)의 칼날 및 테이블의 상태

04 산업안전보건법령상 프레스 등을 사용하여 작업을 할 때에 작업시작 전 점검사항으로 적절하지 않은 것은?

① 클러치 및 브레이크의 기능
② 크랭크축·플라이휠·슬라이드·연결봉 및 연결 나사의 풀림 여부
③ 슬라이드 또는 칼날에 의한 위험방지 기구의 기능
④ 외부 전선의 피복 또는 외장의 손상 유무
⑤ 전단기(剪斷機)의 칼날 및 테이블의 상태

해설 ④ [×] 외부 전선의 피복 또는 외장의 손상 유무는 산업용 로봇의 교시 등의 작업을 할 때 작업시작 전 점검사항이다(산기규 제35조 관련 별표 3).

05 지게차의 작업시작 전 점검 사항이 아닌 것은?

① 버킷, 디퍼 등의 이상유무   ② 제동장치 및 조종장치 기능의 이상 유무
③ 하역장치 및 유압장치   ④ 전조등, 후미등, 경보장치 기능의 이상 유무
⑤ 충전장치를 포함한 홀더 등의 결합상태의 이상 유무

해설 ① [×] 버킷, 디퍼 등은 차량계 건설기계에 해당 사항이며, 지게차의 작업시작 전 점검 사항이 아니다.

○ 지게차의 작업시작 전 점검 사항 (산기규 제35조 관련 별표 3)
1. 제동장치 및 조종장치 기능의 이상 유무
2. 하역장치 및 유압장치 기능의 이상 유무

정답 04. ④   05. ①

3. 바퀴의 이상 유무
4. 전조등·후미등·방향지시기 및 경보장치 기능의 이상 유무

○ 구내 운반차의 작업시작 전 점검 사항 (산기규 제35조 관련 별표 3)
1. 제동장치 및 조종장치 기능의 이상 유무
2. 하역장치 및 유압장치 기능의 이상 유무
3. 바퀴의 이상 유무
4. 전조등·후미등·방향지시기 및 경음기 기능의 이상 유무
5. 충전장치를 포함한 홀더 등의 결합상태의 이상 유무

06 산업안전보건법령상 고소작업대를 사용하여 작업을 하는 때의 작업시작 전 점검사항에 해당하지 않는 것은?

① 작업면의 기울기 또는 요철 유무
② 아웃트리거 또는 바퀴의 이상 유무
③ 충전장치를 포함한 홀더 등의 결합상태의 이상 유무
④ 비상정지장치 및 비상하강 방지장치 기능의 이상 유무
⑤ 과부하 방지장치의 작동 유무

해설 ③ [×] 충전장치를 포함한 홀더 등의 결합상태의 이상 유무는 구내운반차 점검 사항에 해당한다.

○ 고소작업대 사용 작업시 작업시작 전 점검사항 (산기규 제35조 관련 별표 3)
1. 비상정지장치 및 비상하강 방지장치 기능의 이상 유무
2. 과부하 방지장치의 작동 유무 (와이어로프 또는 체인구동방식의 경우)
3. 아웃트리거 또는 바퀴의 이상 유무
4. 작업면의 기울기 또는 요철 유무
5. 활선작업용 장치의 경우 홈·균열·파손 등 그 밖의 손상 유무

07 공기압축기의 작업시작 전 점검해야 하는 사항으로 적절하지 않은 것은?

① 드레인밸브(drain valve)의 조작 및 배수
② 언로드밸브(unloading valve)의 기능
③ 압력방출장치의 기능
④ 회전부의 덮개 또는 울
⑤ 토출배관의 과열 및 누설

정답 06. ③　07. ⑤

해설 ⑤ [×] 토출배관의 과열 및 누설은 공기압축기의 운전중 점검 사항이다.

○ 공기압축기의 작업시작 전 점검사항 (산기규 제35조 관련 별표 3)
1. 공기저장 압력용기의 외관 상태
2. 드레인밸브(drain valve)의 조작 및 배수
3. 압력방출장치의 기능
4. 언로드밸브(unloading valve)의 기능
5. 윤활유의 상태
6. 회전부의 덮개 또는 울
7. 그 밖의 연결 부위의 이상 유무

08 컨베이어 작업시 작업시작 전에 점검하여야 할 사항으로 적절하지 않은 것은?

① 원동기 및 풀리(pulley) 기능의 이상 유무
② 이탈 등의 방지장치 기능의 이상 유무
③ 비상정지장치 기능의 이상 유무
④ 원동기·회전축·기어 및 풀리 등의 덮개 또는 울 등의 이상 유무
⑤ 브레이크 및 클러치 등의 기능

해설 ⑤ [×] 브레이크 및 클러치 등의 기능은 차량계 건설기계를 사용하여 작업시에 해당한다(산기규 제35조 관련 별표 3).

○ 컨베이어의 작업시작 전 점검사항 (산기규 제35조 관련 별표 3)
1. 원동기 및 풀리(pulley) 기능의 이상 유무
2. 이탈 등의 방지장치 기능의 이상 유무
3. 비상정지장치 기능의 이상 유무
4. 원동기·회전축·기어 및 풀리 등의 덮개 또는 울 등의 이상 유무

09 구내운반차를 사용하여 작업하는 경우 작업시작전 점검사항으로 규정된 것이 아닌 것은?

① 제동장치 및 조종장치 기능의 이상 유무
② 하역장치 및 유압장치 기능의 이상 유무

정답 08. ⑤   09. ③

③ 비상정지장치 기능의 이상 유무
④ 전조등·후미등·방향지시기 및 경음기 기능의 이상 유무
⑤ 충전장치를 포함한 홀더 등의 결합상태의 이상유무

[해설] ③ [×] 비상정지장치 기능의 이상 유무는 컨베이어에 해당하는 것이다.

○ 구내운반차 이용 작업시 작업시작 전 점검사항 (산기규 제35조 관련 별표 3)
  1. 제동장치 및 조종장치 기능의 이상 유무
  2. 하역장치 및 유압장치 기능의 이상 유무
  3. 바퀴의 이상 유무
  4. 전조등·후미등·방향지시기 및 경음기 기능의 이상 유무
  5. 충전장치를 포함한 홀더 등의 결합상태의 이상 유무

10 구내운반차를 사용하여 작업하는 경우 작업시작전 점검사항에 해당하지 않는 것은?

① 전조등·후미등·방향지시기 및 경음기 기능의 이상 유무
② 브레이크 및 클러치 등의 기능
③ 하역장치 및 유압장치 기능의 이상 유무
④ 제동장치 및 조종장치 기능의 이상 유무
⑤ 충전장치를 포함한 홀더 등의 결합상태의 이상 유무

[해설] ② [×] 브레이크 및 클러치 등의 기능은 차량계 건설기계를 사용하여 작업을 할 때 작업시작전 점검사항이다.

11 화물자동차를 사용하는 작업을 하게 할 때 작업시작전 점검사항으로 규정된 것이 아닌 것은?

① 제동장치 및 조종장치의 기능 ② 하역장치의 기능
③ 바퀴의 이상 유무 ④ 유압장치의 기능
⑤ 전조등·후미등·방향지시기 및 경음기 기능의 이상 유무

[해설] ⑤ [×] 전조등·후미등·방향지시기 및 경음기 기능의 이상 유무는 지게차, 구내운반차에 해당하는 것이다.

[정답] 10. ② 11. ⑤

○ 화물자동차 이용 작업시 작업시작 전 점검사항 (산기규 제35조 관련 별표 3)
  1. 제동장치 및 조종장치의 기능
  2. 하역장치 및 유압장치의 기능
  3. 바퀴의 이상 유무

12 용접·용단 등의 화재위험작업을 할 때 작업시작전 점검사항에 해당하지 않는 것은?

① 작업 준비 및 작업 절차 수립 여부
② 화기작업에 따른 인근 가연성물질에 대한 방호조치 및 소화기구 비치 여부
③ 인화성 액체의 증기 또는 인화성 가스가 남아 있지 않도록 하는 환기조치 여부
④ 산소 및 유해가스 농도의 측정결과 및 후속조치 사항
⑤ 작업근로자에 대한 화재예방 및 피난교육 등 비상조치 여부

해설 ④ [×] 산소 및 유해가스 농도의 측정결과 및 후속조치 사항은 밀폐공간 작업시 사전에 확인해야 할 사항이다(산기규 제619조).

○ 용접·용단 등의 화재위험작업의 작업시작 전 점검사항 (산기규 제35조 관련 별표 3)
  1. 작업 준비 및 작업 절차 수립 여부
  2. 화기작업에 따른 인근 가연성물질에 대한 방호조치 및 소화기구 비치 여부
  3. 용접불티 비산방지덮개 또는 용접방화포 등 불꽃·불티 등의 비산을 방지하기 위한 조치 여부
  4. 인화성 액체의 증기 또는 인화성 가스가 남아 있지 않도록 하는 환기 조치 여부
  5. 작업근로자에 대한 화재예방 및 피난교육 등 비상조치 여부

13 관리감독자의 유해·위험방지 업무에 있어서 프레스 등을 사용하는 작업에 대한 업무내용으로 규정된 것이 아닌 것은?

① 프레스 등 및 그 방호장치를 점검하는 일
② 프레스 등 및 그 방호장치에 이상이 발견되면 즉시 필요한 조치를 하는 일

정답 12. ④   13. ⑤

③ 프레스 등 및 그 방호장치에 전환스위치를 설치했을 때 그 전환스위치의 열쇠를 관리하는 일

④ 금형의 부착·해체 또는 조정작업을 직접 지휘하는 일

⑤ 작업 중 지그(jig) 및 공구 등의 사용상황을 감독하는 일

[해설] ⑤ [×] 작업 중 지그(jig) 및 공구 등의 사용상황을 감독하는 일은 목재가공용 기계를 취급하는 작업에 해당한다(산기규 제35조 관련 별표 2).

○ 프레스 등 사용 작업에서 관리감독자의 유해·위험 방지 직무수행 내용 (산기규 제35조 관련 별표 2)

1. 프레스 등 및 그 방호장치를 점검하는 일
2. 프레스 등 및 그 방호장치에 이상 발견시 즉시 필요한 조치를 하는 일
3. 프레스 등 및 그 방호장치에 전환스위치를 설치했을 때 그 전환스위치의 열쇠를 관리하는 일
4. 금형의 부착·해체 또는 조정작업을 직접 지휘하는 일

사용제한 및 작업중지

01 타워크레인의 작업 중지에 관한 내용이다. 다음 빈칸에 알맞은 내용을 제시한 것은?

1. 운전작업을 중지하여야 하는 경우 : 순간풍속이 (㉠)m/s을 초과하는 경우
2. 설치·수리·점검 또는 해체 작업을 중지하여야 하는 경우 : 순간풍속이 (㉡)m/s을 초과하는 경우

① ㉠ 12, ㉡ 10
② ㉠ 15, ㉡ 10
③ ㉠ 20, ㉡ 15
④ ㉠ 25, ㉡ 15
⑤ ㉠ 30, ㉡ 20

[해설] ② [○] 악천후 및 강풍 시 작업 중지로서 옳은 내용이다.

○ 악천후 및 강풍 시 작업 중지 (산기규 제37조) : 사업주는 순간풍속이 초당 10m를 초과하는 경우 타워크레인의 설치·수리·점검 또는 해체 작업을 중지하여야 하며, 순간풍속이 초당 15m를 초과하는 경우에는 타워크레인의 운전작업을 중지하여야 한다.

[정답] 01. ②

사전조사 및 작업계획

01 산업안전보건법령에 따른 중량물 취급작업 시 작업계획서에 포함시켜야 할 사항이 아닌 것은?

① 협착위험을 예방할 수 있는 안전대책
② 장비파손을 예방할 수 있는 안전대책
③ 추락위험을 예방할 수 있는 안전대책
④ 전도위험을 예방할 수 있는 안전대책
⑤ 붕괴위험을 예방할 수 있는 안전대책

해설 ② [×] 중량물 취급작업 시 작업계획서에 장비파손대책은 해당사항이 아니다.

○ 중량물 취급작업 시 작업계획서 내용 (산기규 제38조 관련 별표 4)
  1. 추락위험을 예방할 수 있는 안전대책
  2. 낙하위험을 예방할 수 있는 안전대책
  3. 전도위험을 예방할 수 있는 안전대책
  4. 협착위험을 예방할 수 있는 안전대책
  5. 붕괴위험을 예방할 수 있는 안전대책

02 산업안전보건법상 차량계 건설기계를 사용하여 작업할 경우 작업계획서 작성시 포함하여야 할 사항으로 규정된 것이 아닌 것은?

① 사용하는 차량계 건설기계의 종류
② 사용하는 차량계 건설기계의 성능
③ 차량계 건설기계의 운행경로
④ 차량계 건설기계에 의한 작업방법
⑤ 해당 작업에 따른 추락·낙하·전도·협착 및 붕괴 등의 위험 예방대책

해설 ⑤ [×] 해당 작업에 따른 추락·낙하·전도·협착 및 붕괴 등의 위험 예방대책은 차량계 하역운반기계 등을 사용하는 작업에 해당한다.

○ 차량계 건설기계 사용작업의 작업계획서 내용 (산기규 제38조 관련 별표 4)
  1. 사용하는 차량계 건설기계의 종류 및 성능
  2. 차량계 건설기계의 운행경로
  3. 차량계 건설기계에 의한 작업방법

정답 01. ②   02. ⑤

○ 차량계 하역운반기계 등을 사용하는 작업
  1. 해당 작업에 따른 추락·낙하·전도·협착 및 붕괴 등의 위험 예방대책
  2. 차량계 하역운반기계 등의 운행경로 및 작업방법

03 산업안전보건법상 사전조사 및 작업계획서 작성대상 작업의 종류로 규정된 것이 아닌 것은?

① 타워크레인을 설치·조립·해체하는 작업
② 차량계 하역운반기계 등을 사용하는 작업
③ 전기작업 (해당 전압 150V를 넘거나 전기에너지 250VA를 넘는 경우로 한정)
④ 건물 등의 해체작업
⑤ 궤도와 그 밖의 관련설비의 보수·점검작업

해설 ③ [×] 전기작업(해당 전압이 50V를 넘거나 전기에너지가 250VA를 넘는 경우로 한정)이 옳은 내용이다.

○ 사전조사 및 작업계획서 작성 대상 작업 (산기규 제38조 관련 별표 4)
  1. 타워크레인을 설치·조립·해체하는 작업
  2. 차량계 하역운반기계 등을 사용하는 작업
  3. 차량계 건설기계를 사용하는 작업
  4. 화학설비와 그 부속설비 사용작업
  5. 전기작업(해당 전압이 50V를 넘거나 전기에너지가 250VA를 넘는 경우로 한정)
  6. 굴착작업   7. 터널굴착작업   8. 교량작업   9. 채석작업
  10. 건물 등의 해체작업   11. 중량물의 취급 작업
  12. 궤도와 그 밖의 관련설비의 보수·점검작업
  13. 입환작업(入換作業)

04 타워크레인을 설치·조립·해체하는 작업시 작업계획서를 작성하여야 한다. 작업계획서 작성에 포함되어야 하는 사항으로 규정된 것이 아닌 것은?

① 설치·조립 및 해체순서   ② 작업도구·장비·가설설비 및 방호설비
③ 작업인원의 구성 및 작업근로자의 역할 범위
④ 타워크레인의 지지 방법   ⑤ 작업지휘자의 배치계획

정답 03. ③   04. ⑤

해설 ⑤ [×] 작업지휘자의 배치계획은 굴착작업에 해당하는 규정 사항이다.

○ 타워크레인 사용작업의 작업계획서 내용 (산기규 제38조 관련 별표 4)

1. 타워크레인의 종류 및 형식   2. 설치·조립 및 해체순서
3. 작업도구·장비·가설설비 및 방호설비
4. 작업인원의 구성 및 작업근로자의 역할 범위
5. 타워크레인의 지지 방법

05 화학설비와 그 부속설비 사용작업의 작업계획서에 포함할 사항으로 규정된 것이 아닌 것은?

① 냉각장치·가열장치·교반장치 및 압축장치의 조작
② 계측장치 및 제어장치의 감시 및 조정
③ 안전밸브, 긴급차단장치, 그 밖의 방호장치 및 자동경보장치의 조정
④ 시료의 채취 및 분석
⑤ 이상 상태가 발생한 경우의 응급조치

해설 ④ [×] 시료의 채취만 해당되고, 시료의 분석은 시험실 업무소관이다.

○ 화학설비와 그 부속설비 사용작업의 작업계획서 내용 (산기규 제38조 관련 별표 4)

1. 밸브·콕 등의 조작 (해당 화학설비에 원재료를 공급하거나 해당 화학설비에서 제품 등을 꺼내는 경우만 해당한다)
2. 냉각장치·가열장치·교반장치 및 압축장치의 조작
3. 계측장치 및 제어장치의 감시 및 조정
4. 안전밸브, 긴급차단장치, 그 밖의 방호장치 및 자동경보장치의 조정
5. 덮개판·플랜지(flange)·밸브·콕 등의 접합부에서 위험물 등의 누출 여부에 대한 점검
6. 시료의 채취
7. 화학설비에서는 그 운전이 일시적 또는 부분적으로 중단된 경우의 작업방법 또는 운전 재개 시의 작업방법
8. 이상 상태가 발생한 경우의 응급조치
9. 위험물 누출 시의 조치
10. 그 밖에 폭발·화재를 방지하기 위하여 필요한 조치

정답 05. ④

4.3 관리감독자의 직무 등 / 155

06 궤도와 그 밖의 관련설비의 보수·점검작업 또는 입환작업에 있어서 작업계획서에 포함하여야 하는 사항으로 규정된 것이 아닌 것은?

① 적절한 작업 인원　　② 작업량　　③ 작업순서
④ 이상발견시 조치방법　　⑤ 작업방법 및 위험요인에 대한 안전조치방법 등

해설　④ [×] 이상발견시 조치방법은 별도의 작업표준에 의해 규정된다.

　　○ 궤도와 그 밖의 관련설비의 보수·점검작업 또는 입환작업의 작업계획서 내용 (산기규 제38조 관련 별표 4)

　　　1. 적절한 작업 인원　2. 작업량　3. 작업순서
　　　4. 작업방법 및 위험요인에 대한 안전조치방법 등

07 굴착면의 높이가 2m 이상이 되는 지반의 굴착작업을 하는 경우 작성하여야 하는 작업계획서에 포함사항으로 규정된 것이 아닌 것은?

① 형상·지질 및 지층의 상태
② 균열·함수(含水)·용수 및 동결의 유무 또는 상태
③ 매설물 등의 유무 또는 상태　　④ 지반의 지하수위 상태
⑤ 작업도구·장비·가설설비 및 방호설비

해설　⑤ [×] 작업도구·장비·가설설비 및 방호설비는 타워크레인 사용작업의 작업계획서 내용이다.

　　○ 굴착작업의 사전조사 내용 (산기규 제38조 관련 별표 4)

　　　1. 형상·지질 및 지층의 상태
　　　2. 균열·함수(含水)·용수 및 동결의 유무 또는 상태
　　　3. 매설물 등의 유무 또는 상태　4. 지반의 지하수위 상태

　　○ 굴착작업의 작업계획서 내용 (산기규 제38조 관련 별표 4)

　　　1. 굴착방법 및 순서, 토사 등 반출 방법
　　　2. 필요한 인원 및 장비 사용계획
　　　3. 매설물 등에 대한 이설·보호대책
　　　4. 사업장 내 연락방법 및 신호방법
　　　5. 흙막이 지보공 설치방법 및 계측계획
　　　6. 작업지휘자의 배치계획　7. 그 밖에 안전·보건에 관련된 사항

정답　06. ④　07. ⑤

08 터널굴착 작업에 있어서 근로자의 위험방지를 위한 작업계획서에 포함하여야 하는 사항으로 규정된 것이 아닌 것은?

① 굴착방법 및 순서, 토사 등 반출 방법
② 사업장 내 연락방법 및 신호방법
③ 지반의 지하수위 상태
④ 작업지휘자의 배치계획
⑤ 흙막이 지보공 설치방법 및 계측계획

해설 ③ [×] 지반의 지하수위 상태는 굴착작업의 작업계획서 내용이다.

○ 터널굴착 작업의 작업계획서 내용 (산기규 제38조 관련 별표 4)
  1. 굴착방법 및 순서, 토사 등 반출 방법
  2. 필요한 인원 및 장비 사용계획
  3. 매설물 등에 대한 이설·보호대책
  4. 사업장 내 연락방법 및 신호방법
  5. 흙막이 지보공 설치방법 및 계측계획
  6. 작업지휘자의 배치계획
  7. 그 밖에 안전·보건에 관련된 사항

09 교량작업을 하는 경우 작업계획서에 포함되어야 하는 사항으로 규정된 것이 아닌 것은?

① 부재(部材)의 낙하·전도 또는 붕괴를 방지하기 위한 방법
② 작업에 종사하는 근로자의 추락 위험을 방지하기 위한 안전조치 방법
③ 공사에 사용되는 가설 철구조물 등의 설치·사용·해체 시 안전성 검토 방법
④ 타워크레인의 종류 및 형식
⑤ 사용하는 기계 등의 종류 및 성능, 작업방법

해설 ④ [×] 타워크레인의 종류 및 형식은 타워크레인을 설치·조립·해체하는 작업에 직접적인 관련사항이다.

○ 교량작업의 작업계획서 내용 (산기규 제38조 관련 별표 4)
  1. 작업 방법 및 순서
  2. 부재(部材)의 낙하·전도 또는 붕괴를 방지하기 위한 방법
  3. 작업에 종사하는 근로자의 추락 위험을 방지하기 위한 안전조치 방법

정답 08. ③   09. ④

4. 공사에 사용되는 가설 철구조물 등의 설치·사용·해체 시 안전성 검토 방법
5. 사용하는 기계 등의 종류 및 성능, 작업방법
6. 작업지휘자 배치계획
7. 그 밖에 안전·보건에 관련된 사항

10 건물 등의 해체작업시 작업계획서에 포함사항으로 규정된 것이 아닌 것은?

① 가설설비·방호설비·환기설비 및 살수·방화설비 등의 방법
② 사업장 내 연락방법
③ 해체작업용 기계·기구 등의 작업계획서
④ 해체작업용 화약류 등의 사용계획서
⑤ 작업지휘자의 배치계획

해설 ⑤ [×] 작업지휘자의 배치계획은 규정된 내용이 아니다.
○ 건물 등의 해체작업의 작업계획서 내용 (산기규 제38조 관련 별표 4)
1. 해체의 방법 및 해체 순서도면
2. 가설설비·방호설비·환기설비 및 살수·방화설비 등의 방법
3. 사업장 내 연락방법
4. 해체물의 처분계획
5. 해체작업용 기계·기구 등의 작업계획서
6. 해체작업용 화약류 등의 사용계획서
7. 그 밖에 안전·보건에 관련된 사항

11 건물 해체작업 시 작업계획서에 포함할 사항으로 규정된 것이 아닌 것은?

① 해체의 방법 및 해체 순서도면
② 가설설비·방호설비·환기설비 및 살수·방화설비 등의 방법
③ 해체물의 처분계획
④ 작업인원의 구성 및 작업근로자의 역할 범위
⑤ 해체작업용 기계·기구 등의 작업계획서

정답 10. ⑤   11. ④

해설 ④ [×] 작업인원의 구성 및 작업근로자의 역할 범위는 규정된 내용이 아니다. 타워크레인을 설치·조립·해체하는 작업시 작업계획서 내용이다(산기규 제38조 관련 별표 4).

12 중량물 취급 작업시 작업계획서의 작성내용으로 규정된 것이 아닌 것은?

① 추락위험을 예방할 수 있는 안전대책
② 이탈위험을 예방할 수 있는 안전대책
③ 전도위험을 예방할 수 있는 안전대책
④ 낙하위험을 예방할 수 있는 안전대책
⑤ 협착위험을 예방할 수 있는 안전대책

해설 ② [×] 이탈위험이 아닌 붕괴위험으로 되어야 옳은 내용이 된다.

○ 중량물 취급 작업의 작업계획서 내용 (산기규 제38조 관련 별표 4)
1. 추락위험을 예방할 수 있는 안전대책
2. 낙하위험을 예방할 수 있는 안전대책
3. 전도위험을 예방할 수 있는 안전대책
4. 협착위험을 예방할 수 있는 안전대책
5. 붕괴위험을 예방할 수 있는 안전대책

굴착면의 기울기

01 지반 굴착작업 시 지반종류에 따른 굴착면의 기울기 기준이다. 다음 빈칸에 해당하는 내용으로 올바르게 제시한 것은?

구분	지반의 종류	기울기
보통흙	습지	(㉠)
	건지	(㉡)
암반	풍화암	(㉢)
	연암	1 : 1.0
	경암	1 : 0.5

정답 12. ② | 01. ③

① ㉠ 1 : 1 ~ 1 : 1.2, ㉡ 1 : 0.5 ~ 1 : 1, ㉢ 1 : 0.8
② ㉠ 1 : 1 ~ 1 : 1.2, ㉡ 1 : 0.5 ~ 1 : 1, ㉢ 1 : 0.9
③ ㉠ 1 : 1 ~ 1 : 1.5, ㉡ 1 : 0.5 ~ 1 : 1, ㉢ 1 : 1.0
④ ㉠ 1 : 1 ~ 1 : 1.6, ㉡ 1 : 0.6 ~ 1 : 1, ㉢ 1 : 1.0
⑤ ㉠ 1 : 1 ~ 1 : 1.7, ㉡ 1 : 0.7 ~ 1 : 1, ㉢ 1 : 1.0

해설 ③ [○] 굴착면의 기울기 기준으로서 옳은 내용이다.

○ 굴착면의 기울기 기준 (산기규 제39조 관련 별표 11)

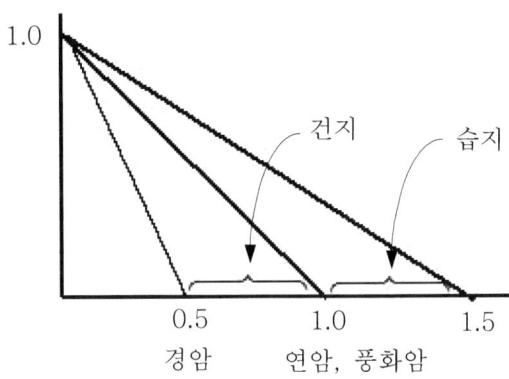

구분	지반의 종류	기울기
보통흙	습지	1 : 1~1 : 1.5
	건지	1 : 0.5~1 : 1
암반	풍화암	1 : 1.0
	연암	1 : 1.0
	경암	1 : 0.5

신호 및 이탈금지

01 산업안전보건법령상 일정한 신호방법을 정하고 신호하여야 하는 작업의 종류로 규정된 것이 아닌 것은?

① 양중기(揚重機)를 사용하는 작업   ② 항타기 또는 항발기의 운전작업
③ 궤도작업차량을 이용하는 작업에 유도자를 배치하는 작업

정답 01. ⑤

④ 입환작업(入換作業)　　　　　⑤ 터널굴착작업

해설　⑤ [×] 터널굴착작업은 규정된 해당 사항이 아니다.

○ 신호방법을 정한 후 작업 (산기규 제40조) : 사업주는 다음 각 호의 작업을 하는 경우 일정한 신호방법을 정하여 신호하도록 하여야 하며, 운전자는 그 신호에 따라야 한다.

1. 양중기(揚重機)를 사용하는 작업
2. 차량계 하역운반기계 등을 사용하는 작업에 유도자를 배치하는 작업
3. 차량계 건설기계를 사용하는 작업에 유도자를 배치하는 작업
4. 항타기 또는 항발기의 운전작업
5. 중량물을 2명 이상의 근로자가 취급하거나 운반하는 작업
6. 양화장치를 사용하는 작업
7. 궤도작업차량을 이용하는 작업에 유도자를 배치하는 작업
8. 입환작업(入換作業)

02 운전자가 운전위치를 이탈하게 해서는 안 되는 기계로 규정된 것이 아닌 것은?

① 양중기
② 항타기 (권상장치에 하중을 건 상태)
③ 양화장치 (화물을 적재한 상태)
④ 항발기 (권상장치에 하중을 건 상태)
⑤ 차량계 하역운반기계

해설　⑤ [×] 차량계 하역운반기계는 규정된 내용이 아니다.

○ 운전위치의 이탈금지 (산기규 제41조) : 사업주는 다음 각 호의 기계를 운전하는 경우 운전자가 운전위치를 이탈하게 해서는 아니 된다.

1. 양중기
2. 항타기 또는 항발기(권상장치에 하중을 건 상태)
3. 양화장치(화물을 적재한 상태)

정답　02. ⑤

4.4 추락·붕괴 위험방지

> 추락 위험방지

01 다음은 추락방호망의 설치 기준이다. 빈칸에 알맞은 내용을 제시한 것은?

> 1. 추락방호망의 설치위치는 가능하면 작업면으로부터 가까운 지점에 설치하여야 하며, 작업면으로부터 망의 설치지점까지의 수직거리는 (㉠)m를 초과하지 아니할 것
> 2. 추락방호망은 수평으로 설치하고, 망의 처짐은 짧은 변 길이의 (㉡)% 이상이 되도록 할 것
> 3. 건축물 등의 바깥쪽으로 설치하는 경우 망의 내민 길이는 벽면으로부터 (㉢)m 이상 되도록 할 것. 다만, 그물코가 (㉣)mm 이하인 망을 사용한 경우에는 낙하물방지망을 설치한 것으로 본다.

① ㉠ 5, ㉡ 10, ㉢ 2, ㉣ 15
② ㉠ 7, ㉡ 11, ㉢ 2.5, ㉣ 18
③ ㉠ 9, ㉡ 12, ㉢ 3, ㉣ 20
④ ㉠ 10, ㉡ 12, ㉢ 3, ㉣ 20
⑤ ㉠ 12, ㉡ 15, ㉢ 3.5, ㉣ 25

해설 ④ [○] 추락의 방지 관련으로 옳은 내용이다.

○ 추락의 방지 (산기규 제42조)

① 사업주는 근로자가 추락하거나 넘어질 위험이 있는 장소(작업발판의 끝·개구부 등을 제외한다) 또는 기계·설비·선박블록 등에서 작업을 할 때에 근로자가 위험해질 우려가 있는 경우 비계(飛階)를 조립하는 등의 방법으로 작업발판을 설치하여야 한다

② 사업주는 제1항에 따른 작업발판을 설치하기 곤란한 경우 다음 각 호의 기준에 맞는 추락방호망을 설치해야 한다. 다만, 추락방호망을 설치하기 곤란한 경우에는 근로자에게 안전대를 착용하도록 하는 등 추락위험을 방지하기 위해 필요한 조치를 해야 한다.

  1. 추락방호망의 설치위치는 가능하면 작업면으로부터 가까운 지점에 설치하여야 하며, 작업면으로부터 망의 설치지점까지의 수직거리는 10m를 초과하지 아니할 것

정답 01. ④

2. 추락방호망은 수평으로 설치하고, 망의 처짐은 짧은 변 길이의 12% 이상이 되도록 할 것
3. 건축물 등의 바깥쪽으로 설치하는 경우 추락방호망의 내민 길이는 벽면으로부터 3m 이상 되도록 할 것. 다만, 그물코가 20mm 이하인 추락방호망을 사용한 경우에는 낙하물 방지망을 설치한 것으로 본다.

02 산업안전보건법상 유해·위험방지계획서를 제출한 사업주는 건설공사 중 얼마 이내마다 관련법에 따라 유해·위험 방지 계획서의 내용과 실제공사 내용이 부합하는지의 여부 등을 확인받아야 하는가?

① 1개월 ② 3개월 ③ 6개월 ④ 9개월 ⑤ 12개월

해설 ③ [○] 유해위험방지계획서 이행의 확인 규정으로서 옳은 내용이다.
○ 유해위험방지계획서 이행의 확인 (산시규 제46조) : 유해위험방지계획서를 제출한 사업주는 해당 건설물·기계·기구 및 설비의 시운전단계에서, 건설공사 사업주는 건설공사 중 6개월 이내마다 다음 각 호의 사항에 관하여 공단의 확인을 받아야 한다.
1. 유해위험방지계획서의 내용과 실제공사 내용이 부합하는지 여부
2. 유해위험방지계획서 변경내용의 적정성
3. 추가적인 유해·위험요인의 존재 여부

03 근로자에게 작업 중 또는 통행 시 전락(轉落)으로 인하여 근로자가 화상·질식 등의 위험에 처할 우려가 있는 케틀(kettle), 호퍼(hopper), 피트(pit) 등이 있는 경우에 그 위험을 방지하기 위하여 최소 높이 얼마 이상의 울타리를 설치하여야 하는가?

① 80cm 이상 ② 85cm 이상 ③ 90cm 이상 ④ 95cm 이상
⑤ 120cm 이상

해설 ③ [○] 울타리의 설치 (산기규 제48조) : 사업주는 근로자에게 작업 중 또는 통행 시 굴러 떨어짐으로 인하여 근로자가 화상·질식 등의 위험에 처할 우려가 있는 케틀(kettle, 가열 용기), 호퍼(hopper, 깔때기 모양의 출입구가 있는 큰 통), 피트(pit, 구덩이) 등이 있는 경우에 그 위험을 방지하기 위하여 필요한 장소에 높이 90cm 이상의 울타리를 설치하여야 한다.

정답 02. ③   03. ③

붕괴 위험방지

01 구축물 또는 이와 유사한 시설물이 안전진단 등 안전성 평가를 하여 근로자에게 미칠 위험성을 미리 제거하여야 하는 경우에 해당되지 않는 것은?

① 구축물 등의 인근에서 굴착·항타작업 등으로 침하·균열 등이 발생하여 붕괴의 위험이 예상될 경우
② 구축물 등에 지진, 동해(凍害), 부동침하(不同沈下) 등으로 균열·비틀림 등이 발생했을 경우
③ 구축물 등이 그 자체의 무게·적설·풍압 또는 그 밖에 부가되는 하중 등으로 붕괴 등의 위험이 있을 경우
④ 오랜 기간 사용하지 않던 구축물 등을 재사용하게 되어 안전성을 검토해야 하는 경우
⑤ 구축물 등의 구조부 설계 및 시공방법의 전부 또는 일부를 변경하는 경우

해설 ⑤ [×] 구축물 등의 주요 구조부(「건축법」에 따른 주요구조부를 말함)에 대한 설계 및 시공 방법의 전부 또는 일부를 변경하는 경우가 규정된 내용이다.

○ 구축물 등의 안전성 평가 (산기규 제52조) : 사업주는 구축물 등이 다음 각호 중 하나에 해당하는 경우에는 구축물 등에 대한 구조검토, 안전진단 등의 안전성 평가를 하여 근로자에게 미칠 위험성을 미리 제거해야 한다.

1. 구축물 등의 인근에서 굴착·항타작업 등으로 침하·균열 등이 발생하여 붕괴의 위험이 예상될 경우
2. 구축물 등에 지진, 동해(凍害), 부동침하(不同沈下) 등으로 균열·비틀림 등이 발생했을 경우
3. 구축물 등이 그 자체의 무게·적설·풍압 또는 그 밖에 부가되는 하중 등으로 붕괴 등의 위험이 있을 경우
4. 화재 등으로 구축물 등의 내력(耐力)이 심하게 저하됐을 경우
5. 오랜 기간 사용하지 않던 구축물 등을 재사용하게 되어 안전성을 검토해야 하는 경우
6. 구축물 등의 주요 구조부(「건축법」에 따른 주요구조부를 말한다)에 대한 설계 및 시공 방법의 전부 또는 일부를 변경하는 경우
7. 그 밖의 잠재위험이 예상될 경우

정답 01. ⑤

4.5 비계

비계의 재료 및 구조 등

01 달비계의 적재하중을 정하고자 한다. 다음 중 적절한 것을 제시한 것은?

1. 달기 와이어로프 및 달기 강선의 안전계수 : (㉠)이상
2. 달기체인 및 달기훅의 안전계수 : (㉡)이상
3. 달기강대와 달비계의 하부 및 상부 지점의 안전계수는 강재의 경우 (㉢)이상, 목재의 경우 (㉣)이상

① ㉠ 8, ㉡ 5, ㉢ 2.5, ㉣ 5
② ㉠ 9, ㉡ 5, ㉢ 2.5, ㉣ 5
③ ㉠ 10, ㉡ 5, ㉢ 2.5, ㉣ 5
④ ㉠ 12, ㉡ 7, ㉢ 3.5, ㉣ 6
⑤ ㉠ 15, ㉡ 7, ㉢ 3.5, ㉣ 7

해설 ③ [○] 작업발판의 최대적재하중시의 안전계수로서 옳은 내용이다.

○ 작업발판의 최대적재하중시의 안전계수 (산기규 제55조) : 달비계(곤돌라의 달비계는 제외한다)의 최대 적재하중을 정하는 경우 그 안전계수는 다음 각 호와 같다.

1. 달기 와이어로프 및 달기 강선의 안전계수 : 10 이상
2. 달기 체인 및 달기 훅의 안전계수 : 5 이상
3. 달기 강대와 달비계의 하부 및 상부 지점의 안전계수 : 강재(鋼材)의 경우 2.5 이상, 목재의 경우 5 이상

02 비계(달비계, 달대비계 및 말비계는 제외한다)의 높이가 2m 이상인 작업장소에 설치하여야 하는 작업발판의 기준으로 옳지 않은 것은?

① 작업발판의 폭은 40cm 이상으로 하고, 발판재료 간의 틈은 3cm 이하로 할 것
② 추락의 위험이 있는 장소에는 안전난간을 설치할 것
③ 작업발판의 지지물은 하중에 의하여 파괴될 우려가 없는 것을 사용할 것
④ 작업발판재료는 뒤집히거나 떨어지지 않도록 1개 이상의 지지물에 연결하거나 고정시킬 것

정답 01. ③   02. ④

⑤ 걸침비계의 경우 강관기둥 때문에 발판재료 간의 틈을 3cm 이하로 유지하기 곤란하면 5cm 이하로 할 수 있다.

[해설] ④ [×] 작업발판재료는 뒤집히거나 떨어지지 않도록 둘 이상의 지지물에 연결하거나 고정시킬 것이 규정된 내용이다.

○ 작업발판의 구조 (산기규 제56조) : 사업주는 비계(달비계, 달대비계 및 말비계는 제외한다)의 높이가 2m 이상인 작업장소에 다음 각 호의 기준에 맞는 작업발판을 설치하여야 한다.

1. 발판재료는 작업할 때의 하중을 견딜 수 있도록 견고한 것으로 할 것
2. 작업발판의 폭은 40cm 이상으로 하고, 발판재료 간의 틈은 3cm 이하로 할 것. 다만, 외줄비계의 경우에는 고용노동부장관이 별도로 정하는 기준에 따른다.
3. 제2호에도 불구하고 선박 및 보트 건조작업의 경우 선박블록 또는 엔진실 등의 좁은 작업공간에 작업발판을 설치하기 위하여 필요하면 작업발판의 폭을 30cm 이상으로 할 수 있고, 걸침비계의 경우 강관기둥 때문에 발판재료 간의 틈을 3cm 이하로 유지하기 곤란하면 5cm 이하로 할 수 있다. 이 경우 그 틈 사이로 물체 등이 떨어질 우려가 있는 곳에는 출입금지 등의 조치를 하여야 한다.
4. 추락의 위험이 있는 장소에는 안전난간을 설치할 것. 다만, 작업의 성질상 안전난간을 설치하는 것이 곤란한 경우, 작업의 필요상 임시로 안전난간을 해체할 때에 추락방호망을 설치하거나 근로자로 하여금 안전대를 사용하도록 하는 등 추락위험 방지 조치를 한 경우에는 그러하지 아니하다.
5. 작업발판의 지지물은 하중에 의하여 파괴될 우려가 없는 것을 사용할 것
6. 작업발판재료는 뒤집히거나 떨어지지 않도록 둘 이상의 지지물에 연결하거나 고정시킬 것
7. 작업발판을 작업에 따라 이동시킬 경우에는 위험 방지에 필요한 조치를 할 것

03 비계의 높이가 2m 이상인 작업장소에 작업발판을 설치할 경우 준수하여야 할 기준으로 옳지 않은 것은?

① 작업발판의 폭은 30cm 이상으로 한다.
② 발판재료간의 틈은 3cm 이하로 한다.

정답 03. ①

③ 추락의 위험성이 있는 장소에는 안전난간을 설치한다.
④ 발판재료는 뒤집히거나 떨어지지 않도록 2개 이상의 지지물에 연결하거나 고정시킨다.
⑤ 선박 및 보트 건조작업의 경우 선박블록 또는 엔진실 등의 좁은 작업공간에 작업발판을 설치하기 위하여 필요하면 작업발판의 폭을 30cm 이상으로 할 수 있고, 걸침비계의 경우 강관기둥 때문에 발판재료 간의 틈을 3cm 이하로 유지하기 곤란하면 5cm 이하로 할 수 있다

해설 ① [×] 작업발판의 구조 (산기규 제56조) : 사업주는 비계(달비계, 달대비계 및 말비계는 제외한다)의 높이가 2m 이상인 작업장소에 설치하는 작업발판의 폭은 40cm 이상으로 하고, 발판재료 간의 틈은 3cm 이하로 한다.

04 달비계의 구조에서 달비계 작업발판의 폭과 틈새기준으로 옳은 것은?

① 작업발판의 폭 30cm 이상, 틈새 3cm 이하
② 작업발판의 폭 40cm 이상, 틈새 3cm 이하
③ 작업발판의 폭 30cm 이상, 틈새 없도록 할 것
④ 작업발판의 폭 20cm 이상, 틈새 없도록 할 것
⑤ 작업발판의 폭 40cm 이상, 틈새 없도록 할 것

해설 ⑤ [○] 달비계 작업발판의 폭과 틈새기준으로서 옳은 내용이다.

○ 작업발판의 구조 (산기규 제56조)) 사업주는 비계(달비계, 달대비계 및 말비계는 제외한다)의 높이가 2m 이상인 작업장소에 다음 각 호의 기준에 맞는 작업발판을 설치하여야 한다.

1. 작업발판의 폭은 40cm 이상으로 하고, 발판재료 간의 틈은 3cm 이하로 할 것
2. 선박 및 보트 건조작업의 경우 선박블록 또는 엔진실 등의 좁은 작업공간에 작업발판을 설치하기 위하여 필요하면 작업발판의 폭을 30cm 이상으로 할 수 있고, 걸침비계의 경우 강관기둥 때문에 발판재료 간의 틈을 3cm 이하로 유지하기 곤란하면 5cm 이하로 할 수 있다. 이 경우 그 틈 사이로 물체 등이 떨어질 우려가 있는 곳에는 출입금지 등의 조치를 하여야 한다.

○ 비계 등의 조립·해체 및 변경 (산기규 제57조) : 사업주는 달비계 또는 높이 5미터 이상의 비계를 조립·해체하거나 변경하는 작업에서 비계재료의 연결·해체작업을 하는 경우에는 폭 20cm 이상의 발판을 설치하고 근로자로 하여금 안전대를 사용하도록 하는 등 추락을 방지하기 위한 조치를 할 것

○ 달비계의 구조 (산기규 제63조) : 작업발판은 폭을 40cm 이상으로 하고 틈새가 없도록 할 것

비계의 조립 및 점검 등

01 다음은 달비계 또는 높이 5m 이상의 비계를 조립·해체하거나 변경하는 작업을 하는 경우에 대한 내용이다. ( )에 알맞은 숫자는?

> 비계재료의 연결·해체작업을 하는 경우에는 폭 ( )cm 이상의 발판을 설치하고 근로자로 하여금 안전대를 사용하도록 하는 등 추락을 방지하기 위한 조치를 할 것

① 15   ② 20   ③ 25   ④ 30   ⑤ 40

해설 ② [○] 비계 등의 조립·해체 및 변경 (산기규 제57조) : 사업주는 달비계 또는 높이 5미터 이상의 비계를 조립·해체하거나 변경하는 작업에서 비계재료의 연결·해체작업을 하는 경우에는 폭 20cm 이상의 발판을 설치하고 근로자로 하여금 안전대를 사용하도록 하는 등 추락을 방지하기 위한 조치를 할 것

02 높이 5m 이상의 비계를 조립·해체하는 작업도중 와이어로프가 절단되는 사고로 추락재해가 발생했다. 사업주 준수사항으로 올바르지 못한 것은?

① 근로자가 관리감독자의 지휘에 따라 작업하도록 할 것
② 비, 눈, 그 밖의 기상상태의 불안정으로 날씨가 몹시 나쁜 경우에는 그 작업을 중지시킬 것
③ 비계재료의 연결·해체작업을 하는 경우 폭 40cm 이상의 발판을 설치하고 근로자로 하여금 안전대를 사용하도록 하는 등 추락 방지를 위한 조치를 할 것

정답   01. ②   02. ③

④ 조립·해체 또는 변경의 시기·범위 및 절차를 그 작업에 종사하는 근로자에게 주지시킬 것

⑤ 재료·기구 또는 공구 등을 올리거나 내리는 경우에는 근로자가 달줄 또는 달포대 등을 사용하게 할 것

해설 ③ [×] 비계재료의 연결·해체작업을 하는 경우에는 폭 20cm 이상의 발판을 설치하고 근로자로 하여금 안전대를 사용하도록 하는 등 추락을 방지하기 위한 조치를 할 것이 규정된 내용이다.

○ 비계 등의 조립·해체 및 변경 (산기규 제57조) : 사업주는 달비계 또는 높이 5m 이상의 비계를 조립·해체하거나 변경하는 작업을 하는 경우 다음 각 호의 사항을 준수하여야 한다.

1. 근로자가 관리감독자의 지휘에 따라 작업하도록 할 것
2. 조립·해체 또는 변경의 시기·범위 및 절차를 그 작업에 종사하는 근로자에게 주지시킬 것
3. 조립·해체 또는 변경 작업구역에는 해당 작업에 종사하는 근로자가 아닌 사람의 출입을 금지하고 그 내용을 보기 쉬운 장소에 게시할 것
4. 비, 눈, 그 밖의 기상상태의 불안정으로 날씨가 몹시 나쁜 경우에는 그 작업을 중지시킬 것
5. 비계재료의 연결·해체작업을 하는 경우에는 폭 20cm 이상의 발판을 설치하고 근로자로 하여금 안전대를 사용하도록 하는 등 추락을 방지하기 위한 조치를 할 것
6. 재료·기구 또는 공구 등을 올리거나 내리는 경우에는 근로자가 달줄 또는 달포대 등을 사용하게 할 것

03 비, 눈, 그 밖의 기상상태의 악화로 작업을 중지시킨 후 또는 비계를 조립·해체하거나 변경한 후에 그 비계에서 작업을 하는 경우에는 해당 작업을 시작하기 전에 점검하고 이상을 발견하면 즉시 보수해야 할 사항으로 적절하지 않은 것은?

① 발판 재료의 손상 여부 및 부착 또는 걸림 상태
② 해당 비계의 연결부 또는 접속부의 풀림 상태
③ 비계의 받침용 지보공의 설치 상태 및 이상 유무

정답 03. ③

④ 기둥의 침하, 변형, 변위(變位) 또는 흔들림 상태
⑤ 로프의 부착 상태 및 매단 장치의 흔들림 상태

해설 ③ [×] 비계의 점검 및 보수 사항으로 규정된 내용이 아니다.

○ 비계의 점검 및 보수 (산기규 제58조) : 사업주는 비, 눈, 그 밖의 기상상태의 악화로 작업을 중지시킨 후 또는 비계를 조립·해체하거나 변경한 후에 그 비계에서 작업을 하는 경우에는 해당 작업을 시작하기 전에 다음 각 호의 사항을 점검하고, 이상을 발견하면 즉시 보수하여야 한다.

1. 발판 재료의 손상 여부 및 부착 또는 걸림 상태
2. 해당 비계의 연결부 또는 접속부의 풀림 상태
3. 연결 재료 및 연결 철물의 손상 또는 부식 상태
4. 손잡이의 탈락 여부
5. 기둥의 침하, 변형, 변위(變位) 또는 흔들림 상태
6. 로프의 부착 상태 및 매단 장치의 흔들림 상태

강관비계 및 강관틀비계

01 강관비계 조립시의 준수사항으로 옳지 않은 것은?

① 비계기둥에는 미끄러지거나 침하를 방지하기 위해 밑받침철물을 사용한다.
② 지상높이 4층 이하 또는 12m 이하인 건축물의 해체 및 조립 등의 작업에서만 사용한다.
③ 교차가새로 보강한다.
④ 외줄비계·쌍줄비계 또는 돌출비계에 대해서는 벽이음 및 버팀을 설치한다.
⑤ 인장재와 압축재로 구성된 경우 인장재와 압축재의 간격을 1m 이내로 한다.

해설 ② [×] 지상높이 4층 이하 또는 12m 이하인 건축물의 해체 및 조립 등의 작업에서만 사용하는 것은 통나무비계이다.

○ 강관비계 조립 시의 준수사항 (산기규 제59조) <개정 2023. 11. 14>

1. 비계기둥에는 미끄러지거나 침하하는 것을 방지하기 위하여 밑받침철물을 사용하거나 깔판·받침목 등을 사용하여 밑둥잡이를 설치하는 등의 조치를 할 것

정답 01. ②

2. 강관의 접속부 또는 교차부는 적합한 부속철물을 사용하여 접속하거나 단단히 묶을 것

3. 교차 가새로 보강할 것

4. 외줄비계·쌍줄비계 또는 돌출비계에 대해서는 다음 각 목에서 정하는 바에 따라 벽이음 및 버팀을 설치할 것. 다만, 창틀의 부착 또는 벽면의 완성 등의 작업을 위하여 벽이음 또는 버팀을 제거하는 경우, 그 밖에 작업의 필요상 부득이한 경우로서 해당 벽이음 또는 버팀 대신 비계기둥 또는 띠장에 사재(斜材)를 설치하는 등 비계가 넘어지는 것을 방지하기 위한 조치를 한 경우에는 그러하지 아니하다.

가. 강관비계의 조립 간격은 별표 5의 기준에 적합하도록 할 것

강관비계의 종류	조립간격 (단위 : m)	
	수직방향	수평방향
단관비계	5	5
틀비계 (높이가 5m 미만인 것은 제외한다)	6	8

나. 강관·통나무 등의 재료를 사용하여 견고한 것으로 할 것

다. 인장재와 압축재로 구성된 경우에는 인장재와 압축재의 간격을 1m 이내로 할 것

5. 가공전로(架空電路)에 근접하여 비계를 설치하는 경우에는 가공전로를 이설하거나 가공전로에 절연용 방호구를 장착하는 등 가공전로와의 접촉을 방지하기 위한 조치를 할 것

02 단관비계의 도괴·전도 방지를 위한 벽이음 간격기준으로 옳은 것은?

① 수직방향 5m 이하, 수평방향 5m 이하
② 수직방향 6m 이하, 수평방향 8m 이하
③ 수직방향 7m 이하, 수평방향 7m 이하
④ 수직방향 7m 이하, 수평방향 8m 이하
⑤ 수직방향 8m 이하, 수평방향 8m 이하

해설 ① [○] 단관비계 벽이음의 간격기준으로 옳은 내용이다(산기규 제59조 관련 별표 5).

03 다음은 비계의 조립간격에 대한 사항이다. (   )에 알맞은 내용을 제시한 것은?

종류	조립간격 (단위 : m)	
	수직방향	수평방향
통나무 비계	(㉠)	7.5
단관 비계	(㉡)	5
비계 (높이가 5m 미만의 것을 제외한다)	6	(㉢)

① ㉠ 4.5, ㉡ 4.5, ㉢ 7   ② ㉠ 5, ㉡ 4.5, ㉢ 7.5   ③ ㉠ 5.5, ㉡ 5, ㉢ 8
④ ㉠ 5.5, ㉡ 5, ㉢ 8.5   ⑤ ㉠ 6, ㉡ 5.5, ㉢ 9.5

해설 ③ [○] 강관비계의 조립간격으로 옳은 내용이다.

○ 강관비계의 조립간격 (산기규 제59조 관련 별표 5)

종류	조립간격 (단위 : m)	
	수직방향	수평방향
단관 비계	5	5
비계 (높이가 5m 미만의 것을 제외한다)	6	8
통나무 비계	5.5	7.5

04 강관을 사용하여 비계를 구성하는 경우 준수해야 할 사항으로 옳지 않은 것은?

① 비계기둥의 간격은 띠장 방향에서는 1.85m 이하로 할 것
② 비계기둥의 간격은 장선(長線) 방향에서는 1.5m 이하로 할 것
③ 띠장 간격은 2.0m 이하로 할 것
④ 비계기둥의 제일 윗부분으로부터 31m되는 지점 밑부분의 비계기둥은 3개의 강관으로 묶어 세울 것
⑤ 비계기둥 간의 적재하중은 400kg을 초과하지 않도록 할 것

해설 ④ [×] 비계기둥의 제일 윗부분으로부터 31m되는 지점 밑부분의 비계기둥은 2개의 강관으로 묶어 세울 것이 옳은 내용이다.

정답   03. ③   04. ④

○ 강관비계의 구조 (산기규 제60조) <개정 2023. 11. 14>

1. 비계기둥의 간격은 띠장 방향에서는 1.85m 이하, 장선(長線) 방향에서는 1.5m 이하로 할 것. 다만, 다음 각 목의 어느 하나에 해당하는 작업의 경우에는 안전성에 대한 구조검토를 실시하고 조립도를 작성하면 띠장 방향 및 장선 방향으로 각각 2.7m 이하로 할 수 있다.
   가. 선박 및 보트 건조작업
   나. 그 밖에 장비 반입·반출을 위하여 공간 등을 확보할 필요가 있는 등 작업의 성질상 비계기둥 간격에 관한 기준을 준수하기 곤란한 작업
2. 띠장 간격은 2.0m 이하로 할 것. 다만, 작업의 성질상 이를 준수하기가 곤란하여 쌍기둥틀 등에 의하여 해당 부분을 보강한 경우에는 그러하지 아니하다.
3. 비계기둥의 제일 윗부분으로부터 31m되는 지점 밑부분의 비계기둥은 2개의 강관으로 묶어 세울 것. 다만, 브라켓(bracket, 까치발) 등으로 보강하여 2개의 강관으로 묶을 경우 이상의 강도가 유지되는 경우에는 그러하지 아니하다.
4. 비계기둥 간의 적재하중은 400kg을 초과하지 않도록 할 것

05 강관을 사용하여 비계를 구성하는 경우 준수하여야 할 기준으로 옳지 않은 것은?

① 비계기둥의 간격은 띠장 방향에서는 1.5m이하, 장선(長線) 방향에서는 1.85m 이하로 할 것
② 띠장 간격은 2.0m 이하로 할 것
③ 비계기둥의 제일 윗부분으로부터 31m 되는 지점 밑부분의 비계기둥은 2개의 강관으로 묶어 세울 것
④ 비계기둥 간의 적재하중은 400kg을 초과하지 않도록 할 것
⑤ 비계기둥의 간격은 안전성에 대한 구조검토를 실시하고 조립도를 작성하면 띠장 방향 및 장선 방향으로 각각 2.7m 이하가 가능

해설 ① [×] 비계기둥의 간격은 띠장 방향에서는 1.85m이하, 장선(長線) 방향에서는 1.5m 이하로 할 것이 규정된 내용이다(산기규 제60조).

정답 05. ①

06 52m 높이로 강관비계를 세우려면 지상에서 몇 미터까지 2개의 강관으로 묶어 세워야 하는가?

① 11m ② 16m ③ 21m ④ 26m ⑤ 30m

해설 ③ [○] 윗부분에서 31m 되는 지점(52-31=21m)의 밑부분이 대상이다.

○ 강관비계의 구조 (산기규 제60조) : 비계기둥의 제일 윗부분으로부터 31m 되는 지점 밑부분의 비계기둥은 2개의 강관으로 묶어 세울 것. 다만, 브라켓(bracket, 까치발) 등으로 보강하여 2개의 강관으로 묶을 경우 이상의 강도가 유지되는 경우에는 그러하지 아니하다.

07 강관틀비계의 조립 사용의 경우 준수해야 할 기준으로 옳지 않은 것은?

① 높이가 20m를 초과하거나 중량물의 적재를 수반하는 작업을 할 경우에는 주틀 간의 간격을 2.4m 이하로 할 것
② 수직방향으로 6m, 수평방향으로 8m 이내마다 벽이음을 할 것
③ 길이가 띠장 방향으로 4m 이하이고 높이가 10m를 초과하는 경우에는 10m 이내마다 띠장 방향으로 버팀기 등을 설치할 것
④ 주틀 간에 교차 가새를 설치하고 최상층 및 5층 이내마다 수평재를 설치할 것
⑤ 비계기둥의 밑둥에는 밑받침 철물을 사용하여야 하며 밑받침에 고저차가 있는 경우에는 조절형 밑받침철물을 사용하여 각각의 강관틀비계가 항상 수평 및 수직을 유지하도록 할 것

해설 ① [×] 높이가 20m를 초과하거나 중량물의 적재를 수반하는 작업을 할 경우에는 주틀 간의 간격을 1.8m 이하로 할 것이 옳은 내용이다.

○ 강관틀비계 조립 사용시 준수사항 (산기규 제62조)

1. 비계기둥의 밑둥에는 밑받침 철물을 사용하여야 하며 밑받침에 고저차가 있는 경우에는 조절형 밑받침철물을 사용하여 각각의 강관틀비계가 항상 수평 및 수직을 유지하도록 할 것

2. 높이가 20m를 초과하거나 중량물의 적재를 수반하는 작업을 할 경우에는 주틀 간의 간격을 1.8m 이하로 할 것

3. 주틀 간에 교차 가새를 설치하고 최상층 및 5층 이내마다 수평재를 설치할 것

정답 06. ③ 07. ①

4. 수직방향으로 6m, 수평방향으로 8m 이내마다 벽이음을 할 것
5. 길이가 띠장 방향으로 4m 이하이고 높이가 10m를 초과하는 경우에는 10m 이내마다 띠장 방향으로 버팀기둥을 설치할 것

달비계 및 달대비계 등

01 양중기에 사용하는 와이어로프의 사용금지 기준으로 적절하지 않은 것은?

① 이음매가 있는 것
② 와이어로프의 한 꼬임에서 끊어진 소선의 수가 10퍼센트 이상인 것
③ 비자전로프의 경우에는 끊어진 소선의 수가 와이어로프 호칭지름의 6배 길이 이내에서 4개 이상인 것
④ 비자전로프의 경우에는 끊어진 소선의 수가 와이어로프 호칭지름 30배 길이 이내에서 8개 이상인 것
⑤ 지름의 감소가 공칭지름의 5퍼센트를 초과하는 것

해설 ⑤ [×] 지름의 감소가 공칭지름의 7%를 초과하는 것이 사용금지된다.

○ 달비계의 구조상 와이어로프 설치조건 (산기규 제63조) : 사업주는 곤돌라형 달비계를 설치하는 경우에는 다음 각 호의 어느 하나에 해당하는 와이어로프를 달비계에 사용해서는 아니 된다.

1. 이음매가 있는 것
2. 와이어로프의 한 꼬임(스트랜드를 말한다)에서 끊어진 소선(素線)[필러(pillar)선은 제외한다]의 수가 10% 이상(비자전로프의 경우에는 끊어진 소선의 수가 와이어로프 호칭지름의 6배 길이 이내에서 4개 이상이거나 호칭지름 30배 길이 이내에서 8개 이상)인 것
3. 지름의 감소가 공칭지름의 7%를 초과하는 것
4. 꼬인 것
5. 심하게 변형되거나 부식된 것
6. 열과 전기충격에 의해 손상된 것

정답 01. ⑤

02 다음은 달기체인 사용금지 기준이다. 다음 빈칸에 대해 올바르게 제시된 것은?

> 1. 달기 체인의 길이가 달기 체인이 제조된 때의 길이의 (㉠)%를 초과한 것
> 2. 링의 단면지름이 달기 체인이 제조된 때의 해당 링의 지름의 (㉡)%를 초과하여 감소한 것

① ㉠ 3, ㉡ 8 ② ㉠ 4, ㉡ 9 ③ ㉠ 5, ㉡ 10 ④ ㉠ 6, ㉡ 12
⑤ ㉠ 7, ㉡ 15

해설 ③ [○] 달기체인의 달비계에 사용 금지로 옳은 내용이다.

○ 달기체인의 달비계에 사용 금지 (산기규 제63조)
  1. 달기 체인의 길이가 달기 체인이 제조된 때의 길이의 5%를 초과한 것
  2. 링의 단면지름이 달기 체인이 제조된 때의 해당 링의 지름의 10%를 초과하여 감소한 것
  3. 균열이 있거나 심하게 변형된 것

03 높이 5m 이상의 비계를 조립·해체하는 작업도중 와이어로프가 절단되는 사고로 추락재해가 발생했다. 달기 와이어로프의 사용제한 조건으로 올바르지 못한 것은?

① 이음매가 있거나 심하게 변형되거나 부식된 것
② 와이어로프의 한 꼬임에서 끊어진 소선의 수가 10% 이상인 것
③ 비자전로프 와이어로프의 경우 끊어진 소선의 수가 와이어로프 호칭지름의 6배 길이 이내에서 4개 이상이거나 호칭지름 30배 길이 이내에서 8개 이상인 것
④ 지름의 감소가 공칭지름의 5%를 초과하는 것
⑤ 열과 전기충격에 의해 손상된 것

해설 ④ [×] 지름의 감소가 공칭지름의 7%를 초과하는 것이 옳은 내용이다(산기규 제63조).

정답 02. ③   03. ④

말비계 및 이동식비계

01 산업안전보건법상 말비계를 조립하여 사용할 경우 준수할 사항으로 적절하지 않은 것은?

① 지주부재(支柱部材)의 하단에는 미끄럼 방지장치를 할 것
② 근로자가 양측 끝부분에 올라서서 작업하지 않도록 할 것
③ 주부재와 수평면의 기울기를 65도 이하로 할 것
④ 지주부재와 지주부재 사이를 고정시키는 보조부재를 설치할 것
⑤ 말비계의 높이가 2m를 초과하는 경우 작업발판의 폭을 40cm 이상으로 할 것

해설 ③ [×] 지주부재와 수평면의 기울기를 75도 이하로 할 것이 규정된 내용이다.

○ 말비계 (산기규 제67조) : 사업주는 말비계를 조립하여 사용하는 경우에 다음 각 호의 사항을 준수하여야 한다.

1. 지주부재(支柱部材)의 하단에는 미끄럼 방지장치를 하고, 근로자가 양측 끝부분에 올라서서 작업하지 않도록 할 것
2. 지주부재와 수평면의 기울기를 75도 이하로 하고, 지주부재와 지주부재 사이를 고정시키는 보조부재를 설치할 것
3. 말비계의 높이가 2m를 초과하는 경우에는 작업발판의 폭을 40cm 이상으로 할 것

시스템 비계 등

01 다음은 산업안전보건법령에 따른 시스템비계의 구조에 관한 사항이다. ( )안에 들어갈 내용으로 옳은 것은?

> 비계 밑단의 수직재와 받침철물은 밀착되도록 설치하고, 수직재와 받침철물의 연결부의 겹침길이는 받침철물 전체길이의 ( ) 이상이 되도록 할 것

① 2분의 1   ② 3분의 1   ③ 4분의 1   ④ 5분의 1   ⑤ 6분의 1

해설 ② [○] 시스템 비계의 구조로 옳은 내용이다.

정답 01. ③ | 01. ②

○ 시스템 비계의 구조 (산기규 제69조)

1. 수직재·수평재·가새재를 견고하게 연결하는 구조가 되도록 할 것
2. 비계 밑단의 수직재와 받침철물은 밀착되도록 설치하고, 수직재와 받침철물의 연결부의 겹침길이는 받침철물 전체길이의 3분의 1 이상이 되도록 할 것
3. 수평재는 수직재와 직각으로 설치하여야 하며, 체결 후 흔들림이 없도록 견고하게 설치할 것
4. 수직재와 수직재의 연결철물은 이탈되지 않도록 견고한 구조로 할 것
5. 벽 연결재의 설치간격은 제조사가 정한 기준에 따라 설치할 것

통나무 비계

01 산업안전보건법상 통나무비계를 조립 사용의 경우 적절하지 못한 것은?

① 비계 기둥의 간격은 2.5미터 이하로 하고 지상으로부터 첫 번째 띠장은 3미터 이하의 위치에 설치할 것
② 비계 기둥의 이음이 겹침 이음인 경우에는 이음 부분에서 1미터 이상을 서로 겹쳐서 두 군데 이상을 묶을 것
③ 비계 기둥의 이음이 맞댄이음인 경우에는 비계 기둥을 쌍기둥틀로 하거나 2미터 이상의 덧댐목을 사용하여 세 군데 이상을 묶을 것
④ 외줄비계·쌍줄비계 또는 돌출비계에 대한 벽이음 간격은 수직 방향에서 5.5미터 이하, 수평 방향에서는 7.5미터 이하로 할 것
⑤ 외줄비계·쌍줄비계 또는 돌출비계에 대한 벽이음 및 버팀에서 인장재와 압축재로 구성되어 있는 경우에는 인장재와 압축재의 간격은 1미터 이내로 할 것

해설 ③ [×] 비계 기둥의 이음이 맞댄이음인 경우에는 비계 기둥을 쌍기둥틀로 하거나 1.8m 이상의 덧댐목을 사용하여 네 군데 이상을 묶을 것이 규정된 내용이다(산기규 제71조).

정답 01. ③

4.6 환기장치

환기장치 등

01 인체에 해로운 분진, 흄(fume), 미스트(mist), 증기 또는 가스 상태의 물질을 배출하기 위하여 설치하는 국소배기장치의 후드가 갖추어야 할 설치기준으로 적절하지 않은 것은?

① 유해물질이 발생하는 곳마다 설치할 것
② 유해인자의 발생형태와 비중, 작업방법 등을 고려하여 해당 분진 등의 발산원(發散源)을 제어할 수 있는 구조로 설치할 것
③ 후드(hood) 형식은 가능하면 포위식 또는 부스식 후드를 설치할 것
④ 리시버식 후드는 해당 분진 등의 발산원에 가장 가까운 위치에 설치할 것
⑤ 외부식 후드는 해당 분진 등의 발산원에서 먼 위치에 여러 군데 설치할 것

해설 ⑤ [×] 외부식 또는 리시버식 후드는 해당 분진 등의 발산원에 가장 가까운 위치에 설치할 것이 규정된 내용이다.
○ 국소배기장치의 후드의 설치기준 (산기규 제72조)
1. 유해물질이 발생하는 곳마다 설치할 것
2. 유해인자의 발생형태와 비중, 작업방법 등을 고려하여 해당 분진 등의 발산원(發散源)을 제어할 수 있는 구조로 설치할 것
3. 후드(hood) 형식은 가능하면 포위식 또는 부스식 후드를 설치할 것
4. 외부식 또는 리시버식 후드는 해당 분진 등의 발산원에 가장 가까운 위치에 설치할 것

02 국소배기장치의 덕트가 갖추어야 할 설치기준으로 적절하지 않은 것은?

① 가능하면 길이는 짧게 하고 굴곡부의 수는 적게 할 것
② 접속부의 바깥쪽은 돌출된 부분이 없도록 할 것
③ 청소구를 설치하는 등 청소하기 쉬운 구조로 할 것
④ 덕트 내부에 오염물질이 쌓이지 않도록 이송속도를 유지할 것

정답 01. ⑤   02. ②

⑤ 연결 부위 등은 외부 공기가 들어오지 않도록 할 것

해설 ② [×] 접속부의 안쪽은 돌출된 부분이 없도록 할 것이 해당 요건이다.

○ 국소배기장치의 덕트 설치기준 (산기규 제73조)

1. 가능하면 길이는 짧게 하고 굴곡부의 수는 적게 할 것
2. 접속부의 안쪽은 돌출된 부분이 없도록 할 것
3. 청소구를 설치하는 등 청소하기 쉬운 구조로 할 것
4. 덕트 내부에 오염물질이 쌓이지 않도록 이송속도를 유지할 것
5. 연결 부위 등은 외부 공기가 들어오지 않도록 할 것

환기기준 등

01 다음은 근로자가 가스 등에 노출되는 작업을 수행하는 실내작업장에 대하여 공기의 부피와 환기의 기준이다. 보기의 빈칸에 알맞은 내용을 제시한 것은?

1. 바닥으로부터 (㉠)미터 이상 높이의 공간을 제외한 나머지 공간의 공기의 부피는 근로자 1명당 (㉡)세제곱미터 이상이 되도록 할 것
2. 직접 외부를 향하여 개방할 수 있는 창을 설치하고 그 면적은 바닥면적의 (㉢) 이상으로 할 것 (근로자의 보건을 위하여 충분한 환기를 할 수 있는 설비를 설치한 경우는 제외한다)
3. 기온이 섭씨 10도 이하인 상태에서 환기를 하는 경우에는 근로자가 매초 (㉣)미터 이상의 기류에 닿지 않도록 할 것

① ㉠ 3, ㉡ 8, ㉢ 15분의 1, ㉣ 0.8
② ㉠ 3.5, ㉡ 9, ㉢ 18분의 1, ㉣ 0.9
③ ㉠ 4, ㉡ 10, ㉢ 20분의 1, ㉣ 1
④ ㉠ 4.5, ㉡ 12, ㉢ 23분의 1, ㉣ 1.2
⑤ ㉠ 5, ㉡ 15, ㉢ 25분의 1, ㉣ 1.5

해설 ③ [○] 가스 등에 노출되는 작업을 수행하는 실내작업장의 공기의 부피와 환기 기준으로서 안전보건규칙 제84조에 규정된 내용이다.

정답 01. ③

○ 공기의 부피와 환기 기준 (산기규 제84조)

1. 바닥으로부터 4m 이상 높이의 공간을 제외한 나머지 공간의 공기의 부피는 근로자 1명당 10m³ 이상이 되도록 할 것

2. 직접 외부를 향하여 개방할 수 있는 창을 설치하고 그 면적은 바닥면적의 20분의 1 이상으로 할 것 (근로자의 보건을 위하여 충분한 환기를 할 수 있는 설비를 설치한 경우는 제외한다)

3. 기온이 섭씨 10도 이하인 상태에서 환기를 하는 경우에는 근로자가 1m/s 이상의 기류에 닿지 않도록 할 것

제 5 장

안전보건기준규칙 Ⅱ

5.1 기계·기구·설비 위험예방 / 182

5.2 폭발·화재·위험물누출 위험방지 / 211

5.3 전기로 인한 위험방지 / 236

5.4 건설작업 등 위험예방 / 250

5.5 중량물·하역작업 등 위험방지 / 261

5.6 벌목·궤도 작업 위험방지 / 264

5.1 기계·기구·설비 위험예방

> 기계 등의 일반기준

01 기계의 원동기·회전축·기어·풀리·플라이 휠·벨트 및 체인 등 근로자가 위험에 처할 우려가 있는 부위의 방호장치로 적절하지 않은 것은?

① 벨트의 이음 부분에 돌출된 고정구 사용 금지
② 건널다리에는 안전난간 및 미끄러지지 아니하는 구조의 발판 설치
③ 연삭기 또는 평삭기의 테이블, 형삭기 램 등의 행정끝이 근로자에게 위험을 미칠 우려가 있는 경우에 해당 부위에 슬리브를 설치
④ 선반 등으로부터 돌출하여 회전하고 있는 가공물이 근로자에게 위험을 미칠 우려가 있는 경우에 덮개 또는 울 등을 설치
⑤ 종이·천·비닐 및 와이어 로프 등의 감김통 등에 의하여 근로자가 위험해질 우려가 있는 부위에 덮개 또는 울 등을 설치

해설 ③ [×] 사업주는 연삭기 또는 평삭기의 테이블, 형삭기 램 등의 행정끝이 근로자에게 위험을 미칠 우려가 있는 경우에 해당 부위에 덮개 또는 울 등을 설치하여야 한다.

○ 원동기·회전축 등의 위험 방지 (산기규 제87조)

① 사업주는 기계의 원동기·회전축·기어·풀리·플라이휠·벨트 및 체인 등 근로자가 위험에 처할 우려가 있는 부위에 덮개·울·슬리브 및 건널다리 등을 설치하여야 한다.

② 사업주는 회전축·기어·풀리 및 플라이휠 등에 부속되는 키·핀 등의 기계요소는 묻힘형으로 하거나 해당 부위에 덮개를 설치하여야 한다.

③ 사업주는 벨트의 이음 부분에 돌출된 고정구를 사용해서는 아니 된다.

④ 사업주는 제1항의 건널다리에는 안전난간 및 미끄러지지 아니하는 구조의 발판을 설치하여야 한다.

⑤ 사업주는 연삭기 또는 평삭기의 테이블, 형삭기 램 등의 행정끝이 근로자에게 위험을 미칠 우려가 있는 경우에 해당 부위에 덮개 또는 울 등을 설치하여야 한다.

정답 01. ③

⑥ 사업주는 선반 등으로부터 돌출하여 회전하고 있는 가공물이 근로자에게 위험을 미칠 우려가 있는 경우에 덮개 또는 울 등을 설치하여야 한다.

⑦ 사업주는 원심기(원심력을 이용하여 물질을 분리하거나 추출하는 일련의 작업을 하는 기기를 말한다.)에는 덮개를 설치하여야 한다.

⑧ 사업주는 분쇄기·파쇄기·마쇄기·미분기·혼합기 및 혼화기 등을 가동하거나 원료가 흩날리거나 하여 근로자가 위험해질 우려가 있는 경우 해당 부위에 덮개를 설치하는 등 필요한 조치를 해야 하며, 분쇄기 등의 가동 중 덮개를 열어야 하는 경우에는 다음 각 호의 어느 하나 이상에 해당하는 조치를 해야 한다. <개정 2024. 6. 28>
  1. 근로자가 덮개를 열기 전에 분쇄기 등의 가동을 정지하도록 할 것
  2. 분쇄기 등과 덮개 간에 연동장치를 설치하여 덮개가 열리면 분쇄기 등이 자동으로 멈추도록 할 것
  3. 분쇄기 등에 광전자식 방호장치 등 감응형(感應形) 방호장치를 설치하여 근로자의 신체가 위험한계에 들어가게 되면 분쇄기 등이 자동으로 멈추도록 할 것

⑨ 사업주는 근로자가 분쇄기 등의 개구부로부터 가동 부분에 접촉함으로써 위해(危害)를 입을 우려가 있는 경우 덮개 또는 울 등을 설치해야 하며, 분쇄기 등의 가동 중 덮개 또는 울 등을 열어야 하는 경우에는 다음 각 호의 어느 하나 이상에 해당하는 조치를 해야 한다. <개정 2024. 6. 28>
  1. 근로자가 덮개 또는 울 등을 열기 전에 분쇄기 등의 가동을 정지하도록 할 것
  2. 분쇄기 등과 덮개 또는 울 등 간에 연동장치를 설치하여 덮개 또는 울 등이 열리면 분쇄기 등이 자동으로 멈추도록 할 것
  3. 분쇄기 등에 광전자식 방호장치 등 감응형 방호장치를 설치하여 근로자의 신체가 위험한계에 들어가게 되면 분쇄기 등이 자동으로 멈추도록 할 것

⑩ 사업주는 종이·천·비닐 및 와이어 로프 등의 감김통 등에 의하여 근로자가 위험해질 우려가 있는 부위에 덮개 또는 울 등을 설치하여야 한다.

⑪ 사업주는 압력용기 및 공기압축기 등에 부속하는 원동기·축이음·벨트·풀리의 회전 부위 등 근로자가 위험에 처할 우려가 있는 부위에 덮개 또는 울 등을 설치하여야 한다.

02 기계의 원동기·회전축·기어·풀리·플라이 휠·벨트 및 체인 등 근로자가 위험에 처할 우려가 있는 부위에 사업주가 설치해야 하는 방호장치로 적절하지 않은 것은?

① 원심기(원심력을 이용하여 물질을 분리하거나 추출하는 일련의 작업을 하는 기기를 말한다)에는 덮개를 설치
② 건널다리에는 안전난간 및 미끄러지지 아니하는 구조의 발판 설치
③ 압력용기 및 공기압축기 등에 부속하는 원동기·축이음·벨트·풀리의 회전 부위 등 근로자가 위험 부위에 덮개 또는 울 등을 설치
④ 선반 등으로부터 돌출하여 회전하고 있는 가공물이 근로자에게 위험을 미칠 우려가 있는 경우에 방진구 또는 칸막이를 설치
⑤ 분쇄기·파쇄기·마쇄기·미분기·혼합기 및 혼화기 등의 가동으로 근로자가 위험해질 우려가 있는 경우 해당 부위에 덮개를 설치

해설 ③ [×] 사업주는 선반 등으로부터 돌출하여 회전하고 있는 가공물이 근로자에게 위험을 미칠 우려가 있는 경우에 덮개 또는 울 등을 설치해야 한다 (산기규 제87조).

03 도급사업에서 안전보건협의체 협의사항에 해당되지 않는 것은?

① 산업재해 예방방법
② 산업재해가 발생한 경우의 대피방법
③ 작업의 시작시간 및 종료시간
④ 작업 및 작업장 간의 연락방법
⑤ 그 밖의 산업재해 예방과 관련된 사항

해설 ③ [×] 작업의 시작시간이 규정된 내용이다. 종료시간은 대상이 아니다.
○ 노사협의체 협의사항 등 (산시규 제93조)
　1. 산업재해 예방방법 및 산업재해가 발생한 경우의 대피방법
　2. 작업의 시작시간, 작업 및 작업장 간의 연락방법
　3. 그 밖의 산업재해 예방과 관련된 사항

정답　02. ③　03. ③

04 레버풀러(lever puller) 또는 체인블록(chain block)을 사용하는 경우 준수 사항에 대한 설명으로 올바르지 못한 것은?

① 레버풀러 작업 중 훅이 빠져 튕길 우려가 있을 경우에는 훅을 대상물에 직접 걸지 말고 피벗클램프나 러그를 연결하여 사용할 것
② 레버풀러의 레버에 파이프 등을 끼워서 사용하지 말 것
③ 훅의 입구 간격이 제조자가 제공하는 제품사양서 기준으로 7% 이상 벌어진 것은 폐기할 것
④ 체인블록은 체인의 꼬임과 헝클어지지 않도록 할 것
⑤ 체인과 훅은 변형, 파손, 부식, 마모, 균열된 것을 사용하지 않도록 조치할 것

해설 ③ [×] 훅의 입구 간격이 제조자가 제공하는 제품사양서 기준으로 10% 이상 벌어진 것은 폐기할 것이 규정된 내용이다.

○ 작업도구 등의 목적 외 사용 금지 등 (산기규 제96조)

① 사업주는 기계·기구·설비 및 수공구 등을 제조 당시의 목적 외의 용도로 사용하도록 해서는 아니 된다.
② 사업주는 레버풀러 또는 체인블록을 사용하는 경우 다음 각 호의 사항을 준수하여야 한다.
1. 정격하중을 초과하여 사용하지 말 것
2. 레버풀러 작업 중 훅이 빠져 튕길 우려가 있을 경우에는 훅을 대상물에 직접 걸지 말고 피벗클램프나 러그(lug)를 연결하여 사용할 것
3. 레버풀러의 레버에 파이프 등을 끼워서 사용하지 말 것
4. 체인블록의 상부 훅은 인양하중에 충분히 견디는 강도를 갖고, 정확히 지탱될 수 있는 곳에 걸어서 사용할 것
5. 훅의 입구 간격이 제조자가 제공하는 제품사양서 기준으로 10% 이상 벌어진 것은 폐기할 것
6. 체인블록은 체인의 꼬임과 헝클어지지 않도록 할 것
7. 체인과 훅은 변형, 파손, 부식, 마모거나 균열된 것을 사용하지 않도록 조치할 것
8. 늘어난 달기체인 등의 사용 금지 각 호의 사항을 준수할 것
   가. 달기 체인의 길이가 제조된 때의 길이의 5%를 초과한 것
   나. 링의 단면지름이 제조된 때의 지름의 10%를 초과하여 감소한 것
   다. 균열이 있거나 심하게 변형된 것

정답 04. ③

05 산업안전보건법령에 따라 레버풀러 또는 체인블록을 사용하는 경우 늘어난 달기체인 등의 사용 금지 기준으로 몇 퍼센트를 초과한 것은 사용금지해야 하는가?

① 3 ② 5 ③ 7 ④ 10 ⑤ 12

해설 ② [○] 달기 체인의 길이가 달기 체인이 제조된 때의 길이의 5%를 초과한 것은 사용을 금지한다(산기규 제96조).

06 미리 작업장소의 지형 및 지반상태 등에 적합한 제한속도를 정하지 않아도 되는 차량계 건설기계의 속도 기준은?

① 최대 제한 속도가 10km/h 이하
② 최대 제한 속도가 15km/h 이하
③ 최대 제한 속도가 20km/h 이하
④ 최대 제한 속도가 25km/h 이하
⑤ 최대 제한 속도가 30km/h 이하

해설 ① [○] 질문에 대한 제한속도로서 옳은 내용이다.

○ 제한속도의 지정 등 (산기규 제98조) : 사업주는 차량계 하역운반기계, 차량계 건설기계(최대제한속도가 시속 10km 이하인 것은 제외한다)를 사용하여 작업을 하는 경우 미리 작업장소의 지형 및 지반 상태 등에 적합한 제한속도를 정하고, 운전자로 하여금 준수하도록 하여야 한다.

목재가공용 기계 위험예방

01 다음 중 컨베이어의 안전장치로 옳지 않은 것은?

① 비상정지장치 ② 반발예방장치 ③ 역회전방지장치
④ 이탈방지장치 ⑤ 덮개, 울의 설치

해설 ② [×] 반발예방장치는 목재가공용 둥근톱의 방호장치이다(산기규 제105조, 제106조).

○ 컨베이어의 방호장치
  1. 이탈 등의 방지장치 2. 비상정지장치 3. 덮개, 울의 설치
  4. 역회전방지장치 4. 건널다리

정답 05. ② 06. ① | 01. ②

고속회전체 위험예방

01 다음은 고속회전체의 회전시험을 하는 경우이다. 보기의 빈칸에 알맞은 내용을 제시한 것은?

---
1. 터빈로터·원심분리기의 버킷 등의 회전체로서 원주속도가 초당 (㉠)미터를 초과하는 고속회전체의 회전시험을 하는 경우 고속회전체의 파괴로 인한 위험을 방지하기 위하여 전용의 견고한 시설물의 내부 또는 견고한 장벽 등으로 격리된 장소에서 하여야 한다.
2. 회전축의 중량이 (㉡)톤을 초과하고 원주속도가 초당 (㉢)미터 이상인 고속회전체의 회전시험을 하는 경우 미리 회전축의 재질 및 형상 등에 상응하는 종류의 비파괴검사를 해서 결함유무를 확인하여야 한다
---

① ㉠ 20, ㉡ 0.7, ㉢ 105   ② ㉠ 23, ㉡ 0.8, ㉢ 110
③ ㉠ 24, ㉡ 0.9, ㉢ 115   ④ ㉠ 25, ㉡ 1, ㉢ 120
⑤ ㉠ 28, ㉡ 1.2, ㉢ 125

해설 ④ [○] 회전시험 중의 위험 방지로서 옳은 내용이다.

○ 회전시험 중의 위험 방지 (산기규 제114조) : 사업주는 고속회전체(터빈로터·원심분리기의 버킷 등의 회전체로서 원주속도가 초당 25m를 초과하는 것으로 한정한다)의 회전시험을 하는 경우 고속회전체의 파괴로 인한 위험을 방지하기 위하여 전용의 견고한 시설물의 내부 또는 견고한 장벽 등으로 격리된 장소에서 하여야 한다.

○ 비파괴검사의 실시 (산기규 제115조) : 사업주는 고속회전체(회전축의 중량이 1톤을 초과하고 원주속도가 초당 120m 이상인 것으로 한정한다)의 회전시험을 하는 경우 미리 회전축의 재질 및 형상 등에 상응하는 종류의 비파괴검사를 해서 결함 유무를 확인하여야 한다.

정답 01. ④

보일러 등 위험예방

01 다음은 보일러에 설치하는 압력방출 장치에 대한 안전기준이다. ( )안에 적당한 수치나 내용을 바르게 제시한 것은?

> 1. 사업주는 보일러의 안전한 가동을 위하여 보일러 규격에 맞는 압력방출장치를 1개 또는 2개 이상 설치하고 최고사용압력 이하에서 작동되도록 하여야 한다. 다만 압력방출장치가 2개 이상 설치된 경우에는 최고사용압력 이하에서 1개가 작동되고, 다른 압력방출장치는 최고사용 압력 (㉠)배 이하에서 작동되도록 부착하여야 한다.
> 2. 압력방출장치는 매년 (㉡)회 이상 설정압력에서 압력방출장치가 적정하게 작동하는지를 검사한 후 납으로 봉인하여 사용하여야 한다. 다만, 고용노동부장관이 실시하는 공정안전보고서 이행상태 평가 결과가 우수한 사업장은 압력방출장치에 대하여 (㉢)년마다 1회 이상 토출압력을 시험할 수 있다.

① ㉠ 1.03, ㉡ 1, ㉢ 2   ② ㉠ 1.05, ㉡ 1, ㉢ 4   ③ ㉠ 1.08, ㉡ 1, ㉢ 4
④ ㉠ 1.12, ㉡ 1, ㉢ 4   ⑤ ㉠ 1.15, ㉡ 1, ㉢ 5

해설 ② [○] 보일러의 압력방출장치 부착 및 검사로서 옳은 내용이다.

○ 보일러의 압력방출장치 부착 및 검사 (산기규 제116조)

① 사업주는 보일러의 안전한 가동을 위하여 보일러 규격에 맞는 압력방출장치를 1개 또는 2개 이상 설치하고 최고사용압력(설계압력 또는 최고허용압력을 말한다. 이하 같다) 이하에서 작동되도록 하여야 한다. 다만, 압력방출장치가 2개 이상 설치된 경우에는 최고사용압력 이하에서 1개가 작동되고, 다른 압력방출장치는 최고사용압력 1.05배 이하에서 작동되도록 부착하여야 한다.

② 제1항의 압력방출장치는 매년 1회 이상 「국가표준기본법」에 따라 산업통상자원부장관의 지정을 받은 국가교정업무 전담기관(이하 "국가교정기관"이라 한다)에서 교정을 받은 압력계를 이용하여 설정압력에서 압력방출장치가 적정하게 작동하는지를 검사한 후 납으로 봉인하여 사용하여야 한다. 다만, 공정안전보고서 제출 대상으로서 고용노동부장관이 실시하는 공정안전보고서 이행상태 평가결과가 우수한 사업장은 압력방출장치에 대

정답 01. ②

하여 4년마다 1회 이상 설정압력에서 압력방출장치가 적정하게 작동하는지를 검사할 수 있다.

02 사업주는 보일러의 폭발 사고를 예방하기 위하여 기능이 정상적으로 작동될 수 있도록 유지·관리하기 위하여 설치하여야 하는 방호장치로 적절하지 않은 것은?

① 압력제한스위치 ② 화염검출기 ③ 화염방지기
④ 압력방출장치 ⑤ 고저수위 조절장치

해설 ③ [×] 화염방지기(flame arrester)는 철사를 꼬거나 여러 번 겹쳐서 만든 두꺼운 금속망으로 되어 있으며, 인화성 가스 및 증기를 대기로 방출하는 설비의 화염전파 방지를 위한 장치이다.

○ 보일러의 폭발위험의 방지 (산기규 제119조) : 사업주는 보일러의 폭발 사고를 예방하기 위하여 압력방출장치, 압력제한스위치, 고저수위 조절장치, 화염검출기 등의 기능이 정상적으로 작동될 수 있도록 유지·관리하여야 한다.

연삭기 등 위험예방

01 회전 중인 연삭숫돌이 근로자에게 위험을 미칠 우려가 있을 시 덮개를 설치하여야 할 연삭숫돌의 최소 지름은?

① 지름이 5cm 이상인 것 ② 지름이 10cm 이상인 것
③ 지름이 15cm 이상인 것 ④ 지름이 20cm 이상인 것
⑤ 지름이 25cm 이상인 것

해설 ① [○] 연삭숫돌의 덮개 등 (산기규 제122조)

1. 사업주는 회전 중인 연삭숫돌(지름이 5cm 이상인 것으로 한정)이 근로자에게 위험을 미칠 우려가 있는 경우에 그 부위에 덮개를 설치하여야 한다.
2. 사업주는 연삭숫돌을 사용하는 작업의 경우 작업을 시작하기 전에는 1분 이상, 연삭숫돌을 교체한 후에는 3분 이상 시험운전을 하고 해당 기계에 이상이 있는지를 확인하여야 한다.

정답 02. ③ | 01. ①

02 다음은 연삭숫돌에 관한 내용이다. ( )에 알맞은 내용을 제시한 것은?

> 사업주는 연삭숫돌을 사용하는 작업의 경우 작업을 시작하기 전에는 (㉠) 이상, 연삭숫돌을 교체한 후에는 (㉡) 이상 시험운전을 하고 해당 기계에 이상이 있는지를 확인하여야 한다.

① ㉠ 1분, ㉡ 2분   ② ㉠ 1분, ㉡ 3분   ③ ㉠ 1분, ㉡ 4분
④ ㉠ 1분, ㉡ 5분   ⑤ ㉠ 2분, ㉡ 3분

해설 ② [○] 연삭숫돌의 덮개 등 관련으로 옳은 내용이다(산기규 제122조).

03 산업안전보건법령상 연삭기 작업 시 작업자가 안심하고 작업을 할 수 있는 상태는?

① 탁상용 연삭기에서 숫돌과 작업 받침대의 간격이 5mm이다.
② 덮개 재료의 인장강도는 224MPa이다.
③ 숫돌 교체 후 2분 정도 시험운전하여 해당 기계의 이상 여부를 확인하였다.
④ 작업 시작 전 1분 정도 시험운전하여 해당 기계의 이상 여부를 확인하였다.
⑤ 절단용 숫돌의 덮개는 신장도가 10퍼센트인 것을 사용하였다.

해설 ④ [○] 사업주는 연삭숫돌을 사용하는 작업의 경우 작업을 시작하기 전에는 1분 이상, 연삭숫돌을 교체한 후에는 3분 이상 시험운전을 하고 해당 기계에 이상이 있는지를 확인하여야 한다(산기규 제122조).

○ 연삭기 일반구조 (방호장치 자율안전기준 고시 별표 4)

1. 덮개에 인체의 접촉으로 인한 손상위험이 없어야 한다.
2. 덮개에는 그 강도를 저하시키는 균열 및 기포 등이 없어야 한다.
3. 탁상용 연삭기의 덮개에는 워크레스트 및 조정편을 구비하여야 하며, 워크레스트는 연삭숫돌과의 간격을 3mm 이하로 조정할 수 있는 구조이어야 한다.
4. 각종 고정부분은 부착하기 쉽고 견고하게 고정될 수 있어야 한다.

○ 연삭기 재료 (방호장치 자율안전기준 고시 별표 4)

1. 덮개 재료는 인장강도 274.5메가파스칼(MPa) 이상이고 신장도가 14%

정답 02. ②   03. ④

이상이어야 하며, 인장강도의 값(단위 : MPa)에 신장도(단위 : %)의 20배를 더한 값이 754.5 이상이어야 한다. 다만, 절단용 숫돌의 덮개는 인장강도 176.4MPa 이상, 신장도 2% 이상의 알루미늄합금을 사용할 수 있다.

2. 덮개 재료는 국가공인시험기관의 시험성적서를 제출받아 확인하여야 한다. 다만, 재료성적서를 제조사가 입증하는 경우에는 증명서류로 대체할 수 있다.

양중기 위험예방 총칙

01 산업안전보건법령에 따른 승강기의 종류에 해당하지 않는 것은?

① 리프트   ② 승용 승강기   ③ 에스컬레이터   ④ 화물용 승강기
⑤ 승객화물용 엘리베이터

해설 ① [×] 리프트는 양중기 종류 중의 하나이다.

○ 양중기의 종류 (산기규 제132조)

1. 크레인 (호이스트를 포함한다)   2. 이동식 크레인
3. 리프트 (이삿짐운반용 리프트는 적재하중이 0.1톤 이상인 것으로 한정)
4. 곤돌라   5. 승강기

○ 양중기의 종류 (산기규 제132조)

1. 크레인 : 동력을 사용하여 중량물을 매달아 상하 및 좌우(수평 또는 선회를 말한다)로 운반하는 것을 목적으로 하는 기계 또는 기계장치를 말하며, 호이스트란 혹이나 그 밖의 달기구 등을 사용하여 화물을 권상 및 횡행 또는 권상동작만을 하여 양중하는 것을 말한다.

2. 이동식 크레인 : 원동기를 내장하고 있는 것으로서 불특정 장소에 스스로 이동할 수 있는 크레인으로 동력을 사용하여 중량물을 매달아 상하 및 좌우(수평 또는 선회를 말한다)로 운반하는 설비로서 「건설기계관리법」을 적용 받는 기중기 또는 「자동차관리법」에 따른 화물·특수자동차의 작업부에 탑재하여 화물운반 등에 사용하는 기계 또는 기계장치를 말한다.

3. 리프트 : 동력을 사용하여 사람이나 화물을 운반하는 것을 목적으로 하는 기계설비로서 다음 각 목의 것을 말한다.
   가. 건설용 리프트   나. 산업용 리프트   다. 자동차정비용 리프트

정답   01. ①

라. 이삿짐운반용 리프트

4. 곤돌라 : 달기발판 또는 운반구, 승강장치, 그 밖의 장치 및 이들에 부속된 기계부품에 의하여 구성되고, 와이어로프 또는 달기강선에 의하여 달기발판 또는 운반구가 전용 승강장치에 의하여 오르내리는 설비를 말한다.
5. 승강기 : 건축물이나 고정된 시설물에 설치되어 일정한 경로에 따라 사람이나 화물을 승강장으로 옮기는 데에 사용되는 설비로서 다음 각 목의 것을 말한다.
   가. 승객용 엘리베이터 : 사람 운송에 적합하게 제조·설치된 엘리베이터
   나. 승객화물용 엘리베이터 : 사람의 운송과 화물 운반을 겸용하는데 적합하게 제조·설치된 엘리베이터
   다. 화물용 엘리베이터 : 화물 운반에 적합하게 제조·설치된 엘리베이터로서 조작자 또는 화물취급자 1명은 탑승할 수 있는 것 (적재용량이 300kg 미만인 것은 제외한다)
   라. 소형화물용 엘리베이터 : 음식물이나 서적 등 소형 화물의 운반에 적합하게 제조·설치된 엘리베이터로서 사람의 탑승이 금지된 것
   마. 에스컬레이터 : 일정한 경사로 또는 수평로를 따라 위·아래 또는 옆으로 움직이는 디딤판을 통해 사람이나 화물을 승강장으로 운송시키는 설비

02 산업안전보건법에서 정하고 있는 양중기의 종류로 적절하지 않은 것은?

① 크레인 (호이스트 제외)　② 이동식 크레인　③ 승강기
④ 곤돌라　⑤ 0.1톤 이상인 이삿짐운반용 리프트

해설 ① [×] 양중기의 종류에 크레인은 호이스트를 포함한다(산기규 제132조).

03 산업안전보건법상 승강기의 종류로 적절하지 않은 것은?

① 승객용 엘리베이터　② 승객화물용 엘리베이터
③ 적재용량 250kg인 화물용 엘리베이터
④ 소형화물용 엘리베이터　⑤ 에스컬레이터

해설 ③ [×] 적재용량 300kg 미만인 화물용 엘리베이터는 제외된다(산기규 제132조).

정답　02. ①　03. ③

04 산업안전보건법에서 양중기의 종류 5가지로 규정된 것이 아닌 것은?

① 크레인 (호이스트를 포함한다)　　② 이동식 크레인
③ 리프트 (이삿짐운반용 리프트를 포함한다)
④ 곤돌라　　　　　　　　　　　　⑤ 승강기

해설 ③ [×] 리프트 (이삿짐운반용 리프트의 경우에는 적재하중이 0.1톤 이상인 것으로 한정한다) (산기규 제132조).

05 산업안전보건법령상 크레인에서 권과방지장치의 달기구 윗면이 권상장치의 아랫면과 접촉할 우려가 있는 경우 최소 몇 m 이상 간격이 되도록 조정하여야 하는가? (단, 직동식 권과방지장치의 경우는 제외)

① 0.1　　② 0.15　　③ 0.25　　④ 0.3　　⑤ 0.35

해설 ③ [○] 양중기 방호장치의 조정 (산기규 제134조) : 양중기에 대한 권과방지장치는 훅·버킷 등 달기구의 윗면(그 달기구에 권상용 도르래가 설치된 경우에는 권상용 도르래의 윗면)이 드럼, 상부 도르래, 트롤리프레임 등 권상장치의 아랫면과 접촉할 우려가 있는 경우에 그 간격이 0.25m 이상(직동식 권과방지장치는 0.05m 이상으로 한다)이 되도록 조정하여야 한다.

06 산업안전보건법령상 정상적으로 작동될 수 있도록 미리 조정해 두어야 할 이동식 크레인의 방호장치로 가장 적절하지 않은 것은?

① 제동장치　　　　　　② 권과방지장치　　　③ 과부하방지장치
④ 파이널 리미트 스위치　　⑤ 비상정지장치

해설 ④ [×] 파이널 리미트 스위치는 승강기에만 해당된다(산기규 제134조).

07 양중기에서 곤돌라 방호장치로 적절하지 않은 것은?

① 과부하방지장치　② 권과방지장치　③ 비상정지장치　④ 제동장치
⑤ 이탈방지장치

해설 ⑤ [×] 곤돌라 방호장치로 이탈방지장치는 해당이 아니다. 컨베이어 방호장치에 해당한다.

정답　04. ③　05. ③　06. ④　07. ⑤

○ 방호장치의 조정 (산기규 제134조)

① 사업주는 다음 각 호의 양중기에 과부하방지장치, 권과방지장치, 비상정지장치 및 제동장치, 그 밖의 방호장치(승강기의 파이널 리미트 스위치, 속도조절기, 출입문 인터 록 등을 말한다)가 정상적으로 작동될 수 있도록 미리 조정해 두어야 한다.
1. 크레인 2. 이동식 크레인 3. 리프트 4. 곤돌라 5. 승강기

② 제1항 제1호 및 제2호의 양중기에 대한 권과방지장치는 혹·버킷 등 달기구의 윗면(그 달기구에 권상용 도르래가 설치된 경우에는 권상용 도르래의 윗면)이 드럼, 상부 도르래, 트롤리프레임 등 권상장치의 아랫면과 접촉할 우려가 있는 경우에 그 간격이 0.25미터 이상(직동식 권과방지장치는 0.05미터 이상으로 한다)이 되도록 조정하여야 한다.

08 건설작업용 양중기 중에서 방호장치로서 파이널 리미트 스위치, 속도조절기, 출입문 인터 록이 필요한 양중기는?

① 크레인 ② 이동식 크레인 ③ 리프트 ④ 곤돌라 ⑤ 승강기

해설 ⑤ [○] 파이널 리미트 스위치 등은 승강기의 방호장치이다(산기규 제134조).

크레인 위험예방

01 크레인 등에 대한 위험방지를 위하여 취해야 할 방호장치로 적절하지 않은 것은?

① 과부하방지장치 ② 권과방지장치 ③ 비상정지장치 ④ 제동장치
⑤ 이탈방지장치

해설 ⑤ [×] 이탈방지장치는 컨베이어의 방호장치에 해당한다(산기규 제191조).

02 산업안전보건기준에 관한 규칙에서 정하고 있는 크레인에 대한 풍속의 기준으로 올바르게 제시된 것은?

정답 08. ⑤ | 01. ⑤ 02. ④

1. 타워크레인의 설치·수리·점검 또는 해체 작업을 중지 : 순간풍속이 (㉠)
2. 타워크레인의 운전작업을 중지 : 순간풍속이 (㉡)
3. 옥외에 설치되어 있는 주행 크레인에 대하여 이탈방지장치를 작동시키는 등 이탈방지를 위한 조치 : 순간풍속이 (㉢)

① ㉠ 7m/s, ㉡ 10m/s, ㉢ 30m/s   ② ㉠ 8m/s, ㉡ 12m/s, ㉢ 30m/s
③ ㉠ 9m/s, ㉡ 15m/s, ㉢ 35m/s   ④ ㉠ 10m/s, ㉡ 15m/s, ㉢ 30m/s
⑤ ㉠ 15m/s, ㉡ 20m/s, ㉢ 35m/s

해설 ④ [○] 크레인에 대한 위험방지를 위한 풍속의 기준으로 옳은 내용이다.

○ 악천후 및 강풍 시 작업 중지 (산기규 제37조) : 사업주는 순간풍속이 초당 10m를 초과하는 경우 타워크레인의 설치·수리·점검 또는 해체 작업을 중지하여야 하며, 순간풍속이 초당 15m를 초과하는 경우에는 타워크레인의 운전작업을 중지하여야 한다.

○ 폭풍에 의한 이탈 방지 (산기규 제140조) : 사업주는 순간풍속이 초당 30m를 초과하는 바람이 불어올 우려가 있는 경우 옥외에 설치되어 있는 주행 크레인에 대하여 이탈방지장치를 작동시키는 등 이탈방지 조치를 해야 한다.

03 다음 보기의 빈칸에 대해 적절한 내용을 제시한 것은?

1. 사업주는 순간풍속이 (㉠)m/s를 초과하는 바람이 불어올 우려가 있는 경우 옥외에 설치되어 있는 주행 크레인에 대하여 이탈방지장치를 작동시키는 등 이탈 방지를 위한 조치를 하여야 한다.
2. 양중기에 대한 권과방지장치는 훅·버킷 등 달기구의 윗면이 드럼, 상부 도르래, 트롤리 프레임 등 권상장치의 아랫면과 접촉할 우려가 있는 경우에 그 간격이 (㉡)m 이상이 되도록 조정하여야 한다.
3. 사업주는 갠트리 크레인 등과 같이 작업장 바닥에 고정된 레일을 따라 주행하는 크레인의 새들(saddle)돌출부와 주변 구조물 사이의 안전공간이 (㉢)cm 이상 되도록 바닥에 표시를 하는 등 안전공간을 확보하여야 한다.

① ㉠ 15, ㉡ 0.25, ㉢ 30   ② ㉠ 20, ㉡ 0.25, ㉢ 35
③ ㉠ 30, ㉡ 0.25, ㉢ 40   ④ ㉠ 35, ㉡ 0.35, ㉢ 40

정답 03. ③

⑤ ㉠ 35, ㉡ 0.35, ㉢ 45

해설 ③ [○] 폭풍에 의한 이탈 방지로서 옳은 내용이다.

○ 폭풍에 의한 이탈 방지 (산기규 제140조) : 사업주는 순간풍속이 초당 30m를 초과하는 바람이 불어올 우려가 있는 경우 옥외에 설치되어 있는 주행 크레인에 대하여 이탈방지장치를 작동시키는 등 이탈방지 조치를 해야 한다.

○ 방호장치의 조정 (산기규 제134조) : 양중기에 대한 권과방지장치는 훅·버킷 등 달기구의 윗면(그 달기구에 권상용 도르래가 설치된 경우에는 권상용 도르래의 윗면)이 드럼, 상부 도르래, 트롤리프레임 등 권상장치의 아랫면과 접촉할 우려가 있는 경우에 그 간격이 0.25m 이상(직동식 권과방지장치는 0.05m 이상으로 한다)이 되도록 조정하여야 한다.

○ 크레인의 수리 등의 작업 (산기규 제139조) : 사업주는 갠트리 크레인 등과 같이 작업장 바닥에 고정된 레일을 따라 주행하는 크레인의 새들(saddle) 돌출부와 주변 구조물 사이의 안전공간이 40cm 이상 되도록 바닥에 표시를 하는 등 안전공간을 확보하여야 한다.

04 폭풍에 대한 주행 크레인, 양중기, 승강기의 안전조치 기준이다. 다음 ( )에 알맞은 내용을 제시한 것은?

1. 폭풍에 의한 주행 크레인의 이탈방지 조치 : 풍속 (㉠)m/s 초과
2. 폭풍에 의한 건설작업용 리프트에 대하여 받침의 수를 증가시키는 등 그 붕괴 등을 방지하기 위한 조치 : 풍속 (㉡)m/s 초과
3. 폭풍에 의한 옥외용 승강기의 받침 수 증가 등 도괴방지 조치 : 풍속 (㉢) m/s 초과

① ㉠ 25, ㉡ 35, ㉢ 35   ② ㉠ 30, ㉡ 35, ㉢ 35   ③ ㉠ 30, ㉡ 30, ㉢ 35
④ ㉠ 30, ㉡ 35, ㉢ 30   ⑤ ㉠ 35, ㉡ 35, ㉢ 35

해설 ② [○] 폭풍에 대한 주행 크레인, 양중기, 승강기의 안전조치 기준으로서 옳은 내용이다.

○ 폭풍에 의한 이탈 방지 (산기규 제140조) : 사업주는 순간풍속이 초당 30m를 초과하는 바람이 불어올 우려가 있는 경우 옥외에 설치되어 있는 주행 크레인에 대하여 이탈방지장치를 작동시키는 등 이탈 방지를 위한 조치를 하여야 한다.

정답 04. ②

○ 붕괴 등의 방지 (산기규 제154조) : 사업주는 순간풍속이 초당 35m를 초과하는 바람이 불어올 우려가 있는 경우 건설용 리프트(지하에 설치되어 있는 것은 제외한다)에 대하여 받침의 수를 증가시키는 등 그 붕괴 등을 방지하기 위한 조치를 하여야 한다.

○ 폭풍에 의한 무너짐 방지 (산기규 제161조) : 사업주는 순간풍속이 초당 35m를 초과하는 바람이 불어 올 우려가 있는 경우 옥외에 설치되어 있는 승강기에 대하여 받침의 수를 증가시키는 등 승강기가 무너지는 것을 방지하기 위한 조치를 하여야 한다.

05 크레인의 설치·조립·수리·점검 또는 해체 작업을 하는 경우 조치사항으로 규정된 것이 아닌 것은?

① 작업순서를 정하고 그 순서에 따라 작업을 할 것
② 비, 눈, 그 밖에 기상상태의 불안정으로 날씨가 몹시 나쁜 경우에는 그 작업을 중지시킬 것
③ 들어 올리거나 내리는 기자재는 균형을 유지하면서 작업을 하도록 할 것
④ 크레인의 성능, 사용조건 등에 따라 충분한 응력을 갖는 구조로 기초를 설치하고 침하 등이 일어나지 않도록 할 것
⑤ 규격품인 조립용 볼트를 사용하고 비대칭되는 곳을 차례로 결합하고 분해할 것

[해설] ⑤ [×] 규격품인 조립용 볼트를 사용하고 대칭되는 곳을 차례로 결합하고 분해할 것이 옳은 내용이다.

○ 조립 등의 작업 시 조치사항 (산기규 제141조) : 사업주는 크레인의 설치·조립·수리·점검 또는 해체 작업을 하는 경우 다음 각 호의 조치를 하여야 한다.

1. 작업순서를 정하고 그 순서에 따라 작업을 할 것

2. 작업을 할 구역에 관계 근로자가 아닌 사람의 출입을 금지하고 그 취지를 보기 쉬운 곳에 표시할 것

3. 비, 눈, 그 밖에 기상상태의 불안정으로 날씨가 몹시 나쁜 경우에는 그 작업을 중지시킬 것

4. 작업장소는 안전한 작업이 이루어질 수 있도록 충분한 공간을 확보하고 장애물이 없도록 할 것

정답 05. ⑤

5. 들어 올리거나 내리는 기자재는 균형을 유지하면서 작업을 하도록 할 것
6. 크레인의 성능, 사용조건 등에 따라 충분한 응력(應力)을 갖는 구조로 기초를 설치하고 침하 등이 일어나지 않도록 할 것
7. 규격품인 조립용 볼트를 사용하고 대칭되는 곳을 차례로 결합하고 분해할 것

06 크레인의 설치·조립·수리·점검 또는 해체 작업을 하는 경우 조치하여야 할 사항으로 올바르지 못한 것은?

① 작업을 할 구역에 관계 근로자가 아닌 사람의 출입을 금지할 것
② 비, 눈, 그 밖에 기상상태의 불안정으로 날씨가 몹시 나쁜 경우에는 그 작업의 속도와 작업량을 감소시켜 작업할 것
③ 들어올리거나 내리는 기자재는 균형을 유지하면서 작업을 하도록 할 것
④ 작업순서를 정하고 그 순서에 따라 작업을 할 것
⑤ 규격품인 조립용 볼트를 사용하고 대칭되는 곳을 차례로 결합하고 분해할 것

해설 ② [×] 비, 눈, 그 밖에 기상상태의 불안정으로 날씨가 몹시 나쁜 경우에는 그 작업을 중지시킬 것이 조치사항이다(산기규 제141조).

07 다음은 타워크레인을 와이어로프로 지지하는 경우 준수사항이다. 빈칸에 알맞은 내용을 제시한 것은?

| 와이어로프 설치각도는 수평면에서 (㉠)도 이내로 하되, 지지점은 (㉡)개소 이상으로 하고, (㉢) 각도로 설치할 것 |

① ㉠ 30, ㉡ 3, ㉢ 같은   ② ㉠ 45, ㉡ 3, ㉢ 다른   ③ ㉠ 60, ㉡ 4, ㉢ 같은
④ ㉠ 65, ㉡ 4, ㉢ 다른   ⑤ ㉠ 70, ㉡ 4, ㉢ 같은

해설 ③ [○] 타워크레인을 와이어로프로 지지하는 경우로서 옳은 내용이다.
○ 타워크레인의 지지 (산기규 제142조) : 사업주는 타워크레인을 와이어로프로 지지하는 경우 다음 각 호의 사항을 준수해야 한다.
1. 설치시 안전의 사전확보를 위한 다음의 조치를 취할 것

가. 안전인증 서면심사에 관한 서류(건설기계 형식승인서류 포함)나 제조사의 설치작업설명서 등에 따라 설치할 것

나. 인증 또는 형식승인 서류가 없을 때는 관련 기술사나 지도사의 확인을 받아 설치하거나 기종별·모델별 공인된 표준방법으로 설치할 것

2. 와이어로프를 고정하기 위한 전용 지지프레임을 사용할 것

3. 와이어로프 설치각도는 수평면에서 60도 이내로 하되, 지지점은 4개소 이상으로 하고, 같은 각도로 설치할 것

4. 와이어로프와 그 고정부위는 충분한 강도와 장력을 갖도록 설치하고, 와이어로프를 클립·샤클(shackle, 연결고리) 등의 고정기구를 사용하여 견고하게 고정시켜 풀리지 않도록 하며, 사용 중에는 충분한 강도와 장력을 유지하도록 할 것. 이 경우 클립·샤클 등의 고정기구는 한국산업표준 제품이거나 한국산업표준이 없는 제품의 경우에는 이에 준하는 규격을 갖춘 제품이어야 한다.

5. 와이어로프가 가공전선(架空電線)에 근접하지 않도록 할 것

08 산업안전보건법령상 폭풍 등으로 인한 이상 유무 점검에 관한 ( )에 알맞은 내용은?

> 사업주는 순간풍속이 초당 (   )미터를 초과하는 바람이 불거나 중진(中震) 이상 진도의 지진이 있은 후에 옥외에 설치되어 있는 양중기를 사용하여 작업을 하는 경우에는 미리 기계 각 부위에 이상이 있는지를 점검하여야 한다.

① 10 ② 15 ③ 20 ④ 30 ⑤ 35

해설 ④ [○] 폭풍 등으로 인한 이상 유무 점검 (제143조) : 사업주는 순간풍속이 초당 30미터를 초과하는 바람이 불거나 중진(中震) 이상 진도의 지진이 있은 후에 옥외에 설치되어 있는 양중기를 사용하여 작업을 하는 경우에는 미리 기계 각 부위에 이상이 있는지를 점검하여야 한다.

09 다음은 크레인과 건설물 및 통로와 벽체의 간격이다. 보기의 빈칸에 알맞은 내용을 제시한 것은?

사업주는 주행 크레인 또는 선회 크레인과 건설물 또는 설비와의 사이에 통로를 설치하는 경우 그 폭을 (㉠) 이상으로 하여야 한다. 다만, 그 통로 중 건설물의 기둥에 접촉하는 부분에 대해서는 (㉡) 이상으로 할 수 있다.

① ㉠ 0.5m, ㉡ 0.4m   ② ㉠ 0.6m, ㉡ 0.4m   ③ ㉠ 0.7m, ㉡ 0.5m
④ ㉠ 0.8m, ㉡ 0.5m   ⑤ ㉠ 0.9m, ㉡ 0.6m

해설   ② [○] 건설물 등과의 사이 통로 (산기규 제144조) : 사업주는 주행 크레인 또는 선회 크레인과 건설물 또는 설비와의 사이에 통로를 설치하는 경우 그 폭을 0.6m 이상으로 하여야 한다. 다만, 그 통로 중 건설물의 기둥에 접촉하는 부분에 대해서는 0.4m 이상으로 할 수 있다.

10 크레인의 운전실 또는 운전대를 통하는 통로의 끝과 건설물 등의 벽체의 간격은 최대 얼마 이하로 하여야 하는가?

① 0.2m   ② 0.3m   ③ 0.4m   ④ 0.5m   ⑤ 0.6m

해설   ② [○] 건설물 등의 벽체와 통로의 간격 등(산기규 제145조) : 사업주는 다음 각 호의 간격을 0.3m 이하로 하여야 한다.
1. 크레인의 운전실 또는 운전대를 통하는 통로의 끝과 건설물 등의 벽체의 간격
2. 크레인 거더(girder)의 통로 끝과 크레인 거더의 간격
3. 크레인 거더의 통로로 통하는 통로의 끝과 건설물 등의 벽체의 간격

11 크레인을 사용하여 작업을 하는 경우 그 작업에 종사하는 관계근로자가 준수하여야 하는 조치사항으로 적절하지 않은 것은?

① 인양할 하물(荷物)을 바닥에서 끌어당기거나 밀어내는 작업을 하지 아니할 것
② 유류드럼이나 가스통 등 운반 도중에 떨어져 폭발하거나 누출될 가능성이 있는 위험물 용기는 보관함(또는 보관고)에 담아 안전하게 매달아 운반할 것
③ 고정된 물체를 직접 분리·제거하는 작업을 하지 아니할 것
④ 미리 근로자의 출입을 통제하여 인양 중인 하물이 작업자의 머리 위로 통과하지 않도록 할 것

정답   10. ②   11. ⑤

⑤ 인양할 하물이 보이지 아니하는 경우에는 어떠한 동작도 하지 아니할 것(신호하는 사람에 의하여 작업을 하는 경우도 포함한다)

[해설] ⑤ [×] 인양할 하물이 보이지 아니하는 경우에는 어떠한 동작도 하지 아니할 것(신호하는 사람에 의하여 작업을 하는 경우는 제외한다)가 가 옳은 내용이다 (산기규 제146조).

리프트 위험예방

01 이삿짐 운반용 리프트 전도의 방지를 위하여 준수할 사항으로 적절하지 않은 것은?

① 아웃트리거가 정해진 작동위치에 있지 않는 경우에는 사다리 붐 조립체를 펼친 상태에서 화물 운반작업을 하지 않을 것
② 아웃트리거가 최대전개위치에 있지 않는 경우에는 사다리 붐 조립체를 펼친 상태에서 화물 운반작업을 하지 않을 것
③ 아웃트리거 발이 닿지 않는 경우를 제외하고는 사다리 붐 조립체를 펼친 상태에서 화물 운반작업을 하지 않을 것
④ 사다리 붐 조립체를 펼친 상태로 이삿짐 운반용 리프트를 이동시키지 않을 것
⑤ 지반의 부동침하 방지 조치를 할 것

[해설] ③ [×] 아웃트리거가 정해진 작동위치 또는 최대전개위치에 있지 않는 경우(아웃트리거 발이 닿지 않는 경우를 포함한다)에는 사다리 붐 조립체를 펼친 상태에서 화물 운반작업을 하지 않을 것이 옳은 규정 내용이다.

○ 이삿짐 운반용 리프트 전도의 방지 (산기규 제158조)

1. 아웃트리거가 정해진 작동위치 또는 최대전개위치에 있지 않는 경우(아웃트리거 발이 닿지 않는 경우를 포함한다)에는 사다리 붐 조립체를 펼친 상태에서 화물 운반작업을 하지 않을 것
2. 사다리 붐 조립체를 펼친 상태에서 이삿짐 운반용 리프트를 이동시키지 않을 것
3. 지반의 부동침하 방지 조치를 할 것

[정답] 01. ③

양중기 와이어로프 위험예방

01 다음 빈 칸에 알맞은 안전계수로 제시된 것은?

1. 근로자가 탑승하는 운반구를 지지하는 달기와이어로프 또는 달기체인의 경우 : (㉠) 이상
2. 화물 하중을 직접 지지하는 달기와이어로프 또는 달기체인의 경우 : (㉡) 이상
3. 훅, 샤클, 클램프, 리프팅 빔의 경우 : (㉢)이상

① ㉠ 8, ㉡ 3, ㉢ 2   ② ㉠ 9, ㉡ 4, ㉢ 3   ③ ㉠ 10, ㉡ 5, ㉢ 3
④ ㉠ 12, ㉡ 6, ㉢ 4   ⑤ ㉠ 15, ㉡ 7, ㉢ 5

해설 ③ [○] 와이어로프 등 달기구의 안전계수 (산기규 제163조)

1. 근로자가 탑승하는 운반구를 지지하는 달기와이어로프 또는 달기체인의 경우 : 10 이상
2. 화물의 하중을 직접 지지하는 달기와이어로프 또는 달기체인 : 5 이상
3. 훅, 샤클, 클램프, 리프팅 빔의 경우 : 3 이상
4. 그 밖의 경우 : 4 이상

지게차 위험예방

01 산업안전보건법령상 화물의 낙하에 의해 운전자가 위험을 미칠 경우 지게차의 헤드가드(head guard)는 지게차의 최대하중의 몇 배가 되는 등분포정하중에 견디는 강도를 가져야 하는가? (단, 4톤을 넘는 값은 제외)

① 1배   ② 1.5배   ③ 2배   ④ 3배   ⑤ 4배

해설 ③ [○] 지게차의 헤드가드 요건으로 옳은 내용이다.

○ 지게차의 헤드가드 (산기규 제180조)
1. 강도는 지게차의 최대하중의 2배 값(4톤을 넘는 값에 대해서는 4톤으로 한다)의 등분포정하중에 견딜 수 있을 것

정답   01. ③ | 01. ③

2. 상부틀의 각 개구의 폭 또는 길이가 16cm 미만일 것
3. 운전자가 앉아서 조작하거나 서서 조작하는 지게차의 헤드가드는 한국산업표준에서 정하는 높이 기준 이상일 것

02 화물의 낙하에 의한 지게차 운전자에게 위험을 미칠 우려가 있는 작업장에서 사용하는 지게차의 헤드가드가 갖추어야 할 사항이다. 다음 내용에서 적절하지 않는 것은?

① 강도는 지게차의 최대하중의 2배 값의 등분포정하중에 견딜 수 있을 것
② 강도는 지게차의 최대하중이 4톤을 넘는 값에 대해서는 5톤의 등분포정하중에 견딜 수 있을 것
③ 상부틀의 각 개구의 폭 또는 길이가 16센티미터 미만일 것
④ 운전자가 앉아서 조작하는 지게차의 헤드가드는 한국산업표준에서 정하는 높이 기준 이상일 것
⑤ 운전자가 서서 조작하는 지게차의 헤드가드는 한국산업표준에서 정하는 높이 기준 이상일 것

해설 ② [×] 강도는 지게차의 최대하중이 4톤을 넘는 값에 대해서는 4톤의 등분포정하중에 견딜 수 있을 것이 규정 내용이다(산기규 제180조).

구내운반차 위험예방

01 구내운반차의 제동장치 준수사항에 대한 설명으로 잘못 제시된 것은?

① 운전석이 차 실내에 있는 것은 좌우에 한 개씩 방향지시기를 갖출 것
② 경음기를 갖출 것
③ 핸들의 중심에서 차체 바깥 측까지의 거리가 70센티미터 이상일 것
④ 주행을 제동하거나 정지상태를 유지하기 위하여 유효한 제동장치를 갖출 것
⑤ 전조등과 후미등을 갖출 것

해설 ③ [×] 핸들의 중심에서 차체 바깥 측까지의 거리가 65cm 이상일 것으로 규정되어 있었으나 최근 개정으로 삭제되었다.

○ 구내운반차의 제동장치 등 구조기준 (산기규 제184조) <개정 2024. 6. 28>
1. 주행을 제동하거나 정지상태의 유지를 위해 유효한 제동장치를 갖출 것
2. 경음기를 갖출 것
3. 운전석이 차 실내에 있는 것은 좌우에 한 개씩 방향지시기를 갖출 것
4. 전조등과 후미등을 갖출 것. 다만, 작업을 안전하게 하기 위하여 필요한 조명이 있는 장소에서 사용하는 구내운반차에 대해서는 그러하지 않다.
5. 구내운반차가 후진 중에 주변의 근로자 또는 차량계 하역운반기계 등과 충돌할 위험이 있는 경우에는 구내운반차에 후진경보기와 경광등을 설치할 것

고소작업대 위험예방

01 고소작업대를 설치하는 경우 설치사항으로 적절하지 않은 것은?

① 작업대를 와이어로프 또는 체인으로 올리거나 내릴 경우에는 와이어로프 또는 체인이 끊어져 작업대가 떨어지지 아니하는 구조여야 하며, 와이어로프 또는 체인의 안전율은 7 이상일 것
② 권과방지장치를 갖추거나 압력의 이상상승을 방지할 수 있는 구조일 것
③ 붐의 최대 지면경사각을 초과 운전하여 전도되지 않도록 할 것
④ 작업대에 정격하중을 표시할 것
⑤ 조작반의 스위치는 눈으로 확인할 수 있도록 명칭 및 방향표시를 유지할 것

해설 ① [×] 작업대를 와이어로프 또는 체인으로 올리거나 내릴 경우에는 와이어로프 또는 체인이 끊어져 작업대가 떨어지지 아니하는 구조여야 하며, 와이어로프 또는 체인의 안전율은 5 이상일 것이 옳은 내용이다.

○ 고소작업대 설치 등의 조치 사항 (산기규 제186조)
1. 작업대를 와이어로프 또는 체인으로 올리거나 내릴 경우에는 와이어로프 또는 체인이 끊어져 작업대가 떨어지지 아니하는 구조여야 하며, 와이어로프 또는 체인의 안전율은 5 이상일 것
2. 작업대를 유압에 의해 올리거나 내릴 경우 작업대를 일정한 위치에 유지할 수 있는 장치를 갖추고 압력의 이상저하를 방지할 수 있는 구조일 것

정답 01. ①

3. 권과방지장치를 갖추거나 압력의 이상상승을 방지할 수 있는 구조일 것
4. 붐의 최대 지면경사각을 초과 운전하여 전도되지 않도록 할 것
5. 작업대에 정격하중(안전율 5 이상)을 표시할 것
6. 작업대에 끼임·충돌 등 재해를 예방하기 위한 가드 또는 과상승방지장치를 설치할 것
7. 조작반 스위치는 눈으로 확인할 수 있도록 명칭 및 방향표시를 유지할 것

화물자동차 위험예방

01 산업안전보건법령에 따라 다음 괄호 안에 들어갈 내용으로 옳은 것은?

> 사업주는 바닥으로부터 짐 윗면까지의 높이가 (   )미터 이상인 화물자동차에 짐을 싣는 작업 또는 내리는 작업을 하는 경우에는 근로자의 추가 위험을 방지하기 위하여 해당 작업에 종사하는 근로자가 바닥과 적재함의 짐 윗면 간을 안전하게 오르내리기 위한 설비를 설치하여야 한다.

① 1.5 ② 2 ③ 2.5 ④ 3 ⑤ 3.5

해설 ② [○] 승강설비 (산기규 제187조) : 사업주는 바닥으로부터 짐 윗면까지의 높이가 2미터 이상인 화물자동차에 짐을 싣는 작업 또는 내리는 작업을 하는 경우에는 근로자의 추가 위험을 방지하기 위하여 해당 작업에 종사하는 근로자가 바닥과 적재함의 짐 윗면 간을 안전하게 오르내리기 위한 설비를 설치하여야 한다.

컨베이어 위험예방

01 산업안전보건법령상 컨베이어, 이송용 롤러 등을 사용하는 경우 정전·전압강하 등에 의한 위험을 방지하기 위하여 설치하는 안전장치는?

① 권과방지장치   ② 동력전달장치   ③ 과부하방지장치
④ 화물의 이탈 및 역주행 방지장치   ⑤ 비상정지장치

정답 01. ② | 01. ④

해설 ④ [○] 이탈 등의 방지 (산기규 제191조) : 사업주는 컨베이어, 이송용 롤러 등을 사용하는 경우에는 정전·전압강하 등에 따른 화물 또는 운반구의 이탈 및 역주행을 방지하는 장치를 갖추어야 한다.

02 컨베이어에 사용하는 방호장치로 직접적이지 않은 것은?

① 이탈방지장치   ② 역전방지방치   ③ 비상정지장치
④ 덮개 또는 울   ⑤ 동력차단장치

해설 ⑤ [×] 동력차단장치는 컨베이어에 직접적인 컨베이어의 방호장치는 아니나, 동력으로 작동되는 기계에는 해당이 되므로 스위치·벨트이동장치 등 동력차단장치를 설치하는 것이 부분적 검토는 필요하다고 볼 수 있다(산기규 제88조).

○ 컨베이어 방호장치 (산기규 제11절)

1. 이탈방지장치 2, 역전방지방치 3. 비상정지장치 4. 덮개 또는 울 5. 건널다리

차량계 건설기계 위험예방

01 암석이 떨어질 우려가 있는 등 위험한 장소에서 헤드가드를 갖추어야 하는 차량계 건설기계의 종류로 규정된 것이 아닌 것은?

① 불도저   ② 로더   ③ 스크레이퍼   ④ 모터그레이더   ⑤ 백호우

해설 ⑤ [×] 낙하물 보호구조 조치로서 백호우(팽이질 기계)는 해당 내용이 아니다.

○ 낙하물 보호구조 조치 (산기규 제198조) : 사업주는 암석이 떨어질 우려가 있는 등 위험한 장소에서 차량계 건설기계[불도저, 트랙터, 굴착기, 로더(loader : 흙 따위를 퍼올리는 데 쓰는 기계), 스크레이퍼(scraper : 흙을 절삭·운반하거나 펴 고르는 등의 작업을 하는 토공기계), 덤프트럭, 모터그레이더(motor grader : 땅 고르는 기계), 롤러(roller : 지반 다짐용 건설기계), 천공기, 항타기 및 항발기로 한정한다]를 사용하는 경우에는 해당 차량계 건설기계에 견고한 낙하물 보호구조를 갖춰야 한다.

정답 02. ⑤ | 01. ⑤

항타기 및 항발기 위험예방

01 항타기 뜨는 항발기를 조립하거나 해체하는 경우 준수 및 점검사항으로 규정된 것이 아닌 것은?

① 항타기 또는 항발기에 사용하는 권상기에 쐐기장치 또는 역회전방지용 브레이크를 부착할 것
② 리더 분리 작업 시 리더 하부에 안전지주 또는 안전블록 사용 유무 점검
③ 본체 연결부의 풀림 또는 손상의 유무 점검
④ 권상용 와이어로프·드럼 및 도르래의 부착상태의 이상 유무 점검
⑤ 리더(leader)의 버팀 방법 및 고정상태의 이상 유무 점검

해설 ② [×] 본 조항은 법 개정(2022. 10. 18)으로 삭제되었다.

○ 항타기·항발기의 조립·해체 시 점검사항 (산기규 제207조)

① 사업주는 항타기 또는 항발기를 조립하거나 해체하는 경우 다음 각 호의 사항을 준수해야 한다.
  1. 항타기 또는 항발기에 사용하는 권상기에 쐐기장치 또는 역회전방지용 브레이크를 부착할 것
  2. 항타기 또는 항발기의 권상기가 들리거나 미끄러지거나 흔들리지 않도록 설치할 것
  3. 그 밖에 조립·해체에 필요한 사항은 제조사에서 정한 설치·해체 작업 설명서에 따를 것

② 사업주는 항타기 또는 항발기를 조립하거나 해체하는 경우 다음 각 호의 사항을 점검해야 한다.
  1. 본체 연결부의 풀림 또는 손상의 유무
  2. 권상용 와이어로프·드럼 및 도르래의 부착상태의 이상 유무
  3. 권상장치의 브레이크 및 쐐기장치 기능의 이상 유무
  4. 권상기의 설치상태의 이상 유무
  5. 리더(leader)의 버팀 방법 및 고정상태의 이상 유무
  6. 본체·부속장치 및 부속품의 강도가 적합한지 여부
  7. 본체·부속장치 및 부속품에 심한 손상·마모·변형 또는 부식이 있는지 여부

정답 01. ②

02 권상용 와이어로프(항타기, 항발기)의 사용금지 조건으로 규정된 것이 아닌 것은?

① 이음매가 있거나 심하게 변형되거나 부식된 것
② 와이어로프의 한 꼬임에서 끊어진 소선의 수가 10퍼센트 이상인 것
③ 와이어로프의 한 꼬임에서 비자전로프의 경우에는 끊어진 소선의 수가 와이어로프 호칭지름의 6배 길이 이내에서 4개 이상인 것
④ 와이어로프의 한 꼬임에서 비자전로프의 경우에는 끊어진 소선의 수가 와이어로프 호칭지름 30배 길이 이내에서 6개 이상인 것
⑤ 지름의 감소가 공칭지름의 7퍼센트를 초과하는 것

해설 ④ [×] 와이어로프의 한 꼬임에서 비자전로프의 경우 끊어진 소선의 수가 와이어로프 호칭지름 30배 길이 이내에서 8개 이상인 것이 사용금지 조건이다.

○ 이음매가 있는 권상용 와이어로프의 사용 금지 : 사업주는 항타기 또는 항발기의 권상용 와이어로프로 다음 각 목에 해당하는 것을 사용해서는 안 된다 (산기규 제210조).

1. 이음매가 있는 것
2. 와이어로프의 한 꼬임[스트랜드(strand)를 말한다]에서 끊어진 소선(素線)[필러(pillar)선은 제외한다]의 수가 10퍼센트 이상(비자전로프의 경우에는 끊어진 소선의 수가 와이어로프 호칭지름의 6배 길이 이내에서 4개 이상이거나 호칭지름 30배 길이 이내에서 8개 이상)인 것
3. 지름의 감소가 공칭지름의 7%를 초과하는 것
4. 꼬인 것   5. 심하게 변형되거나 부식된 것
6. 열과 전기충격에 의해 손상된 것

03 다음은 산업안전보건법령에 따른 항타기 또는 항발기에 권상용 와이어로프를 사용하는 경우에 준수하여야 할 사항이다. ( )안에 알맞은 내용으로 옳은 것은?

> 권상용 와이어로프는 추 또는 해머가 최저의 위치에 있을 때 또는 널말뚝을 빼내기 시작할 때를 기준으로 권상장치의 드럼에 적어도 ( ) 감기고 남을 수 있는 충분한 길이일 것

정답 02. ④   03. ②

① 1회　② 2회　③ 4회　④ 6회　⑤ 8회

해설　② [○] 권상용 와이어로프의 길이 등 (산기규 제212조) : 사업주는 항타기 또는 항발기에 권상용 와이어로프를 사용하는 경우에 다음 각 호의 사항을 준수해야 한다.
1. 권상용 와이어로프는 추 또는 해머가 최저의 위치에 있을 때 또는 널말뚝을 빼내기 시작할 때를 기준으로 권상장치의 드럼에 적어도 2회 감기고 남을 수 있는 충분한 길이일 것
2. 권상용 와이어로프는 권상장치의 드럼에 클램프·클립 등을 사용하여 견고하게 고정할 것
3. 권상용 와이어로프에서 추·해머 등과의 연결은 클램프·클립 등을 사용하여 견고하게 할 것

04 항타기 또는 항발기의 권상장치 드럼축과 권상장치로부터 첫 번째 도르래의 축 간의 거리는 권상장치 드럼폭의 몇 배 이상으로 하여야 하는가?

① 5배　② 8배　③ 10배　④ 15배　⑤ 20배

해설　④ [○] 도르래의 부착 등 (산기규 제216조) : 사업주는 항타기 또는 항발기의 권상장치의 드럼축과 권상장치로부터 첫 번째 도르래의 축 간의 거리를 권상장치 드럼폭의 15배 이상으로 하여야 한다.

산업용 로봇 위험예방

01 산업용 로봇의 작동 범위 내에서 해당 로봇에 대하여 교시 등의 작업을 할 경우에는 해당 로봇의 예기치 못한 작동 또는 오조작에 의한 위험을 방지하기 위한 작업지침으로 적절하지 않은 것은?

① 작업 중의 매니퓰레이터의 속도
② 2명 이상의 근로자에게 작업을 시킬 경우의 역할분담
③ 이상을 발견한 경우의 조치
④ 로봇의 조작방법 및 순서
⑤ 이상을 발견하여 로봇의 운전을 정지시킨 후 이를 재가동시킬 경우의 조치

정답　04. ④　│　01. ②

해설 ② [×] 2명 이상의 근로자에게 작업을 시킬 경우의 신호방법이 해당 사항이다.

○ 산업용 로봇의 작업지침 (산기규 제222조)

1. 로봇의 조작방법 및 순서
2. 작업 중의 매니퓰레이터의 속도
3. 2명 이상의 근로자에게 작업을 시킬 경우의 신호방법
4. 이상을 발견한 경우의 조치
5. 이상을 발견하여 로봇의 운전을 정지시킨 후 이를 재가동시킬 경우 조치
6. 그 밖에 로봇의 예기치 못한 작동 또는 오조작에 의한 위험을 방지하기 위하여 필요한 조치

02 산업안전보건법령상 산업용 로봇으로 인하여 근로자에게 발생할 수 있는 부상 등의 위험이 있는 경우 위험을 방지하기 위하여 울타리를 설치할 때 높이는 최소 몇 m 이상으로 해야 하는가? (단, 산업표준화법 및 국제적으로 통용되는 안전기준은 제외한다)

① 1.8　　② 2.1　　③ 2.2　　④ 2.3　　⑤ 2.5

해설 ① [○] 산업용 로봇의 운전 중 위험 방지 (산기규 제223조) : 사업주는 로봇의 운전으로 인하여 근로자에게 발생할 수 있는 부상 등의 위험을 방지하기 위하여 높이 1.8m 이상의 울타리를 설치해야 하며, 컨베이어 시스템의 설치 등으로 울타리를 설치할 수 없는 일부 구간에 대해서는 안전매트 또는 광전자식 방호장치 등 감응형 방호장치를 설치해야 한다.

정답　02. ①

5.2 폭발·화재·위험물누출 위험방지

> 위험물 등의 취급

01 위험물질을 제조하거나 취급하는 경우에 폭발·화재 및 누출을 방지하기 위한 적절한 방호조치를 하지 아니하고 해서는 안 되는 행위에 해당되지 않는 것은?

① 폭발성 물질, 유기과산화물을 화기나 그 밖에 점화원이 될 우려가 있는 것에 접근시키거나 가열하거나 마찰시키거나 충격을 가하는 행위
② 물반응성 물질, 인화성 고체를 각각 그 특성에 따라 화기나 그 밖에 점화원이 될 우려가 있는 것에 접근시키거나 발화를 촉진하는 물질 또는 물에 접촉시키거나 가열하거나 마찰시키거나 충격을 가하는 행위
③ 산화성 액체·산화성 고체를 분해가 촉진될 우려가 있는 물질에 접촉시키거나 가열하거나 마찰시키거나 충격을 가하는 행위
④ 인화성 액체를 화기나 그 밖에 점화원이 될 우려가 있는 것에 접근시키거나 압축·가열 또는 주입하는 행위
⑤ 부식성 물질 또는 급성 독성물질을 누출시키는 등으로 인체에 접촉시키는 행위

[해설] ④ [×] 인화성 가스를 화기나 그 밖에 점화원이 될 우려가 있는 것에 접근시키거나 압축·가열 또는 주입하는 행위가 옳은 내용이다.

○ 위험물질 등의 제조 등 작업 시의 방호조치 (산기규 제225조) : 사업주는 위험물질을 제조하거나 취급하는 경우에 폭발·화재 및 누출을 방지하기 위한 적절한 방호조치를 하지 아니하고 다음 각 호의 행위를 해서는 아니 된다.

  1. 폭발성 물질, 유기과산화물을 화기나 그 밖에 점화원이 될 우려가 있는 것에 접근시키거나 가열하거나 마찰시키거나 충격을 가하는 행위
  2. 물반응성 물질, 인화성 고체를 각각 그 특성에 따라 화기나 그 밖에 점화원이 될 우려가 있는 것에 접근시키거나 발화를 촉진하는 물질 또는 물에 접촉시키거나 가열하거나 마찰시키거나 충격을 가하는 행위
  3. 산화성 액체·산화성 고체를 분해가 촉진될 우려가 있는 물질에 접촉시키거나 가열하거나 마찰시키거나 충격을 가하는 행위

정답 01. ④

4. 인화성 액체를 화기나 그 밖에 점화원이 될 우려가 있는 것에 접근시키거나 주입 또는 가열하거나 증발시키는 행위

5. 인화성 가스를 화기나 그 밖에 점화원이 될 우려가 있는 것에 접근시키거나 압축·가열 또는 주입하는 행위

6. 부식성 물질 또는 급성 독성물질을 누출시키는 등으로 인체에 접촉시키는 행위

7. 위험물을 제조하거나 취급하는 설비가 있는 장소에 인화성 가스 또는 산화성 액체 및 산화성 고체를 방치하는 행위

02 산업안전보건법령에서 정하는 위험물의 종류 중에서 물반응성 물질 및 인화성 고체에 해당하는 것을 다음 각 물질에서 골라 바르게 제시한 것은?

| ㉠ 황   ㉡ 염소산   ㉢ 하이드라진 유도체   ㉣ 아세톤   ㉤ 과망간산 |
| ㉥ 리튬   ㉦ 수소   ㉧ 니트로소화합물 |

① ㉠, ㉡   ② ㉠, ㉥   ③ ㉠, ㉣   ④ ㉤, ㉥   ⑤ ㉥, ㉧

해설 ② [○] 물반응성 물질 및 인화성 고체에 해당하는 것은 ㉠ 황, ㉥ 리튬이다.
○ 위험물질의 종류 (산기규 제16조, 제17조 및 제225조 관련 별표 1)

1. 폭발성 물질 및 유기과산화물
   가. 질산에스테르류 나. 니트로화합물 다. 니트로소화합물
   라. 아조화합물   마. 디아조화합물 바. 하이드라진 유도체
   사. 유기과산화물
   아. 그 밖에 가목부터 사목까지의 물질과 같은 정도의 폭발 위험이 있는 물질
   자. 가목부터 아목까지의 물질을 함유한 물질

2. 물반응성 물질 및 인화성 고체
   가. 리튬 나. 칼륨·나트륨 다. 황 라. 황린 마. 황화인·적린
   바. 셀룰로이드류 사. 알킬알루미늄·알킬리튬 아. 마그네슘 분말
   자. 금속 분말(마그네슘 분말은 제외한다)
   차. 알칼리금속(리튬·칼륨 및 나트륨은 제외한다)
   카. 유기 금속화합물(알킬알루미늄 및 알킬리튬은 제외한다)
   타. 금속의 수소화물 파. 금속의 인화물

정답 02. ②

하. 칼슘 탄화물, 알루미늄 탄화물
거. 그 밖에 가목부터 하목까지의 물질과 같은 정도의 발화성 또는 인화성이 있는 물질
너. 가목부터 거목까지의 물질을 함유한 물질

3. 산화성 액체 및 산화성 고체
   가. 차아염소산 및 그 염류   나. 아염소산 및 그 염류
   다. 염소산 및 그 염류   라. 과염소산 및 그 염류
   마. 브롬산 및 그 염류   바. 요오드산 및 그 염류
   사. 과산화수소 및 무기 과산화물   아. 질산 및 그 염류
   자. 과망간산 및 그 염류   차. 중크롬산 및 그 염류
   카. 그 밖에 가목부터 차목까지의 물질과 같은 정도의 산화성 있는 물질
   타. 가목부터 카목까지의 물질을 함유한 물질

4. 인화성 액체
   가. 에틸에테르, 가솔린, 아세트알데히드, 산화프로필렌, 그 밖에 인화점이 23°C 미만이고 초기끓는점이 35도°C 이하인 물질
   나. 노르말헥산, 아세톤, 메틸에틸케톤, 메틸알코올, 에틸알코올, 이황화탄소, 그 밖에 인화점이 23°C 미만이고 초기 끓는점이 35°C를 초과하는 물질
   다. 크실렌, 아세트산아밀, 등유, 경유, 테레핀유, 이소아밀알코올, 아세트산, 하이드라진, 그 밖에 인화점이 23°C 이상 60°C 이하인 물질

5. 인화성 가스
   가. 수소 나. 아세틸렌 다. 에틸렌 라. 메탄 마. 에탄 바. 프로판
   사. 부탄 아. 영 별표 13에 따른 인화성 가스

6. 부식성 물질
   가. 부식성 산류
      1) 농도가 20% 이상인 염산, 황산, 질산, 그 밖에 이와 같은 정도 이상의 부식성을 가지는 물질
      2) 농도가 60% 이상인 인산, 아세트산, 불산, 그 밖에 이와 같은 정도 이상의 부식성을 가지는 물질
   나. 부식성 염기류
      농도가 40% 이상인 수산화나트륨, 수산화칼륨, 그 밖에 이와 같은 정도 이상의 부식성을 가지는 염기류

7. 급성 독성 물질

    가. 쥐에 대한 경구투입실험에 의하여 실험동물의 50%를 사망시킬 수 있는 물질의 양, 즉 LD_{50}(경구, 쥐)이 kg당 300mg-(체중) 이하인 화학물질

    나. 쥐 또는 토끼에 대한 경피흡수실험에 의하여 실험동물의 50%를 사망시킬 수 있는 물질의 양, 즉 LD_{50}(경피, 토끼 또는 쥐)이 kg당 1000mg-(체중) 이하인 화학물질

    다. 쥐에 대한 4시간 동안 흡입실험에 의하여 실험동물의 50%를 사망시킬 수 있는 물질의 농도, 즉 가스 LC_{50}(쥐, 4시간 흡입)이 2500ppm 이하인 화학물질, 증기 LC_{50}(쥐, 4시간 흡입)이 10mg/l 이하인 화학물질, 분진 또는 미스트 1mg/l 이하인 화학물질

03 산업안전보건법상 위험물질의 종류를 물질의 성질에 따라 구분하고 있는데 폭발성 물질 및 유기과산화물을 바르게 제시한 것은?

> ㉠ 니트로화합물 ㉡ 리튬 ㉢ 황 ㉣ 질산 및 그 염류 ㉤ 산화프로필렌
> ㉥ 아세틸렌 ㉦ 하이드라진 유도체 ㉧ 수소

① ㉠, ㉣   ② ㉠, ㉤   ③ ㉠, ㉦   ④ ㉤, ㉦   ⑤ ㉥, ㉦

해설 ③ [○] 폭발성 물질 및 유기과산화물에 해당하는 것은 ㉠ 니트로화합물, ㉦ 하이드라진 유도체이다.

  ○ 폭발성 물질 및 유기과산화물 (산기규 제16조, 제17조 및 제225조 관련 별표 1)

    1. 질산에스테르류   2. 니트로화합물
    3. 니트로소화합물   4. 아조화합물
    5. 디아조화합물   6. 하이드라진 유도체
    7. 유기과산화물
    8. 그 밖에 제1호부터 제7호까지의 물질과 같은 정도 폭발위험이 있는 물질
    9. 제1호부터 제8호까지의 물질을 함유한 물질

04 다음 보기의 위험물질에서 해당되는 종류별 해당 물질의 연결이 잘못된 것은 어느 것인가?

> ㉠ 피크린산　㉡ 마그네슘분말　㉢ 과산화수소　㉣ 가솔린　㉤ 테라핀유
> ㉥ 질산칼륨　㉦ 황화인　㉧ 아조화합물　㉨ 에틸렌

① 폭발성 물질 및 유기과산화물 : ㉠, ㉧
② 물반응성 물질 및 인화성 고체 : ㉡, ㉦
③ 산화성 액체 및 산화성 고체 : ㉢, ㉥
④ 인화성 액체 : ㉣, ㉤　　　　⑤ 인화성가스 : ㉣, ㉨

[해설] ⑤ [×] ㉣ 가솔린은 인화성 액체이고, ㉨ 에틸렌은 인화성 가스이다.
　　　○ 위험물질의 종류 (산기규 제16조, 제17조 및 제225조 관련 별표 1)
　　　　1. 폭발성 물질 및 유기과산화물　2. 물반응성 물질 및 인화성 고체
　　　　3. 산화성 액체 및 산화성 고체　　4. 인화성 액체
　　　　5. 인화성 가스　6. 부식성 물질　7. 급성 독성 물질

05 다음 중 산업안전보건법령상 위험물질의 종류에 있어 인화성 가스에 해당하지 않는 것은?

① 수소　　② 부탄　　③ 에틸렌　　④ 과산화수소　　⑤ 에탄

[해설] ④ [×] 과산화수소 및 무기 과산화물은 산화성 액체 및 산화성 고체에 해당한다.
　　　○ 인화성 가스 (산기규 제16조, 제17조 및 제225조 관련 별표 1)
　　　　1. 수소　2. 아세틸렌　3. 에틸렌　4. 메탄　5. 에탄　6. 프로판　7. 부탄
　　　　8. 유해물질 규정량에 따른 인화성 가스 (규정량 : 제조·취급 5,000kg, 저장 200,000kg)

06 불연성이지만 다른 물질의 연소를 돕는 산화성 액체 물질에 해당하는 것은?

① 하이드라진　　② 과염소산　　③ 벤젠　　④ 암모니아
⑤ 질산에스테르류

[정답]　04. ⑤　　05. ④　　06. ②

해설 ② [○] 과염소산 및 그 염류는 산화성 액체 및 산화성 고체 분류에 속한다.

○ 산화성 액체 및 산화성 고체 (산기규 제16조, 제17조 및 제225조 관련 별표 1)

1. 차아염소산 및 그 염류
2. 아염소산 및 그 염류
3. 염소산 및 그 염류
4. 과염소산 및 그 염류
5. 브롬산 및 그 염류
6. 요오드산 및 그 염류
7. 과산화수소 및 무기 과산화물
8. 질산 및 그 염류
9. 과망간산 및 그 염류
10. 중크롬산 및 그 염류
11 그 밖에 1호부터 10호까지의 물질과 같은 정도의 산화성이 있는 물질
12. 1호부터 11호까지의 물질을 함유한 물질

07 다음은 산업안전보건법령에서 위험물의 종류에 관한 사항이다. 보기의 빈칸에 알맞은 내용으로 제시한 것은?

1. 인화성액체 : 노르말헥산, 아세톤, 메틸에틸케톤, 메틸알코올, 에틸알코올, 이황화탄소, 그 밖에 인화점이 섭씨 (㉠)°C 미만이고 초기 끓는점이 섭씨 35°C를 초과하는 물질
2. 부식성산류 : 농도가 (㉡)% 이상인 염산, 황산, 질산, 그 밖에 이와 같은 정도 이상의 부식성을 가지는 물질
3. 부식성염기류 : 농도가 (㉢)% 이상인 수산화나트륨, 수산화칼륨, 그 밖에 이와 같은 정도 이상의 부식성을 가지는 염기류

① ㉠ 20, ㉡ 20, ㉢ 40
② ㉠ 20, ㉡ 20, ㉢ 40
③ ㉠ 21, ㉡ 25, ㉢ 60
④ ㉠ 22, ㉡ 25, ㉢ 60
⑤ ㉠ 23, ㉡ 20, ㉢ 40

해설 ⑤ [○] 인화성 물질, 부식성 물질의 종류로서 옳은 내용이다.

○ 부식성 물질 (산기규 제16조, 제17조 및 제225조 관련 별표 1)
  1. 부식성 산류
    가. 농도가 20% 이상인 염산, 황산, 질산, 그 밖에 이와 같은 정도 이상의 부식성을 가지는 물질

정답 07. ⑤

나. 농도가 60% 이상인 인산, 아세트산, 불산, 그 밖에 이와 같은 정도 이상의 부식성을 가지는 물질

2. 부식성 염기류

농도가 40% 이상인 수산화나트륨, 수산화칼륨, 그 밖에 이와 같은 정도 이상의 부식성을 가지는 염기류

08 산업안전보건법령상 각 물질이 해당하는 위험물질의 종류로 옳은 것은?

① 아세트산(농도 90%) - 부식성 산류   ② 아세톤(농도 90%) - 부식성 염기류
③ 이황화탄소 - 인화성 가스   ④ 수산화칼륨 - 인화성 가스
⑤ 질산(농도 15%) - 부식성 산류

해설 ① [○] 위험물질의 종류로서 옳은 내용이다.

② 아세톤은 인화성 액체이다. ③ 이황화탄소는 인화성 액체이다.

④ 수산화칼륨(농도 40% 이상)이 부식성 물질이다.

⑤ 질산(농도 20% 이상)이 부식성 산류이다.

09 급성독성물질에 대한 사항으로서 빈칸에 알맞은 내용으로 제시한 것은?

1. LD_{50}은 (㉠)mg/kg을 쥐에 대한 경구투입실험에 의하여 실험동물의 50%를 사망하게 한다.
2. LD_{50}은 (㉡)mg/kg을 쥐 또는 토끼에 대한 경피흡수실험에서 의하여 실험동물의 50%를 사망하게 한다.
3. LC_{50}은 가스로 (㉢)ppm을 쥐에 대한 4시간 동안 흡입실험에 의하여 실험동물의 50%를 사망하게 한다.
4. LC_{50}은 증기로 (㉣)mg/l를 쥐에 대한 4시간 동안 흡입실험에 의하여 실험동물의 50%를 사망하게 한다.
5. LC_{50}은 분진 또는 미스트로 (㉤)mg/l를 쥐에 대한 4시간 동안 흡입 실험에 의하여 실험동물의 50%를 사망하게 한다.

① ㉠ 250, ㉡ 1,000, ㉢ 2,000, ㉣ 10, ㉤ 1

정답   08. ①   09. ③

② ㉠ 250, ㉡ 1,000, ㉢ 2,000, ㉣ 10, ㉤ 1
③ ㉠ 300, ㉡ 1,000, ㉢ 2,500, ㉣ 10, ㉤ 1
④ ㉠ 350, ㉡ 1,000, ㉢ 3,000, ㉣ 15, ㉤ 2
⑤ ㉠ 350, ㉡ 1,000, ㉢ 3,000, ㉣ 15, ㉤ 2

해설 ③ [○] 급성독성물질의 정의로 옳은 내용이다.

○ 급성독성물질 (산기규 제16조, 제17조 및 제225조 관련 별표 1)

1. 쥐에 대한 경구투입실험에 의하여 실험동물의 50%를 사망시킬 수 있는 물질의 양, 즉 LD_{50}(경구, 쥐)이 kg당 300mg-(체중) 이하인 화학물질

2. 쥐 또는 토끼에 대한 경피흡수실험에 의하여 실험동물의 50%를 사망시킬 수 있는 물질의 양, 즉 LD_{50}(경피, 토끼 또는 쥐)이 kg당 1,000밀리그램-(체중) 이하인 화학물질

3. 쥐에 대한 4시간 동안의 흡입실험에 의하여 실험동물의 50%를 사망시킬 수 있는 물질의 농도, 즉 가스 LC_{50}(쥐, 4시간 흡입)이 2,500ppm 이하인 화학물질, 증기 LC_{50}(쥐, 4시간 흡입)이 10mg/l 이하인 화학물질, 분진 또는 미스트 1mg/l 이하인 화학물질

10 화학설비 가운데 분체화학물질 분리장치에 해당하지 않는 것은?

① 건조기   ② 분쇄기   ③ 유동탑   ④ 결정조   ⑤ 탈습기

해설 ② [×] 분쇄기는 분체화학물질 취급장치이다.

○ 화학설비 및 그 부속설비의 종류 (산기규 제227~229조, 제243조 관련 별표 7)

1. 화학설비
  가. 반응기·혼합조 등 화학물질 반응 또는 혼합장치
  나. 증류탑·흡수탑·추출탑·감압탑 등 화학물질 분리장치
  다. 저장탱크·계량탱크·호퍼·사일로 등 화학물질 저장설비 또는 계량설비
  라. 응축기·냉각기·가열기·증발기 등 열교환기류
  마. 고로 등 점화기를 직접 사용하는 열교환기류

정답 10. ②

바. 캘린더(calender)·혼합기·발포기·인쇄기·압출기 등 화학제품 가공설비
사. 분쇄기·분체분리기·용융기 등 분체화학물질 취급장치
아. 결정조·유동탑·탈습기·건조기 등 분체화학물질 분리장치
자. 펌프류·압축기·이젝터(ejector) 등의 화학물질 이송 또는 압축설비

2. 화학설비의 부속설비
가. 배관·밸브·관·부속류 등 화학물질 이송 관련 설비
나. 온도·압력·유량 등을 지시·기록 등을 하는 자동제어 관련 설비
다. 안전밸브·안전판·긴급차단 또는 방출밸브 등 비상조치 관련 설비
라. 가스누출감지 및 경보 관련 설비
마. 세정기, 응축기, 벤트스택, 플레어스택 등 폐가스처리설비
바. 사이클론, 백필터(bag filter), 전기집진기 등 분진처리설비
사. 가목부터 바목까지의 설비를 운전하기 위하여 부속된 전기 관련 설비
아. 정전기 제거장치, 긴급 샤워설비 등 안전 관련 설비

화기 등의 관리

01 산업안전보건법령상 통풍이나 환기가 충분하지 않고 가연물이 있는 건축물 내부나 설비 내부에서 화재위험작업을 하는 경우에 사업주가 준수하여야 할 화재예방에 필요한 사항으로 적절하지 않은 것은?

① 작업근로자에 대한 화재예방 및 피난교육 등 비상조치
② 화기작업에 따른 인근 가연성물질에 대한 방호조치 및 소화기구 비치
③ 용접불티 비산방지덮개, 용접방화포 등 불꽃, 불티 등 비산방지조치
④ 인화성 액체의 증기 및 인화성 가스가 남아 있지 않도록 환기 등의 조치
⑤ 불활성가스로 환기후에 잔류가스를 산소로 씻어 내도록 추가 조치

[해설] ⑤ [×] 화재위험작업을 하는 경우에는 통풍 또는 환기를 위하여 산소를 사용해서는 안 된다.
○ 화재위험작업 시의 준수사항 (산기규 제241조)
① 사업주는 통풍이나 환기가 충분하지 않은 장소에서 화재위험작업을 하는 경우에는 통풍 또는 환기를 위하여 산소를 사용해서는 아니 된다.

정답 01. ⑤

② 사업주는 가연성물질이 있는 장소에서 화재위험작업을 하는 경우에는 화재예방에 필요한 다음 각 호의 사항을 준수하여야 한다.
1. 작업 준비 및 작업 절차 수립
2. 작업장 내 위험물의 사용·보관 현황 파악
3. 화기작업에 따른 인근 가연성물질에 대한 방호조치 및 소화기구 비치
4. 용접불티 비산방지덮개, 용접방화포 등 불꽃, 불티 등 비산방지조치
5. 인화성 액체의 증기 및 인화성 가스가 남아 있지 않도록 환기 등의 조치
6. 작업근로자에 대한 화재예방 및 피난교육 등 비상조치

02 화재감시자를 지정하여 배치해야 하는 용접·용단 작업 장소에 있어서 화재감시자를 지정하여 용접·용단 작업 장소에 배치해야 할 기준으로 ( )안에 알맞은 내용을 제시한 것은?

> 1. 작업반경 (㉠)m 이내에 건물구조 자체나 내부(개구부 등으로 개방된 부분을 포함한다)에 가연성물질이 있는 장소
> 2. 작업반경 (㉡)m 이내의 바닥 하부에 가연성물질이 (㉢)m 이상 떨어져 있지만 불꽃에 의해 쉽게 발화될 우려가 있는 장소

① ㉠ 10, ㉡ 11, ㉢ 9   ② ㉠ 11, ㉡ 11, ㉢ 11   ③ ㉠ 12, ㉡ 12, ㉢ 13
④ ㉠ 13, ㉡ 11, ㉢ 15   ⑤ ㉠ 14, ㉡ 13, ㉢ 18

해설 ② [○] 화재감시자 지정·배치 장소로서 옳은 내용이다.

○ 화재감시자 지정·배치 장소 (산기규 제241조의 2) : 사업주는 근로자에게 다음 각 호의 어느 하나에 해당하는 장소에서 용접·용단 작업을 하도록 하는 경우에는 화재감시자를 지정하여 용접·용단 작업 장소에 배치해야 한다.

1. 작업반경 11m 이내에 건물구조 자체나 내부(개구부 등으로 개방된 부분을 포함한다)에 가연성물질이 있는 장소
2. 작업반경 11m 이내의 바닥 하부에 가연성물질이 11m 이상 떨어져 있지만 불꽃에 의해 쉽게 발화될 우려가 있는 장소
3. 가연성물질이 금속으로 된 칸막이·벽·천장 또는 지붕의 반대쪽 면에 인접해 있어 열전도나 열복사에 의해 발화될 우려가 있는 장소

정답 02. ②

화학설비 · 압력용기 등

01 화학설비 또는 그 배관의 밸브나 콕에는 내구성이 있는 재료를 선정하여야 한다. 이때 고려사항으로 적절하지 않은 것은?

① 개폐의 빈도 ② 위험물질 등의 종류 ③ 위험물질 등의 온도
④ 위험물질 등의 농도 ⑤ 위험물질 등의 압력

해설 ⑤ [×] 위험물질 등의 압력은 규정된 사항이 아니다.

○ 밸브 등의 재질(산기규 제259조) : 사업주는 화학설비 또는 그 배관의 밸브나 콕에는 개폐의 빈도, 위험물질 등의 종류·온도·농도 등에 따라 내구성이 있는 재료를 사용하여야 한다.

02 산업안전보건법령상 대상 설비에 설치된 안전밸브에 대해서는 경우에 따라 구분된 검사주기마다 안전밸브가 적정하게 작동하는지 검사하여야 한다. 화학공정 유체와 안전밸브의 디스크 또는 시트가 직접 접촉될 수 있도록 설치된 경우의 검사주기로 옳은 것은?

① 매년 1회 이상 ② 2년마다 1회 이상 ③ 3년마다 1회 이상
④ 4년마다 1회 이상 ⑤ 5년마다 1회 이상

해설 ① [○] 안전밸브 등의 검사 (산기규 제261조) : 설치된 안전밸브에 대해서는 다음 각 호의 구분에 따른 검사주기마다 국가교정기관에서 교정을 받은 압력계를 이용하여 설정압력에서 안전밸브가 적정하게 작동하는지를 검사한 후 납으로 봉인하여 사용해야 한다. 다만, 공기나 질소취급용기 등에 설치된 안전밸브 중 안전밸브 자체에 부착된 레버 또는 고리를 통하여 수시로 안전밸브가 적정하게 작동하는지를 확인할 수 있는 경우에는 봉인생략이 가능하다.

1. 화학공정 유체와 안전밸브의 디스크 또는 시트가 직접 접촉될 수 있도록 설치된 경우 : 매년 1회 이상
2. 안전밸브 전단에 파열판이 설치된 경우 : 2년마다 1회 이상
3. 공정안전보고서 제출 대상으로서 고용노동부장관이 실시하는 공정안전보고서 이행상태 평가결과가 우수한 사업장의 안전밸브의 경우 : 4년마다 1회 이상

정답 01. ⑤   02. ①

03 다음 안전밸브 검사주기에서 빈칸에 알맞은 내용을 제시한 것은?

1. 화학공정 유체와 안전밸브의 디스크 또는 시트가 직접 접촉될 수 있도록 설치된 경우 : (㉠) 1회 이상
2. 안전밸브 전단에 파열판이 설치된 경우 : (㉡) 1회 이상
3. 공정안전보고서 제출 대상으로서 고용노동부장관이 실시하는 공정안전보고서 이행상태 평가결과가 우수 사업장의 안전밸브의 경우 : (㉢) 1회 이상

① ㉠ 6개월, ㉡ 1년마다, ㉢ 2년마다
② ㉠ 6개월, ㉡ 1년마다, ㉢ 3년마다
③ ㉠ 매년, ㉡ 2년마다, ㉢ 3년마다
④ ㉠ 매년, ㉡ 2년마다, ㉢ 4년마다
⑤ ㉠ 매년, ㉡ 3년마다, ㉢ 4년마다

[해설] ④ [○] 안전밸브 검사주기로서 옳은 내용이다(산기규 제261조).

04 화학공정에서 안전밸브 또는 파열판을 설치하여야 하는 설비로 적절하지 않은 것은?

① 압력용기
② 정변위 압축기
③ 정변위 펌프(토출축에 차단밸브가 설치된 것)
④ 배관(2개 이상의 밸브에 의하여 차단되어 대기온도에서 액체의 열팽창에 의하여 파열될 우려가 있는 것)
⑤ 급성 독성물질의 누출로 인하여 주위의 작업환경을 오염시킬 우려가 있는 경우

[해설] ① [×] 압력용기가 해당되나, 안지름 150mm 이하인 압력용기는 제외한다.

○ 안전밸브 또는 파열판의 설치 대상 (산기규 제261조) : 사업주는 다음 각 호의 어느 하나에 해당하는 설비에 대해서는 과압에 따른 폭발을 방지하기 위하여 폭발 방지 성능과 규격을 갖춘 안전밸브 또는 파열판을 설치하여야 한다. 다만, 안전밸브 등에 상응하는 방호장치를 설치한 경우에는 그러하지 아니하다.

1. 압력용기 (안지름이 150mm 이하인 압력용기는 제외하며, 압력 용기 중 관형 열교환기의 경우에는 관의 파열로 인하여 상승한 압력이 압력용기의 최고사용압력을 초과할 우려가 있는 경우만 해당한다)

2. 정변위 압축기

3. 정변위 펌프 (토출축에 차단밸브가 설치된 것만 해당한다)

4. 배관 (2개 이상의 밸브에 의하여 차단되어 대기온도에서 액체의 열팽창에 의하여 파열될 우려가 있는 것으로 한정한다)

5. 그 밖의 화학설비 및 그 부속설비로서 해당 설비의 최고사용압력을 초과할 우려가 있는 것

○ 파열판의 설치 대상 설비 (산기규 제262조)

1. 반응 폭주 등 급격한 압력 상승 우려가 있는 경우

2. 급성 독성물질의 누출로 인하여 주위의 작업환경을 오염시킬 우려가 있는 경우

3. 운전 중 안전밸브에 이상 물질이 누적되어 안전밸브가 작동되지 아니할 우려가 있는 경우

05 산업안전보건법상 보일러의 안전한 가동을 위하여 보일러 규격에 맞는 압력방출장치가 2개 이상 설치된 경우에 최고사용압력 이하에서 1개가 작동되고, 다른 압력방출장치는 최고사용압력의 몇 배 이하에서 작동되도록 부착하여야 하며, 소요분출용량은 어느 값을 기준으로 하는가?

① 1.03배, 평균값   ② 1.03배, 최대치   ③ 1.05배, 평균치
④ 1.05배, 최대치   ⑤ 1.1배, 최대치

해설 ④ [○] 안전밸브 등의 작동요건 및 소요분출용량 기준으로서 옳은 내용이다.

○ 안전밸브 등의 작동요건 (산기규 제264조) : 사업주는 설치한 안전밸브 등이 안전밸브 등을 통하여 보호하려는 설비의 최고사용압력 이하에서 작동되도록 하여야 한다. 다만, 안전밸브 등이 2개 이상 설치된 경우에 1개는 최고사용압력의 1.05배(외부화재를 대비한 경우에는 1.1배) 이하에서 작동되도록 설치할 수 있다.

○ 안전밸브 등의 배출용량 (산기규 제265조) : 사업주는 안전밸브 등에 대하여 배출용량은 그 작동원인에 따라 각각의 소요분출량을 계산하여 가장 큰 수치를 해당 안전밸브 등의 배출용량으로 하여야 한다.

06 사업주는 안전밸브 등의 전단·후단에 차단밸브를 설치해서는 아니 된다. 다만, 별도로 정한 경우에 해당할 때는 자물쇠형 또는 이에 준하는 형식의 차단밸브를 설치할 수 있다. 이에 해당하는 경우가 아닌 것은?

① 화학설비 및 그 부속설비에 안전밸브 등이 복수방식으로 설치되어 있는 경우
② 예비용 설비를 설치하고 각각의 설비에 안전밸브 등이 설치되어 있는 경우
③ 파열판과 안전밸브를 직렬로 설치한 경우
④ 열팽창에 의하여 상승된 압력을 낮추기 위한 목적으로 안전밸브가 설치된 경우
⑤ 인접한 화학설비 및 그 부속설비에 안전밸브 등이 각각 설치되어 있고, 해당 화학설비 및 그 부속설비의 연결배관에 차단밸브가 없는 경우

해설
③ [×] 안전밸브 등의 배출용량의 2분의 1 이상에 해당하는 용량의 자동압력조절밸브와 안전밸브 등이 병렬로 연결된 경우가 옳은 내용이다.

○ 차단밸브의 설치 금지 (산기규 제266조) : 사업주는 안전밸브 등의 전단·후단에 차단밸브를 설치해서는 아니 된다. 다만, 다음 각 호의 어느 하나에 해당하는 경우에는 자물쇠형 또는 이에 준하는 형식의 차단밸브를 설치할 수 있다.

1. 인접한 화학설비 및 그 부속설비에 안전밸브 등이 각각 설치되어 있고, 해당 화학설비 및 그 부속설비의 연결배관에 차단밸브가 없는 경우
2. 안전밸브 등의 배출용량의 2분의 1 이상에 해당하는 용량의 자동압력조절밸브(구동용 동력원의 공급을 차단하는 경우 열리는 구조인 것으로 한정한다)와 안전밸브 등이 병렬로 연결된 경우
3. 화학설비 및 그 부속설비에 안전밸브 등이 복수방식으로 설치되어 있는 경우
4. 예비용 설비를 설치하고 각각의 설비에 안전밸브 등이 설치되어 있는 경우
5. 열팽창에 의하여 상승된 압력을 낮추기 위한 목적으로 안전밸브가 설치된 경우
6. 하나의 플레어 스택(flare stack)에 둘 이상의 단위공정의 플레어 헤더(flare header)를 연결하여 사용하는 경우로서 각각의 단위공정의 플레어 헤더에 설치된 차단밸브의 열림·닫힘 상태를 중앙제어실에서 알 수 있도록 조치한 경우

정답 06. ③

07 안전밸브 전단·후단에 자물쇠형 또는 이에 준하는 형식의 차단밸브 설치를 할 수 있는 경우에 해당하는 것은?

① 자동압력조절밸브와 안전밸브 등이 직렬로 연결된 경우
② 화학설비 및 그 부속설비에 안전밸브 등이 통합방식으로 설치되어 있는 경우
③ 열팽창에 의하여 상승된 압력을 낮추기 위한 목적으로 안전밸브가 설치된 경우
④ 인접한 화학설비 및 그 부속설비에 안전밸브 등이 각각 설치되어 있고, 해당 화학설비 및 그 부속설비의 연결배관에 차단밸브가 있는 경우
⑤ 예비용 설비를 설치하고 각각 설비에 안전밸브 등이 설치되어 있지 않은 경우

해설 ③ [○] 안전밸브 전단·후단에 자물쇠형 또는 이에 준하는 형식의 차단밸브 설치를 할 수 있는 경우로서 옳은 내용이다(산기규 제266조).

08 가스폭발 위험장소 또는 분진폭발 위험장소에 설치되는 건축물 등에 대해서 해당하는 부분을 내화구조로 하여야 하며, 그 성능이 항상 유지될 수 있도록 점검·보수 등 적절한 조치를 하여야 한다. 여기에서 해당하는 내화구조로 하여야 할 부분으로 ( )안에 적절한 기준은?

1. 건축물의 기둥 및 보 : 지상 (㉠)층까지
2. 위험물 저장·취급용기의 지지대 : 지상으로부터 지지대의 (㉡)까지
3. 배관·전선관 등의 지지대 : 지상으로부터 (㉢)단까지

① ㉠ 1, ㉡ 1/3부분, ㉢ 1
② ㉠ 1, ㉡ 1/2부분, ㉢ 2
③ ㉠ 2, ㉡ 2/3분, ㉢ 1
④ ㉠ 2, ㉡ 3/4부분, ㉢ 2
⑤ ㉠ 1, ㉡ 끝부분, ㉢ 1

해설 ⑤ [○] 내화기준 충족 기준 (산기규 제270조) : 사업주는 가스폭발 위험장소 또는 분진폭발 위험장소에 설치되는 건축물 등에 대해서는 다음 각 호에 해당하는 부분을 내화구조로 하여야 하며, 그 성능이 항상 유지될 수 있도록 점검·보수 등 적절한 조치를 하여야 한다.

1. 건축물의 기둥 및 보 : 지상 1층(지상 1층의 높이가 6m를 초과하는 경우에는 6m)까지
2. 위험물 저장·취급용기의 지지대 (높이가 30cm 이하인 것은 제외한다) : 지상으로부터 지지대의 끝부분까지

정답 07. ③   08. ⑤

3. 배관·전선관 등의 지지대 : 지상으로부터 1단(1단의 높이가 6m를 초과하는 경우에는 6m)까지

09 위험물을 산업안전보건법령에서 정한 기준량 이상으로 제조하거나 취급하는 설비로서 특수화학설비에 해당되는 것은?

① 가열시켜 주는 물질의 온도가 가열되는 위험물질의 분해온도보다 높은 상태에서 운전되는 설비
② 게이지 압력으로 950kPa의 압력으로 운전되는 설비
③ 온도가 섭씨 300°C로 운전되는 설비
④ 흡열반응이 행하여지는 반응설비
⑤ 혼합기·발포기·압출기 등 가공설비

해설 ① [○] 특수화학설비에 해당되는 내용이다
○ 계측장치 등의 설치 (산기규 제273조) : 사업주는 위험물을 기준량 이상으로 제조하거나 취급하는 다음 각 호의 어느 하나에 해당하는 화학설비(이하 "특수화학설비"라 한다)를 설치하는 경우에는 내부의 이상 상태를 조기에 파악하기 위해 필요한 온도계·유량계·압력계 등의 계측장치를 설치해야 한다.
1. 발열반응이 일어나는 반응장치
2. 증류·정류·증발·추출 등 분리를 하는 장치
3. 가열시켜 주는 물질의 온도가 가열되는 위험물질의 분해온도 또는 발화점보다 높은 상태에서 운전되는 설비
4. 반응폭주 등 이상 화학반응에 의해 위험물질이 발생할 우려가 있는 설비
5. 온도가 350°C 이상이거나 게이지 압력이 980kPa 이상인 상태에서 운전되는 설비
6. 가열로 또는 가열기

10 위험물을 저장·취급하는 화학설비 및 그 부속설비를 설치하는 경우에는 폭발이나 화재에 따른 피해를 줄일 수 있도록 설비 및 시설 간 안전거리 유지 내용이다. 보기의 빈칸에 알맞은 내용을 제시한 것은?

정답 09. ①   10. ③

1. 단위공정시설 및 설비로부터 다른 단위공정시설 및 설비의 사이 : 설비의 바깥 면으로부터 (㉠)m 이상
2. 플레어스택으로부터 단위공정시설 및 설비, 위험물질 저장탱크 또는 위험물질 하역설비의 사이 : 플레어스택으로부터 반경 (㉡)m 이상
3. 위험물질 저장탱크로부터 단위공정시설 및 설비, 보일러 또는 가열로의 사이 : 저장탱크의 바깥 면으로부터 (㉢)m 이상
4. 사무실·연구실·실험실·정비실 또는 식당으로부터 단위공정시설 및 설비, 위험물질 저장탱크, 위험물질 하역설비, 보일러 또는 가열로의 사이 : 사무실 등의 바깥 면으로부터 (㉣)m 이상

① ㉠ 7, ㉡ 15, ㉢ 15, ㉣ 20
② ㉠ 8, ㉡ 15, ㉢ 15, ㉣ 20
③ ㉠ 10, ㉡ 20, ㉢ 20, ㉣ 20
④ ㉠ 12, ㉡ 25, ㉢ 25, ㉣ 25
⑤ ㉠ 15, ㉡ 25, ㉢ 25, ㉣ 25

해설 ③ [○] 화학설비의 안전거리로 옳은 내용이다.

○ 화학설비의 안전거리 (산기규 제271조 관련 별표 8)

구분	안전거리
1. 단위공정시설 및 설비로부터 다른 단위공정시설 및 설비의 사이	설비의 바깥 면으로부터 10m 이상
2. 플레어스택으로부터 단위공정시설 및 설비, 위험물질 저장탱크 또는 위험물질 하역설비의 사이	플레어스택으로부터 반경 20m 이상. 다만, 단위공정시설 등이 불연재로 시공된 지붕 아래에 설치된 경우에는 그러하지 아니하다.
3. 위험물질 저장탱크로부터 단위공정시설 및 설비, 보일러 또는 가열로의 사이	저장탱크의 바깥 면으로부터 20m 이상. 다만, 저장탱크의 방호벽, 원격조종화설비 또는 살수설비를 설치한 경우에는 그러하지 아니하다.
4. 사무실·연구실·실험실·정비실 또는 식당으로부터 단위공정시설 및 설비, 위험물질 저장탱크, 위험물질 하역설비, 보일러 또는 가열로의 사이	사무실 등의 바깥 면으로부터 20m 이상. 다만, 난방용 보일러인 경우 또는 사무실 등의 벽을 방호구조로 설치한 경우에는 그러하지 아니하다

건조설비

01 위험물 또는 위험물이 발생하는 물질을 가열·건조하는 경우 내용적이 몇 세제곱미터 이상인 건조설비인 경우 건조실을 설치하는 건축물의 구조를 독립된 단층건물로 하여야 하는가?

① 1   ② 10   ③ 20   ④ 30   ⑤ 50

해설 ① [○] 위험물 건조설비를 설치하는 건축물의 구조로서 규정된 내용이다.

○ 위험물 건조설비를 설치하는 건축물의 구조 (산기규 제280조) : 사업주는 다음 각 호의 어느 하나에 해당하는 위험물 건조설비 중 건조실을 설치하는 건축물의 구조는 독립된 단층건물로 하여야 한다. 다만, 해당 건조실을 건축물의 최상층에 설치하거나 건축물이 내화구조인 경우에는 그러하지 아니하다.

1. 위험물 또는 위험물이 발생하는 물질을 가열·건조하는 경우 내용적이 1m³ 이상인 건조설비

2. 위험물이 아닌 물질을 가열·건조하는 경우로서 다음 각 목의 어느 하나의 용량에 해당하는 건조설비
   가. 고체 또는 액체연료의 최대사용량이 시간당 10kg 이상
   나. 기체연료의 최대사용량이 시간당 1m³ 이상
   다. 전기사용 정격용량이 10kW 이상

02 다음은 건축물의 구조를 독립된 단층건물로 하여야 하는 건조설비의 종류이다. 보기의 빈칸에 알맞은 내용을 제시한 것은?

> 1. 위험물 또는 위험물이 발생하는 물질을 가열·건조하는 경우 내용적이 (㉠)세제곱미터 이상인 건조설비
> 2. 위험물이 아닌 물질을 가열·건조하는 경우로서 고체 또는 액체연료의 최대사용량이 시간당 (㉡)킬로그램 이상, 기체연료의 최대사용량이 시간당 (㉢)세제곱미터 이상, 전기사용정격용량이 (㉣)킬로와트 이상에 해당하는 건조설비

정답 01. ①   02. ②

① ㉠ 0.5, ㉡ 9, ㉢ 1, ㉣ 8
② ㉠ 1, ㉡ 10, ㉢ 1, ㉣ 10
③ ㉠ 1.5, ㉡ 12, ㉢ 2, ㉣ 12
④ ㉠ 2, ㉡ 15, ㉢ 2, ㉣ 15
⑤ ㉠ 2.5, ㉡ 18, ㉢ 3, ㉣ 20

해설 ② [○] 위험물 건조설비 설치 관련 규정으로서 옳은 내용이다(산기규 제280조).

03 산업안전보건기준에 관한 규칙에서 정하고 있는 건조설비의 구조조건으로 적절하지 않은 것은?

① 건조설비의 내부 측면은 불연성 재료로 만들 것
② 위험물 건조설비는 그 상부를 가벼운 재료로 만들고 주위상황을 고려하여 폭발구를 설치할 것
③ 건조설비의 바깥 면은 난연성 혹은 불연성 재료로 만들 것
④ 건조설비는 내부의 온도가 부분적으로 상승하지 아니하는 구조로 설치할 것
⑤ 위험물 건조설비의 열원으로서 직화를 사용하지 아니할 것

해설 ③ [×] 건조설비의 바깥 면은 불연성 재료로 만들 것이 규정된 내용이다.
  ○ 건조설비의 구조 등 (산기규 제281조) : 사업주는 건조설비를 설치하는 경우에 다음 각 호와 같은 구조로 설치하여야 한다. 다만, 건조물의 종류, 가열건조의 정도, 열원의 종류 등에 따라 폭발이나 화재가 발생할 우려가 없는 경우에는 그러하지 아니하다.

  1. 건조설비의 바깥 면은 불연성 재료로 만들 것
  2. 건조설비(유기과산화물을 가열 건조하는 것은 제외한다)의 내면과 내부의 선반이나 틀은 불연성 재료로 만들 것
  3. 위험물 건조설비의 측벽이나 바닥은 견고한 구조로 할 것
  4. 위험물 건조설비는 그 상부를 가벼운 재료로 만들고 주위상황을 고려하여 폭발구를 설치할 것
  5. 위험물 건조설비는 건조하는 경우에 발생하는 가스·증기 또는 분진을 안전한 장소로 배출시킬 수 있는 구조로 할 것
  6. 액체연료 또는 인화성 가스를 열원의 연료로 사용하는 건조설비는 점화하는 경우에는 폭발이나 화재를 예방하기 위하여 연소실이나 그 밖에 점화하는 부분을 환기시킬 수 있는 구조로 할 것

정답 03. ③

7. 건조설비의 내부는 청소하기 쉬운 구조로 할 것
8. 건조설비의 감시창·출입구 및 배기구 등과 같은 개구부는 발화 시에 불이 다른 곳으로 번지지 아니하는 위치에 설치하고 필요한 경우에는 즉시 밀폐할 수 있는 구조로 할 것
9. 건조설비는 내부 온도가 부분적으로 상승하지 아니하는 구조로 설치할 것
10. 위험물 건조설비의 열원으로서 직화를 사용하지 아니할 것
11. 위험물 건조설비가 아닌 건조설비의 열원으로서 직화를 사용하는 경우에는 불꽃 등에 의한 화재를 예방하기 위하여 덮개를 설치하거나 격벽을 설치할 것

아세틸렌 용접장치

01 아세틸렌 용접장치를 사용하여 금속의 용접·용단 또는 가열작업을 하는 경우 아세틸렌을 발생시키는 게이지 압력은 최대 몇 kPa 이하이어야 하는가?

① 17 ② 88 ③ 127 ④ 210 ⑤ 260

해설 ③ [○] 아세틸렌 용접장치의 압력의 제한으로 옳은 내용이다.
○ 압력의 제한 (산기규 제285조) : 사업주는 아세틸렌 용접장치를 사용하여 금속의 용접·용단 또는 가열작업을 하는 경우에는 게이지 압력이 127kPa을 초과하는 압력의 아세틸렌을 발생시켜 사용해서는 아니 된다.

02 아세틸렌 용접장치를 설치하는 경우 아세틸렌 발생기의 설치장소의 내용이다. 괄호안에 알맞은 내용으로 제시된 것은?

1. 아세틸렌 용접장치의 아세틸렌 발생기를 설치하는 경우에는 전용의 발생기실에 설치
2. 발생기실은 건물의 (㉠)에 위치, 화기를 사용하는 설비로부터 (㉡)m를 초과하는 장소에 설치
3. 발생기실을 옥외 설치한 경우에는 그 개구부를 다른 건축물로부터 (㉢)m 이상 이격

정답 01. ③ 02. ④

① ㉠ 상층, ㉡ 3, ㉢ 1.5   ② ㉠ 상층, ㉡ 5, ㉢ 1.5
③ ㉠ 최상층, ㉡ 5, ㉢ 1.5   ④ ㉠ 최상층, ㉡ 3, ㉢ 1.5
⑤ ㉠ 최상층, ㉡ 3, ㉢ 2.5

[해설] ④ [○] 발생기실의 설치장소 등의 기준으로서 옳은 내용이다.

○ 발생기실의 설치장소 등 (산기규 제286조)

1. 사업주는 아세틸렌 용접장치의 아세틸렌 발생기를 설치하는 경우에는 전용의 발생기실에 설치하여야 한다.
2. 제1항의 발생기실은 건물의 최상층에 위치하여야 하며, 화기를 사용하는 설비로부터 3m를 초과하는 장소에 설치하여야 한다.
3. 제1항의 발생기실을 옥외에 설치한 경우에는 그 개구부를 다른 건축물로부터 1.5m 이상 떨어지도록 하여야 한다.

03 아세틸렌 용접장치를 사용하여 금속의 용접·용단 또는 가열작업을 하는 경우 준수사항이다. 다음의 빈 칸에 알맞은 내용을 제시한 것은?

> 발생기에서 (㉠) 이내 또는 발생기실에서 (㉡) 이내의 장소에서는 흡연, 화기의 사용 또는 불꽃이 발생할 위험한 행위를 금지시킬 것

① ㉠ 4m, ㉡ 2.5m   ② ㉠ 5m, ㉡ 3m   ③ ㉠ 5m, ㉡ 3.5m
④ ㉠ 6m, ㉡ 4m   ⑤ ㉠ 7m, ㉡ 5m

[해설] ② [○] 아세틸렌 용접장치의 관리로 옳은 내용이다.

○ 아세틸렌 용접장치의 관리 등 (산기규 제290조)

1. 발생기(이동식 아세틸렌 용접장치의 발생기는 제외한다)의 종류, 형식, 제작업체명, 매 시 평균 가스발생량 및 1회 카바이드 공급량을 발생기실 내의 보기 쉬운 장소에 게시할 것
2. 발생기실에는 관계 근로자가 아닌 사람이 출입하는 것을 금지할 것
3. 발생기에서 5m 이내 또는 발생기실에서 3m 이내의 장소에서는 흡연, 화기의 사용 또는 불꽃이 발생할 위험한 행위를 금지시킬 것
4. 도관에는 산소용과 아세틸렌용의 혼동을 방지하기 위한 조치를 할 것
5. 아세틸렌 용접장치의 설치장소에는 적당한 소화설비를 갖출 것

[정답] 03. ②

6. 이동식 아세틸렌용접장치의 발생기는 고온의 장소, 통풍이나 환기가 불충분한 장소 또는 진동이 많은 장소 등에 설치하지 않도록 할 것

가스집합 용접장치

01 가스집합 용접장치에 관련하여 (   )에 대해 적절한 내용을 제시한 것은?

1. 가스집합장치에 대해서는 화기를 사용하는 설비로부터 (㉠)m 이상 떨어진 장소에 설치하여야 한다.
2. 주관 및 분기관에는 안전기를 설치찰 것. 이 경우 하나의 취관에 (㉡)개 이상의 안전기를 설치하여야 한다.
3. 사업주는 용해아세틸렌의 가스집합용접장치의 배관 및 부속기구는 구리나 구리 함유량이 (㉢)% 이상인 합금을 사용해서는 아니 된다.

① ㉠ 3, ㉡ 2, ㉢ 70   ② ㉠ 4, ㉡ 2, ㉢ 70   ③ ㉠ 5, ㉡ 2, ㉢ 70
④ ㉠ 5, ㉡ 2, ㉢ 75   ⑤ ㉠ 5, ㉡ 2, ㉢ 80

해설   ③ [○] 가스집합 용접장치 위험 방지로서 옳은 내용이다.
○ 가스집합장치의 위험 방지 (산기규 제291조) : 사업주는 가스집합장치에 대해서는 화기를 사용하는 설비로부터 5m 이상 떨어진 장소에 설치해야 한다.
○ 가스집합용접장치의 배관 (산기규 제293조) : 사업주는 가스집합용접장치(이동식을 포함한다)의 배관을 하는 경우 주관 및 분기관에는 안전기를 설치할 것. 이 경우 하나의 취관에 2개 이상의 안전기를 설치하여야 한다
○ 구리의 사용 제한 (산기규 제294조) : 사업주는 용해아세틸렌의 가스집합용접장치의 배관 및 부속기구는 구리나 구리 함유량이 70% 이상인 합금을 사용해서는 아니 된다.

02 가스집합용접장치에 대한 내용 중에서 올바르지 못한 것은?

① 가스용기를 교환하는 경우에는 관리감독자가 참여한 가운데 할 것
② 가스집합장치로부터 7m 이내의 장소에서는 흡연, 화기의 사용 또는 불꽃을 발생할 우려가 있는 행위를 금지할 것

정답   01. ③   02. ②

③ 도관에는 산소용과의 혼동을 방지하기 위한 조치를 할 것
④ 해당 작업을 행하는 근로자에게 보안경과 안전장갑을 착용시킬 것
⑤ 밸브·콕 등의 조작 및 점검요령을 가스장치실의 보기 쉬운 장소에 게시할 것

해설 ② [×] 가스집합장치로부터 5m 이내의 장소에서는 흡연, 화기의 사용 또는 불꽃을 발생할 우려가 있는 행위를 금지할 것이 규정된 내용이다.

○ 가스집합용접장치의 관리 등 (산기규 제295조) : 사업주는 가스집합용접장치를 사용하여 금속의 용접·용단 및 가열작업을 하는 경우에는 다음 각 호의 사항을 준수하여야 한다.
1. 사용하는 가스의 명칭 및 최대가스저장량을 가스장치실의 보기 쉬운 장소에 게시할 것
2. 가스용기를 교환하는 경우에는 관리감독자가 참여한 가운데 할 것
3. 밸브·콕 등의 조작 및 점검요령을 가스장치실의 보기 쉬운 장소에 게시할 것
4. 가스장치실에는 관계근로자가 아닌 사람의 출입을 금지할 것
5. 가스집합장치로부터 5m 이내의 장소에서는 흡연, 화기의 사용 또는 불꽃을 발생할 우려가 있는 행위를 금지할 것
6. 도관에는 산소용과의 혼동을 방지하기 위한 조치를 할 것
7. 가스집합장치의 설치장소에는 적당한 소화설비를 설치할 것
8. 이동식 가스집합용접장치의 가스집합장치는 고온의 장소, 통풍이나 환기가 불충분한 장소 또는 진동이 많은 장소에 설치하지 않도록 할 것
9. 해당 작업을 행하는 근로자에게 보안경과 안전장갑을 착용시킬 것

폭발·화재·누출 위험방지

01 지하작업장에서 가스의 농도를 측정하는 사람을 지명하고 해당 가스의 농도를 측정하여야 할 경우에 해당되지 않는 것은?

① 매일 작업을 시작하기 전   ② 가스의 누출이 의심되는 경우
③ 가스가 발생하거나 정체할 위험이 있는 장소가 있는 경우
④ 장시간 작업을 계속하는 경우 2시간마다 가스농도 측정
⑤ 장시간 작업을 계속하는 경우 4시간마다 가스농도 측정

정답   01. ④

해설 ④ [×] 장시간 작업 계속의 경우 4시간마다 가스농도 측정이 옳은 내용이다.

○ 지하작업장 등에서의 폭발·화재 방지 조치 (산기규 제296조)

1. 가스의 농도를 측정하는 사람을 지명하고 다음 각 목의 경우에 그로 하여금 해당 가스의 농도를 측정하도록 할 것
   가. 매일 작업을 시작하기 전   나. 가스의 누출이 의심되는 경우
   다. 가스가 발생하거나 정체할 위험이 있는 장소가 있는 경우
   라. 장시간 작업을 계속하는 경우 (이 경우 4시간마다 가스 농도를 측정하도록 하여야 한다)

2. 가스의 농도가 인화하한계 값의 25% 이상으로 밝혀진 경우에는 즉시 근로자를 안전한 장소에 대피시키고 화기나 그 밖에 점화원이 될 우려가 있는 기계·기구 등의 사용을 중지하며 통풍·환기 등을 할 것

02 부식성 액체의 압송설비에 대한 조치사항으로서 적절하지 않은 것은?

① 호스와 그 접속용구는 압송하는 부식성 액체에 대하여 내식성(耐蝕性), 내열성 및 내한성을 가진 것을 사용할 것
② 호스에 사용정격압력을 표시하고 사용정격압력을 초과하여 압송하지 아니할 것
③ 호스 내부에 이상압력이 가하여져 위험할 경우에는 호스에 과압방지장치를 설치할 것
④ 호스와 호스 외의 관 및 호스 간의 접속부분에는 접속용구를 사용하여 누출이 없도록 확실히 접속할 것
⑤ 운전자를 지정하고 압송에 사용하는 설비의 운전 및 압력계의 감시를 하도록 할 것

해설 ③ [×] 호스 내부에 이상압력이 가하여져 위험할 경우에는 압송에 사용하는 설비에 과압방지장치를 설치할 것이 규정된 내용이다.

○ 부식성 액체의 압송설비 (산기규 제297조) : 사업주는 부식성 물질을 동력을 사용하여 호스로 압송(壓送)하는 작업을 하는 경우에는 해당 압송에 사용하는 설비에 대하여 다음 각 호의 조치를 하여야 한다.

1. 압송에 사용하는 설비를 운전하는 사람이 보기 쉬운 위치에 압력계를 설치하고 운전자가 쉽게 조작할 수 있는 위치에 동력을 차단할 수 있는 조치를 할 것

정답 02. ③

2. 호스와 그 접속용구는 압송하는 부식성 액체에 대하여 내식성, 내열성 및 내한성을 가진 것을 사용할 것
3. 호스에 사용정격압력을 표시하고 그 사용정격압력을 초과하여 압송하지 아니할 것
4. 호스 내부에 이상압력이 가하여져 위험할 경우에는 압송에 사용하는 설비에 과압방지장치를 설치할 것
5. 호스와 호스 외의 관 및 호스 간의 접속부분에는 접속용구를 사용하여 누출이 없도록 확실히 접속할 것
6. 운전자를 지정하고 압송에 사용하는 설비의 운전 및 압력계의 감시를 하도록 할 것
7. 호스 및 그 접속용구는 매일 사용하기 전에 점검하고 손상·부식 등의 결함에 의하여 압송하는 부식성 액체가 날아 흩어지거나 새어나갈 위험이 있으면 교환할 것

03 급성 독성물질의 누출로 인한 위험을 방지하기 위하여 조치하여야 할 사항으로 적절하지 않은 것은?

① 사업장 내 급성 독성물질의 저장 및 취급량을 최소화할 것
② 급성 독성물질을 취급 저장하는 설비의 연결 부분은 누출되지 않도록 밀착시키고 매월 1회 이상 연결부분에 이상이 있는지를 점검할 것
③ 급성 독성물질을 폐기·처리 또는 방출하는 설비를 설치하는 경우 수동으로 작동될 수 있는 구조로 하거나 원격조정할 수 있는 자동조작구조로 설치할 것
④ 급성 독성물질을 취급하는 설비의 작동이 중지된 경우에는 근로자가 쉽게 알 수 있도록 필요한 경보설비를 근로자와 가까운 장소에 설치할 것
⑤ 급성 독성물질이 외부로 누출된 경우 감지·경보할 수 있는 설비를 갖출 것

해설 ③ [×] 급성 독성물질을 폐기·처리 또는 방출하는 설비를 설치하는 경우에는 자동으로 작동될 수 있는 구조로 하거나 원격조정할 수 있는 수동조작구조로 설치할 것이 규정 내용이다(산기규 제299조).

정답 03. ③

5.3 전기로 인한 위험방지

전기 기계·기구 위험방지

01 고정 설치되거나 고정배선에 접속된 전기기계·기구의 노출된 비충전 금속체 중 접지를 하여야 할 비충전 금속체에 해당되지 않는 것은?

① 지면이나 접지된 금속체로부터 수직거리 2.4m, 수평거리 1.5m 이내인 것
② 전선이 붙어 있지 않은 비전동식 양중기의 프레임
③ 물기 또는 습기가 있는 장소에 설치되어 있는 것
④ 금속으로 되어 있는 기기접지용 전선의 피복·외장 또는 배선관 등
⑤ 사용전압이 대지전압 150V를 넘는 것

해설 ② [×] 전선이 붙어 있는 비전동식 양중기의 프레임이 접지 대상에 해당한다.
○ 전기 기계·기구의 접지 대상 (산기규 제302조)
1. 전기 기계·기구의 금속제 외함, 금속제 외피 및 철대
2. 고정 설치되거나 고정배선에 접속된 전기기계·기구의 노출된 비충전 금속체 중 충전될 우려가 있는 다음 각 목의 어느 하나에 해당하는 비충전 금속체
   가. 지면이나 접지된 금속체로부터 수직거리 2.4m, 수평거리 1.5m 이내인 것
   나. 물기 또는 습기가 있는 장소에 설치되어 있는 것
   다. 금속으로 되어 있는 기기접지용 전선의 피복·외장 또는 배선관 등
   라. 사용전압이 대지전압 150V를 넘는 것
3. 전기를 사용하지 아니하는 설비 중 다음 각 목의 어느 하나에 해당하는 금속체
   가. 전동식 양중기의 프레임과 궤도
   나. 전선이 붙어 있는 비전동식 양중기의 프레임
   다. 고압(1,500V 초과 7,000V 이하 직류전압 또는 1,000V 초과 7,000V 이하 교류전압을 말한다) 이상의 전기를 사용하는 전기 기계·기구 주변의 금속제 칸막이·망 및 이와 유사한 장치

정답 01. ②

4. 코드와 플러그를 접속하여 사용하는 전기 기계·기구 중 다음 각 목의 어느 하나에 해당하는 노출된 비충전 금속체
   가. 사용전압이 대지전압 150V를 넘는 것
   나. 냉장고·세탁기·컴퓨터 및 주변기기 등의 고정형 전기기계·기구
   다. 고정형·이동형 또는 휴대형 전동기계·기구
   라. 물 또는 도전성(導電性)이 높은 곳에서 사용하는 전기기계·기구, 비접지형 콘센트
   마. 휴대형 손전등
5. 수중펌프를 금속제 물탱크 등의 내부에 설치하여 사용하는 경우 그 탱크 (이 경우 탱크를 수중펌프의 접지선과 접속하여야 한다)

02 전기를 사용하지 아니하는 설비 중 감전위험을 방지하기 위하여 접지하여야 하는 금속체에 해당되지 않는 것은?

① 전동식 양중기의 프레임
② 전동식 양중기의 궤도
③ 전선이 붙어 있는 비전동식 양중기의 프레임
④ 저압 이상의 전기를 사용하는 전기 기계·기구 주변의 금속제 칸막이
⑤ 고압 이상의 전기를 사용하는 전기 기계·기구 주변의 금속제 망

해설 ④ [×] 고압 이상의 전기를 사용하는 전기 기계·기구 주변의 금속제 칸막이가 접지하여야 하는 금속체가 접지 대상에 해당한다.
○ 전기 기계·기구의 접지에서, 전기를 사용하지 아니하는 설비 중 다음 각 목의 어느 하나에 해당하는 금속체에는 접지가 필요하다(산기규 제302조).
1. 전동식 양중기의 프레임과 궤도
2. 전선이 붙어 있는 비전동식 양중기의 프레임
3. 고압(1,500V 초과 7,000V 이하의 직류전압 또는 1,000V 초과 7,000V 이하의 교류전압을 말한다) 이상의 전기를 사용하는 전기 기계·기구 주변의 금속제 칸막이·망 및 이와 유사한 장치

03 산업안전보건기준에 관한 규칙에서 누전에 의한 감전의 위험을 방지하기 위하여 접지를 하여야 하는 노출된 비충전 금속체 중에서 코드와 플러그를 접속하여 사용하는 전기 기계·기구에 해당되지 않는 것은?

정답 02. ④   03. ①

① 사용전압이 대지전압 120V를 넘는 것
② 냉장고·세탁기·컴퓨터 및 주변기기 등과 같은 고정형 전기기계·기구
③ 고정형·이동형 또는 휴대형 전동기계·기구
④ 물 또는 도전성이 높은 곳에서 사용하는 전기기계·기구, 비접지형 콘센트
⑤ 휴대형 손전등

해설 ① [×] 사용전압이 대지전압 150V를 넘는 것이 접지 대상이 된다.
○ 전기 기계·기구의 접지에서, 코드와 플러그를 접속하여 사용하는 전기 기계·기구 중 다음 각 목의 어느 하나에 해당하는 노출된 비충전 금속체에는 접지가 필요하다(산기규 제302조).
 1. 사용전압이 대지전압 150V를 넘는 것
 2. 냉장고·세탁기·컴퓨터 및 주변기기 등과 같은 고정형 전기기계·기구
 3. 고정형·이동형 또는 휴대형 전동기계·기구
 4. 물 또는 도전성 높은 곳에서 사용하는 전기기계·기구, 비접지형 콘센트
 5. 휴대형 손전등

04 인체의 저항을 500Ω이라 할 때 단상 440V의 회로에서 누전으로 인한 감전재해를 방지할 목적으로 설치하는 누전차단기의 규격은?

① 30mA, 0.1초   ② 30mA, 0.03초   ③ 50mA, 0.1초
④ 50mA, 0.3초   ⑤ 50mA, 0.4초

해설 ② [○] 전기기계·기구에 설치되어 있는 누전차단기는 정격감도전류가 30mA 이하이고, 작동시간은 0.03초 이내일 것이 규정된 내용이다.
○ 누전차단기에 의한 감전방지 (산기규 제304조) : 사업주는 설치한 누전차단기를 접속하는 경우에 다음 각 호의 사항을 준수하여야 한다.
 1. 전기기계·기구에 설치되어 있는 누전차단기는 정격감도전류가 30mA 이하이고, 작동시간은 0.03초 이내일 것. 다만, 정격전부하전류가 50A 이상인 전기기계·기구에 접속되는 누전차단기는 오작동을 방지하기 위하여 정격감도전류는 200mA 이하로, 작동시간은 0.1초 이내로 할 수 있다.
 2. 분기회로 또는 전기기계·기구마다 누전차단기를 접속할 것. 다만, 평상시 누설전류가 매우 적은 소용량부하의 전로에는 분기회로에 일괄하여 접속할 수 있다.

정답 04. ②

3. 누전차단기는 배전반 또는 분전반 내에 접속하거나 꽂음접속기형 누전차단기를 콘센트에 접속하는 등 파손이나 감전사고를 방지할 수 있는 장소에 접속할 것

4. 지락보호전용 기능만 있는 누전차단기는 과전류를 차단하는 퓨즈나 차단기 등과 조합하여 접속할 것

05 다음은 전기 기계·기구에 누전차단기를 접속하는 경우 준수사항이다. 괄호안에 알맞은 숫자를 제시한 것은?

전기기계·기구에 설치되어 있는 누전차단기는 정격감도전류가 (㉠)mA 이하이고 작동시간은 (㉡)초 이내일 것. 다만, 정격전부하전류가 (㉢)A 이상인 전기기계·기구에 접속되는 누전차단기는 오작동을 방지하기 위하여 정격감도전류는 (㉣)mA 이하로, 작동시간은 (㉤)초 이내로 할 수 있다.

① ㉠ 15, ㉡ 0.03, ㉢ 50, ㉣ 150, ㉤ 0.1
② ㉠ 15, ㉡ 0.03, ㉢ 50, ㉣ 150, ㉤ 0.1
③ ㉠ 25, ㉡ 0.03, ㉢ 50, ㉣ 180, ㉤ 0.1
④ ㉠ 30, ㉡ 0.03, ㉢ 50, ㉣ 200, ㉤ 0.1
⑤ ㉠ 35, ㉡ 0.03, ㉢ 50, ㉣ 250, ㉤ 0.1

해설 ④ [○] 누전차단기에 의한 감전방지 (산기규 제304조) : 전기기계·기구에 설치되어 있는 누전차단기는 정격감도전류가 30mA 이하이고, 작동시간은 0.03초 이내일 것. 다만, 정격전부하전류가 50A 이상인 전기기계·기구에 접속되는 누전차단기는 오작동을 방지하기 위하여 정격감도전류는 200mA 이하로, 작동시간은 0.1초 이내로 할 수 있다.

06 누전차단기의 시설방법에 대한 규정 내용 중 옳지 않은 것은?

① 시설장소는 배전반 또는 분전반 내에 설치한다.
② 정격전류용량은 해당 전로의 부하전류 값 이상이어야 한다.
③ 정격감도전류는 정상의 사용상태에서 불필요하게 동작하지 않도록 한다.
④ 인체감전보호형은 0.05초 이내에 동작하는 고감도고속형이어야 한다.
⑤ 분기회로 또는 전기기계·기구마다 누전차단기를 접속한다.

정답 05. ④   06. ④

해설 ④ [×] 전기기계·기구에 설치되어 있는 누전차단기는 정격감도전류가 30mA 이하이고, 작동시간은 0.03초 이내일 것이 규정된 내용이다.

07 누전에 의한 감전위험을 방지하기 위하여 해당 전로의 정격에 적합하고 감도가 양호하며 확실하게 작동하는 감전방지용 누전차단기를 설치하여야 한다. 괄호안에 알맞은 내용을 제시한 것은?

> 1. 대지전압이 (㉠)V를 초과하는 이동형 또는 휴대형 전기기계·기구
> 2. 물 등 도전성이 높은 액체가 있는 습윤장소에서 사용하는 저압용은 (㉡)V 이하 직류전압이나 (㉢)V 이하의 교류전압용 전기기계·기구

① ㉠ 110, ㉡ 1,000, ㉢ 1,500 ② ㉠ 120, ㉡ 1,500, ㉢ 1,000
③ ㉠ 150, ㉡ 1,500, ㉢ 1,000 ④ ㉠ 150, ㉡ 1,600, ㉢ 1,200
⑤ ㉠ 160, ㉡ 1,600, ㉢ 1,200

해설 ③ [○] 누전차단기 설치에 의한 감전방지로 옳은 내용이다.

○ 누전차단기에 의한 감전방지 대상 (산기규 제304조)

1. 대지전압이 150V를 초과하는 이동형 또는 휴대형 전기기계·기구
2. 물 등 도전성이 높은 액체가 있는 습윤장소에서 사용하는 저압(1,500V 이하 직류전압이나 1,000V 이하의 교류전압을 말한다)용 전기기계·기구
3. 철판·철골 위 등 도전성이 높은 장소에서 사용하는 이동형 또는 휴대형 전기기계·기구
4. 임시배선의 전로가 설치되는 장소에서 사용하는 이동형 또는 휴대형 전기기계·기구

08 전기 기계·기구에 대하여 누전에 의한 감전위험을 방지하기 위하여 해당 전로의 정격에 적합하고 감도가 양호하며 확실하게 작동하는 누전차단기를 설치해야 하는 전기기계·기구로 적절하지 않은 것은?

① 대지전압이 125V를 초과하는 이동형 또는 휴대형 전기기계·기구
② 물 등 도전성이 높은 액체가 있는 습윤장소에서 사용하는 저압(1,500V 이하 직류전압)용 전기기계·기구

정답 07. ③   08. ①

③ 물 등 도전성이 높은 액체가 있는 습윤장소에서 사용하는 저압(1,000V 이하의 교류전압)용 전기기계·기구

④ 철판·철골 위 등 도전성이 높은 장소에서 사용하는 이동형 또는 휴대형 전기기계·기구

⑤ 임시배선 전로 설치 장소에서 사용하는 이동형 또는 휴대형 전기기계·기구

해설 ① [×] 대지전압이 150V를 초과하는 이동형 또는 휴대형 전기기계·기구가 규정된 내용이다.

09 교류아크용접기에 자동전격방지기를 설치하여야 하는 장소로서 괄호에 적합한 높이는?

> 추락할 위험이 있는 높이 (   ) 이상의 장소로 철골 등 도전성이 높은 물체에 근로자가 접촉할 우려가 있는 장소

① 2m   ② 2.5m   ③ 3m   ④ 3.5m   ⑤ 4m

해설 ① [○] 교류아크용접기 등의 자동전격방지기 설치 대상 장소로 옳은 내용이다.

○ 교류아크용접기 등의 자동전격방지기 설치 대상 장소 (산기규 제306조) : 사업주는 다음 각 호의 어느 하나에 해당하는 장소에서 교류아크용접기(자동으로 작동되는 것은 제외한다)를 사용하는 경우에는 교류아크용접기에 자동전격방지기를 설치하여야 한다.

1. 선박의 이중 선체 내부, 밸러스트 탱크(ballast tank, 평형수 탱크), 보일러 내부 등 도전체에 둘러싸인 장소
2. 추락할 위험이 있는 높이 2m 이상의 장소로 철골 등 도전성이 높은 물체에 근로자가 접촉할 우려가 있는 장소
3. 근로자가 물·땀 등으로 인하여 도전성이 높은 습윤 상태에서 작업하는 장소

10 전기기계·기구의 조작 시 안전조치로서 사업주는 근로자가 안전하게 작업할 수 있도록 전기 기계·기구로부터 폭 얼마 이상의 작업공간을 확보하여야 하는가?

정답 09. ①   10. ③

① 30cm　② 50cm　③ 70cm　④ 90cm　⑤ 100cm

해설　③ [○] 전기 기계·기구의 조작 시 등의 안전조치 (산기규 제310조) : 사업주는 전기기계·기구의 조작부분을 점검하거나 보수하는 경우에는 근로자가 안전하게 작업할 수 있도록 전기 기계·기구로부터 폭 70cm 이상의 작업공간을 확보하여야 한다. 다만, 작업공간을 확보하는 것이 곤란하여 근로자에게 절연용 보호구를 착용하도록 한 경우에는 그러하지 아니하다.

11 방폭구조의 선정기준에서 분진폭발 위험장소의 분류와 해당하는 방폭구조로 올바르지 못한 것은?

① 20종 장소 : 밀폐방진방폭구조 (DIP A20 또는 DIP B20)
② 20종 장소 : 관련 공인 인증기관이 20종 장소에서 사용이 가능한 방폭구조로 인증한 방폭구조
③ 21종 장소 : 밀폐방진방폭구조 (DIP A20 또는 A21, DIP B20 또는 B21)
④ 22종 장소 : 밀폐방진방폭구조 (DIP A22 또는 DIP B22)
⑤ 22종 장소 : 22종 장소에서 사용하도록 특별히 고안된 비방폭형 구조

해설　④ [×] 일반방진방폭구조(DIP A22 또는 DIP B22)가 옳은 내용이다.
○ 분진폭발위험장소 (산기규 제311조, KS C IEC 61241-10)

구분	적용 방폭구조
20종 장소	1. 밀폐방진방폭구조 (DIP A20 또는 DIP B20) 2. 그 밖에 관련 공인 인증기관이 20종 장소에서 사용이 가능한 방폭구조로 인증한 방폭구조
21종 장소	1. 밀폐방진방폭구조 (DIP A20 또는 A21, DIP B20 또는 B21) 2. 그 밖에 관련 공인 인증기관이 21종 장소에서 사용이 가능한 방폭구조로 인증한 방폭구조
22종 장소	1. 20종 장소 및 21종 장소에서 사용 가능한 방폭구조 2. 일반방진방폭구조 (DIP A22 또는 DIP B22) 3. 그 밖에 22종 장소에서 사용하도록 특별히 고안된 비방폭형 구조

정답　11. ④

○ 가스폭발위험장소 (산기규 제311조, KS C IEC 60079-10)

구분	적용 방폭구조
0종 장소	1. 본질안전방폭구조 (ia) 2. 그 밖에 관련 공인 인증기관이 0종 장소에서 사용이 가능한 방폭구조로 인증한 방폭구조

1종 장소	1. 내압방폭구조 (d) 압력방폭구조 (p) 충전방폭구조 (q)
	   유입방폭구조 (o) 안전증방폭구조 (e) 몰드방폭구조 (m)
	   본질안전방폭구조 (ia, ib)
	2. 그 밖에 관련 공인 인증기관이 1종 장소에서 사용이 가능한 방폭구조로 인증한 방폭구조

2종 장소	1. 0종 장소 및 1종 장소에서 사용 가능한 방폭구조 2. 비점화 방폭구조 (n) 3. 그 밖에 2종 장소에서 사용하도록 특별히 고안된 비방폭형 구조

전기작업 위험방지

01 사업주는 근로자가 노출된 충전부 또는 그 부근에서 작업함으로써 감전될 우려가 있는 경우에는 작업에 들어가기 전에 해당 전로를 차단하여야 하는 절차를 보기에서 순서대로 번호를 바르게 나열한 것은?

> ㉠ 차단장치나 단로기 등에 잠금장치 및 꼬리표를 부착할 것
> ㉡ 개로된 전로에서 유도전압 또는 전기에너지가 축적되어 근로자에게 전기위험을 끼칠 수 있는 전기기기 등은 접촉하기 전에 잔류전하를 완전히 방전시킬 것
> ㉢ 전기기기 등에 공급되는 모든 전원을 관련 도면 배선도 등으로 확인할 것
> ㉣ 전원을 차단한 후 각 단로기 등을 개방하고 확인할 것
> ㉤ 전기기기 등이 다른 노출 충전부와의 접촉, 유도 또는 예비동력원의 역송전 등으로 전압이 발생할 우려가 있는 경우에는 충분한 용량을 가진 단락 접지 기구를 이용하여 접지할 것
> ㉥ 검전기를 이용하여 작업 대상 기기가 충전되었는지를 확인할 것

정답 01. ③

① ㄷ → ㄱ → ㄹ → ㄴ → ㅂ → ㅁ   ② ㄷ → ㄱ → ㄹ → ㅂ → ㄴ → ㅁ
③ ㄷ → ㄹ → ㄱ → ㄴ → ㅂ → ㅁ   ④ ㄷ → ㄹ → ㄴ → ㄱ → ㅂ → ㅁ
⑤ ㄷ → ㄹ → ㄴ → ㄱ → ㅁ → ㅂ

해설 ③ [○] 정전전로에서의 전기작업 절차로 옳은 내용이다(산기규 제319조).

02 충전전로를 취급하거나 그 인근에서 작업하는 경우 조치사항으로 적절하지 않은 것은?.

① 충전전로를 정전시키는 경우는 정전전로에서의 전기작업에 따른 조치를 할 것
② 충전전로에 근접한 장소에서 전기작업을 하는 경우에는 해당 전압에 적합한 절연용 방호구를 설치할 것
③ 유자격자가 아닌 근로자가 충전전로 인근의 높은 곳에서 작업할 때에 근로자의 몸 또는 긴 도전성 물체가 방호되지 않은 충전전로에서 대지전압이 50kV 이하인 경우에는 300cm 이내로 접근할 수 없도록 할 것
④ 유자격자가 아닌 근로자가 충전전로 인근의 높은 곳에서 작업할 때에 근로자의 몸 또는 긴 도전성 물체가 방호되지 않은 충전전로에서 대지전압이 50kV를 넘는 경우에는 10kV당 10cm씩 더한 거리 이내로 각각 접근할 수 없도록 할 것
⑤ 유자격자가 충전전로 인근에서 작업하는 경우 충전전로 선간전압이 0.3kV 초과 0.75kV 이하인 경우 충전전로 접근 한계거리(단위 : cm)는 45cm이다.

해설 ⑤ [×] 이 문항의 충전전로 접근 한계거리는 45cm가 아닌 30cm이다.
○ 충전전로에서의 전기작업시 조치사항 (산기규 제321조)
1. 충전전로를 정전시키는 경우에는 정전전로에서의 전기작업에 따른 조치를 할 것
2. 충전전로를 방호, 차폐하거나 절연 등의 조치를 하는 경우에는 근로자의 신체가 전로와 직접 접촉하거나 도전재료, 공구 또는 기기를 통하여 간접 접촉되지 않도록 할 것
3. 충전전로를 취급하는 근로자에게 그 작업에 적합한 절연용 보호구를 착용시킬 것
4. 충전전로에 근접한 장소에서 전기작업을 하는 경우에는 해당 전압에 적합한 절연용 방호구를 설치할 것. 다만, 저압인 경우에는 해당 전기작업자가

정답 02. ⑤

절연용 보호구를 착용하되, 충전전로에 접촉할 우려가 없는 경우에는 절연용 방호구를 설치하지 아니할 수 있다.
5. 고압 및 특별고압의 전로에서 전기작업을 하는 근로자에게 활선작업용 기구 및 장치를 사용하도록 할 것
6. 근로자가 절연용 방호구의 설치·해체작업을 하는 경우에는 절연용 보호구를 착용하거나 활선작업용 기구 및 장치를 사용하도록 할 것
7. 유자격자가 아닌 근로자가 충전전로 인근의 높은 곳에서 작업할 때에 근로자의 몸 또는 긴 도전성 물체가 방호되지 않은 충전전로에서 대지전압이 50kV 이하인 경우에는 300cm 이내로, 대지전압이 50kV를 넘는 경우에는 10kV당 10cm씩 더한 거리 이내로 각각 접근할 수 없도록 할 것
8. 유자격자가 충전전로 인근에서 작업하는 경우에는 다음 각 목의 경우를 제외하고는 노출 충전부에 다음 표에 제시된 접근한계거리 이내로 접근하거나 절연 손잡이가 없는 도전체에 접근할 수 없도록 할 것
   가. 근로자가 노출 충전부로부터 절연된 경우 또는 해당 전압에 적합한 절연장갑을 착용한 경우
   나. 노출 충전부가 다른 전위를 갖는 도전체 또는 근로자와 절연된 경우
   다. 근로자가 다른 전위를 갖는 모든 도전체로부터 절연된 경우

충전전로 선간전압 (단위 : kV)	충전전로에 대한 접근 한계거리 (단위 : cm)
0.3 이하	접촉금지
0.3 초과 0.75 이하	30
0.75 초과 2 이하	45
2 초과 15 이하	60
15 초과 37 이하	90
37 초과 88 이하	110
88 초과 121 이하	130
121 초과 145 이하	150
145 초과 169 이하	170
169 초과 242 이하	230
242 초과 362 이하	380
362 초과 550 이하	550
550 초과 이하	790

03 다음 보기의 충전전로의 선간전압에 대한 접근 한계거리에 알맞은 내용을 제시한 것은?

㉠ 380V   ㉡ 1.5kV   ㉢ 6.6kV   ㉣ 22.9kV

① ㉠ 30cm, ㉡ 40cm, ㉢ 50cm, ㉣ 80cm
② ㉠ 30cm, ㉡ 40cm, ㉢ 50cm, ㉣ 80cm
③ ㉠ 30cm, ㉡ 40cm, ㉢ 50cm, ㉣ 80cm
④ ㉠ 30cm, ㉡ 45cm, ㉢ 60cm, ㉣ 90cm
⑤ ㉠ 30cm, ㉡ 50cm, ㉢ 60cm, ㉣ 110cm

해설 ④ [○] 충전전로의 선간전압에 따른 접근한계 거리로 옳은 내용이다.

○ 충전전로의 선간전압에 따른 접근한계 거리 (산기규 제321조)

충전전로의 선간전압 (단위 : kW)	충전전로에 대한 접근한계 거리 (단위 : cm)
0.3 초과 0.75 이하	30
0.75 초과 2 이하	45
2초과 15 이하	60
15 초과 37 이하	90

04 충전전로를 취급하거나 그 인근에서 작업하는 경우 조치사항에서 괄호 안에 알맞은 내용을 제시한 것은?

유자격자가 아닌 근로자가 충전전로 인근의 높은 곳에서 작업할 때에 근로자의 몸 또는 긴 도전성 물체가 방호되지 않은 충전전로에서 대지전압이 50kV 이하인 경우에는 (㉠)cm 이내로, 대지전압이 50kV를 넘는 경우에는 (㉡)kV 당 (㉢)cm씩 더한 거리 이내로 각각 접근할 수 없도록 할 것

① ㉠ 200, ㉡ 10, ㉢ 5
② ㉠ 250, ㉡ 10, ㉢ 8
③ ㉠ 300, ㉡ 10, ㉢ 10
④ ㉠ 350, ㉡ 10, ㉢ 15
⑤ ㉠ 400, ㉡ 10, ㉢ 20

해설 ③ [○] 충전전로에서의 전기작업으로서 옳은 내용이다.

정답 03. ④ 04. ③

○ 충전전로에서의 전기작업 (산기규 제321조) : 유자격자가 아닌 근로자가 충전전로 인근의 높은 곳에서 작업할 때에 근로자의 몸 또는 긴 도전성 물체가 방호되지 않은 충전전로에서 대지전압이 50kV 이하인 경우에는 300cm 이내로, 대지전압이 50kV를 넘는 경우에는 10kV당 10cm씩 더한 거리 이내로 각각 접근할 수 없도록 할 것

05 다음 중 활선근접 작업시의 안전조치로 적절하지 않은 것은?

① 근로자가 절연용 방호구의 설치·해체작업을 하는 경우에는 절연용 보호구를 착용하거나 활선작업용 기구 및 장치를 사용하도록 하여야 한다.
② 저압인 경우에는 해당 전기작업자가 절연용 보호구를 착용하되, 충전전로에 접촉할 우려가 없는 경우에는 절연용 방호구를 설치하지 아니할 수 있다.
③ 유자격자가 아닌 근로자가 근로자의 몸 또는 긴 도전성 물체가 방호되지 않은 충전전로에서 대지전압이 50kV 이하인 경우에는 400cm 이내로 접근할 수 없도록 하여야 한다.
④ 고압 및 특별고압의 전로에서 전기작업을 하는 근로자에게 활선작업용 기구 및 장치를 사용하여야 한다.
⑤ 대지전압이 50kV를 넘는 경우에는 10kV당 10cm씩 더한 거리 이내로 각각 접근할 수 없도록 한다.

|해설| ③ [×] 유자격자가 아닌 근로자가 근로자의 몸 또는 긴 도전성 물체가 방호되지 않은 충전전로에서 대지전압이 50kV 이하인 경우에는 300cm 이내로 접근할 수 없도록 하여야 한다(산기규 제321조).

06 절연용 보호구 등을 사용 대상 전기작업 종류에 해당되지 않는 것은?

① 밀폐공간에서의 전기작업 ② 고정 및 보조설비 등을 사용하는 전기작업
③ 정전전로 또는 그 인근에서의 전기작업
④ 충전전로에서의 전기작업 ⑤ 충전전로 인근에서 차량·기계장치 등의 작업

|해설| ② [×] 이동 및 휴대장비 등을 사용하는 전기작업이 규정된 내용이다.
○ 절연용 보호구 등의 사용 대상 작업 (산기규 제323조)
 1. 밀폐공간에서의 전기작업

정답 05. ③   06. ②

2. 이동 및 휴대장비 등을 사용하는 전기작업
3. 정전전로 또는 그 인근에서의 전기작업
4. 충전전로에서의 전기작업
5. 충전전로 인근에서의 차량·기계장치 등의 작업

07 다음 괄호 안에 알맞은 내용을 제시한 것은?

> 충전전로에서의 전기작업과 충전전로 인근에서의 차량·기계장치 작업 및 절연용 보호구, 절연용 방호구, 활선작업용 기구, 활선작업용 장치 등 절연용 보호구 사용은 대지전압이 (   )V 이하인 전기기계·기구·배선 또는 이동전선에 대해서는 적용하지 아니한다.

① 30V   ② 40V   ③ 45V   ④ 50V   ⑤ 60V

해설 ① [○] 절연용 보호구 사용의 적용 제외 대상으로서 옳은 내용이다.
○ 절연용 보호구 사용의 적용 제외 (산기규 제324조) : 대지전압이 30V 이하인 전기기계·기구·배선 또는 이동전선에 대해서는 적용하지 아니한다.

정전기 및 전자파 위험방지

01 정전기에 의한 화재 또는 폭발 등의 위험이 발생할 우려가 있는 경우에 해당 설비에 대하여 확실한 방법으로 접지를 하거나, 도전성 재료를 사용하거나 가습 및 점화원이 될 우려가 없는 제전장치를 사용하는 등 정전기의 발생을 억제하거나 제거하기 위하여 필요한 조치를 하여야 하는 설비에 해당되지 않는 것은?

① 위험물 건조설비 또는 그 부속설비
② 인화성 고체를 저장하거나 취급하는 설비
③ 드라이클리닝설비, 염색가공설비 또는 모피류 등을 씻는 설비 등 인화성유기용제를 사용하는 설비
④ 고압가스를 제조하거나 이송·저장·취급하는 설비

정답 07. ① | 01. ④

⑤ 유압, 압축공기 또는 고전위정전기 등을 이용하여 인화성 액체나 인화성 고체를 분무하거나 이송하는 설비

해설 ④ [×] 고압가스를 이송하거나 저장·취급하는 설비가 규정된 내용이다.

○ 정전기로 인한 화재 폭발 등 방지 대상 설비 (산기규 제325조)

1. 위험물을 탱크로리·탱크차 및 드럼 등에 주입하는 설비
2. 탱크로리·탱크차 및 드럼 등 위험물저장설비
3. 인화성 액체를 함유하는 도료 및 접착제 등을 제조·저장·취급 또는 도포하는 설비
4. 위험물 건조설비 또는 그 부속설비
5. 인화성 고체를 저장하거나 취급하는 설비
6. 드라이클리닝설비, 염색가공설비 또는 모피류 등을 씻는 설비 등 인화성 유기용제를 사용하는 설비
7. 유압, 압축공기 또는 고전위정전기 등을 이용하여 인화성 액체나 인화성 고체를 분무하거나 이송하는 설비
8. 고압가스를 이송하거나 저장·취급하는 설비
9. 화약류 제조설비
10. 발파공에 장전된 화약류를 점화시키는 경우에 사용하는 발파기 (발파공을 막는 재료로 물을 사용하거나 갱도발파를 하는 경우는 제외한다)

5.4 건설작업 등 위험예방

> 거푸집 및 동바리

01 거푸집 설계시 조립도에 명시하여야 할 사항으로 적절하지 않은 것은?

① 부재의 재질   ② 단면규격   ③ 설치간격   ④ 이음방법
⑤ 이음순서

해설 ⑤ [×] 이음순서는 규정된 내용이 아니다.

○ 거푸집 및 동바리의 조립도 (산기규 제331조)

① 사업주는 거푸집 및 동바리를 조립하는 경우에는 그 구조를 검토한 후 조립도를 작성하고, 그 조립도에 따라 조립하도록 해야 한다.

② 제1항의 조립도에는 거푸집 및 동바리를 구성하는 부재의 재질·단면규격·설치간격 및 이음방법 등을 명시해야 한다.

02 작업발판 일체형거푸집의 종류로 적절하지 않은 것은?

① 갱 폼   ② 슬립 폼   ③ 클라이밍 폼   ④ 터널 라이닝 폼   ⑤ GCS 폼

해설 ⑤ [×] GCS(guide rail climbing system) 폼은 대형 시스템 거푸집 종류이다.

○ 작업발판 일체형 거푸집의 안전조치 (산기규 제331조의 3) : "작업발판 일체형 거푸집"이란 거푸집의 설치·해체, 철근 조립, 콘크리트 타설, 콘크리트 면처리 작업 등을 위하여 거푸집을 작업발판과 일체로 제작하여 사용하는 거푸집으로서 다음 각 호의 거푸집을 말한다.

1. 갱 폼 (gang form) 2. 슬립 폼 (slip form)

3. 클라이밍 폼 (climbing form)

4. 터널 라이닝 폼 (tunnel lining form)

5. 그 밖에 거푸집과 작업발판이 일체로 제작된 거푸집 등

○ 대형 시스템 거푸집

1. 갱 폼 (gang form)

2. GCS 폼 (guide rail climbing system form)

정답 01. ⑤   02. ⑤

3. ACS 폼 (auto climbing system form)
4. 슬립 폼 (slip form)

03 거푸집 동바리 조립시 준수하여야 할 사항으로 적절하지 않은 것은?

① 받침목이나 깔판의 사용, 콘크리트 타설, 말뚝박기 등 동바리의 침하를 방지하기 위한 조치를 할 것
② 동바리의 상하 고정 및 미끄러짐 방지 조치를 할 것
③ 동바리의 이음은 맞댐이음이나 장부이음으로 해야 하고, 같은 품질의 재료를 사용할 것
④ 거푸집의 형상에 따른 부득이한 경우를 제외하고는 깔판이나 받침목은 2단 이상 끼우지 않도록 할 것
⑤ 깔판이나 받침목을 이어서 사용하는 경우 그 깔판·받침목을 단단히 연결할 것

해설 ③ [×] 법규 전문개정으로, 같은 품질의 재료를 사용할 것으로 개정되었다.
○ 동바리 조립 시의 안전조치 (산기규 제332조) [전문개정 2023. 11. 14.]
1. 받침목이나 깔판의 사용, 콘크리트 타설, 말뚝박기 등 동바리의 침하를 방지하기 위한 조치를 할 것
2. 동바리의 상하 고정 및 미끄러짐 방지 조치를 할 것
3. 상부·하부의 동바리가 동일 수직선상에 위치하도록 하여 깔판·받침목에 고정시킬 것
4. 개구부 상부에 동바리를 설치하는 경우에는 상부하중을 견딜 수 있는 견고한 받침대를 설치할 것
5. U헤드 등의 단판이 없는 동바리의 상단에 멍에 등을 올릴 경우에는 해당 상단에 U헤드 등의 단판을 설치하고, 멍에 등이 전도되거나 이탈되지 않도록 고정시킬 것
6. 동바리의 이음은 같은 품질의 재료를 사용할 것
7. 강재의 접속부 및 교차부는 볼트·클램프 등 전용철물을 사용하여 단단히 연결할 것
8. 거푸집의 형상에 따른 부득이한 경우를 제외하고는 깔판이나 받침목은 2단 이상 끼우지 않도록 할 것
9. 깔판이나 받침목을 이어서 사용하는 경우에는 그 깔판·받침목을 단단히 연결할 것

정답 03. ③

04 거푸집동바리 등의 안전조치로 ( )에 대해 적절한 내용을 제시한 것은?

1. 파이프 서포트를 (㉠)개 이상 이어서 사용하지 않도록 할 것
2. 동바리로 사용하는 파이프 서포트에 대해서는 높이가 3.5m를 초과하는 경우에는 높이 (㉡)m 이내마다 수평 연결재를 2개 방향으로 만들고 수평 연결재의 변위를 방지할 것
3. 동바리로 사용하는 강관틀에 대해서는 최상단 및 (㉢)단 이내마다 거푸집 동바리의 측면과 틀면의 방향 및 교차가새의 방향에서 5개 이내 마다 수평 연결재를 설치하고 수평연결재의 변위를 방지할 것
4. 동바리로 사용하는 조립강주에 대해서는 높이가 (㉣)m를 초과하는 경우에는 높이 4m 이내마다 수평연결재를 2개 방향으로 설치하고 수평연결재의 변위를 방지할 것
5. 시스템 동바리의 경우 동바리 최상단과 최하단의 수직재와 받침철물은 서로 밀착되도록 설치하고 수직재와 받침철물의 연결부의 겹침길이는 받침철물 전체길이의 (㉤)분의 1 이상 되도록 할 것

① ㉠ 2, ㉡ 2, ㉢ 4, ㉣ 4, ㉤ 2
② ㉠ 3, ㉡ 2, ㉢ 5, ㉣ 4, ㉤ 3
③ ㉠ 2, ㉡ 3, ㉢ 5, ㉣ 4, ㉤ 3
④ ㉠ 3, ㉡ 3, ㉢ 5, ㉣ 5, ㉤ 4
⑤ ㉠ 3, ㉡ 3, ㉢ 6, ㉣ 5, ㉤ 4

해설 ② [○] 동바리 유형에 따른 동바리 조립 시의 안전조치로 옳은 내용이다.

○ 동바리 유형에 따른 동바리 조립 시의 안전조치 (산기규 제332조의 2)

1. 동바리로 사용하는 파이프 서포트의 경우
   가. 파이프 서포트를 3개 이상 이어서 사용하지 않도록 할 것
   나. 파이프 서포트를 이어서 사용하는 경우에는 4개 이상의 볼트 또는 전용철물을 사용하여 이을 것
   다. 높이가 3.5m를 초과하는 경우에는 높이 2m 이내마다 수평연결재를 2개 방향으로 만들고 수평연결재의 변위를 방지할 것

2. 동바리로 사용하는 강관틀의 경우
   가. 강관틀과 강관틀 사이에 교차가새를 설치할 것
   나. 최상단 및 5단 이내마다 동바리의 측면과 틀면의 방향 및 교차가새의 방향에서 5개 이내마다 수평연결재를 설치하고 수평연결재의 변위를 방지할 것

정답 04. ②

다. 최상단 및 5단 이내마다 동바리의 틀면의 방향에서 양단 및 5개틀 이내마다 교차가새의 방향으로 띠장틀을 설치할 것

3. 동바리로 사용하는 조립강주의 경우

   조립강주의 높이가 4m를 초과하는 경우에는 높이 4m 이내마다 수평연결재를 2개 방향으로 설치하고 수평연결재의 변위를 방지할 것

4. 시스템 동바리(규격화·부품화된 수직재, 수평재 및 가새재 등의 부재를 현장에서 조립하여 거푸집을 지지하는 지주 형식의 동바리)의 경우

   가. 수평재는 수직재와 직각으로 설치해야 하며, 흔들리지 않도록 견고하게 설치할 것

   나. 연결철물을 사용하여 수직재를 견고하게 연결하고, 연결부위가 탈락 또는 꺾어지지 않도록 할 것

   다. 수직 및 수평하중에 대해 동바리의 구조적 안정성이 확보되도록 조립도에 따라 수직재 및 수평재에는 가새재를 견고하게 설치할 것

   라. 동바리 최상단과 최하단의 수직재와 받침철물은 서로 밀착되도록 설치하고 수직재와 받침철물의 연결부의 겹침길이는 받침철물 전체길이의 3분의 1 이상 되도록 할 것

5. 보 형식의 동바리[강제 갑판(steel deck), 철재트러스 조립 보 등 수평으로 설치하여 거푸집을 지지하는 동바리를 말한다]의 경우

   가. 접합부는 충분한 걸침 길이를 확보하고 못, 용접 등으로 양끝을 지지물에 고정시켜 미끄러짐 및 탈락을 방지할 것

   나. 양끝에 설치된 보 거푸집을 지지하는 동바리 사이에는 수평연결재를 설치하거나 동바리를 추가로 설치하는 등 보 거푸집이 옆으로 넘어지지 않도록 견고하게 할 것

   다. 설계도면, 시방서 등 설계도서를 준수하여 설치할 것

05 동바리로 사용하는 파이프 서포트 설치시 준수사항을 옳게 제시한 것은?

1. 파이프 서포트를 (㉠)개 이상 이어서 사용하지 않도록 할 것
2. 파이프 서포트를 이어서 사용하는 경우에는 (㉡)개 이상의 볼트 또는 전용 철물을 사용하여 이을 것
3. 높이가 (㉢)m를 초과하는 경우에는 높이 2m 이내마다 수평 연결재를 2개 방향으로 만들고 수평 연결재의 변위를 방지할 것

정답 05. ③

① ㉠ 2, ㉡ 3, ㉢ 3.5　　② ㉠ 2, ㉡ 4, ㉢ 4　　③ ㉠ 3, ㉡ 4, ㉢ 3.5
④ ㉠ 4, ㉡ 3, ㉢ 4　　⑤ ㉠ 4, ㉡ 4, ㉢ 5

해설　③ [○] 동바리로 사용하는 파이프 서포트의 경우 동바리 조립 시의 안전조치로서 옳은 내용이다.

06 거푸집 동바리를 조립하는 경우 준수해야 할 기준으로 옳지 않은 것은?

> 동바리로 사용하는 파이프 서포트의 경우 높이가 (㉠)미터를 초과하는 경우에는 높이 (㉡)미터 이내마다 수평연결재를 (㉢)개 방향으로 만들고 수평연결재의 변위를 방지할 것

① ㉠ 3.5, ㉡ 2, ㉢ 2　　② ㉠ 3.5, ㉡ 2, ㉢ 3　　③ ㉠ 4.5, ㉡ 2, ㉢ 2
④ ㉠ 4.5, ㉡ 2, ㉢ 3　　⑤ ㉠ 4.5, ㉡ 3, ㉢ 3

해설　① [○] 동바리로 사용하는 파이프 서포트의 경우 높이가 3.5m를 초과하는 경우에는 높이 2m 이내마다 수평연결재를 2개 방향으로 만들고 수평연결재의 변위를 방지할 것이 규정된 내용이다(산기규 제332조의 2).

굴착작업 등의 위험방지

01 지반의 굴착작업에 있어서 지반의 붕괴 등에 의해 근로자에게 위험을 미칠 우려가 있을 경우 실시하는 지반조사 사항으로 적절하지 않은 것은?

① 작업장소 및 그 주변의 부석·균열의 유무
② 형상·지질 및 지층의 상태　　③ 함수의 유무 또는 상태의 변화
④ 용수(湧水)의 유무 또는 상태의 변화　　⑤ 동결의 유무 또는 상태의 변화

해설　② [×] 형상·지질 및 지층의 상태는 법규 개정으로 삭제되었다.

○ 굴착작업 사전조사 등 (산기규 제338조) : 사업주는 굴착작업을 할 때에 토사 등의 붕괴 또는 낙하에 의한 위험을 미리 방지하기 위하여 다음 각 호의 사항을 점검해야 한다. <개정 2023. 11. 14>
1. 작업장소 및 그 주변의 부석·균열의 유무
2. 함수(含水)·용수(湧水) 및 동결의 유무 또는 상태의 변화

정답　06. ①　│　01. ②

02 흙막이 지보공을 설치하였을 때에는 사업주가 정기적으로 점검하고 이상을 발견시 보수하여야 할 사항으로 적절하지 않은 것은?

① 부재의 손상·변형·부식·변위 및 탈락의 유무와 상태
② 버팀대의 긴압의 정도
③ 부재의 접속부·부착부 및 교차부의 상태
④ 침하의 정도
⑤ 균열·함수·용수 및 동결의 유무 및 상태

해설 ⑤ [×] 균열·함수·용수 및 동결의 유무 및 상태는 규정된 내용이 아니며, 지반 굴착작업 조사사항에 해당하는 것이다.

○ 붕괴 등의 위험 방지 (산기규 제347조) : 사업주는 흙막이 지보공을 설치하였을 때에는 정기적으로 다음 각 호의 사항을 점검하고 이상을 발견하면 즉시 보수하여야 한다.

1. 부재의 손상·변형·부식·변위 및 탈락의 유무와 상태
2. 버팀대의 긴압(緊壓)의 정도
3. 부재의 접속부·부착부 및 교차부의 상태
4. 침하의 정도

03 발파작업에 종사 근로자가 준수하여야 할 사항으로 적절하지 않은 것은?

① 장전구는 마찰·충격·정전기로 의한 폭발위험이 없는 안전한 것을 사용할 것
② 얼어붙은 다이나마이트는 화기에 접근시키거나 그 밖의 고열물에 직접 접촉시키는 등 위험한 방법으로 융해되지 않도록 할 것
③ 전기뇌관에 의한 경우에는 발파모선을 점화기에서 떼어 그 끝을 단락시켜 놓는 등 재점화되지 않도록 조치하고 그 때부터 5분 이상 경과한 후가 아니면 화약류의 장전장소에 접근시키지 않도록 할 것
④ 전기뇌관 외의 것에 의한 경우에는 점화한 때부터 15분 이상 경과한 후가 아니면 화약류의 장전장소에 접근시키지 않도록 할 것
⑤ 전기뇌관에 의한 발파의 경우 점화하기 전에 화약류를 장전한 장소로부터 20m 이상 떨어진 안전한 장소에서 전선에 대하여 저항측정 및 도통시험을 할 것

해설 ⑤ [×] 전기뇌관에 의한 발파의 경우 점화하기 전에 화약류를 장전한 장소로부터 30m 이상 떨어진 안전한 장소에서 전선에 대하여 저항측정 및 도통(導通)시험을 할 것이 규정된 내용이다.

정답 02. ⑤   03. ⑤

○ 발파의 작업기준 준수 (산기규 제348조)
1. 얼어붙은 다이나마이트는 화기에 접근시키거나 그 밖의 고열물에 직접 접촉시키는 등 위험한 방법으로 융해되지 않도록 할 것
2. 화약이나 폭약을 장전하는 경우에는 그 부근에서 화기를 사용하거나 흡연을 하지 않도록 할 것
3. 장전구는 마찰·충격·정전기 등에 의한 폭발의 위험이 없는 안전한 것을 사용할 것
4. 발파공의 충진재료는 점토·모래 등 발화성 또는 인화성의 위험이 없는 재료를 사용할 것
5. 점화 후 장전된 화약류가 폭발하지 아니한 경우 또는 장전된 화약류의 폭발 여부를 확인하기 곤란한 경우에는 다음 각 목의 사항을 따를 것
    가. 전기뇌관에 의한 경우에는 발파모선을 점화기에서 떼어 그 끝을 단락시켜 놓는 등 재점화되지 않도록 조치하고 그 때부터 5분 이상 경과한 후가 아니면 화약류의 장전장소에 접근시키지 않도록 할 것
    나. 전기뇌관 외의 것에 의한 경우에는 점화한 때부터 15분 이상 경과한 후가 아니면 화약류의 장전장소에 접근시키지 않도록 할 것
6. 전기뇌관에 의한 발파의 경우 점화하기 전에 화약류를 장전한 장소로부터 30m 이상 떨어진 안전한 장소에서 전선에 대하여 저항측정 및 도통(導通)시험을 할 것

터널작업 위험방지

01 터널 지보공 설치시 조립도에 명시해야 할 사항으로 적절하지 않은 것은?
① 재료의 재질   ② 단면규격   ③ 설치간격   ④ 이음방법
⑤ 조립순서

해설 ⑤ [×] 조립순서는 해당 내용이 아니다.
○ 터널 지보공의 조립도 (산기규 제363조)
① 사업주는 터널 지보공을 조립하는 경우에는 미리 그 구조를 검토한 후 조립도를 작성하고, 그 조립도에 따라 조립하도록 하여야 한다.
② 제1항의 조립도에는 재료의 재질, 단면규격, 설치간격 및 이음방법 등을 명시하여야 한다.

정답 01. ⑤

02 터널 지보공을 조립하거나 변경할 때 조치사항으로 적절하지 않은 것은?

① 주재(主材)를 구성하는 1세트의 부재는 동일 평면 내에 배치할 것
② 기둥에는 침하를 방지하기 위하여 받침목을 사용하는 등의 조치를 할 것
③ 강(鋼)아치 지보공의 조립시 주재가 아치작용을 충분히 할 수 있도록 연결부마다 받침목 설치 조치를 할 것
④ 목재 지주식 지보공의 조립시 양끝에는 받침대를 설치할 것
⑤ 강아치 지보공 및 목재지주식 지보공 외의 터널 지보공에 대해서는 터널 등의 출입구 부분에 받침대를 설치할 것

해설 ③ [×] 강(鋼)아치 지보공의 조립시 주재가 아치작용을 충분히 할 수 있도록 쐐기를 박는 등 필요한 조치를 할 것이 규정된 내용이다.

○ 터널 지보공의 조립 또는 변경시의 조치 (산기규 제364조)

1. 주재(主材)를 구성하는 1세트의 부재는 동일 평면 내에 배치할 것
2. 목재의 터널 지보공은 그 터널 지보공의 각 부재의 긴압 정도가 균등하게 되도록 할 것
3. 기둥에는 침하를 방지하기 위하여 받침목을 사용하는 등의 조치를 할 것
4. 강(鋼)아치 지보공의 조립은 다음 각 목의 사항을 따를 것
   가. 조립간격은 조립도에 따를 것
   나. 주재가 아치작용을 충분히 할 수 있도록 쐐기를 박는 등 필요한 조치를 할 것
   다. 연결볼트 및 띠장 등을 사용하여 주재 상호간을 튼튼하게 연결할 것
   라. 터널 등의 출입구 부분에는 받침대를 설치할 것
   마. 낙하물이 근로자에게 위험을 미칠 우려가 있는 경우에는 널판 등을 설치할 것
5. 목재 지주식 지보공은 다음 각 목의 사항을 따를 것
   가. 주기둥은 변위를 방지하기 위하여 쐐기 등을 사용하여 지반에 고정시킬 것
   나. 양끝에는 받침대를 설치할 것
   다. 터널 등의 목재 지주식 지보공에 세로방향의 하중이 걸림으로써 넘어지거나 비틀어질 우려가 있는 경우에는 양끝 외의 부분에도 받침대를 설치할 것
   라. 부재의 접속부는 꺾쇠 등으로 고정시킬 것

정답 02. ③

6. 강아치 지보공 및 목재지주식 지보공 외의 터널 지보공에 대해서는 터널 등의 출입구 부분에 받침대를 설치할 것

잠함 내 작업 등 위험방지

01 사업주는 잠함 또는 우물통의 내부에서 근로자가 굴착작업을 하는 경우에 잠함 또는 우물통의 급격한 침하에 의한 위험을 방지하기 위하여 준수하여야 할 사항으로서 바닥으로부터 천장 또는 보까지의 높이는 몇 m 이상으로 할 것이 요구되는가?

① 1.2m   ② 1.5m   ③ 1.8m   ④ 2.0m   ⑤ 2.3m

해설 ③ [○] 급격한 침하로 인한 위험 방지로서 1.8m가 옳은 내용이다.
○ 급격한 침하로 인한 위험 방지 (산기규 제376조) : 사업주는 잠함 또는 우물통의 내부에서 근로자가 굴착작업을 하는 경우에 잠함 또는 우물통의 급격한 침하에 의한 위험을 방지하기 위하여 다음 각 호의 사항을 준수하여야 한다.
1. 침하관계도에 따라 굴착방법 및 재하량(載荷量) 등을 정할 것
2. 바닥으로부터 천장 또는 보까지의 높이는 1.8m 이상으로 할 것

02 사업주는 잠함, 우물통, 수직갱, 그 밖에 이와 유사한 건설물 또는 설비의 내부에서 굴착작업을 하는 경우에 해당 작업장소와 외부와의 연락을 위한 통신설비 등을 설치해야 하는 최소 굴착깊이는?

① 15m 초과   ② 18m 초과   ③ 20m 초과   ④ 25m 초과
⑤ 30m 초과

해설 ③ [○] 잠함 등 내부에서의 작업시로서 20m 초과가 규정된 내용이다.
○ 잠함 등 내부에서의 작업 (산기규 제377조) : 사업주는 잠함, 우물통, 수직갱, 그 밖에 이와 유사한 건설물 또는 설비의 내부에서 굴착작업을 하는 경우에 다음 각 호의 사항을 준수하여야 한다.
1. 산소 결핍 우려가 있는 경우에는 산소의 농도를 측정하는 사람을 지명하여 측정하도록 할 것

정답   01. ③   02. ③

2. 근로자가 안전하게 오르내리기 위한 설비를 설치할 것
3. 굴착 깊이가 20m를 초과하는 경우에는 해당 작업장소와 외부와의 연락을 위한 통신설비 등을 설치할 것

가설도로 위험방지

01 공사용 가설도로를 설치하는 경우 준수사항으로 적절하지 않은 것은?

① 도로는 장비와 차량이 안전하게 운행할 수 있도록 견고하게 설치할 것
② 도로와 작업장이 접하여 있을 경우에는 차도난간 등을 설치할 것
③ 도로는 배수를 위하여 경사지게 설치할 것
④ 도로는 배수를 위하여 배수시설을 설치할 것
⑤ 차량의 속도제한 표지를 부착할 것

해설 ② [×] 도로와 작업장이 접하여 있을 경우에는 울타리 등을 설치할 것이 규정된 내용이다.

○ 가설도로 설치시 준수사항 (산기규 제379조) : 사업주는 공사용 가설도로를 설치하는 경우에 다음 각 호의 사항을 준수하여야 한다.
1. 도로는 장비와 차량이 안전하게 운행할 수 있도록 견고하게 설치할 것
2. 도로와 작업장이 접하여 있을 경우에는 울타리 등을 설치할 것
3. 도로는 배수를 위하여 경사지게 설치하거나 배수시설을 설치할 것
4. 차량의 속도제한 표지를 부착할 것

철골작업 위험방지

01 철골작업에서의 승강로 설치기준 중 ( )안에 알맞은 것은?

사업주는 근로자가 수직방향으로 이동하는 철골 부재에는 답단간격이 ( ) 이내인 고정된 승강로를 설치하여야 한다.

① 20cm ② 30cm ③ 40cm ④ 50cm ⑤ 60cm

정답 01. ② | 01. ②

해설   ② [○] 철골작업시 위험방지 승강로의 설치 (산기규 제381조) : 사업주는 근로자가 수직방향으로 이동하는 철골부재에는 답단 간격이 30cm 이내인 고정된 승강로를 설치하여야 하며, 수평방향 철골과 수직방향 철골이 연결되는 부분에는 연결작업을 위하여 작업발판 등을 설치하여야 한다.

02 철골작업을 중지해야 하는 조건을 올바르게 제시한 것은?

1. 풍속이 초당 (㉠) 이상인 경우   2. 강우량이 시간당 (㉡) 이상인 경우
3. 강설량이 시간당 (㉢) 이상인 경우

① ㉠ 10m, ㉡ 1mm, ㉢ 1cm   ② ㉠ 10m, ㉡ 1mm, ㉢ 1cm
③ ㉠ 15m, ㉡ 1.5mm, ㉢ 1.5cm   ④ ㉠ 15m, ㉡ 1.5mm, ㉢ 1.5cm
⑤ ㉠ 20m, ㉡ 2mm, ㉢ 2cm

해설   ② [○] 철골작업을 중지해야 하는 조건으로서 옳은 내용이다.
○ 철골작업의 제한 (산기규 제383조) : 사업주는 다음 각 호의 어느 하나에 해당하는 경우에 철골작업을 중지하여야 한다.
  1. 풍속이 초당 10m 이상인 경우
  2. 강우량이 시간당 1mm 이상인 경우
  3. 강설량이 시간당 1cm 이상인 경우

정답   02. ②

5.5 중량물·하역작업 등 위험방지

> 하역작업 등 위험방지

01 부두·안벽 등 하역작업을 하는 장소에서 부두 또는 안벽의 선을 따라 통로를 설치하는 경우에는 폭을 최소 얼마 이상으로 해야 하는가?

① 70cm   ② 80cm   ③ 90cm   ④ 100cm   ⑤ 120cm

[해설] ③ [○] 하역작업장의 조치기준 (산기규 제390조) : 부두 또는 안벽의 선을 따라 통로를 설치하는 경우에는 폭을 90cm 이상으로 할 것

02 다음 빈칸의 내용에 대해 적절한 내용을 제시한 것은?

> 1. 화물을 취급하는 작업 등에 사업주는 바닥으로부터의 높이가 2m 이상 되는 하적단과 인접 하적단 사이의 간격을 하적단 밑부분을 기준하여 (㉠)cm 이상으로 하여야 한다.
> 2. 부두 또는 안벽의 선을 따라 통로를 설치하는 경우에는 폭을 (㉡)cm 이상으로 할 것

① ㉠ 5, ㉡ 70   ② ㉠ 7, ㉡ 80   ③ ㉠ 9, ㉡ 90   ④ ㉠ 10, ㉡ 90
⑤ ㉠ 15, ㉡ 100

[해설] ④ [○] 하적단의 간격, 하역작업장의 조치기준으로 옳은 내용이다.
○ 하적단의 간격 (산기규 제391조) : 사업주는 바닥으로부터의 높이가 2m 이상 되는 하적단(포대·가마니 등으로 포장된 화물이 쌓여 있는 것만 해당한다)과 인접 하적단 사이의 간격을 하적단의 밑부분을 기준하여 10cm 이상으로 하여야 한다.
○ 하역작업장의 조치기준 (산기규 제390조) : 사업주는 부두·안벽 등 하역작업을 하는 장소에 다음 각 호의 조치를 하여야 한다.
  1. 작업장 및 통로의 위험한 부분에는 안전하게 작업할 수 있는 조명을 유지할 것

[정답] 01. ③   02. ④

2. 부두 또는 안벽의 선을 따라 통로를 설치하는 경우에는 폭을 90cm 이상으로 할 것

3. 육상에서의 통로 및 작업장소로서 다리 또는 선거(船渠) 갑문을 넘는 보도(步道) 등의 위험한 부분에는 안전난간 또는 울타리 등을 설치할 것

항만하역작업 위험방지

01 선창의 내부에서 화물취급작업을 하는 근로자가 안전하게 통행할 수 있는 설비를 설치하여야 하는 기준은 갑판의 윗면에서 선창 밑바닥까지의 깊이가 최소 얼마를 초과할 때인가?

① 1.3m   ② 1.5m   ③ 1.8m   ④ 2.0m   ⑤ 2.4m

해설 ② [○] 통행설비의 설치 등 (산기규 제394조) : 사업주는 갑판의 윗면에서 선창(船倉) 밑바닥까지의 깊이가 1.5m를 초과하는 선창의 내부에서 화물취급작업을 하는 경우에 그 작업에 종사하는 근로자가 안전하게 통행할 수 있는 설비를 설치하여야 한다.

02 항만하역작업에서의 선박승강설비 설치기준으로 옳지 않은 것은?

① 200톤급 이상의 선박에서 하역작업을 하는 경우에 근로자들의 안전하게 오르내릴 수 있는 현문(舷門) 사다리를 설치하여야 하며, 이 사다리 밑에 안전망을 설치하여야 한다.

② 현문 사다리는 견고한 재료로 제작된 것으로 너비는 55cm 이상이어야 한다.

③ 현문 사다리의 양측에는 82cm 이상의 높이로 울타리를 설치하여야 한다.

④ 현문 사다리는 근로자의 통행에만 사용하여야 하며, 화물용 발판 또는 화물용 보관으로 사용하도록 해서는 아니 된다.

⑤ 현문 사다리의 바닥은 미끄러지지 않도록 적합한 재질로 처리되어야 한다.

해설 ① [×] 사업주는 300톤급 이상의 선박에서 하역작업을 하는 경우에 근로자들이 안전하게 오르내릴 수 있는 현문(舷門) 사다리를 설치하여야 하며, 이 사다리 밑에 안전망을 설치하여야 한다.

정답 01. ②   02. ①

○ 선박승강설비의 설치 (산기규 제397조)

① 사업주는 300톤급 이상의 선박에서 하역작업을 하는 경우에 근로자들이 안전하게 오르내릴 수 있는 현문(舷門) 사다리를 설치하여야 하며, 이 사다리 밑에 안전망을 설치하여야 한다.

② 제1항에 따른 현문 사다리는 견고한 재료로 제작된 것으로 너비는 55cm 이상이어야 하고, 양측에 82cm 이상의 높이로 울타리를 설치하여야 하며, 바닥은 미끄러지지 않도록 적합한 재질로 처리되어야 한다.

③ 제1항의 현문 사다리는 근로자의 통행에만 사용하여야 하며, 화물용 발판 또는 화물용 보관으로 사용하도록 해서는 아니 된다.

5.6 벌목·궤도 작업 위험방지

벌목작업 위험방지

01 다음은 벌목작업 시 등의 위험방지 사항에 알맞은 내용을 제시한 것은?

> 1. 벌목하려는 경우에는 미리 대피로 및 대피장소를 정해 둘 것
> 2. 벌목하려는 나무의 가슴높이 지름이 (㉠)센티미터 이상인 경우에는 뿌리부분 지름의 (㉡) 깊이의 수구를 만들 것

① ㉠ 20, ㉡ 3분의 1이상 2분의 1 이하
② ㉠ 20, ㉡ 4분의 1 이상 3분의 1 이하
③ ㉠ 22, ㉡ 5분의 1 이상 4분의 1 이하
④ ㉠ 23, ㉡ 6분의 1 이상 5분의 1 이하
⑤ ㉠ 25, ㉡ 7분의 1 이상 6분의 1 이하

해설 ② [○] 벌목작업 시 등의 위험 방지로 옳은 내용이다.

○ 벌목작업 시 등의 위험 방지 (산기규 제405조) <개정 2021. 11. 19>

① 사업주는 벌목작업 등을 하는 경우에 다음 각 호의 사항을 준수하도록 해야 한다. 다만, 유압식 벌목기를 사용하는 경우에는 그렇지 않다.
  1. 벌목하려는 경우에는 미리 대피로 및 대피장소를 정해 둘 것
  2. 벌목하려는 나무의 가슴높이지름이 20cm 이상인 경우에는 수구(베어지는 쪽의 밑동 부근에 만드는 쐐기 모양의 절단면)의 상면·하면의 각도를 30도 이상으로 하며, 수구 깊이는 뿌리부분 지름의 4분의 1 이상 3분의 1 이하로 만들 것
  3. 벌목작업 중에는 벌목하려는 나무로부터 해당 나무 높이의 2배에 해당하는 직선거리 안에서 다른 작업을 하지 않을 것
  4. 나무가 다른 나무에 걸려있는 경우 다음 각 목의 사항을 준수할 것
     가. 걸려있는 나무 밑에서 작업을 하지 않을 것
     나. 받치고 있는 나무를 벌목하지 않을 것

② 사업주는 유압식 벌목기에는 견고한 헤드 가드(head guard)를 부착하여야 한다.

정답 01. ②

제 6 장

안전보건기준규칙 Ⅲ

6.1 관리대상 유해물질 건강장해 예방 / 266

6.2 소음·진동 건강장해 예방 / 270

6.3 분진·밀폐공간 건강장해 예방 / 273

6.4 근골격계·기타 건강장해 예방 / 277

6.1 관리대상 유해물질 건강장해 예방

보건기준 통칙

01 산업안전보건법에서 정하고 있는 유기화합물 특별취급장소에 해당되지 않는 것은?

① 탱크의 내부 (반응기 등 화학설비 포함)   ② 터널이나 갱의 내부
③ 통풍이 충분하지 않은 수로의 내부   ④ 차량의 내부
⑤ 지하실 내부

해설 ⑤ [×] 유기화합물 특별취급장소 지하실 내부는 규정된 장소가 아니다.

○ 유기화합물 특별취급장소 (산기규 제420조)

1. 선박의 내부   2. 차량의 내부
3. 탱크의 내부 (반응기 등 화학설비 포함)
4. 터널이나 갱의 내부   5. 맨홀의 내부
6. 피트의 내부   7. 통풍이 충분하지 않은 수로의 내부
8. 덕트의 내부   9. 수관(水管)의 내부
10. 그 밖에 통풍이 충분하지 않은 장소

02 다음 보기의 빈칸에 알맞은 숫자로 올바르게 제시된 것은?

1. 임시작업 : 일시적으로 하는 작업 중 월 (㉠)시간 미만인 작업을 말한다. 다만, 월 (㉡)시간 이상 (㉠)시간 미만인 작업이 매월 행하여지는 작업은 제외한다.
2. 단시간작업 : 관리대상 유해물질을 취급하는 시간이 1일 (㉢)시간 미만인 작업을 말한다. 다만, 1일 (㉢)시간 미만인 작업이 매일 수행되는 경우는 제외한다.

① ㉠ 16, ㉡ 8, ㉢ 1   ② ㉠ 20, ㉡ 8, ㉢ 1   ③ ㉠ 22, ㉡ 5, ㉢ 1
④ ㉠ 24, ㉡ 10, ㉢ 1   ⑤ ㉠ 28, ㉡ 12, ㉢ 2

정답   01. ⑤   02. ④

해설 ④ [○] 임시작업 및 단시간작업의 정의로 옳은 내용이다.

○ 임시작업 및 단시간작업의 정의 (산기규 제420조)

1. "임시작업"이란 일시적으로 하는 작업 중 월 24시간 미만인 작업을 말한다. 다만, 월 10시간 이상 24시간 미만인 작업이 매월 행하여지는 작업은 제외한다.
2. "단시간작업"이란 관리대상 유해물질을 취급하는 시간이 1일 1시간 미만인 작업을 말한다. 다만, 1일 1시간 미만인 작업이 매일 수행되는 경우는 제외한다.

작업방법 등 위험예방

01 관리대상 유해물질 취급설비나 그 부속설비를 사용하는 작업을 하는 경우에 관리대상 유해물질이 새지 않도록 작업수칙을 정하여 이에 따라 작업하도록 하여야 하는 사항에 해당하지 않는 것은?

① 유입 및 송출시 밸브·콕 등의 조작
② 냉각장치, 가열장치, 교반장치 및 압축장치의 조작
③ 안전밸브, 긴급 차단장치, 자동경보장치 및 그 밖의 안전장치의 조정
④ 뚜껑·플랜지·밸브 및 콕 등 접합부가 새는지 점검
⑤ 관리대상 유해물질 취급설비의 재가동 시 작업방법

해설 ① [×] 밸브·콕 등의 조작 (관리대상 유해물질을 내보내는 경우에만 해당한다) 이 규정된 내용이다.

○ 관리대상 유해물질의 작업수칙 (산기규 제436조)

1. 밸브·콕 등의 조작 (관리대상 유해물질을 내보내는 경우에만 해당한다)
2. 냉각장치, 가열장치, 교반장치 및 압축장치의 조작
3. 계측장치와 제어장치의 감시·조정
4. 안전밸브, 긴급 차단장치, 자동경보장치 및 그 밖의 안전장치의 조정
5. 뚜껑·플랜지·밸브 및 콕 등 접합부가 새는지 점검
6. 시료(試料)의 채취
7. 관리대상 유해물질 취급설비의 재가동 시 작업방법

정답 01. ①

8. 이상사태가 발생한 경우의 응급조치
9. 그 밖에 관리대상 유해물질이 새지 않도록 하는 조치

관리 등 위험예방

01 관리대상 유해물질을 취급하는 작업장에 게시하여야 할 사항으로 규정된 것이 아닌 것은?

① 관리대상 유해물질의 명칭 및 구성성분의 함유량
② 인체에 미치는 영향
③ 취급상 주의사항
④ 착용하여야 할 보호구
⑤ 응급조치와 긴급 방재 요령

해설 ① [×] '관리대상 유해물질의 명칭'이 규정된 내용이다.

○ 관리대상 유해물질 명칭 등의 게시 (산기규 제442조) : 사업주는 관리대상 유해물질을 취급하는 작업장의 보기 쉬운 장소에 다음 각 호의 사항을 게시하여야 한다.

1. 관리대상 유해물질의 명칭
2. 인체에 미치는 영향
3. 취급상 주의사항
4. 착용하여야 할 보호구
5. 응급조치와 긴급 방재 요령

○ 출입의 금지 등 (산기규 제446조) : 사업주는 관리대상 유해물질을 취급하는 실내작업장에 관계 근로자가 아닌 사람의 출입을 금지하고, 그 내용을 보기 쉬운 장소에 게시해야 한다. 다만, 관리대상 유해물질 중 금속류, 산·알칼리류, 가스상태 물질류를 1일 평균 합계 $100 l$(기체인 경우에는 그 기체의 부피 $1m^3$를 $2l$로 환산한다) 미만을 취급하는 작업장은 그러하지 아니하다.

02 관리대상 유해물질을 취급하는 작업에 근로자를 배치하기 전에 근로자에게 알려야 할 사항으로 규정된 것이 아닌 것은?

① 관리대상 유해물질의 명칭
② 인체에 미치는 영향과 증상
③ 취급상의 주의사항
④ 착용하여야 할 보호구와 착용방법
⑤ 위급상황 시의 대처방법과 응급조치 요령

정답 01. ①   02. ①

해설 ① [×] '관리대상 유해물질의 명칭 및 물리적·화학적 특성'이 옳은 내용이다.

○ 관리대상 유해물질 유해성 등의 주지 (산기규 제449조)

① 사업주는 관리대상 유해물질을 취급하는 작업에 근로자를 종사하도록 하는 경우에 근로자를 작업에 배치하기 전에 다음 각 호의 사항을 근로자에게 알려야 한다.

1. 관리대상 유해물질의 명칭 및 물리적·화학적 특성
2. 인체에 미치는 영향과 증상
3. 취급상의 주의사항
4. 착용하여야 할 보호구와 착용방법
5. 위급상황 시의 대처방법과 응급조치 요령
6. 그 밖에 근로자의 건강장해 예방에 관한 사항

② 사업주는 근로자가 별표 12 제1호(유기화합물) 중에서 아래 각 호의 의 물질을 취급하는 경우에 근로자가 작업을 시작하기 전에 해당 물질이 급성 독성을 일으키는 물질임을 근로자에게 알려야 한다. <개정 2022. 10. 18>

1. 디메틸포름아미드(Dimethylformamide) (특별관리물질)
2. 벤젠(Benzene) (특별관리물질)
3. 사염화탄소(Carbon tetrachloride) (특별관리물질)
4. 아크릴로니트릴(Acrylonitrile) (특별관리물질)
5. 1,1,2,2-테트라클로로에탄(1,1,2,2-Tetrachloroethane)
6. 퍼클로로에틸렌(Perchloroethylene) (특별관리물질)

6.2 소음·진동 건강장해 예방

> 소음 건강장해 예방

01 다음 중 소음의 1일 노출시간과 소음강도의 기준이 잘못 연결된 것은?

① 8hr - 90dB(A)　　② 4hr - 95dB(A)　　③ 2hr - 100dB(A)
④ 1/2hr - 110dB(A)　　⑤ 1/4hr - 120dB(A)

[해설] ⑤ [×] 120dB(A)은 충격소음으로서 노출불가이며, 노출시간 지정이 별도로 되어 있는 것이 아니다.

○ 소음작업의 정의 (산기규 제512조)
　1. "소음작업"이란 1일 8시간 작업을 기준으로 85dB 이상의 소음이 발생하는 작업을 말한다.
　2. "강렬한 소음작업"이란 다음 각목의 어느 하나에 해당하는 작업을 말한다.
　　가. 90dB 이상의 소음이 1일 8시간 이상 발생하는 작업
　　나. 95dB 이상의 소음이 1일 4시간 이상 발생하는 작업
　　다. 100dB 이상의 소음이 1일 2시간 이상 발생하는 작업
　　라. 105dB 이상의 소음이 1일 1시간 이상 발생하는 작업
　　마. 110dB 이상의 소음이 1일 30분 이상 발생하는 작업
　　바. 115dB 이상의 소음이 1일 15분 이상 발생하는 작업
　3. "충격소음작업"이란 소음이 1초 이상의 간격으로 발생하는 작업으로서 다음 각 목의 어느 하나에 해당하는 작업을 말한다.
　　가. 120dB을 초과하는 소음이 1일 1만회 이상 발생하는 작업
　　나. 130dB을 초과하는 소음이 1일 1천회 이상 발생하는 작업
　　다. 140dB을 초과하는 소음이 1일 1백회 이상 발생하는 작업

02 국내 규정상 1일 노출횟수가 100일 때 최대 음압수준이 몇 dB(A)를 초과하는 충격소음에 노출되어서는 아니 되는가?

① 100　　② 110　　③ 120　　④ 130　　⑤ 140

정답　01. ⑤　02. ⑤

해설 ⑤ [○] 140dB이 최고치이며, 충격소음을 초과하여 노출되지 않아야 한다.

03 다음은 소음기준에서 강렬한 소음작업의 내용이다. 다음 빈칸 내용으로 올바르게 제시된 것은?

1. 90dB 이상의 소음이 1일 (㉠)시간 이상 발생되는 작업
2. 100dB 이상의 소음이 1일 (㉡)시간 이상 발생되는 작업
3. 105dB 이상의 소음이 1일 (㉢)시간 이상 발생되는 작업
4. 110dB 이상의 소음이 1일 (㉣)시간 이상 발생되는 작업

① ㉠ 8, ㉡ 4, ㉢ 2, ㉣ 1
② ㉠ 8, ㉡ 6, ㉢ 4, ㉣ 2
③ ㉠ 8, ㉡ 7, ㉢ 6, ㉣ 5
④ ㉠ 8, ㉡ 2, ㉢ 1, ㉣ 0.5
⑤ ㉠ 8, ㉡ 4, ㉢ 1, ㉣ 0.5

해설 ④ [○] 강렬한 소음작업의 정의로서 옳은 내용이다. 5dB 증가시에 노출시간이 절반으로 감소된 수치로 규제된다.

04 사업주가 근로자에게 소음수준에 대해 근로자에게 알려야 할 내용으로 산업안전보건법령에 규정된 내용이 아닌 것은?

① 해당 작업장소의 소음 수준
② 인체에 미치는 영향과 증상
③ 보호구의 선정과 착용방법
④ 소음유발 기계·기구 관리 및 사용방법
⑤ 소음으로 인한 건강장해 방지에 필요한 사항

해설 ④ [×] 소음유발 기계·기구 관리 및 사용방법은 규정된 내용이 아니다.
○ 소음수준의 주지 등 (산기규 제514조) : 사업주는 근로자가 소음작업, 강렬한 소음작업 또는 충격소음작업에 종사하는 경우에 다음 각 호의 사항을 근로자에게 알려야 한다.
1. 해당 작업장소의 소음 수준
2. 인체에 미치는 영향과 증상
3. 보호구의 선정과 착용방법
4. 그 밖에 소음으로 인한 건강장해 방지에 필요한 사항

정답 03. ④   04. ④

05 산업안전보건법령상 1회라도 초과노출이 되어서는 안되는 충격소음의 음압수준(dB(A)) 기준은?

① 110　② 120　③ 130　④ 140　⑤ 150

해설　④ [○] 이 문제의 경우 충격소음작업의 가장 높은 소음수준은 140dB이므로 이 값을 선택하는 것이 옳은 내용이다.

진동 건강장해 예방

01 산업안전보건법령상 사업주가 진동 작업을 하는 근로자에게 충분히 알려야 할 사항과 거리가 가장 먼 것은?

① 인체에 미치는 영향과 증상
② 진동기계·기구 관리방법
③ 보호구 선정과 착용방법
④ 진동재해 시 비상연락체계
⑤ 진동 장해 예방방법

해설　④ [×] 진동재해 시 알려야 할 사항으로 비상연락체계는 해당 내용이 아니다.

○ 유해성 등의 주지 (산기규 제519조) : 사업주는 근로자가 진동작업에 종사하는 경우에 다음 각 호의 사항을 근로자에게 충분히 알려야 한다.
〈개정 2024. 6. 28〉

1. 인체에 미치는 영향과 증상　2. 보호구의 선정과 착용방법
3. 진동 기계·기구 관리방법　4. 진동 장해 예방방법

6.3 분진·밀폐공간 건강장해 예방

> 밀폐공간작업 장해예방

01 산업안전보건법령상 적정공기의 범위에 해당하는 것은?

① 산소농도 18% 미만
② 이황화탄소 10% 미만
③ 탄산가스 농도 10% 미만
④ 황화수소의 농도 10ppm 미만
⑤ 일산화탄소 농도 35ppm 미만

해설 ④ [○] 황화수소의 농도 10ppm 미만은 적정공기에 해당한다.

○ 밀폐공간 작업 관련 용어의 정의 (산기규 제618조)

1. "적정공기"란 산소농도의 범위가 18% 이상 23.5% 미만, 이산화탄소의 농도가 1.5% 미만, 일산화탄소의 농도가 30ppm 미만, 황화수소의 농도가 10ppm 미만인 수준의 공기를 말한다.
2. "산소결핍"이란 공기 중의 산소농도가 18% 미만인 상태를 말한다.
3. "산소결핍증"이란 산소가 결핍된 공기를 들이마심으로써 생기는 증상을 말한다.

02 다음은 산업안전보건법에서 정하고 있는 적정공기의 기준에 알맞은 내용을 제시한 것은?

| 1. 산소농도의 범위 : (㉠) | 2. 탄산가스의 농도 : (㉡) |
| 3. 일산화탄소의 농도 : (㉢) | 4. 황화수소의 농도 : (㉣) |

① ㉠ 16% 이상 21.5% 미만, ㉡ 1.0% 미만, ㉢ 200ppm 미만, ㉣ 8ppm 미만
② ㉠ 17% 이상 22.5% 미만, ㉡ 1.2% 미만, ㉢ 250ppm 미만, ㉣ 9ppm 미만
③ ㉠ 18% 이상 23.5% 미만, ㉡ 1.5% 미만, ㉢ 30ppm 미만, ㉣ 10ppm 미만
④ ㉠ 19% 이상 24.5% 미만, ㉡ 1.7% 미만, ㉢ 350ppm 미만, ㉣ 12ppm 미만
⑤ ㉠ 20% 이상 25.5% 미만, ㉡ 1.8% 미만, ㉢ 400ppm 미만, ㉣ 15ppm 미만

해설 ③ [○] 적정공기 및 산소결핍의 정의로 옳은 내용이다.

정답   01. ④   02. ③

03 사업주는 밀폐공간에서 근로자에게 작업을 하도록 하는 경우 밀폐공간작업프로그램을 수립하여 시행하여야 한다. 이때 포함하여야 할 사항으로 규정된 것이 아닌 것은?

① 사업장 내 밀폐공간의 위치 파악 및 관리 방안
② 밀폐공간 내 질식·중독 등을 일으킬 수 있는 유해·위험 요인의 파악 및 관리 방안
③ 밀폐공간 작업 시 사전 확인이 필요한 사항에 대한 확인 절차
④ 안전보건교육 및 훈련   ⑤ 작업지휘자 배치계획

해설 ⑤ [×] 밀폐공간작업프로그램에 작업지휘자 배치계획은 규정된 내용이 아니다.

○ 밀폐공간 작업 프로그램의 수립·시행 (산기규 제619조) : 사업주는 밀폐공간에서 근로자에게 작업을 하도록 하는 경우 다음 각 호의 내용이 포함된 밀폐공간 작업 프로그램을 수립하여 시행하여야 한다.
1. 사업장 내 밀폐공간의 위치 파악 및 관리 방안
2. 밀폐공간 내 질식·중독 등을 일으킬 수 있는 유해·위험 요인의 파악 및 관리 방안
3. 밀폐공간 작업 시 사전 확인이 필요한 사항에 대한 확인 절차
4. 안전보건교육 및 훈련
5. 그 밖에 밀폐공간 작업 근로자의 건강장해 예방에 관한 사항

04 밀폐공간에서 작업을 시작하기 전에 근로자가 안전한 상태에서 작업을 하도록 하기 위하여 작업시작 전 확인하여야 하는 사항에 해당하지 않는 것은?

① 작업 일시, 기간, 장소 및 내용 등 작업 정보
② 관리감독자, 근로자, 감시인 등 작업자 정보
③ 산소 및 유해가스 농도의 측정결과 및 후속조치 사항
④ 인화성 액체의 증기 또는 인화성 가스가 남아있지 않도록 하는 환기 조치 여부
⑤ 작업 시 착용하여야 할 보호구의 종류

해설 ④ [×] 인화성 액체의 증기 또는 인화성 가스가 남아있지 않도록 하는 환기 조치 여부는 규정된 내용이 아니다. 이는 용접·용단 작업 등의 화재위험작업을 할 때 작업시작 전 점검사항이다(산기규 별표 3).

정답 03. ⑤   04. ④

○ 밀폐공간 작업시 사전에 확인해야 할 사항 (산기규 제619조)
1. 작업 일시, 기간, 장소 및 내용 등 작업 정보
2. 관리감독자, 근로자, 감시인 등 작업자 정보
3. 산소 및 유해가스 농도의 측정결과 및 후속조치 사항
4. 작업 중 불활성가스 또는 유해가스의 누출·유입·발생 가능성 검토 및 후속조치 사항
5. 작업 시 착용하여야 할 보호구의 종류
6. 비상연락체계

05 사업주가 밀폐공간의 산소 및 유해가스 농도를 측정 및 평가하는 자로 하여금 근로자가 밀폐공간에서 작업을 시작하기 전에 숙지여부를 확인하고 필요한 교육을 실시해야 하는 사항으로 규정된 내용이 아닌 것은?
① 밀폐공간의 위험성
② 측정장비의 이상 유무 확인 및 조작 방법
③ 밀폐공간 내에서의 산소 및 유해가스 농도 측정방법
④ 적정공기의 기준과 평가 방법
⑤ 작업용 기계기구의 관리 및 사용방법

해설 ⑤ [×] 작업용 기계기구의 관리 및 사용방법은 규정되어 있는 항목이 아니다.
○ 산소 및 유해가스 농도의 측정 (신기규 제619조의 2) <개정 2024. 6. 28>
① 사업주는 밀폐공간에서 근로자에게 작업을 하도록 하는 경우 작업을 시작(작업을 일시 중단하였다가 다시 시작하는 경우를 포함한다)하기 전에 밀폐공간의 산소 및 유해가스 농도의 측정 및 평가에 관한 지식과 실무경험이 있는 자를 지정하여 그로 하여금 해당 밀폐공간의 산소 및 유해가스 농도를 측정(「전파법」에 따른 무선설비 또는 무선통신을 이용한 원격 측정을 포함한다)하여 적정공기가 유지되고 있는지를 평가하도록 해야 한다.
② 사업주는 제1항에 따라 밀폐공간의 산소 및 유해가스 농도를 측정 및 평가하는 자에 대하여 밀폐공간에서 작업을 시작하기 전에 다음 각 호의 사항의 숙지여부를 확인하고 필요한 교육을 실시해야 한다.
1. 밀폐공간의 위험성

정답 05. ⑤

2. 측정장비의 이상 유무 확인 및 조작 방법

3. 밀폐공간 내에서의 산소 및 유해가스 농도 측정방법

4. 적정공기의 기준과 평가 방법

③ 사업주는 제1항에 따라 산소 및 유해가스 농도를 측정한 결과 적정공기가 유지되고 있지 아니하다고 평가된 경우에는 작업장을 환기시키거나, 근로자에게 공기호흡기 또는 송기마스크를 지급하여 착용하도록 하는 등 근로자의 건강장해 예방을 위하여 필요한 조치를 하여야 한다.

06 산업안전보건법령상 근로자가 밀폐공간에서 작업을 하는 경우에 작업을 시작할 때마다 사전에 작업근로자에게 알려야 할 사항에 해당하지 않는 것은?

① 산소 및 유해가스농도 측정에 관한 사항
② 화기작업에 따른 인근 가연성물질에 대한 방호조치 및 소화기구 비치 여부에 관한 사항
③ 보호구의 착용과 사용방법에 관한 사항   ④ 사고 시의 응급조치 요령
⑤ 구조요청을 할 수 있는 비상연락처, 구조용 장비의 사용 등 비상시 구출에 관한 사항

|해설| ② [×] 화기작업에 따른 인근 가연성물질에 대한 방호조치 및 소화기구 비치 여부는 용접용단 작업에 해당하는 규정된 사항이다(산시규 별표 3).

○ 밀폐공간에서 작업시 안전한 작업방법 등의 사전 주지할 사항 (산기규 제641조)

1. 산소 및 유해가스농도 측정에 관한 사항
2. 환기설비의 가동 등 안전한 작업방법에 관한 사항
3. 보호구의 착용과 사용방법에 관한 사항
4. 사고 시의 응급조치 요령
5. 구조요청을 할 수 있는 비상연락처, 구조용 장비의 사용 등 비상시 구출에 관한 사항

정답   06. ②

6.4 근골격계 · 기타 건강장해 예방

> 근골격계부담작업 장해예방

01 다음 중 산업안전보건법상 근로자가 근골격계 부담 작업을 하는 경우에 사업주가 근골격계질환 예방관리 프로그램 시행 관련하여 옳지 않은 것은?

① 근골격계질환으로 「산업재해보상보험법 시행령」에 따라 업무상 질병으로 인정받은 근로자가 연간 10명 이상 발생한 사업장이 대상이 된다.
② 근골격계질환으로 「산업재해보상보험법 시행령」에 따라 업무상 질병으로 인정받은 근로자가 연간 5명 이상 발생한 사업장으로서 발생 비율이 그 사업장 근로자 수의 12퍼센트 이상인 경우가 대상이 된다.
③ 사업주는 근골격계질환 예방관리 프로그램을 작성·시행할 경우에 노사협의를 거쳐야 한다.
④ 사업주는 근골격계질환 예방관리 프로그램을 작성·시행할 경우에 인간공학·산업의학·산업위생·산업간호 등 분야별 전문가로부터 필요한 지도·조언을 받을 수 있다.
⑤ 근골격계질환 예방과 관련하여 노사 간 이견(異見)이 지속되는 사업장으로서 고용노동부장관이 필요하다고 인정하여 근골격계질환 예방관리 프로그램을 수립하여 시행할 것을 명령한 경우가 대상이 된다.

해설 ② [×] 근골격계질환으로 「산업재해보상보험법 시행령」에 따라 업무상 질병으로 인정받은 근로자가 연간 5명 이상 발생한 사업장으로서 발생 비율이 그 사업장 근로자 수의 10% 이상인 경우가 대상이 된다.
○ 근골격계질환 예방관리 프로그램 시행 (산기규 제662조)
① 사업주는 다음 각 호의 어느 하나에 해당하는 경우에 근골격계질환 예방관리 프로그램을 수립하여 시행하여야 한다.
1. 근골격계질환으로 「산업재해보상보험법 시행령」에 따라 업무상 질병으로 인정받은 근로자가 연간 10명 이상 발생한 사업장 또는 5명 이상 발생한 사업장으로서 발생 비율이 그 사업장 근로자 수의 10% 이상인 경우

정답 01. ②

2. 근골격계질환 예방과 관련하여 노사 간 이견(異見)이 지속되는 사업장으로서 고용노동부장관이 필요하다고 인정하여 근골격계질환 예방관리 프로그램을 수립하여 시행할 것을 명령한 경우

② 사업주는 근골격계질환 예방관리 프로그램을 작성·시행할 경우에 노사협의를 거쳐야 한다.

③ 사업주는 근골격계질환 예방관리 프로그램을 작성·시행할 경우에 인간공학·산업의학·산업위생·산업간호 등 분야별 전문가로부터 필요한 지도·조언을 받을 수 있다.

02 다음 중 산업안전보건법상 근로자가 근골격계 부담 작업을 하는 경우에 사업주가 근로자에게 알려야 하는 사항으로 볼 수 없는 것은?

① 근골격계 부담작업의 유해요인
② 근골격계 질환의 징후와 증상
③ 설비·작업공정·작업량·작업속도 등 작업장 상황
④ 올바른 작업자세와 작업도구, 작업시설의 올바른 사용방법
⑤ 근골격계질환 발생 시의 대처요령

해설 ③ [×] 설비·작업공정·작업량·작업속도 등 작업장 상황은 규정된 내용이 아니며, 직접적인 것은 아니다.

○ 유해성 등의 주지 (산기규 제661조) : 사업주는 근로자가 근골격계부담작업을 하는 경우에 다음 각 호의 사항을 근로자에게 알려야 한다.
1. 근골격계부담작업의 유해요인
2. 근골격계질환의 징후와 증상
3. 근골격계질환 발생 시의 대처요령
4. 올바른 작업자세와 작업도구, 작업시설의 올바른 사용방법
5. 그 밖에 근골격계질환 예방에 필요한 사항

제7장

산업안전보건법령 고시

7.1 산업안전보건법령 관련 고시 / 280

7.2 방호장치 안전인증 고시 / 314

7.3 방호장치 자율안전기준 고시 / 329

7.4 보호구 안전인증 고시 / 338

7.5 안전보건기준규칙 관련 가이드 / 363

7.1 산업안전보건법령 관련 고시

> 총칙 및 체제 관련

01 산업재해통계업무처리규정상 산업재해통계에 관한 설명으로 틀린 것은?

① 요양재해율이란 근로자수 100명당 발생하는 요양재해자수의 비율을 말한다.
② 휴업재해자수는 근로복지공단의 휴업급여를 지급받은 재해자수를 의미하여, 체육행사로 인하여 발생한 재해는 제외된다.
③ 사망자수는 통상의 출퇴근에 의한 사망을 포함하여 근로복지공단의 유족급여가 지급된 사망자수를 말한다.
④ 재해자수는 근로복지공단의 유족급여가 지급된 사망자 및 근로복지공단에 최초 요양신청서를 제출한 재해자 중 요양승인을 받은 자를 말한다.
⑤ 재해율이란 임금근로자수 100명당 발생하는 재해자수의 비율을 말한다.

해설 ③ [×] 사망자수란 근로복지공단의 유족급여가 지급된 사망자와 지방고용노동관서에 산업재해조사표가 제출된 사망자를 합산한 수를 말한다. 다만, 질병에 의해 사망한 경우와 사업장 밖의 교통사고(운수업, 음식숙박업은 사업장 밖의 교통사고도 포함)·체육행사·폭력행위에 의한 사망, 사고발생일로부터 1년을 경과하여 사망한 경우는 제외한다(산업재해통계업무처리규정 제3조 : 산안법 제4조 관련 고용노동부예규).

① 요양재해율이란 근로자수 100명당 발생하는 요양재해자수의 비율을 말하며, 다음 계산식에 따라 산출한다.
요양재해율=(요양재해자수/산재보험적용근로자수)×100
⑤ 재해율이란 임금근로자수 100명당 발생하는 재해자수의 비율을 말하며, 다음 계산식에 따라 산출한다. 재해율=(재해자수/임금근로자수)×100

02 무재해운동 추진 중 사고나 재해가 발생하여도 무재해로 인정되는 경우가 있다. 이 중 해당되는 사항이 아닌 것은?

① 출·퇴근 도중에 발생한 재해
② 제3자의 행위에 의한 업무상 재해
③ 업무상 질병에 대한 구체적 인정기준 중 뇌혈관질환, 심장질환에 의한 재해

정답 01. ③   02. ④

④ 업무시간외에 발생한 재해　　　⑤ 회식중의 사고

해설　④ [×] 업무시간외에 발생한 재해 중 사업주가 제공한 사업장내의 시설물에서 발생한 재해 또는 작업개시전의 작업준비 및 작업종료후의 정리정돈과정에서 발생한 재해가 무재해운동 추진중의 무재해로 인정되는 경우에 해당하는 것이다.

○ 무재해운동 추진 중 사고나 재해가 발생해도 무재해로 인정되는 경우 (사업장무재해운동시행규정 제2조 : 산안법 제4조 관련 고용노동부고시)

1. 업무수행 중의 사고 중 천재지변 또는 돌발적인 사고로 인한 구조행위 또는 긴급피난 중 발생한 사고
2. 출·퇴근 도중에 발생한 재해
3. 운동경기 등 각종 행사 중 발생한 재해
4. 천재지변 또는 돌발적인 사고 우려가 많은 장소에서 사회통념상 인정되는 업무수행 중 발생한 사고
5. 제3자의 행위에 의한 업무상 재해
6. 업무상 질병에 대한 구체적인 인정기준 중 뇌혈관질환 또는 심장질환에 의한 재해
7. 업무시간외에 발생한 재해. 다만, 사업주가 제공한 사업장내의 시설물에서 발생한 재해 또는 작업개시전의 작업준비 및 작업종료후의 정리정돈과정에서 발생한 재해
8. 도로에서 발생한 사업장 밖의 교통사고, 소속 사업장을 벗어난 출장 및 의부기관으로 위탁교육 중 발생한 사고, 회식중의 사고, 전염병 등 사업주의 법 위반으로 인한 것이 아니라고 인정되는 재해

03 다음 중 산업안전보건법에 따른 무재해 운동의 추진에 있어 무재해 1배수 목표시간의 계산 방법으로 적절하지 않은 것은?

① 연간 총 근로시간/연간 총 재해자수
② (1인당 연평균 근로시간/재해율)×100
③ (1인당 근로손실일수×100)/연간 총 재해자수
④ (연평균 근로자수×1인당 연평균 근로시간)/연간 총 재해자수
⑤ 연평균 근로시간은 고용노동부 사업체 임금근로시간 조사자료를, 재해율은 최근 5년간 평균 재해율을 적용

정답　03. ③

해설 ③ [×] 무재해 목표시간(1배수) 계산은 다음과 같다. (사업장무재해운동시행규정 제7조 : 산안법 제4조 관련 고용노동부고시) (사업장 무재해운동 추진 및 운영에 관한 규칙 별표 1 : 산안법 제4조 관련 안전보건공단 가이드)

$$무재해\ 목표시간(1배수) = \frac{연간총근로시간}{연간총재해자수}$$

$$= \frac{연평균근로자수 \times 1인당연평균근로시간}{연간총재해자수}$$

$$= \frac{1인당연평균근로시간 \times 100}{재해율}$$

04 산업안전보건법령상 사무실 공기관리에 대한 설명으로 옳지 않은 것은?

① 관리기준은 8시간 시간가중평균농도 기준이다.
② 이산화탄소와 일산화탄소는 비분산적외선검출기의 연속 측정에 의한 직독식 분석방법에 의한다.
③ 이산화탄소의 측정결과 평가는 각 지점에서 측정한 측정치 중 평균값을 기준으로 비교·평가한다.
④ 공기의 측정시료는 사무실 안에서 공기질이 가장 나쁠 것으로 예상되는 2곳 이상에서 채취하고, 측정은 사무실 바닥면으로부터 0.9~1.5m의 높이에서 한다.
⑤ 사무실 면적이 500m²를 초과하는 경우 500m²마다 1곳씩 추가하여 채취한다.

해설 ③ [×] 이산화탄소는 각 지점에서의 측정치 중 최고값 기준으로 비교·평가한다.

○ 시료채취 및 측정지점 (사무실 공기관리 지침 제7조 : 산안법 제13조 관련 고용노동부고시) : 공기의 측정시료는 사무실 안에서 공기질이 가장 나쁠 것으로 예상되는 2곳 이상에서 채취하고, 측정은 사무실 바닥면으로부터 0.9m 이상 1.5m 이하의 높이에서 한다. 다만, 사무실 면적이 500m²를 초과하는 경우에는 500m²마다 1곳씩 추가하여 채취한다.

○ 측정결과의 평가 (사무실 공기관리 지침 고시 제8조) : 사무실 공기질의 측정결과는 측정치 전체에 대한 평균값을 오염물질별 관리기준과 비교하여 평가한다. 다만, 이산화탄소는 각 지점에서 측정한 측정치 중 최고값을 기준으로 비교·평가한다.

정답 04. ③

05 일반적으로 보통 작업자의 정상적인 시선으로 가장 적합한 것은?

① 수평선을 기준으로 위쪽 3~5° 정도
② 수평선을 기준으로 위쪽 5~8° 정도
③ 수평선을 기준으로 아래쪽 8~10° 정도
④ 수평선을 기준으로 아래쪽 10~15° 정도
⑤ 수평선을 기준으로 아래쪽 15~20° 정도

해설 ④ [○] 작업자세 [영상표시단말기(VDT) 취급근로자 작업관리지침 제6조 : 산안법 제13조 관련 고용노동부고시] : 작업자의 시선은 수평선상으로부터 아래로 10~15° 이내일 것

06 산업안전보건법령상 사무실 오염물질의 관리기준으로 옳지 않은 것은?

① 라돈 : 148Bq/m³ 이하
② 일산화탄소 : 10ppm 이하
③ 이산화질소 : 0.1ppm 이하
④ 포름알데히드 : 500㎍/m³ 이하
⑤ 미세먼지(PM10) : 100㎍/m³ 이하

해설 ④ [×] 포름알데히드는 100㎍/m³ 이하가 관리기준이다.
○ 사무실 오염물질에 대한 관리기준 (사무실 공기관리 지침 고시 제2조 : 산안법 제13조 관련 고용노동부고시)

오염물질	관리기준
미세먼지 (PM10)	100㎍/m³ 이하
초미세먼지 (PM2.5)	50㎍/m³ 이하
이산화탄소 (CO_2)	1,000ppm 이하
일산화탄소 (CO)	10ppm 이하
이산화질소 (NO_2)	0.1ppm 이하
포름알데히드 (HCHO)	100㎍/m³ 이하
총휘발성 유기화합물 (TVOC)	500㎍/m³ 이하

오염물질	관리기준
라돈 (radon)	148Bq/m³ 이하
총부유세균	800CFU/m³ 이하
곰팡이	500CFU/m³ 이하

07 산업안전보건법령상 영상표시단말기(VDT) 취급 근로자의 작업자세로 옳지 않은 것은?

① 팔꿈치의 내각은 90° 이상이 되도록 한다.
② 근로자의 발바닥 전면이 바닥면에 닿는 자세를 기본으로 한다.
③ 무릎의 내각(Knee Angle)은 90° 전후가 되도록 한다.
④ 근로자의 시선은 수평선상으로부터 10~15° 위로 가도록 한다.
⑤ 눈으로부터 화면까지의 시거리는 40cm 이상을 유지하도록 한다.

해설 ④ [×] 작업자의 시선은 수평선상으로부터 아래로 10~15°가 되도록 한다.

○ 작업자세 [영상표시단말기(VDT) 취급근로자 작업관리지침 제6조 : 산안법 제13조 관련 고용노동부고시]

1. 영상표시단말기 취급근로자의 시선은 화면상단과 눈높이가 일치할 정도로 하고, 작업 화면상의 시야는 수평선상으로부터 아래로 10° 이상 15° 이하에 오도록 하며, 화면과 근로자의 눈과의 거리(시거리)는 40cm 이상을 확보할 것과 작업자의 시선은 수평선상으로부터 아래로 10~15° 이내일 것, 눈으로부터 화면까지의 시거리는 40cm 이상을 유지할 것

2. 윗팔(Upper Arm)은 자연스럽게 늘어뜨리고, 작업자의 어깨가 들리지 않아야 하며, 팔꿈치의 내각은 90° 이상이 되어야 하고, 아래팔(Forearm)은 손등과 수평을 유지하여 키보드를 조작할 것과 아래팔은 손등과 일직선을 유지하여 손목이 꺾이지 않도록 할 것

3. 연속적인 자료의 입력 작업 시에는 서류받침대를 사용하도록 하고, 서류받침대는 높이·거리·각도 등을 조절하여 화면과 동일한 높이 및 거리에 두어 작업할 것

4. 의자에 앉을 때는 의자 깊숙이 앉아 의자등받이에 등이 충분히 지지되도록 할 것

정답 07. ④

5. 영상표시단말기 취급근로자의 발바닥 전면이 바닥면에 닿는 자세를 기본으로 하되, 그러하지 못할 때에는 발 받침대(Foot Rest)를 조건에 맞는 높이와 각도로 설치할 것
6. 무릎의 내각(Knee Angle)은 90° 전후가 되도록 하되, 의자의 앉는 면의 앞부분과 영상표시단말기 취급근로자의 종아리 사이에는 손가락을 밀어 넣을 정도의 틈새가 있도록 하여 종아리와 대퇴부에 무리한 압력이 가해지지 않도록 할 것
7. 키보드를 조작하여 자료를 입력할 때 양 손목을 바깥으로 꺾은 자세가 오래 지속되지 않도록 주의할 것

08 사무실 공기관리 지침상 근로자가 건강장해를 호소하는 경우 사무실 공기관리 상태 평가를 위해 사업주가 실시해야 할 조사항목으로 옳지 않은 것은?

① 사무실 환기 주기 및 횟수 준수 조사
② 외부의 오염물질 유입경로 조사
③ 공기정화시설 환기량의 적정 여부 조사
④ 근로자가 호소하는 증상(호흡기, 눈, 피부 자극 등)에 대한 조사
⑤ 사무실내 오염원 조사 등

해설 ① [×] 사무실 환기 주기 및 횟수 준수 조사는 규정된 내용이 아니다.
○ 사무실 공기관리 상태평가 (사무실 공기관리 지침 제4조 : 산안법 제13조 관련 고용노동부고시) : 사업주는 근로자가 건강장해를 호소하는 경우에는 다음 각 호의 방법에 따라 해당 사무실의 공기관리상태를 평가하고, 그 결과에 따라 건강장해 예방을 위한 조치를 취한다.
1. 근로자가 호소하는 증상(호흡기, 눈·피부 자극 등) 조사
2. 공기정화설비의 환기량이 적정한지 여부 조사
3. 외부의 오염물질 유입경로 조사
4. 사무실내 오염원 조사 등

09 가스누출감지경보기 설치에 관한 기술상의 지침으로 틀린 것은?

① 암모니아를 제외한 가연성가스누출감지경보기는 방폭성능을 가져야 한다.
② 독성가스누출감지경보기는 해당 독성가스 허용농도 초과되는 시점에서 경보가 울리도록 설정하여야 한다.

정답 08. ① 09. ②

③ 하나의 감지대상가스가 가연성이면서 독성인 경우에는 독성가스를 기준하여 가스누출감지경보기를 선정하여야 한다.
④ 건축물 안에 설치되는 경우, 감지대상가스의 비중이 공기보다 무거운 경우에는 건축물 내의 하부에 설치하여야 한다.
⑤ 가스누출감지경보의 정밀도는 경보설정치에 대하여 독성가스누출감지경보기는 ±30% 이하이어야 한다.

[해설] ② [×] 독성가스누출감지경보기는 해당 독성가스의 허용농도 이하에서 경보가 울리도록 설정하여야 한다.

○ 경보설정치 (가스누출감지경보기 설치에 관한 기술상의 지침 제6조 : 산안법 제13조 관련 고용노동부고시)

① 가연성가스누출감지경보기는 감지대상 가스의 폭발하한계 25% 이하, 독성가스누출감지경보기는 해당 독성가스의 허용농도 이하에서 경보가 울리도록 설정하여야 한다.

② 가스누출감지경보의 정밀도는 경보설정치에 대하여 가연성가스누출감지경보기는 ±25% 이하, 독성가스누출감지경보기는 ±30% 이하이어야 한다.

10 NATM공법 터널공사의 경우 록 볼트 작업과 관련된 계측결과에 해당되지 않은 것은?

① 내공변위 측정 결과   ② 천단침하 측정 결과   ③ 인발시험 결과
④ 진동 측정 결과   ⑤ 축력 측정 결과

[해설] ④ [×] 진동 측정 결과는 NATM공법 계측결과로 규정된 내용이 아니다.

○ 계측의 목적 [터널공사 표준안전작업지침-NATM공법 제25조 : 산안법 제13조 관련 고용노동부고시) : 터널 계측은 굴착지반의 거동, 지보공 부재의 변위, 응력의 변화 등에 대한 정밀 측정을 실시함으로써 시공의 안전성을 사전에 확보하고 설계시의 조사치와 비교·분석하여 현장조건에 적정하도록 수정, 보완하는데 그 목적이 있으며 다음 각 호를 기준으로 한다.

1. 터널내 육안조사 2. 내공변위 측정
3. 천단침하 측정 4. 록 볼트 인발시험
5. 지표면 침하측정 6. 지중변위 측정

[정답] 10. ④

7. 지중침하 측정　　　　　　8. 지중수평변위 측정
9. 지하수위 측정　　　　　　10. 록 볼트 축력 측정
11. 뿜어붙이기 콘크리트 응력 측정　12. 터널내 탄성파 속도 측정
13. 주변 구조물의 변형상태 조사

안전보건 규정 및 교육

01 다음 중 방망에 표시해야 할 사항이 아닌 것은?

① 방망의 신축성　② 제조자명　③ 제조연월　④ 재봉치수
⑤ 신품인 때의 방망의 강도

해설　① [×] 방망의 신축성은 방망에 표시해야 할 사항으로 규정된 것이 아니다.

○ 방망에 표시해야 할 사항 (추락재해방지 표준안전작업지침 제13조 : 산안법 제27조 관련 고용노동부고시)

1. 제조자명　2. 제조연월　3. 재봉치수　4. 그물코
5. 신품인 때의 방망의 강도

02 가설공사 표준안전 작업지침에 따른 통로발판을 설치하여 사용함에 있어 준수사항으로 옳지 않은 것은?

① 추락의 위험이 있는 곳에는 안전난간이나 철책을 설치하여야 한다.
② 작업발판의 최대폭은 1.6m 이내이어야 한다.
③ 비계발판의 구조에 따라 최대 적재하중을 정하고, 이를 초과하지 않도록 하여야 한다.
④ 발판을 겹쳐 이음하는 경우 장선 위에서 이음을 하고 겹침길이는 10cm 이상으로 하여야 한다.
⑤ 발판 1개에 대한 지지물은 2개 이상이어야 한다.

해설　④ [×] 발판을 겹쳐 이음하는 경우 장선 위에서 이음을 하고, 겹침길이는 20cm 이상으로 하여야 한다.

정답　01. ①　02. ④

○ 통로발판 설치 사용에 있어 준수사항 (가설공사 표준안전 작업지침 제15조 : 산안법 제27조 관련 고용노동부고시)

1. 근로자가 작업 및 이동하기에 충분한 넓이가 확보되어야 한다.
2. 추락의 위험이 있는 곳에는 안전난간이나 철책을 설치하여야 한다.
3. 발판을 겹쳐 이음하는 경우 장선 위에서 이음을 하고, 겹침길이는 20cm 이상으로 하여야 한다.
4. 발판 1개에 대한 지지물은 2개 이상이어야 한다.
5. 작업발판의 최대폭은 1.6m 이내이어야 한다.
6. 작업발판 위에는 돌출된 못, 옹이, 철선 등이 없어야 한다.
7. 비계발판의 구조에 따라 최대 적재하중을 정하고 이를 초과하지 않도록 하여야 한다.

03 가설공사 표준안전 작업지침에 따른 통로발판을 설치하여 사용함에 있어 준수사항으로 옳지 않은 것은?

① 추락의 위험이 있는 곳에는 안전난간이나 철책을 설치하여야 한다.
② 작업발판의 최대폭은 1.2m 이내이어야 한다.
③ 비계발판의 구조에 따라 최대 적재하중을 정하고 이를 초과하지 않아야 한다.
④ 발판을 겹쳐 이음하는 경우 장선 위에서 이음을 하고, 겹침길이는 20cm 이상으로 하여야 한다.
⑤ 발판 1개에 대한 지지물은 2개 이상이어야 한다.

해설 ② [×] 작업발판의 최대폭은 1.6m 이내이어야 한다(가설공사 표준안전 작업지침 제15조 : 산안법 제27조 관련 고용노동부고시).

04 발파구간 인접구조물에 대한 피해 및 손상을 예방하기 위한 건물기초에서의 허용진동치(cm/sec) 기준으로 옳지 않은 것은? (단, 기존 구조물에 금이 가거나 노후구조물 대상일 경우 등은 고려하지 않는다)

① 문화재 : 0.2cm/sec ② 주택 : 0.5cm/sec ③ 아파트 : 1.0cm/sec
④ 주택 : 0.5cm/sec   ⑤ 철골콘크리트 빌딩 및 상가 : 0.8~1.0cm/sec

해설 ⑤ [×] 철골콘크리트 빌딩 및 상가는 허용진동치 1.0~4.0cm/sec이다.

정답 03. ② 04. ⑤

○ 발파작업시 구조물 특성에 따른 허용진동치(cm/sec) (터널공사 표준안전작업지침-NATM공법 제6조 : 산안법 제27조 관련 고용노동부고시)

   1. 문화재 : 0.2   2. 주택 : 0.5   3. 아파트 : 1.0
   4. 철골콘크리트 빌딩 및 상가 : 1.0~4.0

단, 기존구조물에 금이 있거나 노후 구조물 등에 대하여는 상기의 기준을 실정에 따라 허용범위를 하향 조정하여야 한다.

05 해체공사시 작업용 기계기구의 취급 안전기준 설명으로 옳지 않은 것은?

① 철제햄머와 와이어로프의 결속은 경험이 많은 사람으로서 선임된 자에 한하여 실시하도록 하여야 한다.
② 팽창제 천공간격은 콘크리트 강도에 의하여 결정되나, 70~120cm 정도를 유지하도록 한다.
③ 쐐기타입으로 해체 시 천공구멍은 타입기 삽입부분의 직경과 거의 같아야 한다.
④ 화염방사기로 해체작업 시 용기 내 압력은 온도에 의해 상승하기 때문에 항상 40℃ 이하로 보존해야 한다.
⑤ 팽창제 천공직경이 너무 작거나 크면 팽창력이 작아 비효율적이므로, 천공 직경은 30~50mm 정도를 유지하여야 한다.

해설 ② [×] 팽창제 천공간격은 콘크리트 강도에 의하여 결정되나, 30~70cm 정도를 유지하도록 한다(해체공사 표준안전작업지침 제8조 : 산안법 제27조 관련 고용노동부고시).

06 추락방지용 방망 중 그물코의 크기가 5cm인 매듭방망 신품의 인장강도는 최소 몇 kg 이상이어야 하는가?

① 60   ② 110   ③ 150   ④ 200   ⑤ 240

해설 ② [○] 방망사의 신품에 대한 인장강도로 옳은 내용이다.

○ 방망사의 강도 (추락재해방지 표준안전작업지침 제5조 : 산안법 제27조 관련 고용노동부고시)

정답   05. ②   06. ②

1. 방망사의 신품에 대한 인장강도

그물코의 크기 (단위 : cm)	방망의 종류 (단위 : kg)	
	매듭없는 방망	매듭방망
10	240	200
5	-	110

2. 방망사의 폐기시 인장강도

그물코의 크기 (단위 : cm)	방망의 종류 (단위 : kg)	
	매듭없는 방망	매듭방망
10	150	135
5	-	60

07 10cm 그물코인 방망을 설치한 경우에 망 밑부분에 충돌위험이 있는 바닥면 또는 기계설비와의 수직거리는 얼마 이상이어야 하는가? [단, L(1개의 방망일 때 단변방향 길이)=12m, A(장변방향 방망의 지지간격)=6m]

① 10.2m ② 12.2m ③ 14.2m ④ 16.2m ⑤ 18.4m

해설 ① [○] L≥A이므로 0.85L=0.85×12=10.2m

○ 허용낙하높이 (추락재해방지 표준안전작업 지침 제7조 : 산안법 제27조 관련 고용노동부고시) : 작업발판과 방망 부착위치의 수직거리(이하 "낙하높이"라 한다)는 〈표 1〉 및 [그림 1], [그림 2]에 의해 계산된 값 이하로 한다.

〈표 1〉 방망의 허용 낙하높이

구분	낙하높이(H_1)		방망과 바닥면 높이(H_2)		방망의 처짐길이 (S)
	단일방망	복합방망	10cm 그물코	5cm 그물코	
L<A	$\frac{1}{4}$(L+2A)	$\frac{1}{5}$(L+2A)	$\frac{0.85}{4}$(L+3A)	$\frac{0.95}{4}$(L+3A)	$\frac{1}{4}-\frac{1}{3}$(L+2A)×…
L≥A	$\frac{3}{4}$L	$\frac{3}{5}$L	0.85L	0.95L	$\frac{3}{4}$L×$\frac{1}{3}$

정답 07. ①

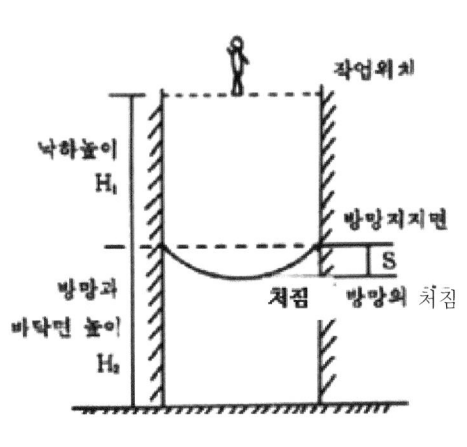
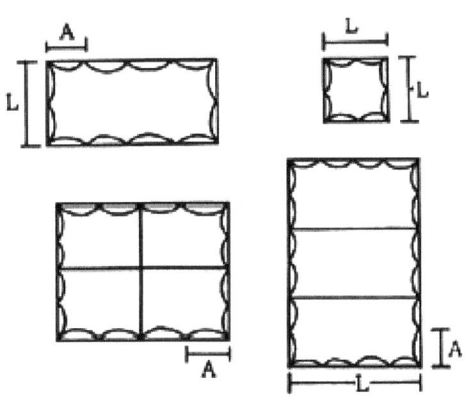

[그림 1] 방망의 처짐   [그림 2] L과 A의 관계

유해·위험 방지 조치

01 위험성평가 실시의 경우 위험성평가 절차 순서로 바르게 제시한 것은?

㉠ 파악된 유해·위험요인별 위험성의 추정
㉡ 근로자의 작업과 관계되는 유해·위험요인의 파악
㉢ 평가대상의 선정 등 사전준비
㉣ 위험성평가 실시내용 및 결과에 관한 기록
㉤ 위험성 감소대책의 수립 및 실행
㉥ 추정한 위험성이 허용 가능한 위험성인지 여부의 결정

① ㉢ → ㉡ → ㉥ → ㉠ → ㉤ → ㉣
② ㉢ → ㉡ → ㉠ → ㉥ → ㉤ → ㉣
③ ㉢ → ㉡ → ㉥ → ㉠ → ㉤ → ㉣
④ ㉢ → ㉡ → ㉥ → ㉠ → ㉣ → ㉤
⑤ ㉢ → ㉡ → ㉠ → ㉥ → ㉣ → ㉤

해설 ② [○] 위험성평가의 절차로 옳은 내용이다. 최근 법 개정으로 ㉠항은 삭제됨.
    <2024. 12. 18 개정>

정답 01. ②

○ 위험성평가의 절차 (사업장 위험성평가에 관한 지침 제8조 : 산안법 제35조 관련 고용노동부고시) <개정 2024. 12. 18>

1. 사전준비
2. 유해·위험요인 파악
3. 위험성 추정 <삭제됨 2024. 12. 18>
4. 위험성 결정
5. 위험성 감소대책 수립 및 실행
6. 위험성평가 실시내용 및 결과에 관한 기록 및 보존

02 다음 보기의 빈칸에 알맞은 내용으로 제시한 것은?

1. 인화성 가스 : 인화한계 농도의 최저한도가 (㉠)% 이하 또는 최고한도와 최저한도의 차가 (㉡)% 이상인 것으로서 표준압력 (101.3kPa)하의 (㉢)°C에서 가스 상태인 물질을 말한다.
2. 인화성 액체 : 표준압력(101.3kPa)하에서 인화점이 (㉣)°C 이하이거나 고온·고압의 공정운전조건으로 인하여 화재·폭발위험이 있는 상태에서 취급되는 가연성 물질을 말한다.

① ㉠ 12, ㉡ 13, ㉢ 20, ㉣ 60 ② ㉠ 12, ㉡ 13, ㉢ 20, ㉣ 60
③ ㉠ 13, ㉡ 12, ㉢ 20, ㉣ 93 ④ ㉠ 14, ㉡ 12, ㉢ 23, ㉣ 93
⑤ ㉠ 14, ㉡ 13, ㉢ 23, ㉣ 93

해설 ③ [○] 인화성 가스 및 인화성 액체의 정의로 옳은 내용이다.

○ 인화성 가스 및 인화성 액체의 정의 (화학물질의 분류·표시 및 물질안전보건자료에 관한 기준 제4조 관련 별표 1 화학물질 등의 분류: 산안법 제39조 관련 고용노동부고시)

03 물질안전보건자료(MSDS)작성 시 포함사항 16가지로서 규정된 것이 아닌 것은?

① 화학제품과 회사에 관한 정보
② 폭발·화재시 대처방법
③ 노출방지 및 개인보호구
④ 안전성 및 반응성
⑤ 법적규제 현황

정답 02. ③   03. ④

해설 ④ [×] 안전성(safety)가 아닌 안정성(stability)이 옳은 내용이다.

○ 물질안전보건자료 작성 시 포함되어야 할 항목 (화학물질의 분류·표시 및 물질안전보건자료에 관한 기준 제10조 : 산안법 제39조 및 제41조 관련 고용노동부고시)

1. 화학제품과 회사에 관한 정보
2. 유해성·위험성
3. 구성성분의 명칭 및 함유량
4. 응급조치요령
5. 폭발·화재시 대처방법
6. 누출사고시 대처방법
7. 취급 및 저장방법
8. 노출방지 및 개인보호구
9. 물리화학적 특성
10. 안정성 및 반응성
11. 독성에 관한 정보
12. 환경에 미치는 영향
13. 폐기 시 주의사항
14. 운송에 필요한 정보
15. 법적규제 현황
16. 그 밖의 참고사항

04 온도표시에 관한 내용으로 틀린 것은?

① 냉수는 4°C 이하를 말한다.
② 실온은 1~35°C를 말한다.
③ 미온은 30~40°C를 말한다.
④ 온수는 60~70°C를 말한다.
⑤ 열수는 약 100°C를 말한다.

해설 ① [×] 냉수는 15°C 이하를 말한다.

○ 온도표시 (화학물질 및 물리적 인자의 노출기준 : 산안법 제39조 관련 고용노동부고시) : 상온 15~25°C, 실온 1~35°C, 미온은 30~40°C, 그리고 찬 곳에 보관 등이라고 적혀 있다면 0~15°C 정도. 냉수는 15°C 이하, 온수는 60~70°C, 열수 즉 뜨거운 물은 약 100°C

05 고용노동부 고시의 근골격계부담작업의 범위에서 근골격계부담작업에 대한 설명으로 틀린 것은?

① 하루에 10회 이상 25kg 이상의 물체를 드는 작업
② 하루에 총 2시간 이상 쪼그리고 앉거나 무릎을 굽힌 자세에서 이루어지는 작업

정답 04. ①   05. ③

③ 하루에 총 2시간 이상 집중적으로 자료입력 등을 위해 키보드 또는 마우스를 조작하는 작업

④ 하루에 총 2시간 이상 지지되지 않은 상태에서 4.5kg 이상의 물건을 한 손으로 들거나 동일한 힘으로 쥐는 작업

⑤ 하루에 총 2시간 이상 시간당 10회 이상 손 또는 무릎을 사용하여 반복적으로 충격을 가하는 작업

해설 ③ [×] 하루에 4시간 이상 집중적으로 자료입력 등을 위해 키보드 또는 마우스를 조작하는 작업이 해당된다.

○ 근골격계부담작업 (근골격계부담작업의 범위 및 유해요인조사 방법에 관한 고시 제3조 : 산안법 제39조 관련 고용노동부고시)

1. 하루에 4시간 이상 집중적으로 자료입력 등을 위해 키보드 또는 마우스를 조작하는 작업

2. 하루에 총 2시간 이상 목, 어깨, 팔꿈치, 손목 또는 손을 사용하여 같은 동작을 반복하는 작업

3. 하루에 총 2시간 이상 머리 위에 손이 있거나, 팔꿈치가 어깨위에 있거나, 팔꿈치를 몸통으로부터 들거나, 팔꿈치를 몸통뒤쪽에 위치하도록 하는 상태에서 이루어지는 작업

4. 지지되지 않은 상태이거나 임의로 자세를 바꿀 수 없는 조건에서, 하루에 총 2시간 이상 목이나 허리를 구부리거나 트는 상태에서 이루어지는 작업

5. 하루에 총 2시간 이상 쪼그리고 앉거나 무릎을 굽힌 자세에서 이루어지는 작업

6. 하루에 총 2시간 이상 지지되지 않은 상태에서 1kg 이상의 물건을 한 손의 손가락으로 집어 옮기거나, 2kg 이상에 상응하는 힘을 가하여 한 손의 손가락으로 물건을 쥐는 작업

7. 하루에 총 2시간 이상 지지되지 않은 상태에서 4.5kg 이상의 물건을 한 손으로 들거나 동일한 힘으로 쥐는 작업

8. 하루에 10회 이상 25kg 이상의 물체를 드는 작업

9. 하루에 25회 이상 10kg 이상의 물체를 무릎 아래에서 들거나, 어깨 위에서 들거나, 팔을 뻗은 상태에서 드는 작업

10. 하루에 총 2시간 이상, 분당 2회 이상 4.5kg 이상의 물체를 드는 작업
11. 하루에 총 2시간 이상 시간당 10회 이상 손 또는 무릎을 사용하여 반복적으로 충격을 가하는 작업

06 산업안전보건법령에 따라 제조업 등 유해·위험 방지계획서를 작성하고자 할 때 관련 규정에 따라 1명 이상 포함시켜야 하는 사람의 자격으로 적합하지 않은 것은?

① 한국산업안전보건공단이 실시하는 관련교육을 18시간 이수한 사람
② 기계, 재료, 화학, 전기, 전자, 안전관리 또는 환경분야 기술사 자격을 취득한 사람
③ 관련분야 기사 자격을 취득한 사람으로서 해당 분야에서 3년 이상 근무한 경력이 있는 사람
④ 기계안전, 전기안전, 화공안전분야의 산업안전지도사 또는 산업보건지도사 자격을 취득한 사람
⑤ 「초·중등교육법」에 따른 전문계 고등학교 또는 이와 같은 수준 이상의 학교를 졸업하고 해당 분야에서 9년 이상 근무한 경력이 있는 사람

해설　① [×] 한국산업안전보건공단이 실시하는 관련교육을 20시간 이상 이수한 사람이 옳은 내용이다.
○ 유해·위험방지계획서 작성자 (제조업 등 유해·위험방지계획서 제출·심사·확인에 관한 고시 제7조 : 산안법 제42조~제49조 관련 고용노동부고시)
① 사업주는 계획서를 작성할 때에 다음 각 호의 어느 하나에 해당하는 자격을 갖춘 사람 또는 공단이 실시하는 관련교육을 20시간 이상 이수한 사람 중 1명 이상을 포함시켜야 한다.
1. 기계, 재료, 화학, 전기·전자, 안전관리 또는 환경분야 기술사 자격을 취득한 사람
2. 기계안전·전기안전·화공안전분야의 산업안전지도사 또는 산업보건지도사 자격을 취득한 사람
3. 제1호 관련분야 기사 자격을 취득한 사람으로서 해당 분야에서 3년 이상 근무한 경력이 있는 사람

정답　06. ①

4. 제1호 관련분야 산업기사 자격을 취득한 사람으로서 해당 분야에서 5년 이상 근무한 경력이 있는 사람
5. 「고등교육법」에 따른 대학 및 산업대학(이공계 학과에 한정한다)을 졸업한 후 해당 분야에서 5년 이상 근무한 경력이 있는 사람 또는 「고등교육법」에 따른 전문대학(이공계 학과에 한정한다)을 졸업한 후 해당 분야에서 7년 이상 근무한 경력이 있는 사람
6. 「초·중등교육법」에 따른 전문계 고등학교 또는 이와 같은 수준 이상의 학교를 졸업하고 해당 분야에서 9년 이상 근무한 경력이 있는 사람

② 제1항에 따라 공단에서 실시하는 관련교육은 다음 각 호와 같다.
1. 유해·위험방지계획서 작성과 관련된 교육과정
2. 공정안전보고서 작성과 관련된 교육과정

07 산업안전보건법령상 사업주가 유해위험방지계획서를 제출할 때에는 사업장 별로 관련 서류를 첨부하여 해당 작업시작 며칠 전까지 해당 기관에 제출하여야 하는가?

① 7일   ② 15일   ③ 30일   ④ 45일   ⑤ 60일

해설 ② [○] 제출처 등 (제조업 등 유해·위험방지계획서 제출·심사·확인에 관한 고시 제8조 : 산안법 제42조~제49조 관련 고용노동부고시) : 사업주는 해당 작업시작 15일 전까지 계획서 2부를 사업장이 소재하는 지역을 관할하는 공단 지역본부(지사)의 장에게 제출하여야 한다. 이 경우, 제출서류는 전자문서로 제출할 수 있다.

도급시 재해예방

01 건설업 산업안전보건관리비 내역 중 계상비용에 해당되지 않는 것은?

① 근로자 건강관리비   ② 건설재해예방 기술지도비
③ 본사사용비   ④ 개인보호구 및 안전장구 구입비
⑤ 외부비계, 작업발판 등의 가설구조물 설치 소요비

정답   07. ② | 01. ⑤

해설 ⑤ [×] 외부비계, 작업발판 등의 가설구조물 설치 소요비는 포함되지 않는다.

○ 안전관리비 계상기준 (건설업 산업안전보건관리비 계상 및 사용기준 고시 제7조 : 산안법 제72조 관련 고용노동부고시) : 수급인 또는 자기공사자는 안전관리비를 다음 각 호의 항목별 사용기준에 따라 건설사업장에서 근무하는 근로자의 산업재해 및 건강장해 예방을 위한 목적으로만 사용하여야 한다. <개정 2024. 9. 19>

1. 안전관리자 등의 인건비 및 각종 업무수당
2. 안전시설비
3. 개인보호구 및 안전장구 구입비
4. 사업장의 안전진단비
5. 안전보건교육비 및 행사비
6. 근로자의 건강관리비
7. 건설재해예방 기술지도비
8. 본사사용비
9. 산업안전보건위원회 또는 노사협의회 의결 이행비용

02 보기 중 산업안전보건관리비로 사용이 가능한 항목으로만 제시한 것은?

㉠ 면장갑 및 코팅장갑의 구입비
㉡ 안전보건 교육장내 냉·난방 설비 설치비
㉢ 안전보건 관리자용 안전 순찰차량의 유류비
㉣ 교통통제를 위한 교통정리자의 인건비
㉤ 외부인 출입금지, 공사장 경계표시를 위한 가설울타리
㉥ 안전관련 간행물, 잡지 구독비
㉦ 안전보건교육장의 대지 구입비   ㉧ 위생 및 긴급 피난용 시설비

① ㉠, ㉡, ㉢, ㉥   ② ㉠, ㉢, ㉥, ㉧   ③ ㉡, ㉢, ㉣, ㉧
④ ㉡, ㉢, ㉥, ㉧   ⑤ ㉡, ㉢, ㉤, ㉧

해설 ④ [○] 산업안전보건관리비로 사용이 가능한 항목으로 옳은 내용이다.

○ 산업안전보건관리비 사용기준 (건설업 산업안전보건관리비 계상 및 사용기준 제7조 : 산안법 제72조 관련 고용노동부고시, 지면 관계로 항목만 제시) : 도급인과 자기공사자는 산업안전보건관리비를 산업재해예방 목적으로 다음 각 호의 기준에 따라 사용하여야 한다. <개정 2024. 9. 19>
1. 안전관리자·보건관리자의 임금 등   2. 안전시설비 등

정답 02. ④

3. 보호구 등   4. 안전보건진단비 등   5. 안전보건교육비 등
6. 근로자 건강장해예방비 등
7. 건설재해예방전문지도기관의 지도에 대한 대가로 자기공사자가 지급하는 비용
8. 「중대재해 처벌 등에 관한 법률 시행령」에 해당하는 건설사업자가 아닌 자가 운영하는 사업에서 안전보건 업무를 총괄·관리하는 3명 이상으로 구성된 본사 전담조직에 소속된 근로자의 임금 및 업무수행 출장비 전액. 다만, 계상된 산업안전보건관리비 총액의 20분의 1을 초과할 수 없다.
9. 위험성평가 또는 「중대재해 처벌 등에 관한 법률 시행령」에 따라 유해·위험요인 개선을 위해 필요하다고 판단하여 산업안전보건위원회 또는 노사협의체에서 사용하기로 결정한 사항을 이행하기 위한 비용. 다만, 계상된 산업안전보건관리비 총액의 10분의 1을 초과할 수 없다.

03 건설업 산업안전보건관리비의 계상 및 사용에 관한 내용이다. 다음 각 물음에 알맞은 것으로만 제시한 것은?

> 1. 발주자가 재료를 제공하거나 물품이 완제품의 형태로 제작 또는 납품되어 설치되는 경우에 해당 재료비 또는 완제품의 가액을 대상액에 포함시킬 경우의 안전관리 비는 해당 재료비 또는 완제품의 가액을 포함시키지 않은 대상액을 기준으로 계상한 안전관리비의 (㉠)를 초과할 수 없다.
> 2. 대상액이 구분되어 있지 않은 공사는 도급계약 또는 자체사업계획 상의 총 공사금액의 (㉡)를 대상액으로 하여 안전관리비를 계상하여야 한다.
> 3. 수급인 또는 자기공사자는 안전관리비 사용내역에 대하여 공사 시작 후 (㉢)개월마다 1회 이상 발주자 또는 감리원의 확인을 받아야 한다.

① ㉠ 1.1배, ㉡ 70%, ㉢ 3개월
② ㉠ 1.2배, ㉡ 70%, ㉢ 6개월
③ ㉠ 1.3배, ㉡ 70%, ㉢ 6개월
④ ㉠ 1.4배, ㉡ 75%, ㉢ 6개월
⑤ ㉠ 1.5배, ㉡ 75%, ㉢ 9개월

해설 ② [○] 계상의무 및 기준으로 옳은 내용이다.

○ 계상의무 및 기준 (건설업 산업안전보건관리비 계상 및 사용기준 제4조 : 산안법 제72조 관련 고용노동부고시) : 발주자가 도급계약 체결을 위한 원

가계산에 의한 예정가격을 작성하거나, 자기공사자가 건설공사 사업 계획을 수립할 때에는 다음 각 호에 따라 산정한 금액 이상의 산업안전보건관리비를 계상하여야 한다. 다만, 발주자가 재료를 제공하거나 일부 물품이 완제품의 형태로 제작·납품되는 경우에는 해당 재료비 또는 완제품 가액을 대상액에 포함하여 산출한 산업안전보건관리비와 해당 재료비 또는 완제품 가액을 대상액에서 제외하고 산출한 산업안전보건관리비의 1.2배에 해당하는 값을 비교하여 그 중 작은 값 이상의 금액으로 계상한다.

1. 대상액이 5억원 미만 또는 50억원 이상인 경우 : 대상액에 별표 1에서 정한 비율을 곱한 금액
2. 대상액이 5억원 이상 50억원 미만인 경우 : 대상액에 별표 1에서 정한 비율을 곱한 금액에 기초액을 합한 금액
3. 대상액이 명확하지 않은 경우 : 도급계약 또는 자체사업계획상 책정된 총 공사금액의 10분의 7에 해당하는 금액을 대상액으로 하고 제1호 및 제2호에서 정한 기준에 따라 계상

○ 사용내역의 확인 (건설업 산업안전보건관리비 계상 및 사용기준 제9조) : 도급인은 산업안전보건관리비 사용내역에 대하여 공사 시작 후 6개월마다 1회 이상 발주자 또는 감리자의 확인을 받아야 한다. 다만, 6개월 이내에 공사가 종료되는 경우에는 종료 시 확인을 받아야 한다.

04 건설업 산업안전 보건관리비의 사용 내역에 대하여 수급인 또는 자기공사자는 공사 시작 후 몇 개월 마다 1회 이상 발주자 또는 감리원의 확인을 받아야 하는가?

① 1개월　　② 2개월　　③ 3개월　　④ 6개월　　⑤ 1년

해설　④ [○] 사용내역의 확인 (건설업 산업안전보건관리비 계상 및 사용기준 제9조 : 산안법 제72조 관련 고용노동부고시) : 도급인은 산업안전보건관리비 사용 내역에 대하여 공사 시작 후 6개월마다 1회 이상 발주자 또는 감리자의 확인을 받아야 한다. 다만, 6개월 이내에 공사가 종료되는 경우에는 종료 시 확인을 받아야 한다.

정답　04. ④

05 일반건설공사(갑)로서 대상액이 5억원 이상 50억원 미만인 경우에 산업안전보건관리비의 비율(가) 및 기초액(나)으로 옳은 것은?

① (가) 1.86%, (나) 5,349,000원   ② (가) 1.99%, (나) 5,499,000원
③ (가) 2.35%, (나) 5,400,000원   ④ (가) 1.57%, (나) 4,411,000원
⑤ (가) 1.20%, (나) 3,250,000원

해설 ① [○] 공사종류 및 규모별 산업안전보건관리비 계상기준으로 옳은 내용이다.

○ 공사종류 및 규모별 산업안전보건관리비 계상기준표 (건설업 산업안전보건관리비 계상 및 사용기준 별표 1 : 산안법 제72조 관련 고용노동부고시)

공사 종류	대상액 5억원 미만인 경우 적용 비율	대상액 5억원 이상 50억원 미만인 경우		대상액 50억원 이상인 경우 적용 비율	영 별표 5에 따른 보건관리자 선임 대상 건설공사의 적용 비율
		적용비율	기초액		
건축공사	2.93%	1.86%	5,349,000원	1.97%	2.15%
토목공사	3.09%	1.99%	5,499,000원	2.10%	2.29%
중건설공사	3.43%	2.35%	5,400,000원	2.44%	2.66%
특수건설공사	1.85%	1.20%	3,250,000원	1.27%	1.38%

06 건설업 산업안전보건관리비 계상 및 사용기준(고용노동부 고시)은 산업재해보상보험법의 적용을 받는 공사 중 총 공사금액이 얼마 이상인 공사에 적용하는가? (2022년 06월 02일 개정된 규정 적용됨)

① 1천만원   ② 2천만원   ③ 3천만원   ④ 4천만원   ⑤ 5천만원

해설 ② [○] 적용범위(건설업 산업안전보건관리비 계상 및 사용기준 제3조 : 산안법 제72조 관련 고용노동부고시) : 이 고시는 건설공사 중 총공사금액 2천만원 이상인 공사에 적용한다. 다만, 다음 각 호의 어느 하나에 해당되는 공사 중 단가계약에 의하여 행하는 공사에 대하여는 총계약금액을 기준으로 적용한다.

정답   05. ①   06. ②

1. 「전기공사업법」에 따른 전기공사로서 저압·고압 또는 특별고압 작업으로 이루어지는 공사
2. 「정보통신공사업법」에 따른 정보통신공사

07 공정률이 65%인 건설현장의 경우 공사 진척에 따른 산업안전보건관리비의 최소 사용기준으로 옳은 것은? (단, 공정률은 기성공정률을 기준으로 함)

① 40% 이상 ② 50% 이상 ③ 60% 이상 ④ 65% 이상 ⑤ 70% 이상

해설 ② [○] 산업안전보건관리비의 최소 사용기준으로 옳은 내용이다.

○ 공사진척에 따른 산업안전보건관리비 사용기준 (건설업 산업안전보건관리비 계상 및 사용기준 별표 3 : 산안법 제72조 관련 고용노동부고시)

공정률	50% 이상 70% 미만	70% 이상 90% 미만	90% 이상
사용기준	50% 이상	70% 이상	90% 이상
비고	공정률은 기성공정률을 기준으로 한다.		

유해·위험 기계 조치

01 안전검사기관 및 자율검사프로그램 인정기관은 고용노동부장관에게 그 실적을 보고하도록 관련법에 명시되어 있는데 그 주기로 옳은 것은?

① 매월 ② 격월 ③ 분기 ④ 반기 ⑤ 1년

해설 ③ [○] 안전검사 실적보고 (안전검사 절차에 관한 고시 제9조 : 산안법 제93조 ~제98조 관련 고용노동부고시) : 안전검사기관은 분기마다 다음 달 10일까지 분기별 실적을, 매년 1월 20일까지 전년도 실적을 고용노동부장관에게 제출하여야 하며, 공단은 분기마다 다음 달 10일까지 분기별 실적을, 매년 1월 20일까지 전년도 실적을 고용노동부장관에게 제출하여야 한다.

정답 07. ② | 01. ③

근로자 보건관리

01 다음 ( )안에 들어갈 알맞은 것은?

> 산업안전보건법령상 화학물질 및 물리적 인자의 노출기준에서 "시간가중평균노출기준(TWA)"이란 1일 (A)시간 작업을 기준으로 하여 유해인자의 측정치에서 발생시간을 곱하여 구한 값들을 합친 값을 (B)시간으로 나눈 값을 말한다.

① A : 6, B : 6 ② A : 6, B : 8 ③ A : 8, B : 6
④ A : 8, B : 8 ⑤ A : 8, B : 12

해설 ④ [○] 시간가중평균노출기준(TWA)이란 1일 8시간 작업을 기준으로 하여 유해인자의 측정치에 발생시간을 곱하여 구한 값들을 합친 값을 8시간으로 나눈 값을 말한다(화학물질 및 물리적 인자의 노출기준 제2조 : 산안법 제106조 및 제125조 관련 고용노동부고시).

$$\text{TWA 환산값} = \frac{C_1 T_1 + C_2 T_2 + \cdots + C_n T_n}{8}$$

여기서, C : 유해인자 측정치, T : 유해인자 발생시간

02 화학물질 및 물리적 인자의 노출기준에서 정한 유해인자에 대한 노출기준의 표시단위가 잘못 연결된 것은?

① 에어로졸 : ppm ② 증기 : ppm ③ 가스 : ppm ④ 석면 : 개/cm³
⑤ 고온 : 습구흑구온도지수(WBGT)

해설 ① [×] 에어로졸은 mg/m³을 사용한다.

○ 표시단위 (화학물질 및 물리적 인자의 노출기준 제11조 : 산안법 제106조 및 제125조 관련 고용노동부고시)

① 가스 및 증기의 노출기준 표시단위는 피피엠(ppm)을 사용한다.

② 분진 및 미스트 등 에어로졸(Aerosol)의 노출기준 표시단위는 m³당 mg(mg/m³)을 사용한다. 다만, 석면 및 내화성세라믹섬유의 노출기준 표시단위는 cm³당 개수(개/cm³)를 사용한다.

정답 01. ④   02. ①

③ 고온의 노출기준 표시단위는 습구흑구온도지수(WBGT라 한다)를 사용하며 다음 각 호의 식에 따라 산출한다.
1. 태양광선이 내리쬐는 옥외 장소 :
 WBGT(℃)=0.7×자연습구온도+0.2×흑구온도+0.1×건구온도
2. 태양광선이 내리쬐지 않는 옥내 또는 옥외 장소 :
 WBGT(℃)=0.7×자연습구온도+0.3×흑구온도

03 다음의 설명 중 ( )안에 내용을 올바르게 나열한 것은?

단시간노출기준(STEL)이란 (㉠)간의 시간가중평균노출값으로서 노출농도가 시간가중평균노출기준(TWA)를 초과하고 단시간노출기준(STEL) 이하인 경우에는 (㉡) 노출 지속시간이 15분 미만이어야 한다. 이러한 상태가 1일 (㉢) 이하로 발생하여야 하며, 각 노출의 간격은 (㉣) 이상이어야 한다.

① ㉠ : 5분, ㉡ : 1회, ㉢ : 6회, ㉣ 30분
② ㉠ : 15분, ㉡ : 1회, ㉢ : 4회, ㉣ 60분
③ ㉠ : 15분, ㉡ : 2회, ㉢ : 4회, ㉣ 30분
④ ㉠ : 15분, ㉡ : 2회, ㉢ : 6회, ㉣ 60분
⑤ ㉠ : 18분, ㉡ : 2회, ㉢ : 6회, ㉣ 60분

해설   ② [○] 단시간노출기준(STEL)의 정의로 옳은 내용이다.
○ 용어의 정의 (화학물질 및 물리적 인자의 노출기준 제2조 : 산안법 제106조 및 제125조 관련 고용노동부고시) : 단시간노출기준(STEL)이란 15분간의 시간가중평균노출값으로서 노출농도가 시간가중평균노출기준(TWA)을 초과하고 단시간노출기준(STEL) 이하인 경우에는 1회 노출 지속시간이 15분 미만이어야 하고, 이러한 상태가 1일 4회 이하로 발생하여야 하며, 각 노출의 간격은 60분 이상이어야 한다.

04 산업안전보건법령상 고열 측정 시간과 간격으로 옳은 것은?

① 작업시간 중 노출되는 고열의 평균온도에 해당하는 1시간, 10분 간격
② 작업시간 중 노출되는 고열의 평균온도에 해당하는 1시간, 5분 간격
③ 작업시간 중 가장 높은 고열에 노출되는 1시간, 5분 간격

정답 03. ② 04. ④

④ 작업시간 중 가장 높은 고열에 노출되는 1시간, 10분 간격
⑤ 작업시간 중 가장 높은 고열에 노출되는 1시간, 15분 간격

해설 ④ [○] 작업시간 중 고열에 노출되는 시간, 간격으로 규정된 내용이다.

○ 고열작업 측정방법 등 (작업환경측정 및 정도관리 등에 관한 고시 제31조 : 산안법 제106조, 제125조, 제126조, 제128조 관련 고용노동부고시)

1. 측정은 단위작업 장소에서 측정대상이 되는 근로자의 주 작업 위치에서 측정한다.
2. 측정기의 위치는 바닥 면으로부터 50cm 이상, 150cm 이하의 위치에서 측정한다.
3. 측정기를 설치한 후 충분히 안정화 시킨 상태에서 1일 작업시간 중 가장 높은 고열에 노출되는 1시간을 10분 간격으로 연속하여 측정한다.

05 산업안전보건법령에 따라 단위작업장소에서 동일 작업근로자가 13명을 대상으로 시료를 채취할 때의 최초 시료채취 근로자수는 몇 명인가?

① 1명 ② 2명 ③ 3명 ④ 4명 ⑤ 5명

해설 ③ [○] 동일 작업근로자가 13명일 때 시료채취 근로자수는 3명이다.

○ 시료채취 근로자수 (작업환경측정 및 정도관리 등에 관한 고시 제19조 : 산안법 제106조, 제125조, 제126조, 제128조 관련 고용노동부고시)

① 단위작업 장소에서 최고 노출근로자 2명 이상에 대하여 동시에 개인 시료채취 방법으로 측정하되, 단위작업 장소에 근로자가 1명인 경우에는 그러하지 아니하며, 동일 작업근로자수가 10명을 초과하는 경우에는 매 5명당 1명 이상 추가하여 측정하여야 한다. 다만, 동일 작업근로자수가 100명을 초과하는 경우에는 최대 시료채취 근로자수를 20명으로 조정할 수 있다.

② 지역 시료채취 방법으로 측정을 하는 경우 단위작업장소 내에서 2개 이상의 지점에 대하여 동시에 측정하여야 한다. 다만, 단위작업 장소의 넓이가 50m^3 이상인 경우 매 30m^{3}마다 1개 지점 이상을 추가로 측정해야 한다.

○ 단위작업장소에서 시료채취 근로자수 계산사례 보기 (산업안전기사 기출문제)

1. 작업 근로자가 1인인 경우에는 1명
2. 작업 근로자가 2인~10인인 경우에는 2명

3. 작업 근로자가 10인 초과 (즉, 11인부터) 5인당 1명 추가 (즉, 13인은 3명, 16인은 4명, 21인은 5명)
4. 그 후, 작업 근로자가 100인을 초과하는 경우에는 20명으로 조정

06 작업환경측정 및 지정측정기관평가 등에 관한 고시에 있어 시료채취 근로자 수는 단위 작업 장소에서 최고 노출근로자 몇 명 이상에 대하여 동시에 측정하도록 되어 있는가?

① 2명   ② 3명   ③ 5명   ④ 7명   ⑤ 10명

해설 ① [○] 단위작업 장소에서 최고 노출근로자 2명 이상에 대하여 동시에 개인 시료채취 방법으로 측정한다.

07 산업안전보건법령상 작업환경측정방법에 있어 동일 작업근로자수가 100명을 초과하는 경우 최대 시료채취 근로자수는 몇 명으로 조정할 수 있는가?

① 10명   ② 15명   ③ 20명   ④ 30명   ⑤ 50명

해설 ③ [○] 동일 작업근로자수가 100명을 초과하는 경우에는 최대 시료채취 근로자 수를 20명으로 조정할 수 있다(작업환경측정 및 정도관리 등에 관한 고시 제19조 : 산안법 제107조, 제125, 제126조, 제128조 관련 고용노동부고시).

08 고열 측정방법에 관한 내용이다. ( ) 안에 들어갈 내용으로 맞는 것은? (단, 고용노동부 고시를 기준으로 한다.)

> 측정기기를 설치한 후 일정시간 안정화 시킨 후 측정을 실시하고, 고열작업에 대해 측정하고자 할 경우에는 1일 작업시간 중 최대로 높은 고열에 노출되고 있는 (㉠)시간을 (㉡)분 간격으로 연속하여 측정한다.

① ㉠ : 1, ㉡ : 5   ② ㉠ : 2, ㉡ : 5   ③ ㉠ : 1, ㉡ : 10
④ ㉠ : 2, ㉡ : 10   ⑤ ㉠ : 2, ㉡ : 15

해설 ③ [○] 고열 측정방법에 관한 내용으로 옳은 내용이다.

정답 06. ①   07. ③   08. ③

○ 고열 측정방법 등 (작업환경측정 및 정도관리 등에 관한 고시 제31조 : 산안법 제106조, 제125조, 제126조, 제128조 관련 고용노동부고시)

1. 측정은 단위작업 장소에서 측정대상이 되는 근로자의 주 작업 위치에서 측정한다.
2. 측정기의 위치는 바닥 면으로부터 50cm 이상, 150cm 이하의 위치에서 측정한다.
3. 측정기를 설치한 후 충분히 안정화 시킨 상태에서 1일 작업시간 중 가장 높은 고열에 노출되는 1시간을 10분 간격으로 연속하여 측정한다.

09 산업안전보건법령상 시간당 200~350kcal의 열량이 소요되는 작업을 매시간 50% 작업, 50% 휴식시의 고온노출 기준(WBGT)은?

① 26.7℃   ② 28.0℃   ③ 28.4℃   ④ 29.4℃   ⑤ 31.4℃

해설 ④ [○] 이 경우의 WBGT는 고시된 내용으로 답하며, 옳은 내용이다.

○ 고온의 노출기준 (화학물질 및 물리적 인자의 노출기준 별표 3 : 산안법 제106조 및 제125조 관련 고용노동부고시)

(단위 : ℃, WBGT)

작업휴식시간비 \ 작업강도	경작업	중등작업	중작업
계속작업	30.0	26.7	25.0
매시간 75% 작업, 25% 휴식	30.6	28.0	25.9
매시간 50% 작업, 50% 휴식	31.4	29.4	27.9
매시간 25% 작업, 75% 휴식	32.2	31.1	30.0

주 : 1. 경작업 : 200kcal까지의 열량이 소요되는 작업을 말하며, 앉아서 또는 서서 기계의 조정을 하기 위하여 손 또는 팔을 가볍게 쓰는 일 등을 뜻함
   2. 중등작업 : 시간당 200~350kcal의 열량이 소요되는 작업을 말하며, 물체를 들거나 밀면서 걸어다니는 일 등을 뜻함
   3. 중작업 : 시간당 350~500kcal의 열량이 소요되는 작업을 말하며, 곡괭이질 또는 삽질하는 일 등을 뜻함

정답   09. ④

10. 다음 중 노출기준(TWA)이 가장 낮은 물질은?

① 염소　　② 암모니아　　③ 에탄올　　④ 메탄올　　⑤ 황화수소

해설　① [○] 선지 항목 중 노출기준(TWA)이 0.5ppm으로서 가장 낮다. 가장 낮은 수치(값)를 말하는데 낮은 수치일수록 독성은 강한 것임에 유의한다.

○ 노출기준(TWA) (화학물질 및 물리적 인자의 노출기준 별표 1 : 산안법 제106조 및 제125조 관련 고용노동부고시)

일련번호	유해물질의 명칭	노출기준 TWA ppm	TWA mg/m^3	STEL ppm	STEL mg/m^3
1	가솔린	300	-	500	-
53	니트로벤젠	1	-	-	-
159	메탄올	200	-	250	-
223	벤젠	0.5	-	2.5	-
237	불소	0.1	-	-	-
382	암모니아	25	-	35	-
386	에탄올	1,000	-	-	-
413	염소	0.5	-	1	3
656	포스겐	0.1	-	-	-
715	황화수소	10	-	15	-

11. 작업환경측정 및 정도관리 등에 관한 고시상 원자흡광광도법(AAS)으로 분석할 수 있는 유해인자가 아닌 것은?

① 코발트　　② 구리　　③ 산화철　　④ 카드뮴　　⑤ 납

해설　① [×] 코발트 시료채취는 직경이 37mm인 막여과지를 사용한다.

○ 원자흡광광도법(AAS)로 분석할 수 있는 유해인자 (작업환경측정 및 정도관리 등에 관한 고시 제43조 관련 별표 3 : 산안법 제106조, 제125조, 제126조, 제128조 관련 고용노동부고시)

정답　10. ①　11. ①

1. 구리   2. 납   3. 니켈   4. 크롬
5. 망간   6. 산화마그네슘   7. 산화아연   8. 산화철
9. 수산화나트륨   10. 카드뮴

12 소음의 측정시간 및 횟수의 기준에 관한 내용으로 ( )에 들어갈 것으로 옳은 것은? (단, 고용노동부 고시를 기준으로 한다.)

> 단위작업장소에서의 소음발생시간이 6시간 이내인 경우나 소음발생원에서의 발생시간이 간헐적인 경우에는 발생시간 동안 연속 측정하거나 등간격으로 나누어 ( )이상 측정하여야 한다.

① 2회   ② 3회   ③ 4회   ④ 5회   ⑤ 6회

해설 ③ [○] 제시 문의 소음의 측정시간 및 횟수의 기준으로 4회가 옳은 내용이다.
○ 소음의 측정시간 등 (작업환경측정 및 정도관리 등에 관한 고시 제28조 : 산안법 제107조, 제125, 제126조, 제128조 관련 고용노동부고시)

① 단위작업 장소에서 소음수준은 규정된 측정위치 및 지점에서 1일 작업시간 동안 6시간 이상 연속 측정하거나 작업시간을 1시간 간격으로 나누어 6회 이상 측정하여야 한다. 다만, 소음의 발생특성이 연속음으로서 측정치가 변동이 없다고 자격자 또는 지정측정기관이 판단한 경우에는 1시간 동안을 등간격으로 나누어 3회 이상 측정할 수 있다.

② 단위작업 장소에서의 소음발생시간이 6시간 이내인 경우나 소음발생원에서의 발생시간이 간헐적인 경우에는 발생시간동안 연속 측정하거나 등간격으로 나누어 4회 이상 측정하여야 한다.

13 작업환경측정 및 지정측정기관 평가 등에 관한 고시에 있어 정도관리의 실시시기 및 구분에 관한 설명으로 틀린 것은?

① 정기정도관리는 매년 반기별로 각 1회 실시한다.
② 작업환경측정기관으로 지정받고자 하는 경우 특별정도관리를 실시한다.
③ 직전 정기정도관리(기본분야에 한한다)에 불합격한 경우 특별정도관리를 실시한다.

정답 12. ③   13. ①

④ 정기정도관리의 세부실시계획은 실무위원회가 정하는 바에 따른다.
⑤ 정기·특별정도관리 결과 부적합 평가를 받은 기관은 최초 도래하는 해당 정도관리를 다시 받아야 한다.

해설 ① [×] 정기정도관리는 연 1회 이상 실시한다.
○ 정도관리의 구분 및 실시시기 (작업환경측정 및 정도관리 등에 관한 고시 제56조 : 산안법 제107조, 제125조, 제126조, 제128조 관련 고용노동부고시)
① 정도관리는 정기정도관리와 특별정도관리로 구분한다.
1. 정기정도관리는 분석자의 분석능력을 평가하기 위해 실시하는 정도관리로서 연 1회 이상 다음 각 목의 구분에 따라 실시하는 것을 말한다.
   가. 기본분야 : 기본적인 유기화합물과 금속류에 대한 분석능력을 평가
   나. 자율분야 : 특수한 유해인자에 대한 분석능력을 평가
2. 특별정도관리는 다음 각 목의 어느 하나에 해당하는 경우 실시하는 것을 말한다.
   가. 작업환경측정기관으로 지정받고자 하는 경우
   나. 직전 정기정도관리(기본분야에 한한다)에 불합격한 경우
   다. 대상기관이 부실측정과 관련한 민원을 야기하는 등 운영위원회에서 특별정도관리가 필요하다고 인정하는 경우
② 정기정도관리의 세부실시계획은 제54조에 따른 실무위원회가 정하는 바에 따른다.
③ 정기정도관리·특별정도관리 결과 부적합 평가를 받았거나 분석자가 변경된 대상기관은 이후 최초 도래하는 해당 정도관리를 다시 받아야 한다.

14 소음수준의 측정 방법에 관한 설명으로 옳지 않은 것은? (단, 고용노동부 고시를 기준으로 한다.)

① 소음계의 청감보정회로는 A특성으로 하여야 한다.
② 연속음 측정 시 소음계 지시침의 동작은 빠른(Fast) 상태로 한다.
③ 측정위치는 지역시료채취 방법의 경우에 소음측정기를 측정대상이 되는 근로자의 주 작업행동 범위의 작업근로자 귀 높이에 설치한다.

정답 14. ②

④ 측정시간은 1일 작업시간동안 6시간 이상 연속 측정하거나 작업시간을 1시간 간격으로 나누어 6회 이상 측정한다.

⑤ 소음이 1초 이상의 간격을 유지하면서 최대음압수준이 120dB(A)이상의 소음인 경우에는 소음수준에 따른 1분 동안의 발생횟수를 측정한다.

[해설] ② [×] 연속음 측정 시 소음계 지시침의 동작은 느림(Slow) 상태로 한다.

○ 소음의 측정방법 (작업환경측정 및 정도관리 등에 관한 고시 제26조 : 산안법 제107조, 제125, 제126조, 제128조 관련 고용노동부고시)

1. 소음측정에 사용되는 기기(이하 "소음계"라 한다)는 누적소음 노출량 측정기, 적분형소음계 또는 이와 동등 이상의 성능이 있는 것으로 하되 개인 시료채취 방법이 불가능한 경우에는 지시소음계를 사용할 수 있으며, 발생시간을 고려한 등가소음레벨 방법으로 측정할 것. 다만, 소음발생 간격이 1초 미만을 유지하면서 계속적으로 발생되는 소음(이하 "연속음"이라 한다)을 지시소음계 또는 이와 동등 이상의 성능이 있는 기기로 측정할 경우에는 그러하지 아니할 수 있다.

2. 소음계의 청감보정회로는 A특성으로 할 것

3. 제1호 단서규정에 따른 소음측정은 다음과 같이 할 것
   가. 소음계 지시침의 동작은 느린(Slow) 상태로 한다.
   나. 소음계의 지시치가 변동하지 않는 경우에는 해당 지시치를 그 측정점에서의 소음수준으로 한다.

4. 누적소음노출량 측정기로 소음을 측정하는 경우에는 Criteria는 90dB, Exchange Rate는 5dB, Threshold는 80dB로 기기를 설정할 것

5. 소음이 1초 이상의 간격을 유지하면서 최대음압수준이 120dB(A) 이상의 소음인 경우에는 소음수준에 따른 1분 동안의 발생횟수를 측정할 것

○ 소음의 측정위치 (작업환경측정 및 정도관리 등에 관한 고시 제27조)
① 개인 시료채취 방법으로 측정하는 경우에는 소음측정기의 센서 부분을 작업 근로자의 귀 위치(귀를 중심으로 반경 30cm인 반구)에 장착하여야 한다.
② 지역 시료채취 방법으로 측정하는 경우에는 소음측정기를 측정대상이 되는 근로자의 주 작업행동 범위 내에서 작업근로자 귀 높이에 설치하여야 한다.

○ 소음의 측정시간 등 (작업환경측정 및 정도관리 등에 관한 고시 제28조)

① 단위작업 장소에서 소음수준은 규정된 측정위치 및 지점에서 1일 작업시간 동안 6시간 이상 연속 측정하거나 작업시간을 1시간 간격으로 나누어 6회 이상 측정하여야 한다. 다만, 소음의 발생특성이 연속음으로서 측정치가 변동이 없다고 자격자 또는 지정측정기관이 판단한 경우에는 1시간 동안을 등간격으로 나누어 3회 이상 측정할 수 있다.

② 단위작업 장소에서의 소음발생시간이 6시간 이내인 경우나 소음발생원에서의 발생시간이 간헐적인 경우에는 발생시간동안 연속 측정하거나 등간격으로 나누어 4회 이상 측정하여야 한다.

15 개인시료채취기를 사용할 때 적용되는 근로자의 호흡위치로 옳은 것은? (단, 고용노동부 고시를 기준으로 한다.)

① 호흡기를 중심으로 직경 30cm인 반구
② 호흡기를 중심으로 반경 30cm인 반구
③ 호흡기를 중심으로 직경 45cm인 반구
④ 호흡기를 중심으로 반경 45cm인 반구
⑤ 호흡기를 중심으로 반경 60cm인 반구

해설 ② [○] 용어의 정의 (작업환경측정 및 정도관리 등에 관한 고시 제2조 : 산안법 제107조, 제125조, 제126조, 제128조 관련 고용노동부고시) : 개인 시료채취란 개인시료채취기를 이용하여 가스·증기·분진·흄(fume)·미스트(mist) 등을 근로자의 호흡위치(호흡기를 중심으로 반경 30cm인 반구)에서 채취하는 것을 말한다.

16 다음은 가스상 물질의 측정횟수에 관한 내용으로 ( )안에 옳은 것은?

가스상 물질을 검지관 방식으로 측정하는 경우에는 1일 작업시간 동안 1시간 간격으로 ( ) 이상 측정하되 매측정시간 마다 2회 반복 측정하여 평균값을 산출하여야 한다.

① 2회 ② 4회 ③ 6회 ④ 8회 ⑤ 10회

정답 15. ② 16. ③

해설 ③ [○] 검지관방식의 측정 (작업환경측정 및 정도관리 등에 관한 고시 제25조 : 산안법 제107조, 제125, 제126조, 제128조 관련 고용노동부고시) : 검지관방식으로 측정하는 경우에는 1일 작업시간 동안 1시간 간격으로 6회 이상 측정하되 측정시간마다 2회 이상 반복 측정하여 평균값을 산출하여야 한다. 다만, 가스상 물질의 발생시간이 6시간 이내일 때에는 작업시간 동안 1시간 간격으로 나누어 측정하여야 한다.

17 측정결과를 평가하기 위하여 "표준화 값"을 산정할 때 필요한 것은? (단, 고용노동부고시를 기준으로 한다)

① 시간가중평균값(단시간 노출값)과 허용기준
② 평균농도와 표준편차
③ 측정농도과 시료채취분석오차
④ 시간가중평균값(단시간 노출값)과 평균농도
⑤ 시간가중평균값(단시간 노출값)과 표준편차

해설 ① [○] 표준화값(Y) = $\dfrac{측정농도(TWA, STEL)}{노출기준(허용기준)}$

○ 표준화 값은 작업환경측정 및 지정측정기관 평가 등에 관한 고시(산안법 제107조, 제125, 제126조, 제128조 관련 고용노동부고시)에 산출근거를 둔다.

18 소음측정방법에 관한 내용으로 ( )에 알맞은 것은? (단, 고용노동부 고시 기준)

> 소음을 1초 이상의 간격을 유지하면서 최대음압수준이 120dB(A) 이상의 소음인 경우에는 소음수준에 따른 ( ) 동안의 발생횟수를 측정할 것

① 1분   ② 2분   ③ 3분   ④ 5분   ⑤ 10분

해설 ① [○] 소음의 측정방법 (작업환경측정 및 정도관리 등에 관한 고시 제26조 : 산안법 제107조, 제125, 제126조, 제128조 관련 고용노동부고시) : 소음이 1초 이상의 간격을 유지하면서 최대음압수준이 120dB(A) 이상의 소음인 경우에는 소음수준에 따른 1분 동안의 발생횟수를 측정할 것

정답 17. ①   18. ①

○ 소음 측정방법 (작업환경측정 및 정도관리 등에 관한 고시 제26조)

1. 소음측정에 사용되는 소음계는 누적소음 노출량측정기, 적분형소음계 또는 이와 동등 이상의 성능이 있는 것으로 하되 개인 시료채취 방법이 불가능한 경우에는 지시소음계를 사용할 수 있으며, 발생시간을 고려한 등가소음레벨 방법으로 측정할 것. 다만, 소음발생 간격이 1초 미만을 유지하면서 계속적으로 발생되는 연속음을 지시소음계 또는 이와 동등 이상의 성능이 있는 기기로 측정할 경우에는 그러하지 아니할 수 있다.

2. 소음계의 청감보정회로는 A특성으로 할 것

3. 제1호 단서규정에 따른 소음측정은 다음과 같이 할 것
   가. 소음계 지시침의 동작은 느린(Slow) 상태로 한다.
   나. 소음계의 지시치가 변동하지 않는 경우에는 해당 지시치를 그 측정점에서의 소음수준으로 한다.

4. 누적소음노출량 측정기로 소음을 측정하는 경우에는 Criteria는 90dB, Exchange Rate는 5dB, Threshold는 80dB로 기기를 설정할 것

5. 소음이 1초 이상의 간격을 유지하면서 최대음압수준이 120dB(A) 이상의 소음인 경우에는 소음수준에 따른 1분 동안의 발생횟수를 측정할 것

7.2 방호장치 안전인증 고시

> 프레스・전단기 방호장치

01 프레스에서 설치하는 방호장치 방법으로서 적절하지 않는 것은?

① 양수조작식 방호장치　　② 가드식 방호장치　　③ 손쳐내기식 방호장치
④ 무릎조작식 방호장치　　⑤ 수인식 방호장치

해설　④ [×] 무릎조작식 방호장치는 롤러기에 해당하는 급정지장치이다

○ 프레스 방호장치의 종류 (방호장치 안전인증 고시 제4조 관련 별표 1)

1. 광전자식 방호장치　　2. 양수조작식 방호장치　　3. 가드식 방호장치
4. 손쳐내기식 방호장치　5. 수인식 방호장치
6. 기타 방호장치
　가. 양수기동식 방호장치
　나. 광전자식 검출기구를 부착한 손쳐내기식 방호장치
　다. 양수조작식과 급정지기구가 부착된 방호장치
　라. 광전자식과 급정지기구가 부착된 방호장치
　마. 정전용량식 방호장치
　바. 원적외선식 방호장치

02 프레스의 손쳐내기식 방호장치 설치기준으로 틀린 것은?

① 방호판의 폭이 금형 폭의 1/2 이상이어야 한다.
② 슬라이드 행정수가 300spm 이상의 것에 사용한다.
③ 손쳐내기봉의 행정(Stroke) 길이를 금형의 높이에 따라 조정할 수 있고 진동폭은 금형폭 이상이어야 한다.
④ 슬라이드 하행정거리의 3/4 위치에서 손을 완전히 밀어내야 한다.
⑤ 행정길이가 300mm 이상의 프레스기계에는 방호판 폭을 300mm로 해야 한다.

해설　② [×] 슬라이드 행정수가 100spm 이상의 것에 사용한다.

정답　01. ④　02. ②

○ 손쳐내기식 방호장치의 일반구조 (방호장치 안전인증 고시 제4조 관련 별표 1)
  1. 슬라이드 하행정거리의 3/4 위치에서 손을 완전히 밀어내야 한다.
  2. 손쳐내기봉의 행정(Stroke) 길이를 금형의 높이에 따라 조정할 수 있고 진동폭은 금형폭 이상이어야 한다.
  3. 방호판과 손쳐내기봉은 경량이면서 충분한 강도를 가져야 한다.
  4. 방호판의 폭은 금형폭의 1/2 이상이어야 하고, 행정길이가 300mm 이상의 프레스기계에는 방호판 폭을 300mm로 해야 한다.
  5. 손쳐내기봉은 손 접촉 시 충격을 완화할 수 있는 완충재를 부착해야 한다.
  6. 부착볼트 등의 고정금속부분은 예리하게 돌출되지 않아야 한다.
○ 방호장치의 구조 및 선정 조건 (KOSHA Code M-30 프레스 방호장치의 선정 설치 및 사용 기술지침)
  1. 손쳐내기식 방호장치 : 슬라이드 행정수 100spm 이하, 슬라이드 행정 40mm 이상
  2. 수인식 방호장치 : 슬라이드 행정수 100spm 이하, 슬라이드 행정 50mm 이상

03 프레스 및 전단기에 사용되는 손쳐내기식 방호장치의 성능기준에 대한 설명 중 옳지 않은 것은?

① 진동각도·진폭시험 : 행정길이가 최소일 때 진동각도는 60~90° 이다.
② 진동각도·진폭시험 : 행정길이가 최대일 때 진동각도는 30~60° 이다.
③ 완충시험 : 손쳐내기봉에 의한 과도한 충격이 없어야 한다.
④ 무부하 동작시험 : 1회의 오동작도 없어야 한다.
⑤ 내구성시험 : 내구성시험 후 이상이 없어야 한다.

해설 ⑤ [×] 내구성시험은 양수조작식 방호장치의 성능시험에 해당한다.
  ○ 손쳐내기식 방호장치 성능시험 (방호장치 안전인증 고시 제4조 관련 별표 1)
    1. 진동각도·진폭시험 2. 완충시험 3. 무부하동작시험
  ○ 양수조작식 방호장치의 성능시험 (방호장치 안전인증 고시 별표 1)
    1. 무부하 동작시험 2. 절연저항시험 3. 내전압시험 4. 내구성시험
    5. 접촉기 용착시험

정답 03. ⑤

04 프레스의 방호장치에 관한 설명으로 올바르게 설명된 것은?

1. 광전자식 방호장치의 일반구조에 있어 정상작동표시램프는 (㉠), 위험표시 램프는 (㉡)으로 하여 쉽게 근로자가 볼 수 있는 곳에 설치하여야 한다.
2. 양수조작식 방호장치의 일반구조에 있어 누름버튼의 상호간 내측거리는 (㉢)mm 이상이어야 한다.
3. 손쳐내기식 방호장치의 일반구조에 있어 슬라이드 하행정거리의 (㉣)위치 내에 손을 완전히 밀어내야 한다.
4. 수인식 방호장치의 일반구조에 있어 수인끈의 재료는 합성섬유로 직경이 (㉤)mm 이상이어야 한다.

① ㉠ 청색, ㉡ 붉은색, ㉢ 300, ㉣ 3/4, ㉤ 5
② ㉠ 녹색, ㉡ 붉은색, ㉢ 300, ㉣ 3/4, ㉤ 6
③ ㉠ 녹색, ㉡ 붉은색, ㉢ 300, ㉣ 3/4, ㉤ 4
④ ㉠ 녹색, ㉡ 붉은색, ㉢ 400, ㉣ 3/4, ㉤ 5
⑤ ㉠ 녹색, ㉡ 붉은색, ㉢ 500, ㉣ 3/4, ㉤ 6

해설 ③ [○] 프레스 또는 전단기 방호장치의 성능기준으로 옳은 내용이다(방호장치 안전인증 고시 제4조 관련 별표 1).

05 다음은 광전자식 방호장치 프레스에 관한 설명이다. ( )안에 알맞은 내용으로 제시된 것은?

1. 프레스 또는 전단기에서 일반적으로 많이 활용하고 있는 형태로서 투광부, 수광부, 컨트롤 부분으로 구성된 것으로서 신체의 일부가 광선을 차단하면 기계를 급정지시키는 방호장치 (㉠)분류에 해당한다.
2. 정상동작표시램프는 (㉡)색, 위험표시 램프는 (㉢)색으로 하며, 쉽게 근로자가 볼 수 있는 곳에 설치해야 한다.
3. 방호장치는 릴레이, 리미트 스위치 등의 전기부품의 고장, 전원전압의 변동 및 정전에 의해 슬라이드가 불시에 동작하지 않아야 하며, 사용전원전압의 ±(㉣)의 변동에 대하여 정상으로 작동되어야 한다.

① ㉠ A-1, ㉡ 녹, ㉢ 붉은, ㉣ 100분의 20

정답 04. ③   05. ①

② ㉠ A-1, ㉡ 녹, ㉢ 붉은, ㉣ 100분의 25
③ ㉠ A-2, ㉡ 청, ㉢ 붉은, ㉣ 100분의 25
④ ㉠ B-1, ㉡ 녹, ㉢ 붉은, ㉣ 100분의 30
⑤ ㉠ C, ㉡ 녹, ㉢ 붉은, ㉣ 100분의 35

해설 ① [○] 광전자식 방호장치 프레스에 관한 설명으로 옳은 내용이다.

○ 프레스 또는 전단기 방호장치의 종류 및 분류 (방호장치 안전인증 고시 제4조 관련 별표 1)

종류	분류	기능
광전자식	A-1	프레스 또는 전단기에서 일반적으로 많이 활용하고 있는 형태로서 투광부, 수광부, 컨트롤 부분으로 구성된 것으로서 신체의 일부가 광선을 차단하면 기계를 급정지시키는 방호장치
	A-2	급정지기능이 없는 프레스의 클러치 개조를 통해 광선 차단 시 급정지시킬 수 있도록 한 방호장치
양수 조작식	B-1 (유·공압 밸브식)	1행정 1정지식 프레스에 사용되는 것으로서 양손으로 동시에 조작하지 않으면 기계가 동작하지 않으며, 한손이라도 떼어 내면 기계를 정지시키는 방호장치
	B-2 (전기버튼식)	
가드식	C	가드가 열려 있는 상태에서는 기계의 위험 부분이 동작되지 않고 기계가 위험한 상태일 때에는 가드를 열 수 없도록 한 방호장치
손쳐 내기식	D	슬라이드의 작동에 연동시켜 위험상태로 되기 전에 손을 위험 영역에서 밀어내거나 쳐내는 방호장치로서 프레스용으로 확동식 클러치형 프레스에 한해서 사용됨 (다만, 광전자식 또는 양수조작식과 이중으로 설치 시에는 급정지 가능 프레스에 사용 가능)

06 B공장에서 사용하는 프레스는 양수조작식 방호장치를 장착하여 사용하고 있다. 이 프레스의 양단에 있는 동작용 누름버튼 스위치의 최소간격[mm]은?

① 200mm ② 250mm ③ 300mm ④ 350mm ⑤ 400mm

정답 06. ③

해설 ③ [○] 양수조작식 누름버튼의 상호간 내측거리로서 옳은 내용이다.
○ 프레스 양수조작식 방호장치의 일반구조로서, 누름버튼의 상호간 내측거리는 300mm 이상이어야 한다(방호장치 안전인증 고시 제4조 관련 별표 1).

07 프레스의 광전자식 방호장치에 관한 광전자식 방호장치 성능기준 및 시험방법에서 뮤팅에 관한 설명이다. 다음 중 올바르지 못한 내용은?

① 뮤팅된 상태에서 출력 신호 개폐 장치는 감지 장치 작동 시 켜짐 상태를 유지하여야 한다.
② 뮤팅 신호의 올바른 순서 및 타이밍에 의해서만 뮤팅을 활성화 하여야 하며, 뮤팅 신호에 이상이 발생하는 경우 뮤팅은 활성화되지 않아야 한다.
③ 뮤팅을 활성화하기 위해서는 최소한 독립된 두 개의 하드와이어 뮤팅 신호원이 있어야 하며, 뮤팅 신호원 중 한 개의 상태만 바뀌어도 뮤팅 기능은 작동하여야 한다.
④ 뮤팅 신호는 뮤팅 중에 연속적으로 존재하여야 한다. 신호가 연속적으로 존재하지 않을 때에는 잘못된 시퀀스 또는 사전에 설정된 시간제한 만료를 통해 잠금 상태 또는 재기동 방지 기능이 발생하여야 한다.
⑤ 뮤팅 기능의 고장은 결함검출 요구사항에 따라 감지하여야 하며, 최소한 다른 뮤팅 조건이 발생하도록 허용하지 않아야 한다. 뮤팅 기능의 필요한 고장 검출은 자동적으로 수행을 하여야 한다.

해설 ③ [×] "뮤팅을 비활성화하기 위해서는 최소한 독립된 두 개의 하드와이어 뮤팅 신호원이 있어야 하며, 뮤팅 신호원 중 한 개의 상태만 바뀌어도 뮤팅 기능은 정지해야 한다"가 옳은 내용이다(방호장치 안전인증 고시 제38조 관련 별표 26).

08 광전자식 방호장치의 일반구조에 대한 내용으로 적절하지 않은 것은?

① 정상동작표시램프는 녹색, 위험표시램프는 붉은색으로 하며, 쉽게 근로자가 볼 수 있는 곳에 설치해야 한다.
② 방호장치는 사용전원전압의 ±(100분의 20)의 변동에 대하여 정상으로 작동되어야 한다.

정답 07. ③   08. ③

③ 방호장치의 정상작동 중에 감지가 이루어지거나 공급전원이 중단되는 경우 적어도 세 개 이상의 독립된 출력신호 개폐장치가 꺼진 상태로 되어야 한다.
④ 방호장치의 감지기능은 규정한 검출영역 전체에 걸쳐 유효하여야 한다.
⑤ 방호장치에 제어기(controller)가 포함되는 경우에는 이를 연결한 상태에서 모든 시험을 한다.

[해설] ③ [×] 방호장치의 정상작동 중에 감지가 이루어지거나 공급전원이 중단되는 경우 적어도 2개 이상의 독립된 출력신호 개폐장치가 꺼진 상태로 되어야 한다.
○ 광전자식 방호장치의 성능기준 (방호장치 안전인증 고시 제4조 관련 별표 1)
1. 정상동작표시램프는 녹색, 위험표시램프는 붉은색으로 하며, 쉽게 근로자가 볼 수 있는 곳에 설치해야 한다.
2. 슬라이드 하강 중 정전 또는 방호장치의 이상 시에 정지할 수 있는 구조이어야 한다.
3. 방호장치는 릴레이, 리미트 스위치 등의 전기부품의 고장, 전원전압의 변동 및 정전에 의해 슬라이드가 불시에 동작하지 않아야 하며, 사용전원전압의 ±(100분의 20)의 변동에 대하여 정상으로 작동되어야 한다.
4. 방호장치의 정상작동 중에 감지가 이루어지거나 공급전원이 중단되는 경우 적어도 두 개 이상의 독립된 출력신호 개폐장치가 꺼진 상태로 되어야 한다.
5. 방호장치의 감지기능은 규정한 검출영역 전체에 걸쳐 유효하여야 한다. 다만, 블랭킹 기능이 있는 경우 그렇지 않다.
6. 방호장치에 제어기(controller)가 포함되는 경우에는 이를 연결한 상태에서 모든 시험을 한다.
7. 방호장치를 무효화하는 기능이 있어서는 안 된다.

09 양수조작식 방호장치의 일반구조에 대한 내용으로 적절하지 않은 것은?

① 슬라이드 하강 중 정전 또는 방호장치의 이상시 정지할 수 있는 구조라야 한다.
② 방호장치는 사용전원전압의 ±(100분의 20)의 변동에 대하여 정상으로 작동되어야 한다.
③ 누름버튼을 양손으로 동시에 조작하지 않으면 작동시킬 수 없는 구조이어야 하며, 양쪽버튼의 작동시간 차는 최대 0.5초 이내일 때 프레스가 동작되도록 해야 한다.

[정답] 09. ⑤

④ 누름버튼의 상호간 내측거리는 300mm 이상이어야 한다.
⑤ 양수조작식 방호장치는 급정지가 쉽도록 푸트스위치를 병행하여 사용할 수 있는 구조이어야 한다.

해설 ⑤ [×] 양수조작식 방호장치는 푸트스위치를 병행하여 사용할 수 없는 구조이어야 한다.

○ 양수조작식 방호장치의 성능기준 (방호장치 안전인증 고시 제4조 관련 별표 1)

1. 정상동작표시등은 녹색, 위험표시등은 붉은색으로 하며, 쉽게 근로자가 볼 수 있는 곳에 설치해야 한다.
2. 슬라이드 하강 중 정전 또는 방호장치의 이상 시에 정지할 수 있는 구조이어야 한다.
3. 방호장치는 릴레이, 리미트스위치 등의 전기부품의 고장, 전원전압의 변동 및 정전에 의해 슬라이드가 불시에 동작하지 않아야 하며, 사용전원전압의 ±(100분의 20)의 변동에 대하여 정상으로 작동되어야 한다.
4. 1행정1정지 기구에 사용할 수 있어야 한다.
5. 누름버튼을 양손으로 동시에 조작하지 않으면 작동시킬 수 없는 구조이어야 하며, 양쪽버튼의 작동시간 차이는 최대 0.5초 이내일 때 프레스가 동작되도록 해야 한다.
6. 1행정마다 누름버튼에서 양손을 떼지 않으면 다음 작업의 동작을 할 수 없는 구조이어야 한다.
7. 램의 하행정중 버튼(레버)에서 손을 뗄 시 정지하는 구조이어야 한다.
8. 누름버튼의 상호간 내측거리는 300mm 이상이어야 한다.
9. 누름버튼(레버 포함)은 매립형의 구조라야 한다.
10. 버튼 및 레버는 작업점에서 위험한계를 벗어나게 설치해야 한다.
11. 양수조작식 방호장치는 푸트스위치를 병행하여 사용할 수 없는 구조이어야 한다.

10 손쳐내기식 방호장치의 일반구조에 대한 내용으로 적절하지 않은 것은?

① 슬라이드 하행정거리의 3/4 위치에서 손을 완전히 밀어내야 한다.
② 손쳐내기봉의 행정(Stroke) 길이를 금형의 높이에 따라 조정할 수 있고 진동폭은 금형폭 이상이어야 한다.

정답   10. ③

③ 방호판의 폭은 금형폭의 2/3 이상이어야 한다.
④ 방호판의 폭은 행정길이가 300mm 이상 되는 프레스 기계에서는 방호판 폭을 300mm로 해야 한다.
⑤ 손쳐내기봉은 손 접촉 시 충격을 완화할 수 있는 완충재를 부착해야 한다.

[해설] ③ [×] 방호판의 폭은 금형폭의 1/2 이상이어야 한다.

○ 손쳐내기식 방호장치의 성능기준 (방호장치 안전인증 고시 제4조 관련 별표 1)
  1. 슬라이드 하행정거리의 3/4 위치에서 손을 완전히 밀어내야 한다.
  2. 손쳐내기봉의 행정(Stroke) 길이를 금형의 높이에 따라 조정할 수 있고, 진동폭은 금형폭 이상이어야 한다.
  3. 방호판과 손쳐내기봉은 경량이면서 충분한 강도를 가져야 한다.
  4. 방호판의 폭은 금형폭의 1/2 이상이어야 하고, 행정길이가 300mm 이상의 프레스기계에는 방호판 폭을 300mm로 해야 한다.
  5. 손쳐내기봉은 손 접촉 시 충격을 완화할 수 있는 완충재를 부착해야 한다.
  6. 부착볼트 등의 고정금속부분은 예리하게 돌출되지 않아야 한다.

11 수인식 방호장치의 일반구조에 대한 내용으로 적절하지 않은 것은?

① 손목밴드 재료는 유연한 내유성 피혁 또는 이와 동등한 재료를 사용해야 한다.
② 손목밴드는 착용감이 좋으며 쉽게 착용할 수 있는 구조이어야 한다.
③ 재료는 합성섬유로 직경이 10mm 이상이어야 한다.
④ 수인끈의 안내통은 끈의 마모와 손상을 방지할 수 있는 조치를 해야 한다.
⑤ 수인량의 시험은 수인량이 링크에 의해서 조정될 수 있도록 되어야 하며, 금형으로부터 위험한계 밖으로 당길 수 있는 구조이어야 한다.

[해설] ③ [×] 재료는 합성섬유로 직경이 4mm 이상이어야 한다.

○ 수인식 방호장치의 성능기준 (방호장치 안전인증 고시 제4조 관련 별표 1)
  1. 손목밴드(wrist band)의 재료는 유연한 내유성 피혁 또는 이와 동등한 재료를 사용해야 한다.
  2. 손목밴드는 착용감이 좋으며 쉽게 착용할 수 있는 구조이어야 한다.
  3. 재료는 합성섬유로 직경이 4mm 이상이어야 한다.
  4. 수인끈은 작업자와 작업공정에 따라 그 길이를 조정할 수 있어야 한다.

[정답] 11. ③

5. 수인끈의 안내통은 끈의 마모와 손상을 방지할 수 있는 조치를 해야 한다.
6. 각종 레버는 경량이면서 충분한 강도를 가져야 한다.
7. 수인량의 시험은 수인량이 링크에 의해서 조정될 수 있도록 되어야 하며, 금형으로부터 위험한계 밖으로 당길 수 있는 구조이어야 한다.

12 프레스 광전자식 방호장치의 형식 구분에 대한 광축의 범위를 나타낸 것이다. 다음 빈칸에 대해 알맞은 내용을 제시한 것은?

형식 구분	광축의 범위
A	(㉠) 광축 이하
B	(㉡) 광측 미만
C	(㉢) 광축 이상

① ㉠ 10, ㉡ 11~53, ㉢ 53
② ㉠ 11, ㉡ 12~54, ㉢ 54
③ ㉠ 12, ㉡ 13~56, ㉢ 56
④ ㉠ 13, ㉡ 14~58, ㉢ 58
⑤ ㉠ 14, ㉡ 15~60, ㉢ 60

해설 ③ [○] 광전자식 방호장치의 형식 구분으로서 옳은 내용이다.
○ 광전자식 방호장치의 형식구분 (방호장치 안전인증 고시 제4조 관련 별표 1)
광전자식 방호장치는 구조와 성능이 같은 것을 동일형식으로 하며, 광축 수에 따라 A형식, B형식, C형식으로 구분한다.

13 다음은 프레스의 가드식 방호장치의 성능기준에 관한 설명이다. 올바르지 못한 내용은?

① 무부하동작시험은 1회의 오동작도 없어야 한다.
② 전기회로시험에서 가드가 닫힌 상태의 검출과 슬라이드의 제어회로는 고장 또는 정전 등에 의해 가드가 열린 상태에서는 슬라이드가 동작 되지 않는 구조이어야 한다.
③ 전기회로시험에서 가드의 개폐를 제어하는 출력회로에 전자접촉기를 사용하는 경우에는 용착시 안전회로 구성 및 붉은색 경보램프 또는 경보음장치를 구비해야 한다.
④ 절연저항시험에서 3MΩ 이상이어야 한다.

정답   12. ③   13. ④

⑤ 내전압시험에서 시험전압 인가시 이상이 없어야 한다.

해설 ④ [×] 절연저항시험에서 5MΩ 이상일 것이 옳은 내용이다.
○ 가드식 방호장치 성능기준 (방호장치 안전인증 고시 제4조 관련 별표 1 프레스 또는 전단기 방호장치의 성능기준 : 무부하동작시험)
1. 무부하동작시험은 1회의 오동작도 없어야 한다.
2. 전기회로시험에서 가드가 닫힌 상태의 검출과 슬라이드의 제어회로는 고장 또는 정전 등에 의해 가드가 열린 상태에서는 슬라이드가 동작 되지 않는 구조이어야 한다.
3. 전기회로시험에서 가드의 개폐를 제어하는 출력회로에 전자접촉기를 사용하는 경우에는 용착시 안전회로 구성 및 붉은색 경보램프 또는 경보음장치를 구비해야 한다.
4. 절연저항시험에서 5MΩ 이상이어야 한다.
5. 내전압시험에서 시험전압 인가시 이상이 없어야 한다.

14 수인식 방호장치의 수인끈, 수인끈의 안내통, 손목밴드의 구비조건으로 적절하지 않은 것은?

① 손목밴드 재료는 유연한 내유성 피혁 또는 이와 동등한 재료를 사용해야 한다.
② 수인끈의 재료는 합성섬유로 직경이 10mm 이상이어야 한다.
③ 수인끈은 작업자와 작업공정에 따라 그 길이를 조정할 수 있어야 한다.
④ 손목밴드는 착용감이 좋으며 쉽게 착용할 수 있는 구조이어야 한다.
⑤ 수인량의 시험은 수인량이 링크에 의해서 조정될 수 있도록 되어야 하며, 금형으로부터 위험한계 밖으로 당길 수 있는 구조이어야 한다.

해설 ② [×] 수인끈의 재료는 합성섬유로 직경이 4mm 이상이어야 한다.
○ 수인식 방호장치의 일반구조 (방호장치 안전인증 고시 제4조 관련 별표 1)
1. 손목밴드(wrist band)의 재료는 유연한 내유성 피혁 또는 이와 동등한 재료를 사용해야 한다.
2. 손목밴드는 착용감이 좋으며 쉽게 착용할 수 있는 구조이어야 한다.
3. 수인끈의 재료는 합성섬유로 직경이 4mm 이상이어야 한다.
4. 수인끈은 작업자와 작업공정에 따라 그 길이를 조정할 수 있어야 한다.
5. 수인끈의 안내통은 끈의 마모와 손상을 방지할 수 있는 조치를 해야 한다.

정답 14. ②

6. 각종 레버는 경량이면서 충분한 강도를 가져야 한다.
7. 수인량의 시험은 수인량이 링크에 의해서 조정될 수 있도록 되어야 하며, 금형으로부터 위험한계 밖으로 당길 수 있는 구조이어야 한다.

보일러·압력용기 방호장치

01 아세틸렌 또는 가스집합 용접장치에 설치하는 역화방지기의 성능시험 종류에 해당되지 않는 것은?

① 내압시험   ② 기밀시험   ③ 역류방지시험   ④ 역화방지시험
⑤ 밀폐성시험

해설 ⑤ [×] 밀폐성시험은 안전인증 안전밸브 시험 항목이다(방호장치 의무안전인증 고시 제8조 관련 별표 3).

○ 역화방지기의 시험방법 (방호장치 자율안전기준 고시 별표 1의 2)

구분	내용
내압시험	내압시험은 수압시험기에 역화방지기를 부착하여 밀폐시키고, 4.9MPa 이상의 수압을 가한다.
기밀시험	기밀시험은 최고사용압력의 1.5배의 공기를 밀폐 역화방지기에 연결한 후 물속에서 공기누설상태를 확인한다.
역류방지 시험	역류방지시험은 가스의 흐름반대방향으로 시료를 부착한 후 9.8kPa 이하의 공기를 흘려 시험한다.
역화방지 시험	역화방지시험은 산소아세틸렌 불꽃이 정상상태를 유지할 수 있도록 조성된 혼합가스를 시료에 보낸 다음 강제로 점화시켜 역화방지상태를 확인하고, 연속 3회 이상 시험한다.
가스압력 손실시험	역화방지기 안의 소염소자 등에 가스를 통과시킨다.
방출장치 동작시험	방출장치에 압력을 가하여 방출장치를 작동시킨다.

○ 안전인증 안전밸브 시험 (방호장치 의무안전인증 고시 제8조 관련 별표 3)
  1. 내압시험 2. 밀폐성시험 3. 공칭분출량시험

정답 01. ⑤

02 안전밸브에 추가로 표시하여야 할 사항에 해당되지 않는 것은?

① 호칭지름 ② 용도 (증기 : 포화/가열, 가스명)
③ 설정압력(MPa) (냉각차 설정압력 포함)
④ 유체의 흐름방향 지시 ⑤ 공칭분출량(kg/h)

해설 ④ [×] 유체의 흐름방향 지시는 파열판의 추가표시 사항에 해당된다.

○ 안전밸브에 추가표시 사항 (방호장치 안전인증 고시 제8조 관련 별표 3)

1. 호칭지름 2. 용도 (증기 : 포화/가열, 가스명)
3. 설정압력(MPa) (냉각차 설정압력 포함)
4. 분출차(%) 5. 공칭분출량(kg/h) 6. 정격양정

───── 압력용기 파열판 방호장치 ─────

01 안전인증 파열판에 안전인증 표시 외에 추가로 표시하여야 할 사항으로 적절하지 않은 것은?

① 호칭지름 ② 설정파열압력(MPa) 및 설정온도(℃)
③ 용도 (요구성능) ④ 분출용량(kg/h) 또는 공칭분출계수 ⑤ 분출차(%)

해설 ⑤ [×] 분출차(%)는 안전인증 안전밸브 추가표시 사항에 해당한다.

○ 안전인증 파열판 추가표시 사항 (방호장치 의무안전인증 고시 제10조 관련 별표 4)

1. 호칭지름 2. 용도 (요구성능) 3. 설정파열압력(MPa) 및 설정온도(℃)
4. 분출용량(kg/h) 또는 공칭분출계수 5. 파열판의 재질
6. 유체의 흐름방향 지시

○ 안전인증 안전밸브 추가표시 사항 (방호장치 의무안전인증 고시 제8조 관련 별표 3)

1. 호칭지름 2. 용도 (증기 : 포화/가열, 가스명)
3. 설정압력(MPa) (냉각차 설정압력 포함) 4. 분출차(%)
5. 공칭분출량(kg/h) 6. 정격양정

정답 02. ④ | 01. ⑤

절연용 및 활선작업용 방호장치

01 절연용 방호구 및 활선작업용 기구에 추가로 표시하여야 할 사항에 해당되지 않는 것은?

① 사용전압등급 (절연봉 포함)
② 등급별 색상
③ 보호성능 표시 (이중삼각형)
④ 부가성능 분류기호
⑤ "충전부와 직접 접촉되지 않는 덮개 전용"의 문구

해설 ① [×] 사용전압등급(절연봉은 제외)이 옳은 내용이다.

○ 절연용 방호구 및 활선작업용 기구에 추가표시 사항 (방호장치 안전인증 고시 제11조 관련 별표 5)

1. 사용전압등급(절연봉은 제외) 2. 등급별 색상
3. 보호성능 표시(이중삼각형) 4. 부가성능 분류기호
5. "충전부와 직접 접촉되지 않는 덮개 전용"의 문구

가스·증기 방폭구조 방호장치

01 방폭인증서에서 방폭부품을 나타내는데 사용되는 인증번호의 접미사는?

① "G" ② "X" ③ "D" ④ "U" ⑤ "E"

해설 ④ [○] 방폭부품 방폭인증번호의 접미사로 U이다.

○ 방폭인증번호의 접미사 (방호장치 안전인증 고시 제13조 관련 별표 6)

1. 방폭부품 정의(제10호의 규정)(*)에 따른 방폭부품에 대한 표시는 식별이 잘 되는 지점의 표시하되 읽기 쉽고, 내구성이 있어야 하며, 다음 세목의 사항을 포함하여야 한다.
가. 제조자의 이름 또는 등록상표 나. 형식 다. 기호 Ex
라. 해당 방폭구조의 기호 마. 방폭부품의 그룹 기호
바. 인증서 발급기관의 이름 또는 마크와 인증번호
사. 합격번호 및 U 기호 (X 기호는 사용될 수 없음)

정답 01. ① | 01. ④

아. 해당 방폭구조에서 정한 추가 표시

* 방폭부품 정의(제10호 규정) : 방폭기기의 부품으로 사용되는 방폭부품은 빈 용기 또는 방폭구조 요건에 적합한 기기에 사용하기 위한 부품 또는 부품의 조립체를 말하며, 방호장치 안전인증 고시 별표 6의 5의 요구조건에 적합하여야 한다.

2. 소형 전기기기와 방폭부품의 경우, 표시크기를 줄일 수 있으며, 다음 각 세목의 사항을 표시해야 한다.
   가. 제조자의 이름 또는 등록상표   나. 형식
   다. 기호 Ex 및 방폭구조의 기호
   라. 인증서 발급기관의 이름 또는 마크, 합격번호
   마. X 또는 U 기호 (다만, 기호 X와 U를 함께 사용하지 않음)

02 내압방폭구조의 주요 시험항목이 아닌 것은?

① 폭발강도   ② 인화시험   ③ 절연시험   ④ 기계적 강도시험
⑤ 화염침식시험

해설 ③ [×] 절연시험은 전기 기기 및 부품 관련 시험이다.
○ 내압방폭구조의 주요 시험항목 (방호장치 안전인증 고시 제13조 관련 별표 6의 2)
1. 충격시험   2. 낙하시험
3. 내열시험 또는 내한시험   4. 폭발강도시험
5. 화염침식시험   6. 용기의 보호등급

방호장치 · 보호구 표시

01 안전인증제품의 표시 관련하여 고시의 내용과 다르게 제시된 것은?

① 형식 또는 모델명   ② 규격 또는 등급 등   ③ 제조자명 및 주소
④ 제조번호 및 제조연월   ⑤ 안전인증 번호

해설 ③ [×] 제조자명이 옳은 내용이다.

정답 02. ③ | 01. ③

○ 안전인증제품의 표시 (방호장치 안전인증 고시 제39조) : 안전인증제품에는 안전인증의 표시(산시규 제114조)에 따른 표시 외에 다음 각 호의 사항을 표시한다.

1. 형식 또는 모델명   2. 규격 또는 등급 등   3. 제조자명
4. 제조번호 및 제조연월   5. 안전인증 번호

02 산업용로봇에서 위험을 방지하기 위한 안전매트에 추가로 표시하여야 할 사항에 해당되지 않는 것은?

① 작동하중   ② 감응시간   ③ 복귀신호의 자동 또는 수동 여부
④ 대소인공용 여부   ⑤ 표준복귀시간

해설 ⑤ [×] 표준복귀시간은 추가표시 사항이 아니다.

○ 산업용로봇 안전매트에 추가표시 사항 (방호장치 자율안전기준 고시 제15조 관련 별표 7)

1. 작동하중   2. 감응시간
3. 복귀신호의 자동 또는 수동 여부   4. 대소인공용 여부

03 산업안전보건법상 보호구의 안전인증 제품에 표시하여야 하는 사항으로 규정된 것이 아닌 것은?

① 형식 또는 모델명   ② 규격 또는 등급 등
③ 제조자명 및 전화번호, 주소   ④ 제조번호 및 제조연월
⑤ 안전인증 번호

해설 ③ [×] 제조자명이 규정된 내용이다.

○ 안전인증 보호구 제품에 표시해야 하는 사항 (안전인증 제품표시의 붙임 (보호구 안전인증 고시, 제34조) : 안전인증제품에는 산기규 제114조에 따른 표시 외에 다음 각 호의 사항을 표시한다.

1. 형식 또는 모델명   2. 규격 또는 등급 등   3. 제조자명
4. 제조번호 및 제조연월   5. 안전인증 번호

정답   02. ⑤   03. ③

7.3 방호장치 자율안전기준 고시

아세틸렌·가스집합용접장치

01 아세틸렌 또는 가스집합 용접장치에 설치하는 역화방지기의 성능시험 종류로 적절하지 않은 것은?

① 내압시험 ② 기밀시험 ③ 역류방지시험 ④ 역화방지시험
⑤ 내열시험

해설 ⑤ [×] 내열시험은 역화방지기의 성능시험 종류에 해당사항이 아니다.

○ 역화방지기의 성능시험 종류 (방호장치 자율안전기준 고시 제3조 관련 별표 1)

1. 내압시험 : 균열 및 변형 등이 없어야 한다.
2. 기밀시험 : 물속에서 공기 누설이 없어야 한다.
3. 역류방지시험 : 공기의 역류현상이 없어야 한다.
4. 역화방지시험 : 1회의 역화현상도 없어야 한다.
5. 가스압력손실시험 : 가스압력손실은 유량이 분당 13l일 때는 8.82kPa 이하, 유량이 분당 30l일 때는 19.60kPa 이하이어야 한다.
6. 방출장치동작시험 : 작동압력이 0.29Mpa 이상 0.39MPa 이하 사이에서 작동되어야 한다.

자동전격방지기

01 자동전격방지기에 추가로 표시하여야 할 사항에 해당되지 않는 것은?

① 정격전원전압(V) ② 표준지동시간(초)
③ 출력측 무부하 전압(실효값)(V) ④ 정격사용율(%)
⑤ 적용 용접기의 출력측 무부하전압의 범위 및 정격용량(V, kVA)

해설 ② [×] 표준지동시간(초)은 규정된 내용이 아니다.

정답 01. ⑤ | 01. ②

○ 전격방지기의 추가표시 사항 (방호장치 자율안전기준 고시 제5조 관련 별표 2) : 자율안전확인 전격방지기에는 규칙 제62조(자율안전확인의 표시)에 따른 표시 외에 다음 각 세목의 내용을 추가로 표시해야 한다. 다만, 제6호 및 제7는 관계없이 사용할 수 있는 제품에는 생략할 수 있다.

1. 정격전원전압(V)
2. 정격주파수(Hz)
3. 출력측 무부하 전압(실효값)(V)
4. 정격사용율(%)
5. 적용 용접기의 출력측 무부하전압의 범위 및 정격용량(V, kVA)
6. 정격 출력전류(A)
7. 적용 용접기의 콘덴서 용량의 범위 및 콘덴서 회로의 전압(kVA, V)
8. 표준시동감도(전원을 용접기의 출력측에서 취하는 경우에는, 무부하 전압의 상한값 및 하한값 모두를 표시할 것)(Ω)
9. 전자접촉기 및 주제어용 반도체소자의 모델명 및 정격전류값(실효값)

롤러기 급정지장치

01 다음 보기의 괄호안에 들어갈 롤러기 급정지장치 원주속도와 안전거리로 올바르게 제시된 것은?

1. (㉠)m/min 이상 - 앞면 롤러 원주의 (㉡) 이내
2. (㉢)m/min 미만 - 앞면 롤러 원주의 (㉣) 이내

① ㉠ 25 , ㉡ 1/3, ㉢ 30, ㉣ 1/2.5
② ㉠ 28 , ㉡ 1/3, ㉢ 30, ㉣ 1/2.5
③ ㉠ 30 , ㉡ 1/2.5, ㉢ 30, ㉣ 1/3
④ ㉠ 32 , ㉡ 1/2.5, ㉢ 30, ㉣ 1/3
⑤ ㉠ 35 , ㉡ 1/2.5, ㉢ 30, ㉣ 1/3

해설 ③ [○] 롤러기의 표면속도에 따른 급정지거리로 옳은 내용이다.

○ 롤러기의 표면속도에 따른 급정지거리 (방호장치 자율안전기준 고시 제7조 관련 별표 3)

앞면 롤러의 표면속도 (m/min)	급정지거리
30 이상	앞면 롤러 원주의 1/2.5 이내
30 미만	앞면 롤러 원주의 1/3 이내

정답 01. ③

이때 표면속도의 산식 : $V = \dfrac{\pi DN}{1,000}$ $(m/\min)$

여기서, V : 표면속도, D : 롤러 원통의 직경(mm)
N : 1분간에 롤러기가 회전되는 수(rpm)

02 롤러기의 회전속도가 2,000m/min이고, 롤러의 직경이 500mm일 때 rpm을 구하면?

① 1,246　　② 1,256　　③ 1,263　　④ 1,270　　⑤ 1,273

해설 ⑤ [○] 롤러기의 앞면 롤러의 표면속도 공식 이용한 계산값으로 옳은 내용이다.

○ 롤러기의 앞면 롤러의 표면속도 (방호장치 자율안전기준 고시 제7조 관련 별표 3)

$V = \dfrac{\pi DN}{1,000}$ $(m/\min)$

여기서, D : 숫돌의 지름(mm), N : 회전수(rpm)

공식 이용 계산 $N = \dfrac{1,000 \times V}{\pi D} = \dfrac{1,000 \times 2,000}{3.14 \times 500} = 1,273.24 \ (rpm)$

03 60rpm으로 회전하는 롤러기의 앞면 롤러의 지름이 120mm인 경우 앞면 롤러의 표면속도와 관련 규정에 따른 급정지거리(mm)로 올바른 것은?

① 123.4　　② 125.7　　③ 132.4　　④ 135.7　　⑤ 142.3

해설 ② [○] 앞면 롤러의 표면속도에 따른 급정지거리로 옳은 내용이다.

○ 롤러의 표면속도 $V = \dfrac{\pi DN}{1,000} = \dfrac{3.14 \times 120 \times 60}{1,000} = 22.619 \ (m/\min)$

급정지거리 기준 : 표면속도가 30(m/min) 미만으로 원주(πD)의 1/3 이내

급정지 거리 $= \pi D \times \dfrac{1}{3} = 3.14 \times 120 \times \dfrac{1}{3} = 125.663(mm)$.

04 롤러기에 사용되는 방호장치의 ( )내의 내용으로 적절한 것은?

1. 손조작식 : 밑면에서 (㉠)m 이내 설치
2. 복부조작식 : 밑면에서 (㉡)m~(㉢)m 이내 설치
3. 무릎조작식 : 밑면에서 (㉣)m 이내 설치

① ㉠ 1.3, ㉡ 0.5, ㉢ 1.0, ㉣ 0.5   ② ㉠ 1.5, ㉡ 0.6, ㉢ 1.1, ㉣ 0.5
③ ㉠ 1.8, ㉡ 0.8, ㉢ 1.1, ㉣ 0.6   ④ ㉠ 2.0, ㉡ 0.9, ㉢ 1.2, ㉣ 0.6
⑤ ㉠ 2.0, ㉡ 1.0, ㉢ 1.3, ㉣ 0.7

해설   ③ [○] 급정지장치의 종류로 옳은 내용이다.

○ 조작부 설치위치에 따른 급정지장치 종류 (방호장치 자율안전기준 고시 제7조 관련 별표 3)

종류	설치위치	비고
손조작식	밑면에서 1.8미터 이내	위치는 급정지장치의 조작부의 중심점을 기준
복부조직식	밑면에서 0.8미터 이상 1.1미터 이내	
무릎조작식	밑면에서 0.6미터 이내	

목재가공용 둥근톱

01 목재가공용 둥근톱에 대한 방호장치 중 분할날이 갖추어야 할 사항이다. 다음 빈칸 내용으로 적절한 것은?

1. 분할날의 두께는 둥근톱 두께의 (㉠)배 이상으로 한다.
2. 견고히 고정할 수 있으며, 분할날과 톱날 원주면과의 거리는 (㉡)mm 이내로 조정, 유지할 수 있어야 한다.
3. 표준 테이블면 상의 톱 뒷날의 (㉢) 이상을 덮도록 한다.

① ㉠ 1.0, ㉡ 11, ㉢ 2/3   ② ㉠ 1.1, ㉡ 12, ㉢ 2/3
③ ㉠ 1.2, ㉡ 13, ㉢ 3/4   ④ ㉠ 1.3, ㉡ 14, ㉢ 3/4
⑤ ㉠ 1.4, ㉡ 15, ㉢ 4/5

정답   04. ③ | 01. ②

해설 ② [○] 목재가공용 덮개 및 분할날 성능기준으로 옳은 내용이다.

○ 목재가공용 덮개 및 분할날 성능기준 (방호장치 자율안전기준 고시 제7조 관련 별표 5)

1. 분할날의 두께는 둥근톱 두께의 1.1배 이상일 것

    $1.1t_1 \leq t_2 < b$

    여기서, t_1 : 톱두께, t_2 : 분할날두께, b : 치진폭

2. 견고히 고정할 수 있으며 분할날과 톱날 원주면과의 거리는 12mm 이내로 조정, 유지할 수 있어야 하고, 표준 테이블면(승강반에 있어서도 테이블을 최하로 내린 때의 면) 상의 톱 뒷날의 2/3이상을 덮도록 할 것

3. 재료는 KS D 3751(탄소공구강재)에서 정한 STC 5(탄소공구강) 또는 이와 동등이상의 재료를 사용할 것

4. 분할날 조임볼트는 2개 이상일 것

5. 분할날 조임볼트는 둥근톱 직경에 따라 규정된 볼트를 사용하여야 하며, 볼트는 이완방지조치가 되어 있을 것

연삭기 덮개

01 아래 보기에 대한 연삭기의 덮개 각도로서 적절하게 제시된 것은?

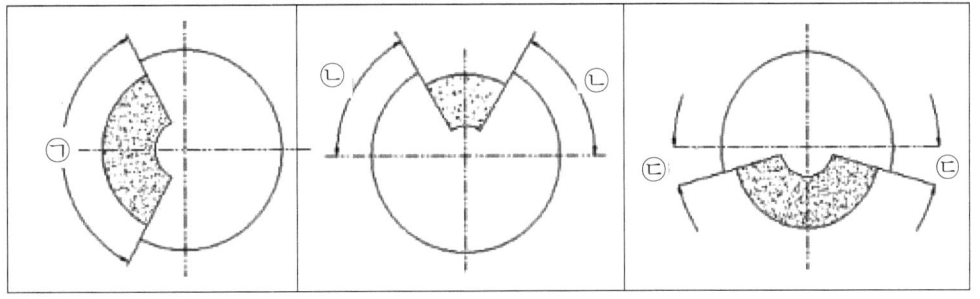

① ㉠ 120° 이내, ㉡ 50° 이상 ㉢ 12° 이상
② ㉠ 125° 이내, ㉡ 60° 이상 ㉢ 15° 이상
③ ㉠ 130° 이내, ㉡ 65° 이상 ㉢ 18° 이상
④ ㉠ 135° 이내, ㉡ 65° 이상 ㉢ 20° 이상
⑤ ㉠ 140° 이내, ㉡ 70° 이상 ㉢ 25° 이상

정답 01. ②

해설 ② [○] 연삭기 덮개의 각도로 옳은 내용이다.

○ 연삭기 덮개의 각도 (방호장치 자율안전기준 고시 제9조 관련 별표 4)

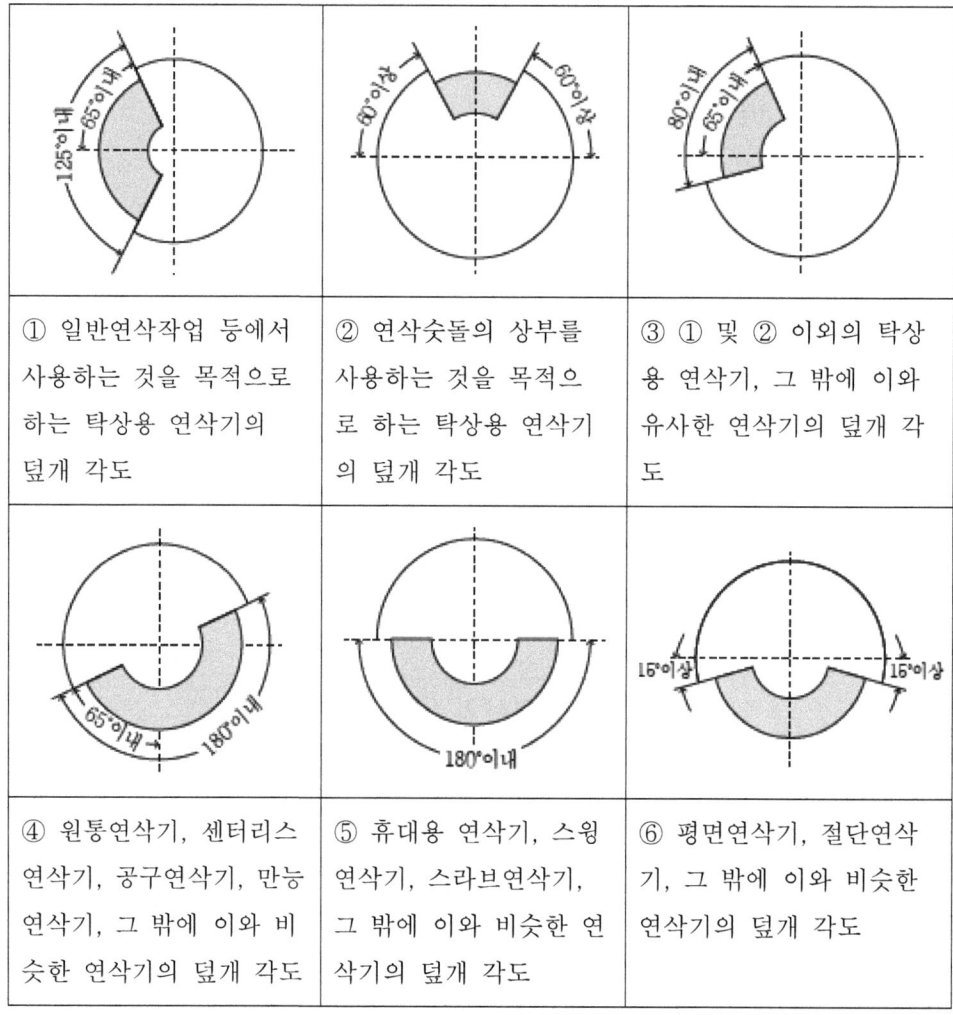

02 산업안전보건법령상 탁상용 연삭기의 덮개에는 작업 받침대와 연삭숫돌과의 간격을 몇 mm 이하로 조정할 수 있어야 하는가?

① 3 ② 4 ③ 5 ④ 10 ⑤ 12

해설 ① [○] 작업받침대와 연삭숫돌과의 간격을 1~3mm로 한다(방호장치 자율안전기준 고시 제9조 관련 별표 4).

정답 02. ①

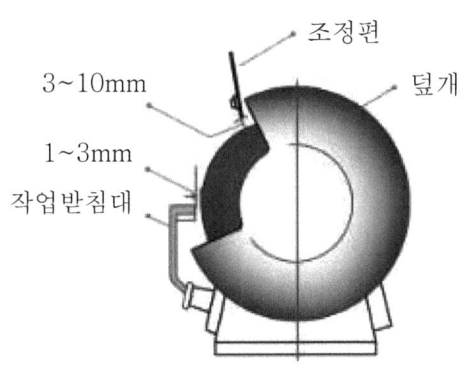

목재 가공용 둥근톱

01 산업안전보건법령상 목재가공용 둥근톱 작업에서 분할날과 톱날 원주면과의 간격은 최대 얼마 이내가 되도록 조정하는가?

① 10mm ② 12mm ③ 14mm ④ 16mm ⑤ 18mm

[해설] ② [○] 목재가공용 둥근톱의 분할날과 톱날 원주면과의 간격은 최대 간격으로 12mm이다.

○ 분할날의 종류 (방호장치 자율안전기준 고시 제11조 관련 별표 5) : 분할날은 가공재에 쐐기작용을 하여 공작물의 반발을 방지할 목적으로 설치된 것으로 둥근톱의 크기에 따라 겸형식과 현수식 2가지로 구분된다.

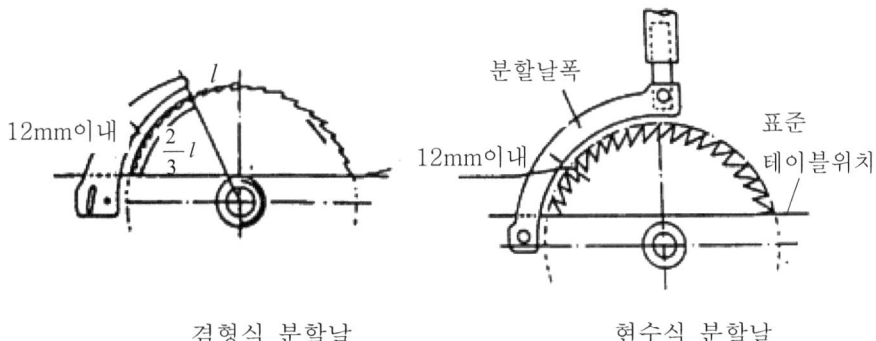

겸형식 분할날 / 현수식 분할날

정답 01. ②

02 목재가공용 둥근톱에서 반발예방장치 분할날의 두께(t_2)의 공식으로 바르게 제시된 것은? (단, 분할날의 두께는 둥근톱 두께의 1.1배 이상이고, t_1은 둥근톱의 두께, t_2는 분할날 두께, b는 치진폭이다)

① $0.9t_1 \leq t_2 < b$ ② $1.1t_1 \leq t_2 < b$ ③ $1.2t_1 \leq t_2 < b$
④ $1.3t_1 \leq t_2 < b$ ⑤ $1.4t_1 \leq t_2 < b$

해설 ② [○] 목재가공용 둥근톱 분할날의 두께(t_2)의 공식으로 옳은 내용이다.
○ 목재가공용 둥근톱의 분할날 두께 (방호장치 자율안전기준 고시 제11조 관련 별표 5)

동력식 수동대패용 칼날

01 동력식 수동대패기의 방호장치인 칼날접촉방지장치에서 덮개와 송급테이블면과의 간격으로 적절한 것은?

① 5mm 이하 ② 6mm 이하 ③ 7mm 이하 ④ 8mm 이하
⑤ 10mm 이하

해설 ④ [○] 덮개와 송급테이블면과의 간격이 8mm 이하이어야 한다.
○ 대패기계용 덮개의 시험방법 (방호장치 자율안전기준 고시 제13조 관련 별표 6의 2) : 대패기계에 직접 부착하여 다음 각 목과 같은 작동상태를 3회 이상 반복하여 시험한다.
  1. 가동식 방호장치는 스프링의 복원력상태 및 날과 덮개와의 접촉유무를 확인한다.
  2. 가동부 고정상태 및 작업자의 접촉으로 인한 위험성 유무를 확인한다.
  3. 날접촉 예방장치인 덮개와 송급테이블면과의 간격이 8mm 이하이여야 한다.
  4. 작업에 방해의 유무, 안전성의 여부를 확인한다.

자율안전확인 제품표시

01 보호구 자율안전확인 고시상 자율안전확인 보호구에 표시하여야 하는 사항을 모두 고른 것은?

> ㄱ. 모델명   ㄴ. 제조번호   ㄷ. 사용기한   ㄹ. 자율안전확인 번호
> ㅁ. 제조회사 주소 및 전화번호

① ㄱ, ㄴ, ㄷ   ② ㄱ, ㄴ, ㄹ   ③ ㄱ, ㄷ, ㄹ   ④ ㄴ, ㄷ, ㅁ
⑤ ㄱ, ㄴ, ㅁ

해설   ② [○] 자율안전확인 보호구에 표시하여야 하는 사항으로서 옳은 내용이다.

○ 자율안전확인 제품표시의 붙임 (방호장치 자율안전기준 고시 제10장 보칙 제17조) : 자율안전확인 제품에는 규칙 별표 9(안전보건표지의 기본모형)에 따른 표시 외에 다음 각 호의 사항을 표시한다.

1. 형식 또는 모델명   2. 규격 또는 등급 등
3. 제조자명   4. 제조번호 및 제조연월
5. 자율안전확인 번호

정답   01. ②

7.4 보호구 안전인증 고시

> 추락·감전 위험방지용 안전모

01 ABE종 안전모에 대하여 내수성 시험을 할 때 물에 담그기 전의 질량이 400g이고, 물에 담근 후의 질량이 410g이었다면 질량증가율과 합격여부로 옳은 것은?

① 질량증가율 : 2.5%, 합격여부 : 불합격
② 질량증가율 : 2.5%, 합격여부 : 합격
③ 질량증가율 : 4.5%, 합격여부 : 불합격
④ 질량증가율 : 102.5%, 합격여부 : 불합격
⑤ 질량증가율 : 102.5%, 합격여부 : 합격

해설 ① [○] 질량증가율 = $\dfrac{\text{담근 후 질량} - \text{담그기 전 질량}}{\text{담그기 전 질량}} \times 100 = \dfrac{410 - 400}{400} \times 100 = 2.5\,(\%)$

질량증가율이 1% 미만이어야 하는데 초과했으므로 불합격

○ 안전모의 시험성능기준 (보호구 안전인증 고시 제4조 관련 별표 1)

항목	시험성능기준
내관통성	AE, ABE종 안전모는 관통거리가 9.5mm 이하이고, AB종 안전모는 관통거리가 11.1mm 이하이어야 한다.
충격흡수성	최고전달충격력이 4,450N을 초과해서는 안 되며, 모체와 착장체의 기능이 상실되지 않아야 한다.
내전압성	AE, ABE종 안전모는 교류 20kV에서 1분간 절연파괴 없이 견뎌야 하고, 이때 누설되는 충전전류는 10mA 이하이어야 한다.
내수성	AE, ABE종 안전모는 질량증가율이 1% 미만이어야 한다.
난연성	모체가 불꽃을 내며 5초 이상 연소되지 않아야 한다.
턱끈풀림	150N 이상 250N 이하에서 턱끈이 풀려야 한다.

정답 01. ①

02 다음 중 안전모의 일반구조에 관한 설명으로 틀린 것은? (단, 안전모는 의무안전인증 대상이다)

① 턱끈의 폭은 10mm 이상일 것
② 안전모의 수평간격은 1mm 이내일 것
③ 안전모의 모체, 착장체 및 턱끈을 가질 것
④ 착장체의 구조는 착용자의 머리에 균등한 힘이 분배되도록 할 것
⑤ 안전모의 내부수직거리는 25mm 이상 50mm 미만일 것

해설 ② [×] 안전모의 수평간격은 5mm 이상일 것이 옳은 내용이다.
○ 안전모의 일반구조 (보호구 안전인증 고시 제4조 관련 별표 1)
1. 안전모는 모체, 착장체 및 턱끈을 가질 것
2. 착장체의 머리고정대는 착용자의 머리부위에 적합하도록 조절할 수 있을 것
3. 착장체의 구조는 착용자의 머리에 균등한 힘이 분배되도록 할 것
4. 모체, 착장체 등 안전모의 부품은 착용자에게 상해를 줄 수 있는 날카로운 모서리 등이 없을 것
5. 턱끈은 사용 중 탈락되지 않도록 확실히 고정되는 구조일 것
6. 안전모의 착용높이는 85mm 이상이고 외부수직거리는 80mm 미만일 것
7. 안전모의 내부수직거리는 25mm 이상 50mm 미만일 것
8. 안전모의 수평간격은 5mm 이상일 것
9. 머리받침끈이 섬유인 경우에는 각각의 폭이 15mm 이상이어야 하며, 교차지점 중심으로부터 방사되는 끈폭의 총합은 72mm 이상일 것
10. 턱끈의 폭은 10mm 이상일 것

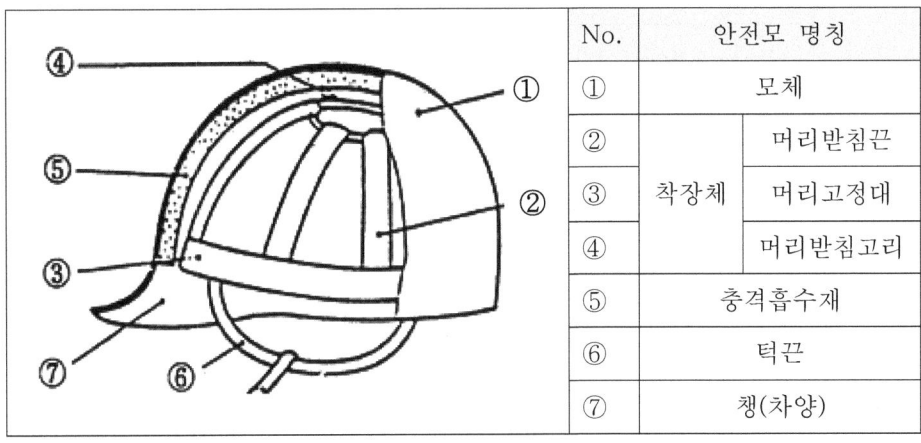

No.	안전모 명칭	
①	모체	
②	착장체	머리받침끈
③		머리고정대
④		머리받침고리
⑤	충격흡수재	
⑥	턱끈	
⑦	챙(차양)	

정답 02. ②

03 안전모의 3가지 종류에 관련된 내용으로 적절하지 않은 것은?

① AB : 물체의 낙하 또는 비래 및 추락에 의한 위험을 방지 또는 경감시키기 위한 것
② AE : 물체의 낙하 또는 비래에 의한 위험을 방지 또는 경감하고, 머리부위 감전에 의한 위험을 방지하기 위한 것
③ ABE : 물체의 낙하 또는 비래 및 추락에 의한 위험을 방지 또는 경감하고, 머리 부위 감전에 의한 위험을 방지하기 위한 것
④ 내전압성이란 5,000V 이하의 전압에 견디는 것을 말한다.
⑤ AE, ABE는 내전압성에 해당하는 종류를 의미한다

해설 ④ [×] 내전압성이란 7,000V 이하의 전압에 견디는 것을 말한다.

○ 안전모의 종류 (보호구 안전인증 고시 제4조 관련 별표 1)

종류(기호)	사용 구분	비고
AB	물체의 낙하 또는 비래 및 추락에 의한 위험을 방지 또는 경감시키기 위한 것	
AE	물체의 낙하 또는 비래에 의한 위험을 방지 또는 경감하고, 머리부위 감전에 의한 위험을 방지하기 위한 것	내전압성 (주1)
ABE	물체의 낙하 또는 비래 및 추락에 의한 위험을 방지 또는 경감하고, 머리부위 감전에 의한 위험을 방지하기 위한 것	내전압성

(주1) 내전압성이란 7,000V 이하의 전압에 견디는 것을 말한다.

04 안전모 성능시험 항목으로 적절하지 않은 것은?

① 내관통성   ② 충격흡수성   ③ 내전압성   ④ 내수성
⑤ 내압박성

해설 ⑤ [×] 내압박성은 가죽제 안전화의 성능시험 항목이다.

정답 03. ④   04. ⑤

05 안전모의 내관통성 시험 성능기준에 관한 내용이다. ( )에 알맞은 내용을 제시한 것은?

1. AE종 및 ABE종의 안전모 관통거리 (㉠)mm 이하
2. AB종의 관통거리 (㉡)mm 이하

① ㉠ 8.5, ㉡ 10.1　　② ㉠ 9.5, ㉡ 11.1　　③ ㉠ 10.5, ㉡ 12.1
④ ㉠ 11.5, ㉡ 13.1　　⑤ ㉠ 12.5, ㉡ 14.1

해설　② [○] 안전모의 내관통성 시험 성능기준으로서 옳은 내용이다.
　　○ 내관통성 (보호구 안전인증 고시 제4조 관련 별표 1) : AE, ABE종 안전모는 관통거리가 9.5mm 이하이고, AB종 안전모는 관통거리가 11.1mm 이하이어야 한다.

──── 안전화 ────

01 다음 중 산업안전보건법령상 안전인증 대상의 안전화 종류에 해당하지 않는 것은?

① 경화안전화　　② 발등안전화　　③ 정전기안전화
④ 화학물질용안전화　　⑤ 절연장화

해설　① [×] 경화안전화는 종류로서 규정된 것이 아니다.
　　○ 안전화의 종류 (보호구 안전인증 고시 제6조 관련 별표 2)
　　　1. 가죽제안전화　2. 고무제안전화　3. 정전기안전화　4. 발등안전화
　　　5. 절연화　6. 절연장화　7. 화학물질용 안전화

02 안전인증대상 보호구 중 안전화에 있어서 성능구분에 따른 안전화의 종류로 규정된 것이 아닌 것은?

① 가죽제안전화　　② 고무제안전화　　③ 정전기안전화
④ 화학물질용안전화　　⑤ 건설작업용안전화

정답　05. ②　|　01. ①　02. ⑤

해설 ⑤ [×] 건설작업용안전화는 규정된 내용이 아니다.

○ 안전화의 종류 (보호구 안전인증 고시 제6조 관련 별표 2)

종류	성능 구분
가죽제 안전화	물체의 낙하, 충격 또는 날카로운 물체에 의한 찔림 위험으로부터 발을 보호하기 위한 것
고무제 안전화	물체의 낙하, 충격 또는 날카로운 물체에 의한 찔림 위험으로부터 발을 보호하고 내수성을 겸한 것
정전기 안전화	물체의 낙하, 충격 또는 날카로운 물체에 의한 찔림 위험으로부터 발을 보호하고 정전기의 인체대전을 방지하기 위한 것
발등 안전화	물체의 낙하, 충격 또는 날카로운 물체에 의한 찔림 위험으로부터 발 및 발등을 보호하기 위한 것
절연화	물체의 낙하, 충격 또는 날카로운 물체에 의한 찔림 위험으로부터 발을 보호하고 저압의 전기에 의한 감전을 방지하기 위한 것
절연장화	고압에 의한 감전을 방지 및 방수를 겸한 것
화학물질용 안전화	물체의 낙하, 충격 또는 날카로운 물체에 의한 찔림 위험으로부터 발을 보호하고 화학물질로부터 유해위험을 방지하기 위한 것

03 가죽제 안전화의 성능시험 항목으로 적절하지 않은 것은?

① 내충격성 시험 ② 내압박성 시험 ③ 내답발성 시험
④ 난연성 시험 ⑤ 은면결렬 시험

해설 ④ [×] 난연성 시험은 안전모의 성능시험 항목이다.

○ 가죽제 안전화의 성능시험 항목 (보호구 안전인증 고시 제6조 관련 별표 2의 9)

1. 내충격성 시험
2. 내압박성 시험
3. 내답발성 시험
4. 박리저항 시험
5. 내유성 시험
6. 인장강도 시험 및 신장율 시험
7. 내부식성 시험
8. 인열강도 시험
9. 은면결렬 시험

정답 03. ④

04 가죽제 안전화의 성능시험 항목으로 규정된 것이 아닌 것은?

① 내충격성 시험　　② 내답발성 시험　　③ 내유성 시험
④ 은면결렬 시험　　⑤ 파열시험

해설　⑤ [×] 고무제안전화의 시험 항목이다.

　○ 고무제 안전화의 성능시험 항목 (보호구 안전인증 고시 제6조 관련 별표 2의 2)
　　1. 겉창 : 인장시험, 내유시험　　2. 몸통 : 인장시험, 내유시험
　　3. 안감 및기타포 : 파열시험

안전장갑

01 내전압용 안전장갑 종류에 따른 등급으로 올바르지 않게 제시된 것은?

① 00등급 : 교류(실효값) 500V, 직류 750V
② 0등급 : 교류(실효값) 1,000V, 직류 1,500V
③ 1등급 : 교류(실효값) 7,500V, 직류 11,250V
④ 2등급 : 교류(실효값) 17,000V, 직류 26,500V
⑤ 4등급 : 교류(실효값) 36,000V, 직류 54,000V

해설　④ [×] 2등급 : 교류(실효값) 17,000V, 직류 25,500V

　○ 절연장갑의 등급 (보호구 안전인증 고시 제8조 관련 별표 3)

등급	최대사용전압	
	교류(V, 실효값)	직류(V)
00	500	750
0	1,000	1,500
1	7,500	11,250
2	17,000	25,500
3	26,500	39,750
4	36,000	54,000

정답　04. ⑤　│　01. ④

02 내전압용 절연장갑의 성능기준에 있어 각 등급에 대한 최대사용전압으로 올바르게 제시된 것은?

등급	최대사용전압		색상
	교류(V, 실효값)	직류(V)	
00	500	(㉠)	갈색
0	(㉡)	1500	빨간색
1	7500	11250	흰색
2	17000	25500	노란색
3	26500	39750	녹색
4	(㉢)	(㉣)	등색

① ㉠ 650, ㉡ 900, ㉢ 35,000, ㉣ 52,000
② ㉠ 750, ㉡ 1,000, ㉢ 35,000, ㉣ 52,000
③ ㉠ 750, ㉡ 1,000, ㉢ 36,000, ㉣ 54,000
④ ㉠ 800, ㉡ 1,200, ㉢ 38,000, ㉣ 56,000
⑤ ㉠ 850, ㉡ 1,200, ㉢ 38,000, ㉣ 58,000

해설 ③ [○] 내전압용 절연장갑의 등급으로 옳은 내용이다.
　　　○ 내전압용 절연장갑의 등급 (보호구 안전인증 고시 제8조 관련 별표 3)

방진마스크

01 방진마스크의 형태에 따른 분류 중 그림에서 나타내는 것은 무엇인가?

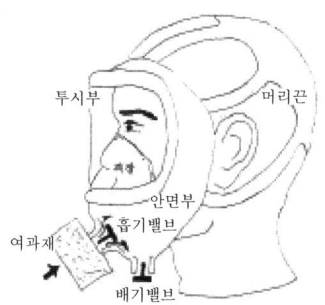

① 격리식 전면형　　② 직결식 전면형　　③ 격리식 반면형
④ 직결식 반면형　　⑤ 안면부 여과식

해설　② [○] 직결식 전면형으로서 옳은 내용이다.

　　○ 방진마스크의 형태 (보호구 안전인증 고시 제12조 관련 별표 4)

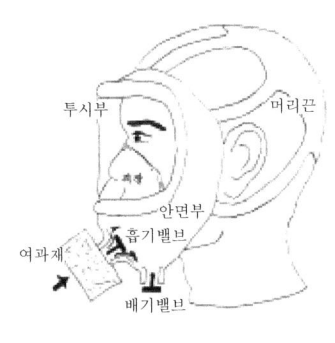 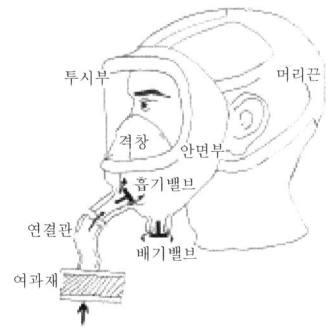

직결식 전면형　　　　　　　　격리식 전면형

02 분리식 특급 방진 마스크의 여과재 포집 효율은 몇 % 이상인가?

① 80.0　　② 85.0　　③ 94.0　　④ 99.0　　⑤ 99.95

해설　⑤ [○] 분리식 특급 방진 마스크의 여과재 포집 효율은 99.95%이다.

　　○ 여과재 분진 등 포집효율 (보호구 안전인증 고시 제12조 관련 별표 4)

형태 및 등급		염화나트륨(NaCl) 및 파라핀오일(Paraffin oil) 시험(%)
분리식	특급	99.95 이상
	1급	94.0 이상
	2급	80.0 이상
안면부 여과식	특급	99.0 이상
	1급	94.0 이상
	2급	80.0 이상

정답　02. ⑤

03 다음은 방진마스크에 관한 사항이다. 보기의 물음에 적절한 내용을 제시한 조합인 것은?

1. 석면취급 장소에서 착용 가능한 방진마스크의 등급은? : (㉠)
2. 금속 흄 등과 같이 열적으로 생기는 분진 등 발생장소에서 착용 가능한 방진 마스크의 등급은? : (㉡)
3. 베릴륨 등과 같이 독성이 강한 물질을 함유한 장소에서 착용 가능한 방진 마스크의 등급은? : (㉢)
4. 산소농도 (㉣)% 미만인 장소에서는 방진마스크 착용을 금지한다.
5. 안면부 내부의 이산화탄소 농도가 부피분율 (㉤)% 이하이어야 한다.

① ㉠ 특급, ㉡ 1급, ㉢ 1급, ㉣ 18, ㉤ 1
② ㉠ 특급, ㉡ 1급, ㉢ 특급, ㉣ 18, ㉤ 1
③ ㉠ 특급, ㉡ 1급, ㉢ 1급, ㉣ 18.5, ㉤ 1.5
④ ㉠ 특급, ㉡ 1급, ㉢ 1급, ㉣ 18, ㉤ 1
⑤ ㉠ 특급, ㉡ 1급, ㉢ 특급, ㉣ 18.5, ㉤ 1.5

해설   ② [○] 방진마스크에 관한 사항으로서 옳은 내용이다.
○ 방진마스크의 등급 (보호구 안전인증 고시 제12조 관련 별표 4)

등급	사용장소
특급	* 베릴륨 등과 같이 독성이 강한 물질들을 함유한 분진 등 발생장소 * 석면 취급장소
1급	* 특급마스크 착용장소를 제외한 분진 등 발생장소 * 금속흄 등과 같이 열적으로 생기는 분진 등 발생장소 * 기계적으로 생기는 분진 등 발생장소 (규소 등과 같이 2급 방진마스크를 착용하여도 무방한 경우는 제외한다)
2급	* 특급 및 1급 마스크 착용장소를 제외한 분진 등 발생장소
비고 : 1. 배기밸브가 없는 안면부여과식 마스크는 특급 및 1급 장소에 사용해서는 안 된다. 2. 산소농도 18% 이상인 장소에서 사용하여야 한다.	

정답   03. ②

04 다음은 호흡용보호구에 관한 내용이다. 다음 물음에 올바른 내용의 조합을 제시한 것은?

> 1. 방진마스크는 산소농도 몇 % 이상에서 사용 가능한가? : (㉠)
> 2. 방진마스크는 안면부 내부의 이산화탄소 부피분율(%)은? : (㉡)
> 3. 방독마스크는 산소농도 몇 % 이상에서 사용 가능한가? : (㉢)
> 4. 방독마스크는 안면부 내부의 이산화탄소 부피분율(%)은? : (㉣)

① ㉠ 16, ㉡ 1, ㉢ 16, ㉣ 1　　② ㉠ 17, ㉡ 1.5, ㉢ 16, ㉣ 1.5
③ ㉠ 18, ㉡ 1, ㉢ 18, ㉣ 1　　④ ㉠ 19, ㉡ 1.5, ㉢ 20, ㉣ 1.5
⑤ ㉠ 20, ㉡ 2, ㉢ 21, ㉣ 1

해설　③ [○] 방진마스크 및 방독마스크의 성능기준으로서 옳은 내용이다.
　　○ 방진마스크의 성능기준 (보호구 안전인증 고시 제12조 관련 별표 4)
　　○ 방독마스크의 성능기준 (보호구 안전인증 고시 제12조 관련 별표 5)

05 방진마스크의 분리식, 안면부 여과식 시험성능 기준에서 각 등급별 여과제분진 등 포집효율 기준이다. 다음 빈칸에 알맞은 내용을 제시한 것은?

형태 및 등급		염화나트륨(NaCl) 및 파라핀오일 시험(%)
분리식	특급	(㉠) 이상
	1급	94.0 이상
	2급	(㉡) 이상
안면부 여과식	특급	(㉢) 이상
	1급	94.0 이상
	2급	(㉣) 이상

① ㉠ 99.9, ㉡ 70, ㉢ 98, ㉣ 75　　② ㉠ 99.9, ㉡ 75, ㉢ 99, ㉣ 78
③ ㉠ 99.95, ㉡ 80, ㉢ 99, ㉣ 80　　④ ㉠ 99.98, ㉡ 85, ㉢ 99.5, ㉣ 82
⑤ ㉠ 99.98, ㉡ 85, ㉢ 99.5, ㉣ 85

해설　③ [○] 방진마스크의 시험성능 기준으로서 옳은 내용이다.
　　○ 방진마스크의 성능기준 (보호구 안전인증 고시 제12조 관련 별표 4)

정답　04. ③　　05. ③

방독마스크

01 다음 중 방독마스크의 시험성능기준 항목이 아닌 것은?

① 시야 ② 불연성 ③ 정화통 호흡저항 ④ 안면부내의 압력
⑤ 투시부의 내충격성

해설 ④ [×] 안면부 내부의 이산화탄소 농도가 해당 시험항목이 된다.

○ 방독마스크의 시험성능기준 항목 (보호구 안전인증 고시 제14조 관련 별표 5)

1. 안면부 흡기저항   2. 정화통의 제독능력
3. 안면부 배기저항   4. 안면부 누설률
5. 배기밸브 작동   6. 시야
7. 강도, 신장률 및 영구변형률   8. 불연성
9. 음성전달판   10. 투시부의 내충격성
11. 정화통 질량 (여과재가 있는 경우 포함)
12. 정화통 호흡저항   13. 안면부 내부의 이산화탄소 농도

02 방독마스크의 안전인증 표시 외에 표시사항으로 규정된 것이 아닌 것은?

① 파과곡선도   ② 사용시간 기록카드
③ 정화통의 외부측면의 표시 색   ④ 사용상의 주의사항
⑤ 표준유효시간

해설 ⑤ [×] 표준유효시간은 추가표시사항이 아니다. 표준유효시간은 파과시간 계산에 이용된다. 파과시간 = 표준유효 시간 $\times \dfrac{\text{시험가스농도}}{\text{공기중 유해가스농도}}$

○ 방독마스크의 안전인증 표시 외에 추가표시사항 (보호구 안전인증 고시 제14조 관련 별표 5)

1. 파과곡선도   2. 사용시간 기록카드
3. 정화통의 외부측면의 표시 색   4. 사용상의 주의사항

정답 01. ④   02. ⑤

03 다음은 방독마스크의 일반구조에 관한 내용이다. 올바르지 못한 내용으로 제시된 것은?

① 착용 시 이상한 압박감이나 고통을 주지 않을 것
② 착용자의 얼굴과 방독마스크의 내면사이의 공간이 너무 크지 않을 것
③ 전면형은 호흡 시에 투시부가 흐려지지 않을 것
④ 격리식 및 직결식 방독마스크에 있어서는 정화통, 흡기밸브, 배기밸브 및 머리끈을 쉽게 교환할 수 있고, 착용자 자신이 스스로 안면과 방독마스크 안면부와의 밀착성 여부를 수시로 확인할 수 있을 것
⑤ 배기밸브는 방독마스크의 내부와 외부의 압력이 다를 경우 항상 열려 있어야 하고 미약한 호흡에 대하여 확실하고 예민하게 작동되지 않아야 하며 외부의 힘에 의하여 손상되지 않도록 덮개 등으로 보호되어 있을 것

해설 ⑤ [×] 배기밸브는 방독마스크의 내부와 외부의 압력이 같을 경우 항상 닫혀 있어야 하고, 미약한 호흡에 대하여 확실하고 예민하게 작동하여야 하며, 외부의 힘에 의하여 손상되지 않도록 덮개 등으로 보호되어 있을 것이 옳은 내용이다(방독마스크의 일반구조 : 보호구 안전인증 고시 제14조 관련 별표 5)

04 다음 보기에서 방독마스크 정화통 외부측면의 색으로 적절하게 제시된 것은?

유기화합물용	할로겐용	아황산용	암모니아용
(㉠)	(㉡)	(㉢)	(㉣)

① ㉠ 노랑색, ㉡ 회색, ㉢ 적색, ㉣ 백색
② ㉠ 노랑, ㉡ 회색, ㉢ 노랑색, ㉣ 백색
③ ㉠ 갈색, ㉡ 파랑, ㉢ 적색, ㉣ 녹색
④ ㉠ 갈색, ㉡ 회색, ㉢ 노랑색, ㉣ 녹색
⑤ ㉠ 갈색, ㉡ 파랑, ㉢ 노랑색, ㉣ 녹색

해설 ④ [○] 방독마스크 정화통 외부측면의 색으로 옳은 내용이다.

정답 03. ⑤ 04. ④

○ 정화통 외부 측면의 표시 색 (보호구 안전인증 고시 제14조 관련 별표 5)

종류	표시 색
유기화합물용 정화통	갈색
할로겐용 정화통	회색
황화수소용 정화통	
시안화수소용 정화통	
아황산용 정화통	노랑색
암모니아용 정화통	녹색
복합용 및 겸용의 정화통	복합용의 경우 : 해당가스 모두 표시(2층 분리) 겸용의 경우 : 백색과 해당가스 모두 표시(2층 분리)
참고 : 암모니아의 가스 색은 백색이다(정화통 색상과 다름에 유의).	

05 다음은 방독마스크의 재료에 관한 내용이다. 올바르지 못한 내용으로 제시된 것은?

① 안면에 밀착하는 부분은 피부에 장해를 주지 않을 것
② 흡착제는 흡착성능이 우수하고 인체에 장해를 주지 않을 것
③ 방독마스크에 사용하는 금속부품은 부식되지 않을 것
④ 반면형의 경우 사용할 때 충격을 받을 수 있는 부품은 충격시에 마찰 스파크를 발생되어 가연성의 가스혼합물을 점화시킬 수 있는 알루미늄, 마그네슘, 티타늄 또는 이의 합금을 최소한 사용할 것
⑤ 방독마스크를 사용할 때 충격을 받을 수 있는 부품은 충격 시에 마찰 스파크가 발생되어 가연성의 가스혼합물을 점화시킬 수 있는 알루미늄, 마그네슘, 티타늄 또는 이의 합금으로 만들지 말 것

해설 ④ [×] 방진마스크의 반면형의 경우는 사용할 때 충격을 받을 수 있는 부품은 충격시에 마찰 스파크를 발생되어 가연성의 가스혼합물을 점화시킬 수 있는 알루미늄, 마그네슘, 티타늄 또는 이의 합금을 최소한 사용할 것은 방진마스크에 대한 내용이다(방진마스크의 등급 (보호구 안전인증 고시 제14조 관련 별표 4)

정답 05. ④

06 보호구 안전인증 고시상 사용장소에 따른 방독마스크의 등급기준 중 다음 ( )안에 알맞은 내용을 제시한 것은?

등급	내용
고농도	가스 또는 증기의 농도가 100분의 (㉠) 이하의 대기 중에서 사용하는 것
중농도	가스 또는 증기의 농도가 100분의 (㉡) 이하의 대기중에서 사용하는 것
저농도 및 최저농도	가스 또는 증기의 농도가 100분의 (㉢) 이하의 대기중에서 사용하는 것으로서 긴급용이 아닌 것
비고	방독마스크는 산소농도가 (㉣)% 이상인 장소에서 사용하여야 하고, 고농도와 중농도에서 사용하는 방독마스크는 전면형(격리식, 직결식)을 사용해야 한다.

① ㉠ 2, ㉡ 1, ㉢ 0.1, ㉣ 18 ② ㉠ 2.5, ㉡ 1.5, ㉢ 0.2, ㉣ 18
③ ㉠ 3, ㉡ 2, ㉢ 0.3, ㉣ 19 ④ ㉠ 3.5, ㉡ 2.5, ㉢ 0.4, ㉣ 19
⑤ ㉠ 4, ㉡ 3, ㉢ 0.5, ㉣ 20

해설 ① [○] 방독마스크의 등급으로 옳은 내용이다(보호구 안전인증 고시 제14조 관련 별표 5).

07 다음 보기에서 방독마스크 정화통 외부측면의 색과 시험가스에 대해 ( ) 안의 내용으로 올바르게 제시된 것은?

종류	시험가스	색
유기화합물용	시클로헥산(C_6H_{12})	(㉠)
할로겐용	(㉡)	회색
아황산용	(㉢)	노란색
암모니아용	암모니아가스(NH_3)	(㉣)

① ㉠ 녹색, ㉡ 염소가스 또는 증기(Cl_2), ㉢ 아황산가스(SO_2), ㉣ 백색
② ㉠ 갈색, ㉡ 염소가스 또는 증기(Cl_2), ㉢ 아황산가스(SO_2), ㉣ 파랑색

정답 06. ①   07. ③

③ ㉠ 갈색, ㉡ 염소가스 또는 증기(Cl_2), ㉢ 아황산가스(SO_2), ㉣ 녹색

④ ㉠ 녹색, ㉡ 염소가스 또는 증기(Cl_2), ㉢ 아황산가스(SO_2), ㉣ 백색

⑤ ㉠ 갈색, ㉡ 염소가스 또는 증기(Cl_2), ㉢ 아황산가스(SO_2), ㉣ 파랑색

해설 ③ [○] 방독마스크의 종류별 시험가스, 정화통 색상으로 옳은 내용이다.

○ 방독마스크의 종류 (보호구 안전인증 고시 제14조 관련 별표 5)

종류	시험가스	정화통 색상
유기화합물용	시클로헥산(C_6H_{12})	갈색
	디메틸에테르(CH_3OCH_3)	
	이소부탄(C_4H_{10})	
할로겐용	염소가스 또는 증기(Cl_2)	회색
황화수소용	황화수소가스(H_2S)	
시안화수소용	시안화수소가스(HCN)	
아황산용	아황산가스(SO_2)	노랑
암모니아용	암모니아가스(NH_3)	녹색

전동식 호흡보호구

01 전동식 호흡보호구에 추가로 표시하여야 할 사항에 해당되지 않는 것은?

① 전동기 등이 본질안전 방폭구조로 설계된 경우 해당 내용

② 사용범위   ③ 사용상 주의사항   ④ 표준파과시간

⑤ 정화통의 외부측면의 표시 색

해설 ④ [×] 표준파과시간이 아닌 파과곡선도(정화통에 부착)가 추가표시 사항이다.

○ 전동식 호흡보호구에 추가표시 사항 (보호구 안전인증 고시 제18조 관련 별표 7)

1. 전동기 등이 본질안전 방폭구조로 설계된 경우 해당 내용 표시
2. 사용범위, 사용상 주의사항, 파과곡선도(정화통에 부착)
3. 정화통의 외부측면의 표시 색 (별표 5 제18호 표 5의 규정에 따른다)

정답 01. ④

전동식 후드 및 전동식 보안면

01 가스농도 1.5%에서 표준유효시간이 80분인 정화통을 유해가스농도가 0.8%인 작업장에서 사용하는 경우 이 정화통의 유효사용 가능시간으로 적절한 것은?

① 120분   ② 130분   ③ 140분   ④ 150분   ⑤ 160분

해설 ④ [○] 파과시간 (보호구 안전인증 고시 제8장)

$$파과시간 = 표준유효시간 \times \frac{시험가스농도}{공기중 \ 유해가스농도} = 80 \times \frac{1.5}{0.8} = 150분$$

보호복

01 보호구 안전인증 고시상 전로 또는 평로 등의 작업 시 사용하는 방열두건의 차광도 번호는?

① #2 ~ #3   ② #3 ~ #5   ③ #6 ~ #8   ④ #8 ~ #9
⑤ #9 ~ #11

해설 ② [○] 전로 또는 평로 등 작업 시 방열두건의 차광도 번호로 옳은 내용이다.
○ 방열두건의 사용구분 (보호구 안전인증 고시 제23조 관련 별표 8)

차광도 번호	사용 구분
#2~#3	고로강판가열로, 조괴(造塊) 등의 작업
#3~#5	전로 또는 평로 등의 작업
#6~#8	전기로의 작업

정답 01. ④ | 01. ②

02 방열복의 성능시험 항목에 해당되지 않는 것은?

① 재료시험　② 절연저항시험　③ 인장강도시험　④ 차광능력시험
⑤ 안면렌즈의 내마모시험

해설　⑤ [×] 안면렌즈의 내마모시험이 아닌 안면렌즈의 내충격시험이 옳은 내용이다. 안면렌즈의 내충격시험 방법은 1.3m의 높이에서 지름 22mm, 질량 45g의 강구를 안면렌즈 중앙 표면위로 자유낙하 시켜 균열 및 파손여부를 확인한다.

○ 방열복의 성능시험 항목 (보호구 안전인증 고시 제23조 관련 별표 8의 3)

1. 재료시험　　　　　　　2. 난연성시험
3. 절연저항시험　　　　　4. 열전도율시험
5. 인장강도시험　　　　　6. 내열성시험
7. 내한성시험　　　　　　8. 차광능력시험
9. 열충격시험　　　　　　10. 표면마모저항시험
11. 안면렌즈의 내충격시험

화학물질용 보호복

01 화학물질용 보호복에 추가로 표시하여야 할 사항에 해당되지 않는 것은?

① 보호복 치수　　② 성능수준(class)
③ 보관, 사용 및 세척상의 주의사항 (세탁방법 포함)
④ 보호복을 표시하는 화학물질보호성능 표시
⑤ 보호복 형식별 재료시험항목

해설　⑤ [×] 재료시험의 각 성능 수준을 사용설명서에 표시하여야 한다.

○ 화학물질용 보호복에 추가표시 사항 (보호구 안전인증 고시 제25조 관련 별표 8의 2)

1. KS K ISO 13688(보호복의 일반요건)에서 정하는 보호복 치수
2. 성능수준(class)
3. 보관, 사용 및 세척상의 주의사항 (세탁방법 포함)

정답　02. ⑤　01. ⑤

4. 보호복을 표시하는 화학물질보호성능 표시(그림 1 참조) 및 제품 사용에 대한 설명
5. 화학물질 외 다른 화학물질에 대한 투과저항시험, 액체반발 및 액체침투 시험의 성능수준은 제조회사의 시험 결과임을 명시하여 사용설명서에 나타낼 수 있다.
6. 재료시험의 각 성능 수준을 사용설명서에 표시하여야 한다.

안전대

01 안전대의 종류는 사용구분에 따라 벨트식과 안전그네식으로 구분되는데 이 중 안전그네식에만 적용하는 것은?

① 추락방지대, 안전블록
② 1개 걸이용, U자 걸이용
③ 1개 걸이용, 추락방지대
④ U자 걸이용, 안전블록
⑤ 1개 걸이용, 안전블록

해설 ① [○] 추락방지대 및 안전블록은 안전그네식에만 적용한다(보호구 안전인증 고시 제27조 관련 별표 9).

02 안전블록이 부착된 안전대의 구조에 있어 안전블록의 줄은 와이어로프인 경우 최소지름은 얼마 이상이어야 하는가?

① 2mm   ② 4mm   ③ 8mm   ④ 10mm   ⑤ 12mm

해설 ② [○] 안전블록이 부착된 안전대의 구조로 옳은 내용이다.
○ 안전블록 부착된 안전대의 구조 (보호구 안전인증 고시 제27조 관련 별표 9)
1. 안전블록을 부착하여 사용하는 안전대는 신체지지의 방법으로 안전그네만을 사용할 것
2. 안전블록은 정격 사용 길이가 명시될 것
3. 안전블록의 줄은 합성섬유로프, 웨빙(webbing), 와이어로프이어야 하며, 와이어로프인 경우 최소지름이 4mm 이상일 것

⊙ [참고] 추락방지대가 부착된 안전대의 구조 (보호구 안전인증 고시 제27조 관련 별표 9)

정답   01. ①   02. ②

1. 추락방지대를 부착하여 사용하는 안전대는 신체지지의 방법으로 안전그네만을 사용하여야 하며 수직구명줄이 포함될 것
2. 수직구명줄에서 걸이설비와의 연결부위는 훅 또는 카라비너 등이 장착되어 걸이설비와 확실히 연결될 것
3. 유연한 수직구명줄은 합성섬유로프 또는 와이어로프 등이어야 하며 구명줄이 고정되지 않아 흔들림에 의한 추락방지대의 오작동을 막기 위하여 적절한 긴장수단을 이용, 팽팽히 당겨질 것
4. 죔줄은 합성섬유로프, 웨빙, 와이어로프 등일 것
5. 고정된 추락방지대의 수직구명줄은 와이어로프 등으로 하며, 최소지름이 8mm 이상일 것
6. 고정 와이어로프에는 하단부에 무게추가 부착되어 있을 것

03 안전대와 관련된 아래 내용에 해당되는 용어로 옳은 것은?

> 로프 또는 레일 등과 같은 유연하거나 단단한 고정줄로서 추락발생시 추락을 저지시키는 추락방지대를 지탱해 주는 줄모양의 부품

① 안전블록　② 수직구명줄　③ 죔줄　④ 보조죔줄　⑤ 신축조절기

해설　② [○] 수직구명줄에 대한 내용이다.

○ 안전대의 부품 (보호구 안전인증 고시 제27조 관련 별표 9)

> ① 벨트 ② 안전그네 ③ 지탱벨트 ④ 죔줄 ⑤ 보조죔줄 ⑥ 수직구명줄 ⑦ D링 ⑧ 각링 ⑨ 8자형링 ⑩ 훅 ⑪ 보조훅 ⑫ 카라비너 ⑬ 버클 ⑭ 신축조절기 ⑮ 추락방지대

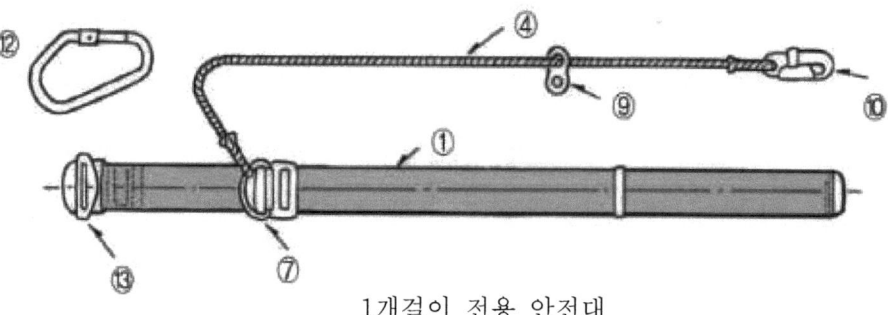

1개걸이 전용 안전대

정답　03. ②

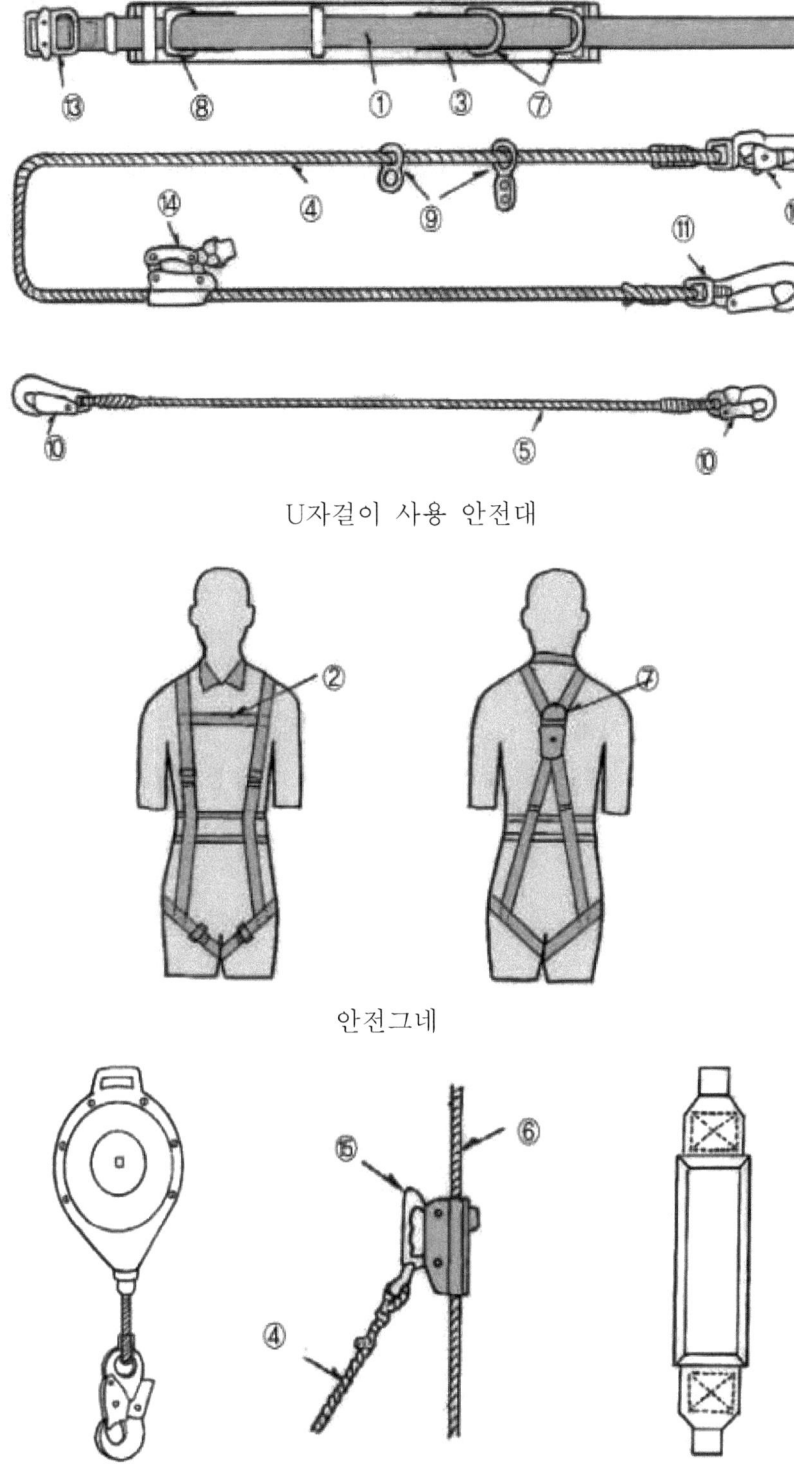

U자걸이 사용 안전대

안전그네

안전블록   추락방지대   충격흡수장치

04 안전대의 완성품 및 각 부품의 동하중 시험 성능기준 중 충격흡수장치의 최대전달 충격력은 몇 kN 이하이어야 하는가?

① 6 ② 7.84 ③ 11.28 ④ 12 ⑤ 15

해설 ① [○] 안전대의 최대전달충격력은 6.0kN 이하이어야 한다.

○ 안전대의 완성품 및 부품 동하중 성능시험 (보호구 안전인증 고시 제27조 관련 별표 9)

구분	요건
벨트식 - 1개걸이용 - U자걸이용 - 보조죔줄	1. 시험몸통으로부터 빠지지 말 것 2. 최대전달충격력은 6.0kN 이하이어야 함 3. U자걸이용 감속거리는 1,000mm 이하이어야 함
안전그네식 - 1개걸이용 - U자걸이용 - 추락방지대 - 안전블록 - 보조죔줄	1. 시험몸통으로부터 빠지지 말 것 2. 최대전달충격력은 6.0kN 이하이어야 함 3. U자걸이용, 안전블록, 추락방지대의 감속거리는 1,000mm 이하이어야 함 4. 시험후 죔줄과 시험몸통간의 수직각이 50° 미만이어야 함
안전블록 (부품)	1. 파손되지 않을 것 2. 최대전달충격력은 6.0kN 이하이어야 함 3. 억제거리는 2,000mm 이하이어야 함
충격흡수장치	1. 최대전달충격력은 6.0kN 이하이어야 함 2. 감속거리는 1,000mm 이하이어야 함

05 보호구 안전인증 고시상 안전대 충격흡수장치의 동하중 시험성능기준에 관한 사항으로 ( )에 알맞은 기준은?

○ 최대전달충격력은 (ㄱ)kN 이하
○ 감속거리는 (ㄴ)mm 이하이어야 함

① ㄱ : 6.0, ㄴ : 1000 ② ㄱ : 6.0, ㄴ : 2000 ③ ㄱ : 8.0, ㄴ : 1000
④ ㄱ : 8.0, ㄴ : 2000 ⑤ ㄱ : 9.0, ㄴ : 3000

정답 04. ①   05. ①

해설   ① [○] 충격흡수장치의 동하중 시험성능기준 사항으로 옳은 내용이다.

　　○ 안전대 충격흡수장치의 동하중 시험성능기준 (보호구 안전인증 고시 제27조 관련 별표 9)
　　　1. 최대전달충격력은 6.0kN 이하이어야 한다.
　　　2. 감속거리는 1,000mm 이하이어야 한다.

06 추락방지용 안전보호구인 안전대에서 U자걸이를 사용할 수 있는 안전대의 구조 기준으로 적절하지 않은 것은?

① 지탱벨트, 각링, 신축조절기가 있을 것
② U자걸이 사용 시 D링, 각 링은 안전대 착용자의 몸통 양 측면에 해당하는 곳에 고정되도록 지탱벨트 또는 안전그네에 부착할 것
③ 신축조절기는 죔줄로부터 이탈하지 않도록 할 것
④ U자걸이 사용상태에서 신체의 추락을 방지하기 위하여 지탱벨트를 사용할 것
⑤ 보조훅 부착 안전대는 신축조절기의 역방향으로 낙하저지 기능을 갖출 것

해설   ④ [×] U자걸이 사용상태에서 신체의 추락을 방지하기 위하여 보조죔줄을 사용할 것이 옳은 내용이다.

　　○ U자걸이를 사용할 수 있는 안전대의 구조 (보호구 안전인증 고시 제27조 관련 별표 9)
　　　1. 지탱벨트, 각링, 신축조절기가 있을 것 (안전그네를 착용할 경우 지탱벨트를 사용하지 않아도 된다)
　　　2. U자걸이 사용 시 D링, 각 링은 안전대 착용자의 몸통 양 측면에 해당하는 곳에 고정되도록 지탱벨트 또는 안전그네에 부착할 것
　　　3. 신축조절기는 죔줄로부터 이탈하지 않도록 할 것
　　　4. U자걸이 사용상태에서 신체의 추락을 방지하기 위하여 보조죔줄을 사용할 것
　　　5. 보조훅 부착 안전대는 신축조절기의 역방향으로 낙하저지 기능을 갖출 것. 다만 죔줄에 스토퍼가 부착될 경우에는 이에 해당하지 아니 한다
　　　6. 보조훅이 없는 U자걸이 안전대는 1개걸이로 사용할 수 없도록 훅이 열리는 너비가 죔줄의 직경보다 작고, 8자형링 및 이음형 고리를 갖추지 않을 것

정답   06. ④

차광보안경

01 보안경의 종류 중 안전인증대상 차광보안경에 해당하지 않는 것은?

① 자외선용　② 적외선용　③ 복합용　④ 용접용　⑤ 유리보안경

해설　⑤ [×] 유리보안경은 프라스틱보안경, 도수렌즈보안경과 함께 자율안전확인 보안경에 해당한다.

○ 사용구분에 따른 차광보안경의 종류 (보호구 안전인증 고시 제29조 관련 별표 10)

종류	사용 구분
자외선용	자외선이 발생하는 장소
적외선용	적외선이 발생하는 장소
복합용	자외선 및 적외선이 발생하는 장소
용접용	산소용접작업 등과 같이 자외선, 적외선 및 강렬한 가시광선이 발생하는 장소

방음용 귀마개 또는 귀덮개

01 보호구 안전인증 고시에 따른 방음용 귀마개 또는 귀덮개와 관련된 용어의 정의 중 다음 ( )안에 알맞은 것은?

음압수준이란 음압을 다음 식에 따라 데시벨(dB)로 나타낸 것을 말하며, 적분평균소음계(KS C 1505) 또는 소음계(KS C 1502)에 규정하는 소음계의 ( )특성을 기준으로 한다.

① A　② B　③ C　④ D　⑤ E

해설　③ [○] 음압수준에 대한 용어의 정의로서 옳은 내용이다.

○ 방음용 귀마개 또는 귀덮개의 용어 정의 (보호구 안전인증 고시 제32조)

정답　01. ⑤　|　01. ③

1. "방음용 귀마개"란 외이도에 삽입 또는 외이 내부·외이도 입구에 반 삽입함으로서 차음효과를 나타내는 일회용 또는 재사용 가능한 방음용 귀마개를 말한다.
2. "방음용 귀덮개"란 양쪽 귀 전체를 덮을 수 있는 컵(머리띠 또는 안전모에 부착된 부품을 사용하여 머리에 압착될 수 있는 것)을 말한다.
3. "음압수준"이란 음압을 다음 식에 따라 데시벨(dB)로 나타낸 것을 말하며 적분평균소음계(KS C 1505) 또는 소음계(KS C 1502)에 규정하는 소음계의 "C" 특성을 기준으로 한다.

$$음압수준(dB) = 20\log_{10}\frac{P}{P_0}$$

여기서, P : 측정음압(Pa), P_0 : 기준음압으로서 20μPa을 사용

4. "최소가청치"란 음압수준을 감지할 수 있는 최저 음압수준을 말한다.
5. "상승법"이란 최소가청치를 측정함에 있어 충분히 낮은 음압수준으로부터 2.5dB 또는 그 이하의 비율로 일정하게 순차적으로 음압수준을 상승시켜 최소가청치로 하는 방법을 말한다.
6. "백색소음"이란 20Hz 이상 20,000Hz 이하의 가청범위 전체에 걸쳐 연속적으로 균일하게 분포된 주파수를 갖는 소음을 말한다.
7. "중심주파수"란 가청범위 대역에서 125Hz, 250Hz, 500Hz, 1,000Hz, 2,000Hz, 4,000Hz 및 8,000Hz의 주파수를 말한다.
8. "1/3 옥타브대역"이란 제7호의 주파수를 중심으로 다음 표와 같은 주파수의 범위를 말한다.

중심주파수 (Hz)	주파수 범위 (Hz)
125	112~140
250	224~280
500	450~560
1,000	900~1,120
2,000	1,800~2,240
4,000	3,550~4,500
8,000	7,100~9,000

9. "1/3 옥타브대역 소음"이란 백색소음을 1/3 옥타브대역 필터(1/3 옥타브대역 이외의 대역은 모두 제거시키는 것)에 통과시킨 소음을 말한다.

02 귀마개 및 귀덮개(EM)의 차음성능기준으로 빈칸에 적절한 것은?

구분	중심주파수 (Hz)	차음치(dB)		
		EP-1	EP-2	EM
차음성능	125	10 이상	10 미만	5 이상
	250	15 이상	10 미만	10 이상
	500	(㉠) 이상	10 미만	20 이상
	1,000	20 이상	20 미만	(㉢) 이상
	2,000	25 이상	(㉡) 이상	30 이상
	4,000	25 이상	25 이상	(㉣) 이상
	8,000	20 이상	20 이상	20 이상

① ㉠ 15, ㉡ 20, ㉢ 20, ㉣ 30
② ㉠ 15, ㉡ 20, ㉢ 25, ㉣ 35
③ ㉠ 20, ㉡ 25, ㉢ 25, ㉣ 35
④ ㉠ 20, ㉡ 25, ㉢ 25, ㉣ 35
⑤ ㉠ 20, ㉡ 25, ㉢ 25, ㉣ 35

해설 ② [○] 귀마개, 귀덮개의 차음성능 기준으로서 옳은 내용이다.

○ 귀마개, 귀덮개의 차음성능 기준 (보호구 안전인증 고시 제33조 관련 별표 12)

구분	중심주파수 (Hz)	차음치(dB)		
		EP-1	EP-2	EM
차음성능	125	10 이상	10 미만	5 이상
	250	15 이상	10 미만	10 이상
	500	15 이상	10 미만	20 이상
	1,000	20 이상	20 미만	25 이상
	2,000	25 이상	20 이상	30 이상
	4,000	25 이상	25 이상	35 이상
	8,000	20 이상	20 이상	20 이상

정답 02. ②

7.5 안전보건기준규칙 관련 가이드

> 프레스 방호장치

01 프레스기의 양수조작식 방호장치의 설치방법으로 적절하지 않은 것은?

① 누름버튼의 상호 간 내측거리는 300mm 이상으로 한다.
② 누름버튼 윗면이 버튼케이스 상면보다 5~6mm 낮은 매립형으로 한다.
③ 부착위치는 테이블 바로 앞쪽의 테이블 상면보다 조금 낮은 위치에 부착하는 것이 좋으며, 작업에 장해 요소가 없도록 한다.
④ 테이블 상면보다 낮은 적당한 위치에 부착하지 못할 경우에는 기계 본체의 상부에 부착할 수 있다.
⑤ 광전자식 방호장치를 병용할 경우 광축 부착위치가 누름버튼과 작업자와 가까이 있으면 일반적으로 작업성이 나쁘게 되므로 부착 시에 해당 광축 위치를 고려해야 한다.

해설
② [×] 누름버튼 윗면이 버튼케이스 또는 보호링의 상면보다 2~5mm 낮은 매립형으로 한다.

○ 양수조작식 방호장치의 설치 (프레스 방호장치의 선정·설치 및 사용 기술지침 : 산기규 제2편 제103조 관련 KOSHA Guide M-122)

1. 양수조작식 방호장치는 안전거리를 확보하여 설치하여야 한다.
2. 누름버튼의 상호 간 내측거리는 300mm 이상으로 한다.
3. 누름버튼 윗면이 버튼케이스 또는 보호링의 상면보다 2~5mm 낮은 매립형으로 한다.
4. 부착위치는 테이블 바로 앞쪽의 테이블 상면보다 조금 낮은 위치에 부착하는 것이 좋으며, 작업에 장해 요소가 없도록 한다.
5. 테이블 상면보다 낮은 적당한 위치에 부착하지 못할 경우에는 기계 본체의 상부에 부착할 수 있다.
6. 광전자식 방호장치를 병용할 경우 광축 부착위치가 누름버튼과 작업자와 가까이 있으면 일반적으로 작업성이 나쁘게 되므로 부착 시에 해당 광축 위치를 고려해야 한다.

정답 01. ②

7. 양수조작식 방호장치 안전거리

$$D \geq 1.6(T_l + T_s) \quad \cdots\cdots\cdots\cdots (1)$$

$$D \geq 1.6T_m \quad \cdots\cdots\cdots\cdots\cdots (2)$$

식의 적용 구분 :

(1) 식은 급정지기구가 있는 안전 1행정 프레스에 사용되는 양수조작식 및 광전자식 방호장치의 적용 식이다.

(2) 식은 완전회전식 클러치 기구가 있는 프레스의 양수기동식 방호장치의 적용 식이다.

여기서, D : 안전거리(mm)

T_l : 지동시간(ms)

① 누름버튼에서 손을 떼는 순간부터 급정지기구가 작동 개시하기까지 시간(ms)

② 손이 광선을 차단한 순간부터 급정지 기구가 작동 개시하기까지 시간(ms)

T_s : 급정지 기구가 작동을 개시 할 때부터 슬라이드가 정지할 때까지의 시간

$T_l + T_s$: 최대정지시간

T_m : 누름버튼을 누른 때부터 사용하는 프레스의 슬라이드가 하사점에 도달할 때까지의 소요 최대시간(ms)이며, 다음 식에 의하여 산출된다.

$$T_m = \left(\frac{1}{2} + \frac{1}{N}\right) \times \frac{60,000}{spm}$$

단, N : 확동클러치의 봉합개소의 수

spm : 분당 행정수

02 클러치 맞물림 개소수가 4개이고, spm이 200인 프레스의 양수기동식 방호장치에서 안전거리를 구하면 얼마인가?

① 200mm ② 250mm ③ 300mm ④ 360mm ⑤ 400mm

정답 02. ④

해설 ③ [○] 완전회전식 클러치 기구가 있는 프레스의 양수기동식 방호장치의 적용식 (프레스 방호장치의 선정·설치 및 사용 기술지침 : 산기규 제2편 제103조 관련 KOSHA Guide M-122)

$$D \geq 1.6 \times T_m = 1.6 \times 225 = 360 \, (mm)$$

여기서, $T_m = \left(\dfrac{1}{2} + \dfrac{1}{N}\right) \times \dfrac{60,000}{spm}$

$= \left(\dfrac{1}{2} + \dfrac{1}{4}\right) \times \dfrac{60,000}{200} = \dfrac{3}{4} \times 300 = 225 \, (ms)$

단, N : 확동클러치의 봉합개소의 수

spm : 분당 행정수

03 광전자식 프레스 방호장치에서 급정지 시간이 200ms일 때 급정지거리(mm)를 구할 때 적절한 것은?

① 150 ② 200 ③ 250 ④ 300 ⑤ 320

해설 ⑤ [○] 광전자식 방호장치 급정지거리 (프레스 방호장치의 선정·설치 및 사용 기술지침 : 산기규 제2편 제103조 관련 KOSHA Guide M-122)

$$D \geq 1.6 \times T_m = 1.6 \times 200 = 320 (mm)$$

04 A공장에서 사용하는 프레스는 양수조작식 방호장치를 장착하여 사용하고 있다. 이 프레스의 양단에 있는 동작용 누름버튼 스위치의 최소간격[mm]은 어느 것이 적절한가?

① 250mm 이상 ② 270mm 이상 ③ 300mm 이상
④ 320mm 이상 ⑤ 350mm 이상

해설 ③ [○] 양수조작식 방호장치는 안전거리를 확보하여 설치하여야 한다(프레스 방호장치의 선정·설치 및 사용 기술지침 : 안전보건규칙 제2편 제103조 관련 KOSHA Guide M-122).

정답 03. ⑤ 04. ③

05 양수조작식 프레스의 방호장치 특징에 대해 적절하지 못한 것은?

① 1행정 1정지기구를 갖춘 프레스에 사용한다.
② 완전 회전식 클러치 프레스에는 기계적 1행정 1정지기구를 구비하고 있는 양수기동식 방호장치에 한하여 사용한다.
③ 비상정지스위치를 구비한다.
④ 누름버튼 등을 양손으로 동시에 조작하지 않으면 슬라이드를 작동시킬 수 없으며, 양손에 의한 동시조작은 1초 이내에서 작동되는 것으로 한다.
⑤ 1행정마다 누름버튼에서 양손을 떼지 않으면 재기동 작업을 할 수 없는 구조이어야 한다.

해설 ④ [×] 누름버튼 등을 양손으로 동시에 조작하지 않으면 슬라이드를 작동시킬 수 없으며 양손에 의한 동시조작은 0.5초 이내에서 작동되는 것으로 한다(산기규 제2편 제103조 관련 KOSHA Guide M-122 프레스 방호장치의 선정·설치 및 사용 기술지침).

롤러기 방호장치

01 롤러기의 작업점 전방 12mm의 거리에 가드를 설치하고자 한다. 가드의 개구부 간격(단위 : mm)으로 적절한 것은?

① 6.5 ② 7.0 ③ 7.4 ④ 7.8 ⑤ 8.2

해설 ④ [○] 롤러기 가드의 개구부 간격 산식을 이용한 값으로 옳은 내용이다.

○ 롤러기 가드의 개구부 간격 (프레스 방호장치의 선정·설치 및 사용 기술지침 : 산기규 제2편 제103조 관련 KOSHA Guide M-122)

$$Y = 6 + 0.15X = 6 + 0.15 \times 12 = 7.8(mm)$$

여기서, $X \geq 160mm$ 이면 $Y = 30$

X : 개구부의 위험점까지의 최단거리(mm)
Y : 개구부의 간격(mm)

지게차 방호장치

01 지게차가 부하상태에서 수평거리가 12m이고, 수직높이가 1.5m인 오르막 길을 주행할 때 이 지게차의 전후 안정도와 지게차 안정도 기준의 만족여부로 옳은 것은?

① 지게차 전후 안정도는 12.5%이고 안정도 기준을 만족하지 못한다.
② 지게차 전후 안정도는 12.5%이고 안정도 기준을 만족한다.
③ 지게차 전후 안정도는 18.5%이고 안정도 기준을 만족하지 못한다.
④ 지게차 전후 안정도는 25%이고 안정도 기준을 만족하지 못한다.
⑤ 지게차 전후 안정도는 25%이고 안정도 기준을 만족한다.

해설 ② [○] 지게차의 전후 안정도와 지게차 안정도 기준의 만족여부로 옳은 것이다.

전후안정도 $= \dfrac{h}{l} \times 100 = \dfrac{1.5}{12} \times 100 = 12.5\%$ 이고, 18% 이내이므로 안정도 기준을 만족한다.

○ 지게차 작업시의 안정도 (지게차의 안전작업에 관한 기술지침 : 산기규 제2편 제1관 제179조 관련 KOSHA Guide M-185)

	주행시	하역작업시
전후안정도	18% 이내	4% 이내 (5톤 이상은 3% 이내)
좌우안정도	15+1.1V 이내 (V : 최고속도 km/h)	6% 이내

정전기 방전대책

01 정전기 발생에 대한 방전 대책으로 적절하지 않은 것은?

① 관내 유속제한 설비 ② 통전 습기제거 ③ 본딩
④ 대전방지용 보호구 착용 ⑤ 대전방지제

해설 ② [×] 정전기 방지 방전대책으로 습기제거가 아닌 가습이 대책이다.

정답   01. ② | 01. ②

○ 정전기 발생에 대한 방전 대책 (정전기 재해예방에 관한 기술지침 : 산기규 제2편 제325조 관련 KOSHA Guide E-188)

1. 접지
2. 관내 유속제한 설비
3. 대전방지용 보호구 착용
4. 대전방지제
5. 가습
6. 제전기
7. 본딩

국소배기장치 설치성능

01 국소배기장치의 설치성능에서 다음 빈칸에 알맞은 풍속을 제시한 것은?

물질의 상태	제어풍속(m/sec)	비고
가스상태	(㉠)	국소배기장치의 성능은 물질의 상태에 따라 제어풍속 이상이 되도록 하여야 한다.
입자상태	(㉡)	

① ㉠ 0.2, ㉡ 0.6
② ㉠ 0.3, ㉡ 0.7
③ ㉠ 0.4, ㉡ 0.8
④ ㉠ 0.5, ㉡ 1.0
⑤ ㉠ 0.6, ㉡ 1.2

해설 ④ [○] 국소배기장치의 설치성능으로 옳은 내용이다.

○ 국소배기장치의 설치성능 (국소배기장치 사용 시 안전 기술지침 : 산기규 제3편 제429조 관련 KOSHA Guide G-115)

물질의 상태	제어풍속(m/sec)	비고
가스상태	0.5	국소배기장치의 성능은 물질의 상태에 따라 제어풍속 이상이 되도록 하여야 한다.
입자상태	1.0	

정답 02. ④

제8장

최근 기출문제 풀이

8.1 2022년 기출문제 풀이 / 370

8.2 2023년 기출문제 풀이 / 391

8.3 2024년 기출문제 풀이 / 409

8.4 2025년 기출문제 풀이 / 429

8.1 2022년 기출문제

제1과목 : 산업안전보건법령

01 산업안전보건법령상 유해하거나 위험한 기계·기구에 대한 방호조치 등에 관한 설명으로 옳은 것을 모두 고른 것은?

> ㄱ. 래핑기에는 구동부 방호 연동장치를 설치해야 한다.
> ㄴ. 원심기에는 압력방출장치를 설치해야 한다.
> ㄷ. 작동 부분에 돌기 부분이 있는 기계는 그 돌기 부분에 방호망을 설치하여야 한다.
> ㄹ. 동력전달 부분이 있는 기계는 동력전달 부분을 묻힘형으로 하여야 한다.

① ㄱ   ② ㄱ, ㄴ   ③ ㄴ, ㄷ   ④ ㄷ, ㄹ   ⑤ ㄱ, ㄷ, ㄹ

해설 (ㄱ) [○] 래핑기(wrapping machine)는 포장기계를 말하며, 방호장치가 필요하다.

○ 유해하거나 위험한 기계 등에 대한 방호장치 및 방호조치 (산시규 제98조)

① 기계·기구에 설치해야 할 방호장치는 다음 각 호와 같다.
  1. 예초기 : 날접촉 예방장치   2. 원심기 : 회전체 접촉 예방장치
  3. 공기압축기 : 압력방출장치   4. 금속절단기 : 날접촉 예방장치
  5. 지게차 : 헤드 가드, 백레스트(backrest), 전조등, 후미등, 안전벨트
  6. 포장기계 : 구동부 방호 연동장치

② 고용노동부령으로 정하는 방호조치란 다음 각 호의 방호조치를 말한다.
  1. 작동 부분의 돌기부분은 묻힘형으로 하거나 덮개를 부착할 것
  2. 동력전달부분 및 속도조절부분에는 덮개를 부착하거나 방호망을 설치할 것
  3. 회전기계의 물림점(롤러나 톱니바퀴 등 반대방향의 두 회전체에 물려 들어가는 위험점)에는 덮개 또는 울을 설치할 것

정답 01. ①

02 산업안전보건법령상 사업주가 근로자의 작업내용을 변경할 때에 그 근로자에게 하여야 하는 안전보건교육의 내용으로 규정되어 있지 않은 것은?

① 사고 발생 시 긴급조치에 관한 사항
② 기계·기구의 위험성과 작업의 순서 및 동선에 관한 사항
③ 표준안전 작업방법에 관한 사항
④ 직장 내 괴롭힘, 고객의 폭언 등으로 인한 건강장해 예방 및 관리에 관한 사항
⑤ 작업 개시 전 점검에 관한 사항

해설   ③ [×] 표준안전 작업방법에 관한 사항 → 관리감독자 정기교육 내용이다.
    ○ 채용 시 교육 및 작업방법 변경 시 교육내용 (산시규 별표 5)
    1. 산업안전 및 사고 예방에 관한 사항
    2. 산업보건 및 직업병 예방에 관한 사항
    3. 위험성 평가에 관한 사항
    4. 산업안전보건법령 및 산업재해보상보험 제도에 관한 사항
    5. 직무스트레스 예방 및 관리에 관한 사항
    6. 직장 내 괴롭힘, 고객의 폭언 등으로 인한 건강장해 예방 및 관리에 관한 사항
    7. 기계·기구의 위험성과 작업의 순서 및 동선에 관한 사항
    8. 작업 개시 전 점검에 관한 사항   9. 정리정돈 및 청소에 관한 사항
    10. 사고 발생 시 긴급조치에 관한 사항
    11. 물질안전보건자료에 관한 사항

03 산업안전보건법령상 '대여자 등이 안전조치 등을 해야 하는 기계·기구·설비 및 건축물 등'에 규정되어 있는 것을 모두 고른 것은? (단, 고용노동부장관이 정하여 고시하는 기계·기구·설비 및 건축물 등은 고려하지 않음)

ㄱ. 어스오거   ㄴ. 산업용 로봇   ㄷ. 클램셸   ㄹ. 압력용기

① ㄱ, ㄴ   ② ㄱ, ㄷ   ③ ㄴ, ㄹ   ④ ㄱ, ㄷ, ㄹ   ⑤ ㄴ, ㄷ, ㄹ

해설   ② [○] 대여자 등이 안전조치 등을 해야 하는 기계·기구·설비 및 건축물 등 (산안령 별표 2)

정답   02. ③   03. ②

1. 사무실 및 공장용 건축물
2. 이동식 크레인
3. 타워크레인
4. 불도저
5. 모터 그레이더
6. 로더
7. 스크레이퍼
8. 스크레이퍼 도저
9. 파워 셔블
10. 드래그라인
11. 클램셸
12. 버킷굴착기
13. 트렌치
14. 항타기
15. 항발기
16. 어스드릴
17. 천공기
18. 어스오거
19. 페이퍼드레인머신
20. 리프트
21. 지게차
22. 롤러기
23. 콘크리트 펌프
24. 고소작업대
25. 그 밖에 산업재해보상보험및예방심의위원회 심의를 거쳐 고용노동부장관이 정하여 고시하는 기계, 기구, 설비 및 건축물 등

04 산업안전보건법령상 관계수급인 근로자가 도급인의 사업장에서 작업을 하는 경우 도급인의 안전조치 및 보건조치에 관한 설명으로 옳지 않은 것은?

① 도급인은 같은 장소에서 이루어지는 도급인과 관계수급인의 작업에 있어서 관계수급인의 작업시기·내용, 안전조치 및 보건조치 등을 확인하여야 한다.
② 건설업의 경우에는 도급사업의 정기 안전·보건 점검을 분기에 1회 이상 실시하여야 한다.
③ 관계수급인의 공사금액을 포함한 해당 공사의 총공사금액이 20억원 이상인 건설업의 경우 도급인은 그 사업장의 안전보건관리책임자를 안전보건총괄책임자로 지정하여야 한다.
④ 도급인은 도급인과 수급인을 구성원으로 하는 안전 및 보건에 관한 협의체를 도급인 및 그의 수급인 전원으로 구성하여야 한다.
⑤ 도급인은 제조업 작업장의 순회점검을 2일에 1회 이상 실시하여야 한다.

해설   ② [×] 건설업, 선박 및 보트 건조업의 경우에는 도급사업의 정기 안전·보건 점검을 2개월에 1회 이상 실시하여야 한다(산안령 제82조).
① 도급인은 수급인에게 제공받은 안전 및 보건에 관한 정보에 따라 필요한 안전조치 및 보건조치를 하였는지를 확인하여야 한다(산안법 제65조).

정답   04. ②

③ 관계수급인의 공사금액을 포함한 해당 공사의 총공사금액이 20억원 이상인 건설업의 경우 도급인은 그 사업장의 안전보건관리책임자를 안전보건총괄책임자로 지정하여야 한다(산안령 제52조).

④ 도급인은 도급인과 수급인을 구성원으로 하는 안전 및 보건에 관한 협의체를 도급인 및 그의 수급인 전원으로 구성하여야 한다(산시규 제79조).

⑤ 도급인은 제조업 작업장의 순회점검을 2일에 1회 이상 실시하여야 한다(산시규 제80조).

05 산업안전보건법령상 안전검사에 관한 설명으로 옳지 않은 것은?

① 형 체결력(型締結力) 294킬로뉴턴(kN) 이상의 사출성형기는 안전검사대상기계 등에 해당한다.

② 사업주는 자율안전검사를 받은 경우에는 그 결과를 기록하여 보존하여야 한다.

③ 안전검사기관이 안전검사 업무를 게을리하거나 업무에 차질을 일으킨 경우 고용노동부장관은 안전검사기관 지정을 취소하거나 6개월 이내의 기간을 정하여 그 업무의 정지를 명할 수 있다.

④ 곤돌라를 건설현장에서 사용하는 경우 사업장에 최초로 설치한 날부터 6개월마다 안전검사를 하여야 한다.

⑤ 안전검사대상기계 등을 사용하는 사업주와 소유자가 다른 경우에는 사업주가 안전검사를 받아야 한다.

|해설| ⑤ [×] 안전검사대상기계 등을 사용하는 사업주와 소유자가 다른 경우에는 안전검사대상기계 등의 소유자가 안전검사를 받아야 한다(산안법 제93조).

① 형 체결력력 294킬로뉴턴(kN) 이상의 사출성형기는 안전검사대상기계 등에 해당한다(산안령 제78조).

② 사업주는 자율안전검사를 받은 경우에는 그 결과를 기록하여 보존하여야 한다(산안법 제98조).

③ 안전검사기관이 안전검사 업무를 게을리하거나 업무에 차질을 일으킨 경우 고용노동부장관은 안전검사기관 지정을 취소하거나 6개월 이내의 기간을 정하여 그 업무의 정지를 명할 수 있다(산안법 제96조).

④ 곤돌라를 건설현장에서 사용하는 경우 사업장에 최초로 설치한 날부터 6개월마다 안전검사를 하여야 한다(산시규 제126조).

정답 05. ⑤

06 산업안전보건법령상 중대재해에 속하는 경우를 모두 고른 것은?

> ㄱ. 사망자가 1명 발생한 재해
> ㄴ. 3개월 이상의 요양이 필요한 부상자가 동시에 2명 발생한 재해
> ㄷ. 부상자가 동시에 5명 발생한 재해
> ㄹ. 직업성 질병자가 동시에 10명 발생한 재해

① ㄱ   ② ㄴ, ㄷ   ③ ㄷ, ㄹ   ④ ㄱ, ㄴ, ㄹ   ⑤ ㄱ, ㄴ, ㄷ, ㄹ

해설 ④ [○] 중대재해의 범위 (산시규 제3조) : 다음 각 호의 어느 하나에 해당하는 재해
  1. 사망자가 1명 이상 발생한 재해
  2. 3개월 이상의 요양이 필요한 부상자가 동시에 2명 이상 발생한 재해
  3. 부상자 또는 직업성 질병자가 동시에 10명 이상 발생한 재해

07 산업안전보건법령상 제조 또는 사용 허가를 받아야 하는 유해물질을 모두 고른 것은? (단, 고용노동부장관의 승인을 받은 경우는 제외함)

> ㄱ. 크롬산 아연   ㄴ. β-나프틸아민과 그 염   ㄷ. o-톨리딘 및 그 염
> ㄹ. 폴리클로리네이티드 터페닐   ㅁ. 콜타르피치 휘발물

① ㄱ, ㄴ, ㄷ   ② ㄱ, ㄷ, ㅁ   ③ ㄱ, ㄹ, ㅁ   ④ ㄴ, ㄷ, ㄹ
⑤ ㄴ, ㄹ, ㅁ

해설 ② [○] 허가 대상 유해물질 (산안령 제88조)
  1. α-나프틸아민 및 그 염   2. 디아니시딘 및 그 염
  3. 디클로로벤지딘 및 그 염   4. 베릴륨
  5. 벤조트리클로라이드   6. 비소 및 그 무기화합물
  7. 염화비닐   8. 콜타르피치 휘발물
  9. 크롬광 가공 (열을 가하여 소성 처리하는 경우만 해당한다)
  10. 크롬산 아연   11. o-톨리딘 및 그 염
  12. 황화니켈류
  13. 제1호부터 제4호까지 또는 제6부터 제12호까지의 어느 하나에 해당하는 물질을 포함한 혼합물 (포함된 중량의 비율이 1% 이하인 것은 제외)

정답 06. ④   07. ②

14. 제5호의 물질을 포함한 혼합물 (포함된 중량의 비율이 0.5% 이하인 것은 제외)

15. 그 밖에 보건상 해로운 물질로서 산업재해보상보험및예방심의위원회의 심의를 거쳐 고용노동부장관이 정하는 유해물질

08 산업안전보건법령상 상시근로자 1000명인 A회사(「상법」제170조에 따른 주식회사)의 대표이사 甲이 수립해야 하는 회사의 안전 및 보건에 관한 계획에 포함되어야 하는 내용이 아닌 것은?

① 안전 및 보건에 관한 경영방침
② 안전·보건관리 업무 위탁에 관한 사항
③ 안전·보건관리 조직의 구성·인원 및 역할
④ 안전·보건 관련 예산 및 시설 현황
⑤ 안전 및 보건에 관한 전년도 활동실적 및 다음 연도 활동계획

해설   ② [×] 안전 및 보건에 관한 계획에 포함되어야 하는 내용 (산안령 제13조)

1. 안전 및 보건에 관한 경영방침
2. 안전·보건관리 조직의 구성·인원 및 역할
3. 안전·보건 관련 예산 및 시설 현황
4. 안전 및 보건에 관한 전년도 활동실적 및 다음 연도 활동계획

09 산업안전보건법령상 안전인증에 관한 설명으로 옳은 것은?

① 안전인증 심사 중 유해·위험기계 등이 서면심사 내용과 일치하는지와 유해·위험기계 등의 안전에 관한 성능이 안전인증기준에 적합한지에 대한 심사는 기술능력 및 생산체계 심사에 해당한다.
② 거짓이나 그 밖의 부정한 방법으로 안전인증을 받은 사유로 안전인증이 취소된 자는 안전인증이 취소된 날부터 3년 이내에는 취소된 유해·위험기계 등에 대하여 안전인증을 신청할 수 없다.
③ 크레인, 리프트, 곤돌라는 설치·이전하는 경우뿐만 아니라 주요 구조 부분을 변경하는 경우에도 안전인증을 받아야 한다.

정답   08. ②   09. ③

④ 안전인증기관은 안전인증을 받은 자가 최근 2년 동안 안전인증표시의 사용금지를 받은 사실이 없는 경우에는 안전인증기준을 지키고 있는지를 3년에 1회 이상 확인해야 한다.

⑤ 안전인증대상기계 등이 아닌 유해·위험기계 등을 제조하는 자는 그 유해·위험 기계 등의 안전 성능을 평가받기 위하여 고용노동부장관에게 안전인증을 신청할 수 없다.

해설 ③ [○] 유해·위험기계기구 중 근로자의 안전 및 보건에 위해를 미칠 수 있다고 인정되어 대통령령으로 정하는 것(안전인증대상기계 등(크레인, 리프트, 곤돌라 등)을 제조하거나 수입하는 자(고용노동부령으로 정하는 안전인증대상기계 등을 설치·이전하거나 주요 구조 부분물 변경하는 자를 포함한다)는 안전인증대상기계 등이 안전인증기준에 맞는지에 대하여 고용노동부장관이 실시하는 안전인증을 받아야 한다(산시규 제107조).

① 안전인증 심사 중 유해·위험기계 등이 서면심사 내용과 일치하는지와 유해·위험기계 등의 안전에 관한 성능이 안전인증기준에 적합한지에 대한 심사는 제품심사에 해당한다(산시규 제110조).

② 안전인증이 취소된 자는 안전인증이 취소된 날부터 1년 이내에는 취소된 유해·위험기계 등에 대하여 안전인증을 신청할 수 없다(산안법 제86조).

④ 안전인증기관은 안전인증을 받은 자가 안전인증기준을 지키고 있는지를 2년에 1회 이상 확인해야 한다(산시규 제111조).

⑤ 안전인증대상기계 등이 아닌 유해·위험기계 등을 제조하거나 수입하는 자가 그 유해·위험기계 등의 안전에 관한 성능 등을 평가받으려면 고용노동부장관에게 안전인증을 신청할 수 있다(산안법 제84조).

○ 설치·이전하는 경우 안전인증을 받아야 하는 기계·기구 (산시규 제107조)
  1. 크레인   2. 리프트   3. 곤돌라

○ 주요 구조 부분 변경의 경우 안전인증을 받아야 하는 기계 및 설비 (산시규 제107조)
  1. 프레스   2. 전단기 및 절곡기(折曲機)   3. 크레인
  4. 리프트   5. 압력용기   6. 롤러기   7. 사출성형기(射出成形機)
  8. 고소(高所)작업대   9. 곤돌라

10 산업안전보건법령상 통합공표 대상 사업장 등에 관한 내용이다. ( )에 들어갈 사업으로 옳지 않은 것은?

> 고용노동부장관이 도급인의 사업장에서 관계수급인 근로자가 작업을 하는 경우에 도급인의 산업재해발생건수 등에 관계수급인의 산업재해발생건수 등을 포함하여 공표하여야 하는 사업장이란 ( )에 해당하는 사업이 이루어지는 사업장으로서 도급인이 사용하는 상시근로자 수가 500명 이상이고 도급인 사업장의 사고사망만인율보다 관계수급인의 근로자를 포함하여 산출한 사고사망만인율이 높은 사업장을 말한다. 단, 여기서 사고사망만인율은 질병으로 인한 사망재해자를 제외하고 산출한 사망만인율을 말한다.

① 제조업　② 철도운송업　③ 도시철도운송업　④ 도시가스업　⑤ 전기업

해설　④ [○] 산업재해 발생건수 등의 통합공표 대상 사업장 (산안법 제10조, 산안령 제12조) : 고용노동부장관은 도급인의 사업장(도급인이 제공하거나 지정한 경우로서 도급인이 지배·관리하는 대통령령으로 정하는 장소를 포함한다) 중 다음 제조업, 철도운송업, 도시철도운송업, 전기업의 어느 하나에 해당하는 사업이 이루어지는 사업장으로서 도급인이 사용하는 상시근로자 수가 500명 이상이고 도급인 사업장의 사고사망만인율(질병으로 인한 사망재해자를 제외하고 산출한 사망만인율을 말한다)보다 관계수급인의 근로자를 포함하여 산출한 사고사망만인율이 높은 사업장에서 관계수급인 근로자가 작업을 하는 경우에 도급인의 산업재해발생건수 등에 관계수급인의 산업재해발생건수 등을 포함하여 공표하여야 한다.

11 산업안전보건법령상 공정안전보고서에 포함되어야 하는 사항을 모두 선택한 것은?

> ㄱ. 공정위험성 평가서　ㄴ. 안전운전계획　ㄷ. 비상조치계획
> ㄹ. 공정안전자료

① ㄱ　② ㄴ, ㄹ　③ ㄷ, ㄹ　④ ㄱ, ㄴ, ㄷ　⑤ ㄱ, ㄴ, ㄷ, ㄹ

해설　⑤ [○] 공정안전보고서에 포함되어야 하는 사항 (산안령 제44조)
1. 공정안전자료　2. 공정위험성 평가서　3. 안전운전계획　4. 비상조치계획

정답　10. ④　11. ⑤

5. 그 밖에 공정상의 안전과 관련하여 고용노동부장관이 필요하다고 인정하여 고시하는 사항

12 산업안전보건법령상 안전관리전문기관에 대해 그 지정을 취소하여야 하는 경우는?

① 업무정지 기간 중에 업무를 수행한 경우
② 안전관리 업무 관련 서류를 거짓으로 작성한 경우
③ 정당한 사유 없이 안전관리 업무의 수탁을 거부한 경우
④ 안전관리 업무 수행과 관련한 대가 외에 금품을 받은 경우
⑤ 법에 따른 관계 공무원의 지도·감독을 거부·방해 또는 기피한 경우

해설 ① [○] 고용노동부장관은 안전관리전문기관 또는 보건관리전문기관이 다음 각 호의 어느 하나에 해당할 때에는 그 지정을 취소하거나 6개월 이내의 기간을 정하여 그 업무의 정지를 명할 수 있다. 다만, 제1호 또는 제2호에 해당할 때에는 그 지정을 취소하여야 한다(산안법 제21조).

1. 거짓이나 그 밖의 부정한 방법으로 지정을 받은 경우
2. 업무정지 기간 중에 업무를 수행한 경우
3. 지정 요건을 충족하지 못한 경우
4. 지정받은 사항을 위반하여 업무를 수행한 경우
5. 그 밖에 대통령령으로 정하는 사유에 해당하는 경우

13 산업안전보건법령상 사업장의 상시근로자 수가 50명인 경우에 산업안전보건위원회를 구성해야 할 사업은?

① 컴퓨터 프로그래밍, 시스템 통합 및 관리업
② 소프트웨어 개발 및 공급업
③ 비금속 광물제품 제조업
④ 정보서비스업
⑤ 금융 및 보험업

해설 ③ [○] '비금속 광물제품 제조업'은 50명 이상, 나머지 선지 항들은 300명 이상이다.
○ 산업안전보건위원회 구성 사업의 종류 및 사업장의 상시근로자 (산안령 별표 9)

정답 12. ①   13. ③

사업의 종류	사업장의 상시근로자 수
1. 토사석 광업 2. 목재 및 나무제품 제조업 (가구 제외) 3. 화학물질 및 화학제품 제조업 (의약품 제외) (세제, 화장품 및 광택제 제조업과 화학섬유 제조업은 제외) 4. **비금속 광물제품 제조업** 5. 1차 금속제조업 6. 금속가공제품 제조업 (기계 및 가구 제외) 7. 자동차 및 트레일러 제조업 8. 기타 기계 및 장비 제조업 (사무용 기계 및 장비 제조업은 제외) 9. 기타 운송장비 제조업 (전투용 차량 제조업은 제외)	상시근로자 50명 이상
10. 농업 11. 어업 12. 소프트웨어 개발 및 공급업 13. 컴퓨터 프로그래밍, 시스템 통합 및 관리업 14. 정보서비스업 15. 금융 및 보험업 16. 임대업; 부동산 제외 17. 전문, 과학 및 기술 서비스업 (연구개발업은 제외) 18. 사업지원 서비스업 19. 사회복지 서비스업	상시근로자 300명 이상
20. 건설업	공사금액 120억원 이상 (토목공사업의 경우는 150억원 이상)
21. 제1호부터 제20호까지의 사업을 제외한 사업	상시근로자 100명 이상

14 산업안전보건법령상 자율안전확인 신고에 관한 설명으로 옳지 않은 것은?

① 자율안전확인대상기계 등을 제조하는 자가「산업표준화법」제15조에 따른 인증을 받은 경우 고용노동부장관은 자율안전확인신고를 면제할 수 있다.
② 산업용 로봇, 혼합기, 파쇄기, 컨베이어는 자율안전확인대상기계 등에 해당한다.
③ 자율안전확인대상기계 등을 수입하는 자로서 자율안전확인신고를 하여야 하는 자는 수입하기 전에 신고서에 제품의 설명서, 자율안전확인대상기계 등의 자율안전 기준을 충족함을 증명하는 서류를 첨부하여 한국산업안전보건공단에 제출해야 한다.

정답   14. ⑤

④ 자율안전확인의 표시를 하는 경우 인체에 상해를 입힐 우려가 있는 재질이나 표면이 거친 재질을 사용해서는 안 된다.

⑤ 고용노동부장관은 신고된 자율안전확인대상기계 등의 안전에 관한 성능이 자율안전기준에 맞지 아니하게 된 경우 신고한 자에게 1년 이내의 기간을 정하여 자율안전기준에 맞게 시정하도록 명할 수 있다.

[해설] ⑤ [×] 고용노동부장관은 신고된 자율안전확인대상기계 등의 안전에 관한 성능이 자율안전기준에 맞지 아니하게 된 경우에는 신고한 자에게 6개월 이내의 기간을 정하여 자율안전확인표시의 사용을 금지하거나 자율안전기준에 맞게 시정하도록 명할 수 있다(산안법 제91조).

① 자율안전확인대상기계 등을 제조하는 자가 「산업표준화법」에 따른 인증을 받은 경우 고용노동부장관은 자율안전확인신고를 면제할 수 있다(산시규 제119조).

② 산업용 로봇, 혼합기, 파쇄기, 컨베이어는 자율안전확인대상기계 등에 해당한다(산안령 제77조).

○ 자율안전확인대상기계 등 (산안령 제77조) : 다음 중 해당 기계 또는 설비

1. 연삭기(研削機) 또는 연마기(휴대형은 제외한다)
2. 산업용 로봇   3. 혼합기
4. 파쇄기 또는 분쇄기
5. 식품가공용 기계(파쇄·절단·혼합·제면기만 해당한다)
6. 컨베이어   7. 자동차정비용 리프트
8. 공작기계(선반, 드릴기, 평삭·형삭기, 밀링만 해당한다)
9. 고정형 목재가공용 기계(둥근톱, 대패, 루타기, 띠톱, 모떼기 기계만 해당한다)
10. 인쇄기

③ 자율안전확인대상기계 등을 수입하는 자로서 자율안전확인신고를 하여야 하는 자는 수입하기 전에 신고서에 제품의 설명서, 자율안전확인대상기계 등의 자율안전기준을 충족함을 증명하는 서류를 첨부하여 한국산업안전보건공단에 제출해야 한다(산시규 제30조).

④ 자율안전확인의 표시를 하는 경우 인체에 상해를 입힐 우려가 있는 재질이나 표면이 거친 재질을 사용해서는 안 된다(산시규 별표 14).

15 산업안전보건법령상 사업주가 관리감독자에게 수행하게 하여야 하는 산업안전 및 보건에 관한 업무로 명시되지 않은 것은?

① 산업재해에 관한 통계의 기록 및 유지에 관한 사항
② 사업장 내 관리감독자가 지휘·감독하는 작업과 관련된 기계·기구 또는 설비의 안전·보건 점검 및 이상 유무의 확인
③ 관리감독자에게 소속된 근로자의 작업복·보호구 및 방호장치의 점검과 그 착용·사용에 관한 교육·지도
④ 해당작업에서 발생한 산업재해에 관한 보고 및 이에 대한 응급조치
⑤ 해당작업의 작업장 정리·정돈 및 통로 확보에 대한 확인·감독

해설 ① [×] 산업재해에 관한 통계의 기록 및 유지에 관한 사항은 안전보건관리책임자의 업무이다(산안법 제15조). 한편, 산업재해에 관한 통계의 유지·관리·분석을 위한 보좌 및 지도·조언은 안전관리자의 업무이다(산안령 제18조).

○ 관리감독자의 업무 등 (산안령 제15조).

1. 사업장 내 관리감독자가 지휘·감독하는 작업과 관련된 기계·기구 또는 설비의 안전·보건 점검 및 이상 유무의 확인
2. 관리감독자에게 소속된 근로자의 작업복·보호구 및 방호장치의 점검과 그 착용·사용에 관한 교육·지도
3. 해당작업에서 발생한 산업재해에 관한 보고 및 이에 대한 응급조치
4. 해당작업의 작업장 정리·정돈 및 통로 확보에 대한 확인·감독
5. 사업장의 다음 어느 하나에 해당하는 사람의 지도·조언에 대한 협조
   가. 안전관리자 또는 안전관리자의 업무를 안전관리전문기관에 위탁한 사업장의 경우에는 그 안전관리전문기관의 해당 사업장 담당자
   나. 보건관리자 또는 보건관리자의 업무를 보건관리전문기관에 위탁한 사업장의 경우에는 그 보건관리전문기관의 해당 사업장 담당자
   다. 안전보건관리담당자 또는 안전보건관리담당자의 업무를 안전관리전문기관 또는 보건관리전문기관에 위탁한 사업장의 경우에는 그 안전관리전문기관 또는 보건관리전문기관의 해당 사업장 담당자
   라. 산업보건의
6. 위험성평가에 관한 다음의 업무
   가. 유해·위험요인의 파악에 대한 참여
   나. 개선조치의 시행에 대한 참여

정답 15. ①

7. 그 밖에 해당작업의 안전 및 보건에 관한 사항으로 고용노동부령으로 정하는 사항

16 산업안전보건법령상 도급승인 대상 작업에 관한 것으로 "급성 독성, 피부 부식성 등이 있는 물질의 취급 등 대통령령으로 정하는 작업"에 관한 내용이다. ( )에 들어갈 내용을 순서대로 옳게 나열한 것은?

> ○ 중량비율 (ㄱ)퍼센트 이상의 황산, 불화수소, 질산 또는 염화수소를 취급하는 설비를 개조·분해·해체·철거하는 작업 또는 해당 설비의 내부에서 이루어지는 작업. 다만, 도급인이 해당 화학물질을 모두 제거한 후 증명자료를 첨부하여 (ㄴ)에게 신고한 경우는 제외한다.
> ○ 그 밖에 「산업재해보상보험법」 제8조 제1항에 따른 (ㄷ)의 심의를 거쳐 고용노동부장관이 정하는 작업

① ㄱ : 1, ㄴ : 고용노동부장관, ㄷ : 산업재해보상보험및예방심의위원회
② ㄱ : 1, ㄴ : 한국산업안전보건공단 이사장, ㄷ : 산업재해보상보험및예방심의위원회
③ ㄱ : 2, ㄴ : 고용노동부장관, ㄷ : 산업재해보상보험및예방심의위원회
④ ㄱ : 2, ㄴ : 지방고용노동관서의 장, ㄷ : 산업안전보건심의위원회
⑤ ㄱ : 3, ㄴ : 고용노동부장관, ㄷ : 산업안전보건심의위원회

해설 ① [○] 도급승인 대상 작업 (산안령 제51조)
"급성 독성, 피부 부식성 등이 있는 물질의 취급 등 대통령령으로 정하는 작업"이란 다음 각 호의 어느 하나에 해당하는 작업을 말한다.
1. 중량비율 1% 이상의 황산, 불화수소, 질산 또는 염화수소를 취급하는 설비를 개조·분해·해체·철거하는 작업 또는 해당 설비의 내부에서 이루어지는 작업. 다만, 도급인이 해당 화학물질을 모두 제거한 후 증명자료를 첨부하여 고용노동부장관에게 신고한 경우는 제외한다.
2. 그 밖에 「산업재해보상보험법」에 따른 산업재해보상보험및예방심의위원회의 심의를 거쳐 고용노동부장관이 정하는 작업

정답 16. ①

⑰ 산업안전보건법령상 보건관리자에 관한 설명으로 옳지 않은 것은?

① 상시근로자 300명 이상을 사용하는 사업장의 사업주는 보건관리자에게 그 업무만을 전담하도록 하여야 한다.
② 안전인증대상기계 등과 자율안전확인대상기계 등 중 보건과 관련된 보호구(保護具) 구입 시 적격품 선정에 관한 보좌 및 지도·조언은 보건관리자의 업무에 해당한다.
③ 외딴곳으로서 고용노동부장관이 정하는 지역에 있는 사업장의 사업주는 보건관리전문기관에 보건관리자의 업무를 위탁할 수 있다.
④ 보건관리자의 업무를 위탁할 수 있는 보건관리전문기관은 지역별 보건관리전문기관과 업종별·유해인자별 보건관리전문기관으로 구분한다.
⑤ 「의료법」에 따른 간호사는 보건관리자가 될 수 없다.

[해설] ⑤ [×] 「의료법」에 따른 간호사는 보건관리자가 될 수 있다(산안령 별표 6).

○ 보건관리자의 자격 (산안령 별표 6)
1. 산업보건지도사 자격을 가진 사람
2. 「의료법」에 따른 의사
3. 「의료법」에 따른 간호사
4. 「국가기술자격법」에 따른 산업위생관리산업기사 또는 대기환경산업기사 이상의 자격을 취득한 사람
5. 「국가기술자격법」에 따른 인간공학기사 이상의 자격을 취득한 사람
6. 「고등교육법」에 따른 전문대학 이상의 학교에서 산업보건 또는 산업위생 분야의 학위를 취득한 사람(법령에 따라 이와 같은 수준 이상의 학력이 있다고 인정되는 사람을 포함한다)

⑱ 산업안전보건법령상 같은 유해인자에 노출되는 근로자들에게 유사한 질병의 증상이 발생한 경우에 고용노동부장관은 근로자의 건강을 보호하기 위하여 사업주에게 특정 근로자에 대해 건강진단을 실시할 것을 명할 수 있다. 이에 해당하는 건강진단은?

① 일반건강진단 ② 특수건강진단 ③ 배치전건강진단
④ 임시건강진단 ⑤ 수시건강진단

정답 17. ⑤   18. ④

해설 ④ [○] 고용노동부장관은 같은 유해인자에 노출되는 근로자들에게 유사한 질병의 증상이 발생한 경우 등 고용노동부령으로 정하는 경우에는 근로자의 건강을 보호하기 위하여 사업주에게 특정 근로자에 대한 건강진단(임시건강진단)의 실시나 작업전환, 그 밖에 필요한 조치를 명할 수 있다(산안법 제131조).

19 산업안전보건법령상 고용노동부장관이 안전관리전문기관 또는 보건관리전문기관의 지정을 취소하거나 6개월 이내의 기간을 정하여 그 업무의 정지를 명할 수 있도록 하는 규정이 준용되는 기관이 아닌 것은?

① 안전보건교육기관
② 안전보건진단기관
③ 석면조사기관
④ 역학조사 실시 업무를 위탁받은 기관
⑤ 건설재해예방전문지도기관

해설 ④ [×] 역학조사 실시 업무를 위탁받은 기관은 정지명령에서 준용되는 기관이 아니다.

③ 석면조사기관에 관하여는 산안법 제21조 제4항 및 제5항을 준용한다. 이 경우 "안전관리전문기관 또는 보건관리전문기관"은 "석면조사기관"으로 본다(산안법 제120조).

⑤ 건설재해예방전문지도기관에 관하여는 산안법 제21조 제4항(고용노동부장관은 안전관리전문기관 또는 보건관리전문기관이 다음 각 호의 어느 하나에 해당할 때에는 그 지정을 취소하거나 6개월 이내의 기간을 정하여 그 업무의 정지를 명할 수 있다. 다만, 제1호 또는 제2호에 해당할 때에는 그 지정을 취소하여야 한다) 및 제5항(지정이 취소된 자는 지정이 취소된 날부터 2년 이내에는 각각 해당 안전관리전문기관 또는 보건관리전문기관으로 지정받을 수 없다)을 준용한다. 이 경우 "안전관리전문기관 또는 보건관리전문기관"은 "건설재해예방전문지도기관"으로 본다(산안법 제74조).

20 산업안전보건법령상 안전보건관리규정(이하 "규정"이라 함)에 관한 설명으로 옳은 것은?

① 안전 및 보건에 관한 관리조직은 규정에 포함되어야 하는 사항이 아니다.
② 규정 중 취업규칙에 반하는 부분에 관하여는 규정으로 정한 기준이 취업규칙에 우선하여 적용된다.

정답 19. ④ 20. ⑤

③ 산업안전보건위원회가 설치되어 있지 아니한 사업장의 사업주가 규정을 작성할 때에는 지방고용노동관서의 장의 승인을 받아야 한다.
④ 사업주가 규정을 작성할 때에는 산업안전보건위원회의 심의·의결을 거쳐야 하나, 변경할 때에는 심의만 거치면 된다.
⑤ 규정을 작성해야 하는 사업의 사업주는 규정을 작성해야 할 사유가 발생한 날부터 30일 이내에 작성해야 한다.

해설 ⑤ [○] 사업의 사업주는 규정을 작성해야 할 사유가 발생한 날부터 30일 이내에 별표 3의 내용을 포함한 안전보건관리규정을 작성해야 한다. 이를 변경할 사유가 발생한 경우에도 또한 같다(산시규 제25조).
① 안전 및 보건 관련 관리조직은 안전보건관리규정에 포함되어야 한다(산안법 제25조).
② 안전보건관리규정은 단체협약 또는 취업규칙에 반할 수 없다. 이 경우 안전보건관리규정 중 단체협약 또는 취업규칙에 반하는 부분에 관하여는 그 단체협약 또는 취업규칙으로 정한 기준에 따른다(산안법 제25조).
③ 산업안전보건위원회가 설치되어 있지 아니한 사업장의 사업주가 규정을 작성할 때에는 근로자대표의 동의를 받아야 한다(산안법 제26조).
④ 사업주는 안전보건관리규정을 작성하거나 변경할 때에는 산업안전보건위원회의 심의·의결을 거쳐야 한다. 다만, 산업안전보건위원회가 설치되어 있지 아니한 사업장의 경우에는 근로자대표의 동의를 받아야 한다(산안법 제26조).

21 산업안전보건법령상 유해성·위험성 조사 제외 화학물질로 규정되어 있지 않은 것은? (단, 고용노동부장관이 공표하거나 고시하는 물질은 고려하지 않음)

① 「의료기기법」 제2조 제1항에 따른 의료기기
② 「약사법」 제2조 제4호 및 제7호에 따른 의약품 및 의약외품(醫藥外品)
③ 「건강기능식품에 관한 법률」 제3조제1호에 따른 건강기능식품
④ 「첨단재생의료 및 첨단바이오의약품 안전 및 지원에 관한 법률」 제2조 제5호에 따른 첨단바이오의약품
⑤ 천연으로 산출된 화학물질

해설 ④ [×] 물질안전보건자료의 작성·제출 제외 대상 화학물질이다(산안령 제86조).

정답 21. ④

○ 유해성·위험성 조사 제외 화학물질 (산안령 제85조)
1. 원소   2. 천연으로 산출된 화학물질
3. 「건강기능식품에 관한 법률」에 따른 건강기능식품
4. 「군수품관리법」 및 「방위사업법」에 따른 군수품 (통상품(痛常品)은 제외한다)
5. 「농약관리법」에 따른 농약 및 원제
6. 「마약류 관리에 관한 법률」에 따른 마약류
7. 「비료관리법」에 따른 비료
8. 「사료관리법」에 따른 사료
9. 「생활화학제품 및 살생물제의 안전관리에 관한 법률」에 따른 살생물물질 및 살생물제품
10. 「식품위생법」에 따른 식품 및 식품첨가물
11. 「약사법」에 따른 의약품 및 의약외품
12. 「원자력안전법」따른 방사성물질
13. 「위생용품 관리법」에 따른 위생용품
14. 「의료기기법」에 따른 의료기기
15. 「총포·도검·화약류 등의 안전관리에 관한 법률」에 따른 화약류
16. 「화장품법」에 따른 화장품과 화장품에 사용하는 원료
17. 고용노동부장관이 명칭, 유해성·위험성, 근로자의 건강장해 예방을 위한 조치 사항 및 연간 제조량·수입량을 공표한 물질로서 공표된 연간 제조량·수입량 이하로 제조하거나 수입한 물질
18. 고용노동부장관이 환경부장관과 협의하여 고시하는 화학물질 목록에 기록되어 있는 물질

22 산업안전보건법령상 작업환경측정 또는 건강진단의 실시 결과만으로 직업성 질환에 걸렸는지를 판단하기 곤란한 근로자의 질병에 대하여 한국산업안전보건공단에 역학조사를 요청할 수 있는 자로 규정되어 있지 않은 자는?

① 사업주   ② 근로자대표   ③ 보건관리자   ④ 건강진단기관의 의사
⑤ 산업안전보건위원회의 위원장

해설 ⑤ [×] 역학조사를 요청할 수 있는 자 (산시규 제222조) : 다음 중 어느 하나에 해당자

정답 22. ⑤

1. 작업환경측정 또는 건강진단의 실시 결과만으로 직업성 질환에 걸렸는지를 판단하기 곤란한 근로자의 질병에 대하여 사업주·근로자대표·보건관리자(보건관리전문기관을 포함한다) 또는 건강진단기관의 의사가 역학조사를 요청하는 경우
2. 「산업재해보상보험법」에 따른 근로복지공단이 고용노동부장관이 정하는 바에 따라 업무상 질병 여부의 결정을 위하여 역학조사를 요청하는 경우
3. 공단이 직업성 질환의 예방을 위하여 필요하다고 판단하여 역학조사평가위원회의 심의를 거친 경우
4. 그 밖에 직업성 질환에 걸렸는지 여부로 사회적 물의를 일으킨 질병에 대하여 작업장 내 유해요인과의 연관성 규명이 필요한 경우 등으로서 지방고용노동관서의 장이 요청하는 경우

23 산업안전보건법령상 사업주가 작업환경측정을 할 때 지켜야 할 사항으로 옳은 것을 모두 고른 것은?

ㄱ. 작업환경측정을 하기 전에 예비조사를 할 것
ㄴ. 일출 후 일몰 전에 실시할 것
ㄷ. 모든 측정은 지역 시료채취방법으로 하되, 지역 시료채취방법이 곤란한 경우에는 개인 시료채취방법으로 실시할 것
ㄹ. 작업환경측정기관에 위탁하여 실시하는 경우에는 해당 작업환경측정기관에 공정별 작업내용, 화학물질의 사용실태 및 물질안전보건자료 등 작업환경측정에 필요한 정보를 제공할 것

① ㄱ, ㄹ   ② ㄴ, ㄷ   ③ ㄷ, ㄹ   ④ ㄱ, ㄴ, ㄹ   ⑤ ㄱ, ㄴ, ㄷ, ㄹ

해설 ① [○] 사업주가 작업환경측정을 할 때 지켜야 할 사항 (산시규 제189조)
1. 작업환경측정을 하기 전에 예비조사를 할 것
2. 작업이 정상적으로 이루어져 작업시간과 유해인자에 대한 근로자의 노출정도를 정확히 평가할 수 있을 때 실시할 것
3. 모든 측정은 개인 시료채취방법으로 하되, 개인 시료채취방법이 곤란한 경우에는 지역 시료채취방법으로 실시할 것. 이 경우 그 사유를 작업환경측정 결과표에 분명하게 밝혀야 한다.

정답   23. ①

4. 작업환경측정기관에 위탁하여 실시하는 경우에는 해당 작업환경측정기관에 공정별 작업내용, 화학물질의 사용실태 및 물질안전보건자료 등 작업환경측정에 필요한 정보를 제공할 것

24 산업안전보건법령상 근로의 금지 및 제한에 관한 설명으로 옳은 것은?

① 사업주가 잠수 작업에 종사하는 근로자에게 1일 6시간, 1주 36시간 근로하게 하는 것은 허용된다.
② 사업주는 알코올중독 질병이 있는 근로자를 고기압 업무에 종사하게 해서는 안 된다.
③ 사업주가 조현병에 걸린 사람에 대해 근로를 금지하는 경우에는 미리 보건관리자(의사가 아닌 보건관리자 포함), 산업보건의 또는 건강검진을 실시한 의사의 의견을 들어야 한다.
④ 사업주는 마비성 치매에 걸릴 우려가 있는 사람에 대해 근로를 금지해야 한다.
⑤ 사업주는 전염될 우려가 있는 질병에 걸린 사람이 있는 경우 전염을 예방하기 위한 조치를 한 후에도 그 사람의 근로를 금지해야 한다.

해설　② [○] 사업주는 알코올중독의 질병이 있는 근로자를 고기압 업무에 종사하도록 해서는 안 된다(산시규 221조).

① 사업주는 유해하거나 위험한 작업으로서 잠함 또는 잠수 작업 등 높은 기압에서 하는 작업에 종사하는 근로자에게는 1일 6시간, 1주 34시간을 초과하여 근로하게 해서는 아니 된다(산안법 139조). ← 6시간/일×5일+4시간=34시간

③, ④ 사업주는 조현병, 마비성 치매에 걸린 사람은 근로를 금지해야 한다(산시규 제220조).

⑤ 사업주는 전염될 우려가 있는 질병에 걸린 사람은 근로를 금지해야 한다. 다만, 전염을 예방하기 위한 조치를 한 경우는 제외한다(산시규 제220조).

○ 질병자의 근로금지 (산시규 제220조)

① 사업주는 다음 각 호의 어느 하나에 해당하는 사람에 대해 근로를 금지해야 한다.
1. 전염될 우려가 있는 질병에 걸린 사람. 다만, 전염을 예방하기 위한 조치를 한 경우는 제외한다.
2. 조현병, 마비성 치매에 걸린 사람

정답　24. ②

3. 심장·신장·폐 등의 질환이 있는 사람으로서 근로에 의하여 병세가 악화될 우려가 있는 사람

4. 제1호부터 제3호까지의 규정에 준하는 질병으로서 고용노동부장관이 정하는 질병에 걸린 사람

② 사업주는 제1항에 따라 근로를 금지하거나 근로를 다시 시작하도록 하는 경우에는 미리 보건관리자(의사인 보건관리자만 해당한다), 산업보건의 또는 건강진단을 실시한 의사의 의견을 들어야 한다.

○ 질병자 등의 근로 제한 (산시규 제221조)

① 사업주는 건강진단 결과 유기화합물·금속류 등의 유해물질에 중독된 사람, 해당 유해물질에 중독될 우려가 있다고 의사가 인정하는 사람, 진폐의 소견이 있는 사람 또는 방사선에 피폭된 사람을 해당 유해물질 또는 방사선을 취급하거나 해당 유해물질의 분진·증기 또는 가스가 발산되는 업무 또는 해당 업무로 인하여 근로자의 건강을 악화시킬 우려가 있는 업무에 종사하도록 해서는 안 된다.

② 사업주는 다음 각 호의 어느 하나에 해당하는 질병이 있는 근로자를 고기압 업무에 종사하도록 해서는 안 된다.

1. 감압증이나 그 밖에 고기압에 의한 장해 또는 그 후유증
2. 결핵, 급성상기도감염, 진폐, 폐기종, 그 밖의 호흡기계의 질병
3. 빈혈증, 심장판막증, 관상동맥경화증, 고혈압증, 그 밖의 혈액 또는 순환기계의 질병
4. 정신신경증, 알코올중독, 신경통, 그 밖의 정신신경계의 질병
5. 메니에르씨병, 중이염, 그 밖의 이관(耳管)협착을 수반하는 귀 질환
6. 관절염, 류마티스, 그 밖의 운동기계의 질병
7. 천식, 비만증, 바세도우씨병, 그 밖에 알레르기성·내분비계·물질대사 또는 영양장해 등과 관련된 질병

③ 사업주는 다음 각 호의 어느 하나에 해당하는 경우에는 미리 보건관리자(의사인 보건관리자만 해당한다), 산업보건의 또는 건강진단을 실시한 의사의 의견을 들어야 한다. <신설 2023. 9. 27.>

1. 제1항 또는 제2항에 따라 근로를 제한하려는 경우
2. 제1항 또는 제2항에 따라 근로가 제한된 근로자 중 건강이 회복된 근로자를 다시 근로하게 하려는 경우

25 산업안전보건법령상 징역 또는 벌금에 처해질 수 있는 자는?

① 작업환경측정 결과를 해당 작업장 근로자에게 알리지 아니한 사업주
② 등록하지 아니하고 타워크레인을 설치·해체한 자
③ 석면이 포함된 건축물이나 설비를 철거하거나 해체하면서 고용노동부령으로 정하는 석면해체·제거의 작업기준을 준수하지 아니한 자
④ 역학조사 참석이 허용된 사람의 역학조사 참석을 방해한 자
⑤ 물질안전보건자료대상물질을 양도하면서 이를 양도받는 자에게 물질안전보건자료를 제공하지 아니한 자

해설   ③ [○] 석면이 포함된 건축물이나 설비를 철거하거나 해체하면서 고용노동부령으로 정하는 석면해체·제거의 작업기준을 준수하지 아니한 자에 대하여 3년 이하의 징역 또는 3천만원 이하의 벌금에 처한다(산안법 제169조).

정답   25. ③

8.2 2023년 기출문제

제1과목 : 산업안전보건법령

01 산업안전보건법령상 산업재해발생건수 등의 공표대상 사업장에 해당하지 않는 것은?

① 산업재해로 인한 사망자가 연간 2명 이상 발생한 사업장
② 사망만인율(死亡萬人率)이 규모별 같은 업종의 평균 사망만인율 이상인 사업장
③ 중대산업사고가 발생한 사업장
④ 사업주가 산업재해 발생 사실을 은폐한 사업장
⑤ 사업주가 산업재해 발생에 관한 보고를 최근 3년 이내 1회 이상 하지 않은 사업장

해설 ⑤ [×] 사업주가 산업재해의 발생에 관한 보고를 최근 3년 이내 2회 이상 하지 않은 사업장 (산안령 제10조)

02 산업안전보건법령상 상시근로자 100명인 사업장에 안전보건관리책임자를 두어야 하는 사업을 모두 고른 것은?

ㄱ. 식료품 제조업, 음료 제조업   ㄴ. 1차 금속 제조업   ㄷ. 농업
ㄹ. 금융 및 보험업

① ㄱ, ㄴ   ② ㄴ, ㄷ   ③ ㄷ, ㄹ   ④ ㄱ, ㄴ, ㄹ   ⑤ ㄱ, ㄴ, ㄷ, ㄹ

해설 ① [○] (ㄱ) 및 (ㄴ) → 100명 이상, (ㄷ) 및 (ㄹ) → 300명 이상 (산안령 별표 2)

03 산업안전보건법령상 사업주가 소속 근로자에게 정기적인 안전보건교육을 실시하여야 하는 사업에 해당하는 것은? (단, 다른 감면조건은 고려하지 않음)

① 소프트웨어 개발 및 공급업   ② 금융 및 보험업
③ 사업지원 서비스업   ④ 사회복지 서비스업   ⑤ 사진처리업

정답 01. ⑤   02. ①   03. ⑤

해설 ⑤ [○ 사진처리업은 정기교육 제외 대상이다(산안령 별표 1).

○ 다음 각 목의 어느 하나에 해당하는 사업은 정기교육을 제외한다(산안령 별표 1).

1. 소프트웨어 개발 및 공급업
2. 컴퓨터 프로그래밍, 시스템 통합 및 관리업
3. 정보서비스업   4. 금융 및 보험업   5. 기타 전문서비스업
6. 건축기술, 엔지니어링 및 기타 과학기술 서비스업
7. 기타 전문, 과학 및 기술 서비스업 (사진처리업은 제외한다)
8. 사업지원 서비스업   9. 사회복지 서비스업

04 산업안전보건법령상 건설업체의 산업재해발생률 산출 계산식 상 사업주의 법위반으로 인한 것이 아니라고 인정되는 재해에 의한 사고사망자로서 '사고사망자 수' 산정에서 제외되는 경우를 모두 고른 것은?

ㄱ. 방화, 근로자간 또는 타인간의 폭행에 의한 경우
ㄴ. 태풍 등 천재지변에 의한 불가항력적인 재해의 경우
ㄷ. 「도로교통법」에 따라 도로에서 발생한 교통사고로서 해당 공사의 공사용 차량·장비에 의한 사고에 의한 경우
ㄹ. 야유회 중의 사고 등 건설작업과 직접 관련이 없는 경우

① ㄱ, ㄷ   ② ㄴ, ㄹ   ③ ㄱ, ㄴ, ㄷ   ④ ㄱ, ㄴ, ㄹ   ⑤ ㄱ, ㄴ, ㄷ, ㄹ

해설 ④ [○] (ㄱ), (ㄴ), (ㄹ)이 설문의 '사고사망자 수' 산정에서 제외되는 경우이다.

○ 산업재해 사망재해자 중 다음에 해당하는 경우로 당해 사고 발생의 직접적인 원인이 사업주의 법 위반에 기인하지 않았다고 인정되는 재해자에 대하여는 가중치를 부여하지 아니한다(건설업체 산업재해발생률 산정기준 별표 1).

1. 교통사고, 고혈압 등 개인지병, 방화 등에 의한 경우
2. 근로자 상호간 또는 타인과의 폭행 등에 의한 경우
3. 폭풍·폭우·폭설 등 천재지변에 의한 경우
4. 당해 사고와 관련하여 법원의 판결 등에 의하여 사업주(수급인, 하수급인, 장비임대 및 설치·해체·물품납품 등에 관한 계약을 체결한 사업주를 포함한다)의 무과실이 인정되는 경우

정답 04. ④

5. 당해 건설작업과 직접 관련이 없는 제3자의 과실에 의한 경우
6. 기타 취침·운동·휴식중 사고 등 건설작업과 직접 관련이 없는 경우

05 산업안전보건법령상 안전관리전문기관에 대하여 6개월 이내의 기간을 정하여 업무정지명령을 할 수 있는 사유에 해당하지 않는 것은?

① 지정받은 사항을 위반하여 업무를 수행한 경우
② 거짓이나 그 밖의 부정한 방법으로 지정을 받은 경우
③ 정당한 사유 없이 안전관리 또는 보건관리 업무의 수탁을 거부한 경우
④ 안전관리 또는 보건관리 업무와 관련된 비치서류를 보존하지 않은 경우
⑤ 안전관리 또는 보건관리 업무 수행과 관련한 대가 외에 금품을 받은 경우

해설 ② [×] 거짓이나 그 밖의 부정한 방법으로 지정받은 경우는 지정취소 사유이다.
○ 지정의 취소 등 (산안법 제15조)
① 고용노동부장관은 안전관리전문기관이 다음 각 호의 어느 하나에 해당할 때에는 그 지정을 취소하거나 6개월 이내의 기간을 정하여 그 업무의 정지를 명할 수 있다. 다만, 제1호 또는 제2호에 해당할 때에는 그 지정을 취소하여야 한다.
1. 거짓이나 그 밖의 부정한 방법으로 지정을 받은 경우
2. 업무정지 기간 중에 업무를 수행한 경우
3. 지정 요건을 충족하지 못한 경우
4. 지정받은 사항을 위반하여 업무를 수행한 경우
5. 그 밖에 대통령령으로 정하는 사유에 해당하는 경우
② 지정이 취소된 자는 지정이 취소된 날부터 2년 이내에는 안전관리전문기관으로 지정받을 수 없다.

06 산업안전보건법령상 도급인의 안전조치 및 보건조치 관련 설명으로 옳은 것은?

① 건설업의 도급인은 작업장 정기 안전·보건점검을 분기에 1회 이상 실시해야 한다.
② 토사석 광업의 도급인은 3일에 1회 이상 작업장 순회점검을 실시하여야 한다.

정답 05. ② 06. ③

③ 안전 및 보건에 관한 협의체는 도급인 및 그의 수급인 전원으로 구성해야 한다.
④ 안전 및 보건에 관한 협의체는 분기별 1회 이상 정기적으로 회의를 개최하고 그 결과를 기록·보존해야 한다.
⑤ 관계수급인의 공사금액을 포함한 해당 공사의 총공사금액이 10억원 이상인 건설업은 안전보건총괄책임자 지정 대상사업에 해당한다.

해설 ③ [○] 안전 및 보건에 관한 협의체는 도급인 및 그의 수급인 전원으로 구성해야 한다(산시규 제79조).
① 건설업의 도급인은 작업장의 정기 안전·보건점검을 2개월에 1회 이상 실시하여야 한다(산시규 제82조).
② 토사석 광업의 도급인은 2일에 1회 이상 작업장 순회점검을 실시하여야 한다.
④ 안전 및 보건에 관한 협의체는 매월 1회 이상 정기적으로 회의를 개최하고 그 결과를 기록·보존해야 한다(산시규 제79조).
⑤ 관계수급인의 공사금액을 포함한 해당 공사의 총공사금액이 20억원 이상인 건설업은 안전보건총괄책임자 지정 대상사업에 해당한다(산안령 제52조).

07 산업안전보건법령상 작업장 안전관리에 관한 사항에 해당하지 않는 것은?
① 안전·보건관리에 관한 계획의 수립 및 시행에 관한 사항
② 기계·기구 및 설비의 방호조치에 관한 사항
③ 보호구 지급 등에 관한 사항
④ 위험물질 보관 및 출입 제한에 관한 사항
⑤ 안전표시·안전수칙의 종류 및 게시에 관한 사항

해설 (출제 오류) 모두 해당되는 맞는 내용임. 최종 발표시 모두 정답 처리
○ 작업장 안전관리로서 ①, ②, ③, ④항이 규정되어 있고, 추가로 ⊙ 유해·위험 기계기구 등에 대한 자율검사프로그램에 의한 검사 또는 안전검사에 관한 사항, ⓒ 중대재해 및 중대산업사고 발생, 급박한 산업재해 발생의 위험이 있는 경우 작업중지에 관한 사항 등 총 6개이다(산시규 별표 3).

08 산업안전보건법령상 타워크레인 설치·해체업의 등록 등에 관한 설명으로 옳지 않은 것은?
① 타워크레인 설치·해체업을 등록한 자가 등록한 사항 중 업체의 소재지를 변경할 때에는 변경등록을 하여야 한다.

정답 07. 모두 정답   08. ②

② 타워크레인을 설치하거나 해체하려는 자가 「국가기술자격법」에 따른 비계기능사의 자격을 가진 사람 3명을 보유하였다면, 타워크레인 설치·해체업을 등록할 수 있다.
③ 송수신기는 타워크레인 설치·해체업의 장비기준에 포함된다.
④ 타워크레인 설치·해체업을 등록하려는 자는 설치·해체업 등록신청서에 관련 서류를 첨부하여 주된 사무소의 소재지를 관할하는 지방고용노동관서의 장에게 제출해야 한다.
⑤ 타워크레인 설치·해체업의 등록이 취소된 자는 등록이 취소된 날부터 2년 이내에는 타워크레인 설치·해체업으로 등록받을 수 없다.

해설 ② [×] 타워크레인을 설치하거나 해체하려는 자가 「국가기술자격법」에 따른 판금제관기능사 또는 비계기능사의 자격을 가진 사람 4명 이상을 보유하였다면, 타워크레인 설치·해체업을 등록할 수 있다(산안령 별표 22).

○ 타워크레인 설치·해체업의 등록요건 (산안령 별표 22)

1. 인력기준 : 4명 이상
    가. 판금제관기능사 또는 비계기능사
    나. 5년 이내 지정교육이수 및 수료시험 합격자
    다. 5년 이내 보수교육 이수자
2. 시설기준 : 사무실
3. 장비기준
    가. 렌치류 (토크렌치, 함마렌치 및 전동임팩트렌치 등 볼트, 너트, 나사 등을 죄거나 푸는 공구)
    나. 드릴링머신 (회전축에 드릴을 달아 구멍을 뚫는 기계)
    다. 버니어캘리퍼스 (자로 재기 힘든 물체의 두께, 지름 따위를 재는 기구)
    라. 트랜싯 (각도를 측정하는 측량기기로 같은 수준의 기능 및 성능의 측량기기를 갖춘 경우도 인정한다)
    마. 체인블록 및 레버블록 (체인 또는 레버를 이용하여 중량물을 달아 올리거나 수직·수평·경사로 이동시키는데 사용하는 기구)
    바. 전기테스터기
    사. 송수신기

09 산업안전보건법 제58조(유해한 작업의 도급금지) 규정의 일부이다. ( )에 들어 갈 숫자로 옳은 것은?

> 제58조(유해한 작업의 도급금지) ①~④ <생략>
> ⑤ 고용노동부장관은 제4항에 따른 유효기간이 만료되는 경우에 사업주가 유효기간 연장을 신청하면 승인의 유효기간이 만료되는 날의 다음 날부터 ( )년의 범위에서 고용노동부령으로 정하는 바에 따라 그 기간의 연장을 승인할 수 있다. <이하 생략>

① 1   ② 2   ③ 3   ④ 4   ⑤ 5

해설 ③ [○] 고용노동부장관은 제4항에 따른 유효기간이 만료되는 경우에 사업주가 유효기간의 연장을 신청하면 승인의 유효기간이 만료되는 날의 다음 날부터 3년의 범위에서 고용노동부령으로 정하는 바에 따라 그 기간의 연장을 승인할 수 있다. 이 경우 사업주는 제3항에 따른 안전 및 보건에 관한 평가를 받아야 한다(산안법 제58조).

10 산업안전보건법령상 안전검사를 면제할 수 있는 경우가 아닌 것은?

① 「방위사업법」 제28조 제1항에 따른 품질보증을 받은 경우
② 「선박안전법」 제8조부터 제12조까지의 규정에 따른 검사를 받은 경우
③ 「에너지이용 합리화법」 제39조 제4항에 따른 검사를 받은 경우
④ 「항만법」 제26조 제1항 제3호에 따른 검사를 받은 경우
⑤ 「화학물질관리법」 제24조 제3항 본문에 따른 정기검사를 받은 경우

해설 ① [×] 「방위사업법」에 따른 품질보증을 받은 경우는 안전인증 면제 대상이다.

  ○ 산업안전보건법령상 안전검사를 면제할 수 있는 경우 (산시규 제125조)
   1. 「건설기계관리법」에 따른 검사를 받은 경우
   2. 「고압가스 안전관리법」에 따른 검사를 받은 경우
   3. 「광산안전법」에 따른 검사 중 광업시설의 설치·변경공사 완료 후 일정한 기간이 지날 때마다 받는 검사를 받은 경우
   4. 「선박안전법」에 따른 검사를 받은 경우
   5. 「에너지이용 합리화법」에 따른 검사를 받은 경우
   6. 「원자력안전법」에 따른 검사를 받은 경우

정답 09. ③   10. ①

7. 「위험물안전관리법」에 따른 정기점검 또는 정기검사를 받은 경우
8. 「전기사업법」에 따른 검사를 받은 경우
9. 「항만법」에 따른 검사를 받은 경우
10. 「소방시설 설치 및 관리에 관한 법률」에 따른 자체점검 등을 받은 경우 <개정 2024. 6. 28>
11. 「화학물질관리법」에 따른 정기검사를 받은 경우

11 산업안전보건법령상 주요 구조 부분을 변경하는 경우 안전인증을 받아야 하는 기계 및 설비에 해당하지 않는 것은?

① 컨베이어 ② 프레스 ③ 전단기 및 절곡기 ④ 사출성형기
⑤ 롤러기

해설 ① [×] 안전인증대상기계 등 (산시규 제107조)

1. 설치·이전하는 경우 안전인증을 받아야 하는 기계
   가. 크레인   나. 리프트
   다. 곤돌라

2. 주요 구조 부분을 변경의 경우 안전인증을 받아야 하는 기계 및 설비
   가. 프레스   나. 전단기 및 절곡기(折曲機)
   다. 크레인   라. 리프트
   마. 압력용기   바. 롤러기
   사. 사출성형기(射出成形機) 아. 고소(高所)작업대
   자. 곤돌라

12 산업안전보건법령상 유해하거나 위험한 기계·기구에 대한 방호조치에 관한 설명으로 옳지 않은 것은?

① 동력으로 작동하는 금속절단기에 날접촉 예방장치를 설치해야 사용에 제공할 수 있다.
② 동력으로 작동하는 기계·기구로서 속도조절 부분이 있는 것은 속도조절 부분에 덮개를 부착하거나 방호망을 설치하여야 양도할 수 있다.
③ 사업주는 방호조치가 정상적인 기능을 발휘할 수 있도록 방호조치와 관련되는 장치를 상시적으로 점검하고 정비하여야 한다.

정답 11. ①   12. ⑤

④ 동력으로 작동하는 기계·기구의 방호조치를 해체하려는 경우 사업주의 허가를 받아야 한다.

⑤ 동력으로 작동하는 진공포장기에 구동부 방호 연동장치를 설치하지 않고 대여 목적으로 진열한 자는 3년 이하의 징역 또는 3천만원 이하의 벌금에 처한다.

해설 ⑤ [×] 동력으로 작동하는 진공포장기에 구동부 방호 연동장치를 설치하지 않고 대여의 목적으로 진열한 자는 1년 이하의 징역 또는 1천만원 이하의 벌금에 처한다(산안법 제170조).

13 산업안전보건법령상 안전보건관리책임자 등에 대한 직무교육 중 신규교육이 면제되는 사람에 관한 내용이다. ( )에 들어갈 숫자로 옳은 것은?

「고등교육법」에 따른 이공계 전문대학 또는 이와 같은 수준 이상의 학교에서 학위를 취득하고, 해당 사업의 관리감독자로서의 업무를 (ㄱ)년(4년제 이공계 대학 학위 취득자는 1년) 이상 담당한 후 고용노동부장관이 지정하는 기관이 실시하는 교육(1998년 12월 31일까지의 교육만 해당한다)을 받고 정해진 시험에 합격한 사람. 다만, 관리감독자로 종사한 사업과 같은 업종(한국표준산업분류에 따른 대분류를 기준으로 한다)의 사업장이면서, 건설업의 경우를 제외하고는 상시근로자 (ㄴ)명 미만인 사업장에서만 안전관리자가 될 수 있다.

① ㄱ : 2, ㄴ : 200 ② ㄱ : 2, ㄴ : 300 ③ ㄱ : 3, ㄴ : 200
④ ㄱ : 3, ㄴ : 300 ⑤ ㄱ : 5, ㄴ : 200

해설 ④ [○] 직무교육의 면제 (산시규 제30조) : 다음 각 호의 어느 하나에 해당하는 사람

1. 안전보건관리담당자
2. 고등교육법 따른 학위 취득 후 관리감독자 3년(단, 300명 미만인 사업장에서만)
3. 초·중등교육법에 따른 학교를 졸업하고 관리감독자 5년(단, 50명 이상 1천명 미만인 사업장에서만)

정답 13. ④

14 산업안전보건법령상 유해성·위험성 조사 제외 화학물질에 해당하는 것을 모두 고른 것은? (단, 고용노동부장관이 공표하거나 고시하는 물질은 고려하지 않음)

ㄱ. 「농약관리법」 제2조 제1호 및 제3호에 따른 농약 및 원제
ㄴ. 「마약류 관리에 관한 법률」 제2조 제1호에 따른 마약류
ㄷ. 「사료관리법」 제2조 제1호에 따른 사료
ㄹ. 「생활주변방사선 안전관리법」 제2조제2호에 따른 원료물질

① ㄱ, ㄴ   ② ㄷ, ㄹ   ③ ㄱ, ㄴ, ㄷ   ④ ㄴ, ㄷ, ㄹ
⑤ ㄱ, ㄴ, ㄷ, ㄹ

해설 ③ [○] (ㄱ), (ㄴ), (ㄷ) 항만 유해성·위험성 조사 제외 화학물질에 해당한다.

○ 유해성·위험성 조사 제외 화학물질 (산안령 제85조)

1. 원소
2. 천연으로 산출된 화학물질
3. 「건강기능식품에 관한 법률」에 따른 건강기능식품
4. 「군수품관리법」 및 「방위사업법」에 따른 군수품 [통상품(痛常品)은 제외한다]
5. 「농약관리법」에 따른 농약 및 원제
6. 「마약류 관리에 관한 법률」에 따른 마약류
7. 「비료관리법」에 따른 비료
8. 「사료관리법」에 따른 사료
9. 「생활화학제품 및 살생물제의 안전관리에 관한 법률」에 따른 살생물물질 및 살생물제품
10. 「식품위생법」에 따른 식품 및 식품첨가물
11. 「약사법」에 따른 의약품 및 의약외품(醫藥外品)
12. 「원자력안전법」에 따른 방사성물질
13. 「위생용품 관리법」에 따른 위생용품
14. 「의료기기법」에 따른 의료기기
15. 「총포·도검·화약류 등의 안전관리에 관한 법률」에 따른 화약류
16. 「화장품법」에 따른 화장품과 화장품에 사용하는 원료

정답   14. ③

17. 고용노동부장관이 명칭, 유해성·위험성, 근로자의 건강장해 예방을 위한 조치 사항 및 연간 제조량·수입량을 공표한 물질로서 공표된 연간 제조량·수입량 이하로 제조하거나 수입한 물질
18. 고용노동부장관이 환경부장관과 협의하여 고시하는 화학물질 목록에 기록되어 있는 물질

15 산업안전보건법령상 자율안전확인 신고에 관한 설명으로 옳지 않은 것은?

① 「산업표준화법」 제15조에 따른 인증을 받은 경우에는 자율안전확인의 신고를 면제할 수 있다.
② 롤러기 급정지장치는 자율안전확인대상기계 등에 해당한다.
③ 자율안전확인의 표시는 「국가표준기본법 시행령」 제15조의 7 제1항에 따른 표시 기준 및 방법에 따른다.
④ 자율안전확인 표시의 사용 금지 공고내용에 사업장 소재지가 포함되어야 한다.
⑤ 고용노동부장관은 자율안전확인표시의 사용을 금지한 날부터 20일 이내에 그 사실을 관보 등에 공고하여야 한다.

해설 ⑤ [×] 고용노동부장관은 자율안전확인표시의 사용을 금지한 날부터 30일 이내에 그 사실을 관보 등에 공고하여야 한다(산시규 제122조).
○ 포함사항 : 자율안전확인대상기계 등의 명칭 및 형식번호, 자율안전확인번호, 제조사(수입자), 사업장 소재지, 사용금지 기간 및 사용금지 사유

16 산업안전보건법령상 상시근로자 30명인 도매업의 사업주가 일용근로자를 제외한 근로자에게 실시해야 하는 안전보건교육 교육과정별 교육시간 중 채용 시 교육의 교육시간으로 옳은 것은? (단, 다른 감면조건은 고려하지 않음)

① 30분 이상   ② 1시간 이상   ③ 2시간 이상   ④ 3시간 이상
⑤ 4시간 이상

해설 ⑤ [○] 일용근로자를 제외한 근로자는 8시간의 2분의 1인 4시간 이상 실시하면 된다.

정답 15. ⑤   16. ⑤

○ 근로자 안전보건교육 (산시규 별표 4)

교육과정	교육대상		교육시간
가. 정기교육	1) 사무직 종사 근로자		매반기 6시간 이상
	2) 그 밖의 근로자	가) 판매업무에 직접 종사하는 근로자	매반기 6시간 이상
		나) 판매업무에 직접 종사 근로자 외 근로자	매반기 12시간 이상
나. 채용 시 교육	1) 일용근로자 및 근로계약기간이 1주일 이하인 기간제근로자		1시간 이상
	2) 근로계약기간이 1주일 초과 1개월 이하인 기간제근로자		4시간 이상
	3) 그 밖의 근로자		8시간 이상
다. 작업내용 변경시 교육	1) 일용근로자 및 근로계약기간이 1주일 이하인 기간제근로자		1시간 이상
	2) 그 밖의 근로자		2시간 이상
라. 특별교육	1) 일용근로자 및 근로계약기간이 1주일 이하인 기간제근로자 : 별표 5 제1호 라목(제39호 타워크레인 신호업무 작업은 제외한다)에 해당 작업 종사 근로자에 한정한다.		2시간 이상
	2) 일용근로자 및 근로계약기간이 1주일 이하인 기간제근로자 : 별표 5 제1호 라목 제39호에 해당하는 작업에 종사하는 근로자에 한정한다.		8시간 이상
	3) 일용근로자 및 근로계약기간이 1주일 이하인 기간제근로자를 제외한 근로자: 별표 5 제1호 라목에 해당하는 작업에 종사하는 근로자에 한정한다.		가) 16시간 이상 (최초 작업 종사 전 4시간 이상 실시하고 12시간은 3개월 이내에서 분할하여 실시 가능) 나) 단기간 작업 또는 간헐적 작업인 경우 2시간 이상
마. 건설업 기초 안전·보건교육	건설 일용근로자		4시간 이상

◎ 채용 시 교육 : 일용근로자 및 기간제근로자를 제외한 근로자 8시간 이상

비고 1. 상시근로자 50명 미만의 도매업과 숙박 및 음식점업은 위 표의 가목부터 라목까지의 규정에도 불구하고 해당 교육과정별 교육시간의 2분의 1이상을 실시해야 한다.

2. 다음 각 목의 어느 하나에 해당하는 경우는 위 표의 가목부터 라목까지의 규정에도 불구하고 해당 교육과정별 교육시간의 2분의 1 이상을 그 교육시간으로 한다.

가. 영 별표 1 제1호에 따른 사업

1) 「광산안전법」 적용 사업 (광업 중 광물의 채광・채굴・선광 또는 제련 등의 공정으로 한정하며, 제조공정은 제외한다)
2) 「원자력안전법」 적용 사업 (발전업 중 원자력 발전설비를 이용하여 전기를 생산하는 사업장으로 한정한다)
3) 「항공안전법」 적용 사업 (항공기, 우주선 및 부품 제조업과 창고 및 운송 관련 서비스업, 여행사 및 기타 여행보조 서비스업 중 항공 관련 사업은 제외한다)
4) 「선박안전법」 적용 사업 (선박 및 보트 건조업은 제외한다)

나. 상시근로자 50명 미만의 도매업, 숙박 및 음식점업

17 산업안전보건법령상 공정안전보고서에 관한 설명으로 옳지 않은 것은?

① 원유 정제처리업의 보유설비가 있는 사업장의 사업주는 공정안전보고서를 작성하여야 한다.
② 사업주가 공정안전보고서를 작성할 때, 산업안전보건위원회가 설치되어 있지 아니한 사업장의 경우에는 근로자대표의 의견을 들어야 한다.
③ 공정안전보고서에는 비상조치계획이 포함되어야 하고, 그 세부 내용에는 주민 홍보 계획을 포함해야 한다.
④ 원자력 설비는 공정안전보고서의 제출 대상인 유해하거나 위험한 설비에 해당한다
⑤ 공정안전보고서 이행상태평가의 방법 등 이행상태평가에 필요한 세부적인 사항은 고용노동부장관이 정한다.

정답 17. ④

해설 ④ [×] 원자력 설비는 공정안전보고서의 제출 대상인 유해하거나 위험한 설비로 보지 않는다(산안령 제43조).

○ 공정안전보고서의 제출 대상 (산안령 제43조)
1. 원유 정제처리업   2. 기타 석유정제물 재처리업
3. 석유화학계 기초화학물질 제조업 또는 합성수지 및 기타 플라스틱물질 제조업
4. 질소 화합물, 질소·인산 및 칼리질 화학비료 제조업 중 질소질 비료 제조
5. 복합비료 및 기타 화학비료 제조업 중 복합비료 제조 (단순혼합 또는 배합은 제외)
6. 화학 살균·살충제 및 농업용 약제 제조업 (농약 원제 제조만 해당한다)
7. 화약 및 불꽃제품 제조업

○ 공정안전보고서의 제출 대상 제외 (산안령 제43조)
1. 원자력 설비   2. 군사시설
3. 사업주가 해당 사업장 내에서 직접 사용하기 위한 난방용 연료의 저장설비 및 사용설비
4. 도매·소매시설   5. 차량 등의 운송설비
6. 「액화석유가스의 안전관리 및 사업법」에 따른 액화석유가스의 충전·저장시설
7. 「도시가스사업법」에 따른 가스공급시설
8. 그 밖에 고용노동부장관이 누출·화재·폭발 등의 사고가 있더라도 그에 따른 피해의 정도가 크지 않다고 인정하여 고시하는 설비

18 산업안전보건법령상 서류의 보존기간이 3년인 것을 모두 고른 것은?

ㄱ. 산업보건의 선임에 관한 서류   ㄴ. 산업재해의 발생 원인 등 기록
ㄷ. 산업안전보건위원회의 회의록
ㄹ. 신규화학물질의 유해성·위험성 조사에 관한 서류

① ㄱ, ㄷ   ② ㄴ, ㄹ   ③ ㄱ, ㄴ, ㄹ   ④ ㄴ, ㄷ, ㄹ   ⑤ ㄱ, ㄴ, ㄷ, ㄹ

해설 ③ [○] 서류의 보존기간이 3년인 것은 (ㄱ), (ㄴ), (ㄹ)이다.
(ㄷ) 산업안전보건위원회의 회의록은 2년 동안 보존해야 한다(산안법 제164조).

정답   18. ③

19 산업안전보건법령상 유해인자의 유해성·위험성 분류기준에 관한 설명으로 옳은 것을 모두 고른 것은?

> ㄱ. 소음은 소음성난청을 유발할 수 있는 90dB(A) 이상의 시끄러운 소리이다.
> ㄴ. 물과 상호작용을 하여 인화성 가스를 발생시키는 고체·액체 또는 혼합물은 물반응성 물질에 해당한다.
> ㄷ. 20℃, 표준압력(101.3kPa)에서 공기와 혼합하여 인화되는 범위에 있는 가스는 인화성 가스에 해당한다.
> ㄹ. 이상기압은 게이지 압력이 제곱센티미터당 1킬로그램 초과 또는 미만인 기압이다.

① ㄱ, ㄴ   ② ㄷ, ㄹ   ③ ㄱ, ㄴ, ㄷ   ④ ㄴ, ㄷ, ㄹ   ⑤ ㄱ, ㄴ, ㄷ, ㄹ

해설   ④ [○] 유해인자 유해성·위험성 분류기준으로 옳은 것은 (ㄴ), (ㄷ), (ㄹ)이다.
(ㄱ) [×] 소음은 소음성난청을 유발할 수 있는 85dB(A) 이상의 시끄러운 소리이다(산기규 제512조).

20 산업안전보건법령상 근로환경의 개선에 관한 설명으로 옳지 않은 것은?

① 도급인의 사업장에서 관계수급인 또는 관계수급인의 근로자가 작업을 하는 경우에는 도급인은 그 사업장에 소속된 사람 중 산업위생관리산업기사 이상의 자격을 가진 사람으로 하여금 작업환경측정을 하도록 하여야 한다.
② 사업주는 근로자대표가 요구하면 작업환경측정 시 근로자대표를 참석시켜야 한다.
③ 「의료법」에 따른 의원 또는 한의원은 작업환경측정기관으로 고용노동부장관의 승인을 받을 수 있다.
④ 한국산업안전보건공단은 작업환경측정 결과가 노출기준 미만인데도 직업병 유소견자가 발생한 경우에는 작업환경측정 신뢰성평가를 할 수 있다.
⑤ 사업주는 산업안전보건위원회 또는 근로자대표가 요구하면 작업환경측정 결과에 대한 설명회 등을 개최하여야 한다.

해설   ③ [×] 「의료법」에 따른 종합병원 또는 병원은 작업환경측정기관으로 고용노동부장관의 승인을 받을 수 있다(산안령 제95조).

21 산업안전보건법령상 건강진단 및 건강관리에 관한 설명으로 옳지 않은 것은?

① 사업주가 「선원법」에 따른 건강진단을 실시한 경우에는 그 건강진단을 받은 근로자에 대하여 일반건강진단을 실시한 것으로 본다.
② 일반건강진단의 제1차 검사항목에 흉부방사선 촬영은 포함되지 않는다.
③ 사업주는 특수건강진단의 결과를 근로자의 건강 보호 및 유지 외의 목적으로 사용해서는 아니 된다.
④ 일반건강진단, 특수건강진단, 배치전건강진단, 수시건강진단, 임시건강진단의 비용은 「국민건강보험법」에서 정한 기준에 따른다.
⑤ 사업주는 배치전건강진단을 실시하는 경우 근로자대표가 요구하면 근로자대표를 참석시켜야 한다.

해설 ② [×] 일반건강진단의 제1차 검사항목에 흉부방사선 촬영이 포함된다(산시규 제198조).

○ 일반건강진단의 제1차 검사항목

1. 과거병력, 작업경력 및 자각·타각증상(시진·촉진·청진 및 문진)
2. 혈압·혈당·요당·요단백 및 빈혈검사
3. 체중·시력 및 청력   4. 흉부방사선 촬영
5. AST(SGOT) 및 ALT(SGPT), γ-GTP 및 총콜레스테롤

22 산업안전보건법령상 지도사 보수교육에 관한 설명이다. ( )에 들어갈 숫자로 옳은 것은?

| 고용노동부령으로 정하는 보수교육의 시간은 업무교육 및 직업윤리교육의 교육시간을 합산하여 총 (ㄱ)시간 이상으로 한다. 다만, 법 제145조 제4항에 따른 지도사 등록의 갱신기간 동안 시행규칙 제230조 제1항에 따른 지도실적이 (ㄴ)년 이상인 지도사의 교육시간은 (ㄷ)시간 이상으로 한다. |

① ㄱ : 10, ㄴ : 1, ㄷ : 5
② ㄱ : 10, ㄴ : 2, ㄷ : 10
③ ㄱ : 20, ㄴ : 1, ㄷ : 5
④ ㄱ : 20, ㄴ : 2, ㄷ : 10
⑤ ㄱ : 20, ㄴ : 2, ㄷ : 15

정답 21. ②   22. ④

해설 ④ [○] 지도사 보수교육 (산시규 제231조)

1. 지도사 보수교육의 시간은 업무교육 및 직업윤리교육의 교육시간을 합산하여 총 20시간 이상으로 한다. 다만, 지도실적이 2년 이상인 지도사의 교육시간은 10시간 이상으로 한다.

2. 공단이 보수교육을 실시하였을 때에는 그 결과를 보수교육이 끝난 날부터 10일 이내에 고용노동부장관에게 보고해야 하며, 다음 각 호의 서류를 5년간 보존해야 한다.
   가. 보수교육 이수자 명단
   나. 이수자의 교육 이수를 확인할 수 있는 서류

23 산업안전보건법령상 유해위험방지계획서 제출 대상인 건설공사에 해당하지 않는 것은? (단, 자체심사 및 확인업체의 사업주가 착공하려는 건설공사는 제외함)

① 연면적 3천제곱미터 이상인 냉동·냉장 창고시설의 설비공사
② 최대 지간(支間)길이(다리의 기둥과 기둥의 중심사이의 거리)가 50미터 이상인 다리의 건설 등 공사
③ 지상높이가 31미터 이상인 건축물의 건설 등 공사
④ 저수용량 2천만톤 이상의 용수 전용 댐의 건설 등 공사
⑤ 깊이 10미터 이상인 굴착공사

해설 ① [×] 연면적 5천m^2 이상인 냉동·냉장 창고시설의 설비공사가 대상이 된다 (산안령 제42조).

○ 유해위험방지계획서 제출 대상 건설공사 (산안령 제42조)

1. 다음의 어느 하나에 해당하는 건축물 또는 시설 등의 건설·개조 또는 해체 공사
   가. 지상높이가 31m 이상인 건축물 또는 인공구조물
   나. 연면적 3만m^2 이상인 건축물
   다. 연면적 5천m^2 이상인 시설로서 다음 어느 하나에 해당하는 시설
      1) 문화 및 집회시설 (전시장 및 동물원·식물원은 제외한다)
      2) 판매시설, 운수시설 (고속철도 역사 및 집배송시설은 제외한다)

정답 23. ①

3) 종교시설 4) 의료시설 중 종합병원
5) 숙박시설 중 관광숙박시설 6) 지하도상가
7) 냉동·냉장 창고시설

2. 연면적 5천m² 이상인 냉동·냉장 창고시설의 설비공사 및 단열공사

3. 최대 지간(支間)길이(다리의 기둥과 기둥의 중심사이의 거리)가 50m 이상인 다리의 건설 등 공사

4. 터널의 건설 등 공사

5. 다목적댐, 발전용댐, 저수용량 2천만톤 이상의 용수 전용 댐 및 지방상수도 전용 댐의 건설 등 공사

6. 깊이 10m 이상인 굴착공사

24 산업안전보건법령상 안전보건진단을 받아 안전보건개선계획을 수립할 대상으로 옳은 것을 모두 고른 것은?

> ㉠ 유해인자의 노출기준을 초과한 사업장
> ㉡ 산업재해율이 같은 업종의 규모별 평균 산업재해율보다 높은 사업장
> ㉢ 사업주가 필요한 안전조치 또는 보건조치를 이행하지 아니하여 중대재해가 발생한 사업장
> ㉣ 상시근로자 1천명 이상 사업장으로서 직업성 질병자가 연간 3명 이상 발생한 사업장

① ㉠, ㉡ ② ㉢, ㉣ ③ ㉠, ㉡, ㉢ ④ ㉡, ㉢, ㉣ ⑤ ㉠, ㉡, ㉢, ㉣

[해설] ② [○] (ㄱ), (ㄴ)항은 안전보건개선계획의 수립·시행 명령(산안법 제49조) 대상이다.

○ 안전보건진단을 받아 안전보건개선계획을 수립할 대상 (산안령 제49조)

1. 산업재해율이 같은 업종 평균 산업재해율의 2배 이상인 사업장
2. 사업주가 필요한 안전조치 또는 보건조치를 이행하지 아니하여 중대재해가 발생한 사업장
3. 직업성 질병자가 연간 2명 이상(상시근로자 1천명 이상 사업장의 경우 3명 이상) 발생한 사업장

정답 24. ②

4. 그 밖에 작업환경 불량, 화재·폭발 또는 누출 사고 등으로 사업장 주변까지 피해가 확산된 사업장으로서 고용노동부령으로 정하는 사업장

○ 안전보건개선계획의 수립·시행 명령 대상 (산안법 제49조)

1. 산업재해율이 같은 업종의 규모별 평균 산업재해율보다 높은 사업장
2. 사업주가 필요한 안전조치 또는 보건조치를 이행하지 아니하여 중대재해가 발생한 사업장
3. 대통령령으로 정하는 수 이상의 직업성 질병자가 발생한 사업장
4. 유해인자의 노출기준을 초과한 사업장

25 산업안전보건법령상 산업안전지도사와 산업보건지도사의 직무에 공통적으로 해당되는 것은?

① 유해·위험의 방지대책에 관한 평가·지도
② 근로자 건강진단에 따른 사후관리 지도
③ 공정상 안전에 관한 평가·지도
④ 작업환경의 평가 및 개선 지도
⑤ 안전보건개선계획서의 작성

해설 ⑤ [○] 안전보건개선계획서의 작성이 공통으로 해당하는 직무이다.

○ 산업안전지도사의 직무 (산안법 제142조)

1. 공정상의 안전에 관한 평가·지도
2. 유해·위험의 방지대책에 관한 평가·지도
3. 제1호 및 제2호의 사항과 관련된 계획서 및 보고서의 작성
4. 그 밖에 산업안전에 관한 사항으로서 대통령령으로 정하는 사항

○ 산업보건지도사 등의 직무 (산안법 제142조)

1. 작업환경의 평가 및 개선 지도
2. 작업환경 개선과 관련된 계획서 및 보고서의 작성
3. 근로자 건강진단에 따른 사후관리 지도
4. 직업성 질병 진단(「의료법」에 따른 의사인 산업보건지도사만 해당한다) 및 예방 지도
5. 산업보건에 관한 조사·연구
6. 그 밖에 산업보건에 관한 사항으로서 대통령령으로 정하는 사항

정답 25. ⑤

8.3 2024년 기출문제

제1과목 : 산업안전보건법령

01 산업안전보건법령상 산업안전보건위원회 관련 내용으로 옳지 않은 것은?

① 사업주는 사업장의 안전 및 보건에 관한 중요 사항을 심의·의결하기 위하여 사업장에 근로자위원과 사용자위원이 같은 수로 구성되는 산업안전보건위원회를 구성·운영하여야 한다.
② 사업주는 공정안전보고서를 작성할 때 산업안전보건위원회가 설치되어 있지 아니한 사업장의 경우에는 근로자대표의 의견을 들어야 한다.
③ 산업안전보건위원회의 회의는 근로자위원 및 사용자위원 각 과반수의 출석으로 개의(開議)하고 출석위원 과반수의 찬성으로 의결한다.
④ 사업주는 산업안전보건위원회 또는 근로자대표가 요구하면 작업환경측정 결과에 대한 설명회 등을 개최하여야 한다.
⑤ 사업주는 산업안전보건위원회가 요구할 때에는 개별 근로자의 건강진단 결과를 본인의 동의가 없어도 공개할 수 있다.

해설 ⑤ [×] 사업주는 산업안전보건위원회가 요구할 때에는 개별 근로자의 건강진단 결과를 본인의 동의가 없는 경우 공개할 수 없다.
○ 건강진단에 관한 사업주의 의무 (산안법 제132조) : 사업주는 산업안전보건위원회 또는 근로자대표가 요구할 때에는 직접 또는 건강진단을 한 건강진단기관에 건강진단 결과에 대하여 설명하도록 하여야 한다. 다만, 개별 근로자의 건강진단 결과는 본인의 동의없이 공개해서는 아니 된다.

02 산업안전보건법령상 산업재해 발생에 관한 설명으로 옳지 않은 것은?

① 고용노동부장관은 산업재해로 인한 사망자가 연간 2명 이상 발생한 사업장의 경우 산업재해를 예방하기 위하여 산업재해발생건수 등을 공표하여야 한다.
② 중대재해가 발생한 사실을 알게 된 사업주가 사업장 소재지를 관할하는 지방고용노동관서의 장에게 보고하는 방법에는 전화·팩스가 포함된다.

정답 01. ⑤ 02. ⑤

③ 사업주는 산업재해조사표에 근로자대표의 확인을 받아야 하지만, 근로자대표가 없는 경우에는 재해자 본인의 확인을 받아 산업재해조사표를 제출할 수 있다.
④ 고용노동부장관은 중대재해가 발생하였을 때에는 그 원인 규명 또는 산업재해 예방대책 수립을 위하여 그 발생 원인을 조사할 수 있다.
⑤ 사업주는 산업재해로 사망자가 발생한 경우에는 지체 없이 산업재해조사표를 작성하여 한국산업안전보건공단에 제출해야 한다.

해설 ⑤ [×] 산업재해 발생 보고 등 (산시규 제73조) : 사업주는 산업재해로 사망자가 발생하거나 3일 이상의 휴업이 필요한 부상을 입거나 질병에 걸린 사람이 발생한 경우에는 해당 산업재해가 발생한 날부터 1개월 이내에 별지 제30호 서식의 산업재해조사표를 작성하여 관할 지방고용노동관서의 장에게 제출(전자문서로 제출하는 것을 포함한다)해야 한다.

03 산업안전보건법령상 상시 근로자 수가 200명인 경우에 안전보건관리규정을 작성해야 하는 사업의 종류에 해당하는 것은?

① 농업 ② 정보서비스업 ③ 부동산 임대업 ④ 금융 및 보험업
⑤ 사업지원 서비스업

해설 ③ [○] 부동산 임대업은 상시근로자 100명 이상이 안전보건관리규정 작성 대상 사업에 해당된다.

○ 안전보건관리규정 작성 대상 사업의 종류 및 상시근로자 수 (산시규 제25조 별표 2)

사업의 종류	상시근로자 수
1. 농업 2. 어업 3. 소프트웨어 개발 및 공급업 4. 컴퓨터 프로그래밍, 시스템 통합 및 관리업 5. 정보서비스업 6. 금융 및 보험업 7. 임대업 : 부동산 제외 8. 전문, 과학 및 기술 서비스업 (연구개발업은 제외) 9. 사업지원 서비스업 10. 사회복지 서비스업	300명 이상
11. 제1호부터 제10호까지의 사업을 제외한 사업	100명 이상

정답 03. ③

04 산업안전보건법령상 근로자의 안전 및 보건에 유해하거나 위험한 작업으로서 사업주가 이를 도급하여 자신의 사업장에서 수급인의 근로자가 그 작업을 하도록 해서는 아니 되는 작업을 모두 고른 것은? (단, 제시 내용 외의 다른 상황은 고려하지 않음)

ㄱ. 도금작업 ㄴ. 수은을 제련, 주입, 가공 및 가열하는 작업
ㄷ. 카드뮴을 제련, 주입, 가공 및 가열하는 작업
ㄹ. 망간을 제련, 주입, 가공 및 가열하는 작업

① ㄱ ② ㄹ ③ ㄱ, ㄴ, ㄷ ④ ㄴ, ㄷ, ㄹ ⑤ ㄱ, ㄴ, ㄷ, ㄹ

해설 ③ [○] 유해한 작업의 도급금지 (산안법 제58조) : 사업주는 근로자의 안전 및 보건에 유해하거나 위험한 작업으로서 다음 각 호의 어느 하나에 해당하는 작업을 도급하여 자신의 사업장에서 수급인의 근로자가 그 작업을 하도록 해서는 아니 된다.

1. 도금작업
2. 수은, 납 또는 카드뮴을 제련, 주입, 가공 및 가열하는 작업
3. 허가대상물질을 제조하거나 사용하는 작업

05 산업안전보건법령상 안전보건표지에 관한 설명으로 옳은 것은?

① 지시표지의 색채는 바탕은 파란색, 관련 그림은 흰색으로 한다.
② 방사성 물질 경고의 경고표지는 바탕은 무색, 기본모형은 빨간색으로 한다.
③ 안전보건표지의 성질상 설치하거나 부착하는 것이 곤란한 경우에도 해당 물체에 직접 도색할 수 없다.
④ 「외국인근로자의 고용 등에 관한 법률」 제2조에 따른 외국인근로자를 사용하는 사업주는 안전보건표지를 고용노동부장관이 정하는 바에 따라 해당 외국인근로자의 모국어와 영어로 작성하여야 한다.
⑤ 안전보건표지의 표시를 명확히 하기 위하여 필요한 경우에는 그 안전보건표지의 주위에 표시사항을 글자로 덧붙여 적을 수 있으며, 이 경우 그 글자는 검정색 바탕에 노란색 한글고딕체로 표기해야 한다.

정답 04. ③ 05. ①

| 해설 | ① [○] 안전보건표지의 종류별 용도, 설치·부착 장소, 형태 및 색채 (제38조 제1항, 제39조 제1항 및 제40조 제1항 관련) (산안법 시행규칙, 별표 7)

② [×] 방사성 물질 경고의 경고표지는 바탕은 노란색, 기본모형은 검은색으로 한다(산시규 별표 7).

③ [×] 안전보건표지의 성질상 설치하거나 부착하는 것이 곤란한 경우에도 해당 물체에 직접 도색할 수 있다(산시규 제39조).

④ [×] 「외국인근로자의 고용 등에 관한 법률」 제2조에 따른 외국인근로자를 사용하는 사업주는 안전보건표지를 고용노동부장관이 정하는 바에 따라 해당 외국인 근로자의 모국어로 작성하여야 한다(산안법 제37조).

⑤ [×] 안전보건표지의 표시를 명확히 하기 위하여 필요한 경우에는 그 안전보건표지의 주위에 표시사항을 글자로 덧붙여 적을 수 있으며, 이 경우 그 글자는 흰색 바탕에 검은색 한글고딕체로 표기해야 한다(산시규 제38조).

06 산업안전보건법령상 안전보건관리책임자에 관한 설명으로 옳지 않은 것은?

① 안전보건관리책임자는 안전관리자와 보건관리자를 지휘·감독한다.
② 사업주가 안전보건관리책임자에게 총괄하여 관리하도록 하여야 하는 사항에는 해당 사업장의 「산업안전보건법」 제36조(위험성평가의 실시)에 따른 위험성평가의 실시에 관한 사항도 포함된다.
③ 상시 근로자 수가 100명인 1차 금속 제조업의 사업장에는 안전보건관리책임자를 두어야 한다.
④ 건설업의 경우 공사금액이 10억원인 사업장에는 안전보건관리책임자를 두어야 한다.
⑤ 사업주는 안전보건관리책임자의 선임에 관한 서류를 3년 동안 보존하여야 한다.

| 해설 | ④ [×] 건설업의 경우 공사금액이 20억원인 사업장에는 안전보건관리책임자를 두어야 한다(산시규 제14조).

○ 안전보건관리책임자를 두어야 하는 사업의 종류 및 사업장의 상시근로자수 (제14조 제1항 관련) (산안령 별표 2)

정답 06. ④

07 산업안전보건법령상 안전관리자 및 보건관리자 등에 관한 설명으로 옳지 않은 것은?

① 지방고용노동관서의 장은 보건관리자가 질병으로 1개월 이상 직무를 수행할 수 없게 된 경우에는 사업주에게 보건관리자를 정수 이상으로 증원하게 할 것을 명할 수 있다.
② 건설업을 제외한 사업으로서 상시근로자 300명 미만을 사용하는 사업장의 사업주는 안전관리전문기관에 안전관리자의 업무를 위탁할 수 있다.
③ 전기장비 제조업 중 상시근로자 300명 이상을 사용하는 사업장의 사업주는 보건관리자에게 보건관리자의 업무만을 전담하도록 하여야 한다.
④ 식료품 제조업 중 상시근로자 300명 이상을 사용하는 사업장의 사업주는 안전관리자에게 안전관리자의 업무만을 전담하도록 하여야 한다.
⑤ 안전관리자와 보건관리자가 수행하는 업무에는 산업안전보건위원회 또는 안전 및 보건에 관한 노사협의체에서 심의·의결한 업무도 포함된다.

해설 ① [×] 지방고용노동관서의 장은 보건관리자가 질병으로 3개월 이상 직무를 수행할 수 없게 된 경우에는 사업주에게 보건관리자를 정수 이상으로 증원하게 할 것을 명할 수 있다(산시규 제12조).

○ 안전관리자 등의 증원·교체임명 명령 (산시규 제12조) : 지방고용노동관서의 장은 다음 각 호의 어느 하나에 해당하는 사유가 발생한 경우에는 사업주에게 안전관리자·보건관리자 또는 안전보건관리담당자를 정수 이상으로 증원하게 하거나 교체하여 임명할 것을 명할 수 있다. 다만, 제4호에 해당하는 경우로서 직업성 질병자 발생 당시 사업장에서 해당 화학적 인자(因子)를 사용하지 않은 경우에는 그렇지 않다.

1. 해당 사업장의 연간재해율이 같은 업종의 평균재해율의 2배 이상인 경우
2. 중대재해가 연간 2건 이상 발생한 경우. 다만, 해당 사업장의 전년도 사망만인율이 같은 업종의 평균 사망만인율 이하인 경우는 제외한다.
3. 관리자가 질병이나 그 밖의 사유로 3개월 이상 직무를 수행할 수 없게 된 경우
4. 화학적 인자로 인한 직업성 질병자가 연간 3명 이상 발생한 경우. 이 경우 직업성 질병자의 발생일은 「산업재해보상보험법 시행규칙」에 따른 요양급여의 결정일로 한다.

정답 07. ①

08 산업안전보건법령상 관계수급인 근로자가 도급인의 사업장에서 작업을 하는 경우 도급인이 이행해야 하는 사항에 해당하는 것을 모두 고른 것은?

> ㄱ. 작업장 순회점검
> ㄴ. 관계수급인이 「산업안전보건법」 제29조(근로자에 대한 안전보건교육) 제1항에 따라 근로자에게 정기적으로 하는 안전보건교육을 위한 장소 및 자료의 제공 등 지원
> ㄷ. 도급인과 수급인을 구성원으로 하는 안전 및 보건에 관한 협의체의 구성 및 운영
> ㄹ. 작업 장소에서 발파작업을 하는 경우에 대비한 경보체계 운영과 대피방법 등 훈련

① ㄱ ② ㄴ, ㄹ ③ ㄷ, ㄹ ④ ㄱ, ㄴ, ㄷ ⑤ ㄱ, ㄴ, ㄷ, ㄹ

해설 ⑤ [○] 도급에 따른 산업재해 예방조치 (산안법 제64조) : 도급인은 관계수급인 근로자가 도급인의 사업장에서 작업을 하는 경우 다음 각 호의 사항을 이행하여야 한다.

1. 도급인과 수급인을 구성원으로 하는 안전 및 보건에 관한 협의체의 구성 및 운영
2. 작업장 순회점검
3. 관계수급인이 근로자에게 하는 안전보건교육을 위한 장소 및 자료의 제공 등 지원
4. 관계수급인이 근로자에게 하는 안전보건교육의 실시 확인
5. 다음 각 목의 어느 하나의 경우에 대비한 경보체계 운영과 대피방법 등 훈련
   가. 작업 장소에서 발파작업을 하는 경우
   나. 작업 장소에서 화재·폭발, 토사·구축물 등 붕괴 또는 지진 등이 발생한 경우
6. 위생시설 등 고용노동부령으로 정하는 시설의 설치 등을 위하여 필요한 장소의 제공 또는 도급인이 설치한 위생시설 이용의 협조
7. 같은 장소에서 이루어지는 도급인과 관계수급인 등의 작업에 있어서 관계수급인 등의 작업시기·내용, 안전조치 및 보건조치 등의 확인

정답 08. ⑤

8. 제7호에 따른 확인 결과 관계수급인 등의 작업 혼재로 인하여 화재·폭발 등 대통령령으로 정하는 위험이 발생할 우려가 있는 경우 관계수급인 등의 작업시기·내용 등의 조정

09 산업안전보건법령상 주요 구조 부분을 변경하는 경우 안전인증을 받아야 하는 기계 및 설비에 해당하지 않는 것은? (단, 안전인증을 면제받는 경우는 고려하지 않음)

① 원심기 ② 프레스 ③ 롤러기 ④ 압력용기 ⑤ 고소작업대

해설 ① [×] 원심기는 안전인증대상기계 등에 해당하지 않는다.
○ 안전인증대상기계 등 (산시규 제107조)
1. 설치·이전하는 경우 안전인증을 받아야 하는 기계
가. 크레인 나. 리프트 다. 곤돌라
2. 주요 구조 부분을 변경하는 경우 안전인증을 받아야 하는 기계 및 설비
가. 프레스 나. 전단기 및 절곡기(折曲機) 다. 크레인
라. 리프트 마. 압력용기 바. 롤러기 사. 사출성형기
아. 고소(高所)작업대 자. 곤돌라

10 산업안전보건법령상 용어의 정의로 옳은 것은?

① "작업환경측정"이란 작업환경 실태를 파악하기 위하여 해당 근로자 또는 작업장에 대하여 사업주가 유해인자에 대한 측정계획을 수립한 후 시료(試料)를 채취하고 분석·평가하는 것을 말한다.
② "중대재해"란 근로자가 사망하거나 부상을 입을 수 있는 설비에서의 누출·화재·폭발 사고를 말한다.
③ "건설공사발주자"란 건설공사를 도급하는 자로서 건설공사의 시공을 주도하여 총괄·관리하는 자를 말한다.
④ "산업재해"란 근로자가 업무에 관계되는 건설물·설비·원재료·가스·증기·분진 등에 의하거나 작업 또는 그 밖의 업무로 인하여 사망 또는 3일 이상의 휴업이 필요한 질병에 걸리는 것을 말한다.
⑤ "위험성평가"란 산업재해를 예방하기 위하여 잠재적 위험성을 발견하고 그 개선대책을 수립할 목적으로 조사·평가하는 것을 말한다.

정답 09. ① 10. ①

해설 ② [×] 중대재해"란 산업재해 중 사망 등 재해 정도가 심하거나 다수의 재해자가 발생한 경우로서 고용노동부령으로 정하는 재해를 말한다(산안법 제2조).

○ 중대재해의 범위 (산시규 제3조) : 법 제2조 제2호에서 "고용노동부령으로 정하는 재해"란 다음 각 호의 어느 하나에 해당하는 재해를 말한다.
1. 사망자가 1명 이상 발생한 재해
2. 3개월 이상의 요양이 필요한 부상자가 동시에 2명 이상 발생한 재해
3. 부상자 또는 직업성 질병자가 동시에 10명 이상 발생한 재해

③ [×] "건설공사발주자"란 건설공사를 도급하는 자로서 건설공사의 시공을 주도하여 총괄·관리하지 아니하는 자를 말한다. 다만, 도급받은 건설공사를 다시 도급하는 자는 제외한다(산안법 제2조).

④ [×] "산업재해"란 노무를 제공하는 사람이 업무에 관계되는 건설물·설비·원재료·가스·증기·분진 등에 의하거나 작업 또는 그 밖의 업무로 인하여 사망 또는 부상하거나 질병에 걸리는 것을 말한다(산안법 제2조).

⑤ [×] "위험성평가"란 사업주가 스스로 유해·위험요인을 파악하고 해당 유해·위험요인의 위험성 수준을 결정하여, 위험성을 낮추기 위한 적절한 조치를 마련하고 실행하는 과정을 말한다(사업장 위험성평가에 관한 지침 제3조).

11 산업안전보건법령상 유해하거나 위험한 기계·기구에 대한 방호조치 등에 관한 설명으로 옳은 것을 모두 고른 것은?

ㄱ. 진공포장기·래핑기를 제외한 포장기계에는 구동부 방호 연동장치를 설치해야 한다.
ㄴ. 회전기계에 물체 등이 말려 들어갈 부분이 있는 기계는 물림점을 묻힘형으로 하여야 한다.
ㄷ. 예초기 및 금속절단기에는 날접촉 예방장치를 설치해야 하고, 원심기에는 회전체 접촉 예방장치를 설치해야 한다.
ㄹ. 근로자가 방호조치를 해제하려는 경우에는 사업주의 허가를 받아야 한다.

① ㄱ   ② ㄱ, ㄴ   ③ ㄴ, ㄷ   ④ ㄷ, ㄹ   ⑤ ㄱ, ㄷ, ㄹ

해설 (ㄱ) [×] 진공포장기·래핑기에 한정된 포장기계에는 구동부 방호 연동장치를 설치해야 한다(산안령 별표 20).

정답 11. ④

(ㄴ) [×] 회전기계에 물체 등이 말려 들어갈 부분이 있는 기계의 물림점은 덮개나 울을 설치하여야 한다(산시규 제98조).

○ 유해·위험 방지를 위한 방호조치가 필요한 기계·기구 (제70조 관련) (산안령 별표 20)
  1. 예초기 2. 원심기 3. 공기압축기 4. 금속절단기 5. 지게차
  6. 포장기계(진공포장기, 래핑기로 한정한다).

○ 방호조치 (산시규 제98조)
  ① 법 제80조 제1항에 따라 영 제70조 및 영 별표 20의 기계·기구에 설치해야 할 방호장치는 다음 각 호와 같다.
    1. 예초기 : 날접촉 예방장치
    2. 원심기 : 회전체 접촉 예방장치
    3. 공기압축기 : 압력방출장치
    4. 금속절단기 : 날접촉 예방장치
    5. 지게차 : 헤드 가드, 백레스트(backrest), 전조등, 후미등, 안전벨트
    6. 포장기계 : 구동부 방호 연동장치
  ② 법 제80조 제2항에서 "고용노동부령으로 정하는 방호조치"란 다음 각 호의 방호조치를 말한다.
    1. 작동 부분의 돌기부분은 묻힘형으로 하거나 덮개를 부착할 것
    2. 동력전달부분 및 속도조절부분에는 덮개를 부착하거나 방호망을 설치할 것
    3. 회전기계의 물림점(롤러나 톱니바퀴 등 반대방향의 두 회전체에 물려 들어가는 위험점)에는 덮개 또는 울을 설치할 것

12 산업안전보건법 시행규칙의 일부이다. ( )애 들어갈 숫자로 옳은 것은?

■ 산업안전보건법 시행규칙 [별표 4]
안전보건교육 교육과정별 교육시간 (제26조 제1항 등 관련)
1. 근로자 안전보건교육 (제26조 제1항, 제28조 제1항 관련)

교육과정	교육대상	교육시간
마. 건설업 기초안전·보건교육	건설 일용근로자	( )시간 이상

① 1 ② 2 ③ 4 ④ 6 ⑤ 8

정답 12. ③

해설 ③ [○] 건설업 기초 안전·보건교육 교육시간 → 건설 일용근로자 → 4시간 이상

○ 근로자 안전보건교육 (산시규 제26조 제1항, 제28조 제1항 관련) (산시규 별표 4)

13 산업안전보건법령상 보건관리자에 대한 직무교육에 관한 내용이다. ( )에 들어 갈 내용을 순서대로 옳게 나열한 것은? (단, 직무교육을 면제받는 경우는 고려하지 않음)

사업주가 보건관리자에게 안전보건교육기관에서 직무와 관련한 안전보건교육을 이수를 해야 하는 경우 의사인 보건관리자는 해당 직위에 선임된 후 (ㄱ) 이내에 직무를 수행하는 데 필요한 신규교육을 받아야 하며, 신규교육을 이수한 후 매 (ㄴ)이 되는 날을 기준으로 전후 (ㄷ)사이에 고용노동부장관이 실시하는 안전보건에 관한 보수교육을 받아야 한다.

① ㄱ : 3개월, ㄴ : 1년, ㄷ : 3개월
② ㄱ : 3개월, ㄴ : 1년, ㄷ : 6개월
③ ㄱ : 3개월, ㄴ : 2년, ㄷ : 6개월
④ ㄱ : 1년, ㄴ : 1년, ㄷ : 3개월
⑤ ㄱ : 1년, ㄴ : 2년, ㄷ : 6개월

해설 ⑤ [○] 안전보건관리책임자 등에 대한 직무교육 (산시규 제29조) : 다음 각 호의 어느 하나에 해당하는 사람은 해당 직위에 선임(위촉의 경우를 포함한다. 이하 같다)되거나 채용된 후 3개월(보건관리자가 의사인 경우는 1년을 말한다) 이내에 직무를 수행하는 데 필요한 신규교육을 받아야 하며, 신규교육을 이수한 후 매 2년이 되는 날을 기준으로 전후 6개월 사이에 고용노동부장관이 실시하는 안전보건에 관한 보수교육을 받아야 한다.

1. 안전보건관리책임자
2. 안전관리자 (「기업활동 규제완화에 관한 특별조치법」에 따라 안전관리자로 채용된 것으로 보는 사람을 포함한다)
3. 보건관리자
4. 안전보건관리담당자
5. 안전관리전문기관 또는 보건관리전문기관에서 안전관리자 또는 보건관리자의 위탁업무를 수행하는 사람
6. 건설재해예방전문지도기관에서 지도업무를 수행하는 사람

정답 13. ⑤

7. 지정받은 안전검사기관에서 검사업무를 수행하는 사람

8. 지정받은 자율안전검사기관에서 검사업무를 수행하는 사람

9. 석면조사기관에서 석면조사 업무를 수행하는 사람

14 산업안전보건법령상 기계 등을 대여받은 자가 그 설치·해체 작업이 이루어지는 동안 작업과정 전반(全般)을 영상으로 기록하여 대여기간 동안 보관하여야 하는 기계 등에 해당하는 것은?

① 파워 셔블　② 타워크레인　③ 고소작업대　④ 버킷굴착기
⑤ 콘크리트 펌프

해설　② [○] 기계 등을 대여받는 자의 조치 (산시규 제101조 제2항) : 타워크레인을 대여받은 자는 다음 각 호의 조치를 해야 한다.
1. 타워크레인을 사용하는 작업 중에 타워크레인 장비 간 또는 타워크레인과 인접 구조물 간 충돌위험이 있으면 충돌방지장치를 설치하는 등 충돌방지를 위하여 필요한 조치를 할 것
2. 타워크레인 설치·해체 작업이 이루어지는 동안 작업과정 전반(全般)을 영상으로 기록하여 대여기간 동안 보관할 것

15 산업안전보건법령상 안전검사대상기계 등에 대해 안전검사를 면제할 수 있는 경우가 아닌 것은?

① 「고압가스 안전관리법」 제17조 제2항에 따른 검사를 받은 경우
② 「원자력안전법」 제22조 제1항에 따른 검사를 받은 경우
③ 「에너지이용 합리화법」 제39조 제4항에 따른 검사를 받은 경우
④ 「전기용품 및 생활용품 안전관리법」 제8조에 따른 안전검사를 받은 경우
⑤ 「위험물안전관리법」 제18조에 따른 정기점검 또는 정기검사를 받은 경우

해설　④ [×] 「전기용품 및 생활용품 안전관리법」 제8조에 따른 안전검사를 받은 경우는 안전검사 면제 대상이 아니다.
○ 안전검사 (산안법 제93조 제2항) : 안전검사대상기계 등이 다른 법령에 따라 안전성에 관한 검사나 인증을 받은 경우로서 고용노동부령으로 정하는 경우에는 안전검사를 면제할 수 있다.
○ 안전검사의 면제 (산시규 제125조) <개정 2024. 6. 28>

정답　14. ②　15. ④

1. 「건설기계관리법」에 따른 검사를 받은 경우 (안전검사 주기에 해당하는 시기의 검사로 한정한다)
2. 「고압가스 안전관리법」에 따른 검사를 받은 경우
3. 「광산안전법」에 따른 검사 중 광업시설의 설치·변경공사 완료 후 일정한 기간이 지날 때마다 받는 검사를 받은 경우
4. 「선박안전법」의 규정에 따른 검사를 받은 경우
5. 「에너지이용 합리화법」에 따른 검사를 받은 경우
6. 「원자력안전법」에 따른 검사를 받은 경우
7. 「위험물안전관리법」에 따른 정기점검 또는 정기검사를 받은 경우
8. 「전기안전관리법」에 따른 검사를 받은 경우
9. 「항만법」에 따른 검사를 받은 경우
10. 「소방시설 설치 및 관리에 관한 법률」에 따른 자체점검을 받은 경우
11. 「화학물질관리법」에 따른 정기검사를 받은 경우

16 산업안전보건법령상 일반건강진단을 실시한 것으로 보는 건강진단에 해당하지 않는 것은?

① 「선원법」에 따른 건강진단
② 「학교보건법」에 따른 건강검사
③ 「항공안전법」에 따른 신체검사
④ 「국민건강보험법」에 따른 건강검진
⑤ 「교육공무원법」에 따른 신체검사

해설 ⑤ [×] 「교육공무원법」에 따른 신체검사는 해당이 되지 않는다.

○ 일반건강진단 (산안법 제129조 제1항) : 사업주는 상시 사용하는 근로자의 건강관리를 위하여 건강진단(이하 "일반건강진단"이라 한다)을 실시하여야 한다. 다만, 사업주가 고용노동부령으로 정하는 건강진단을 실시한 경우에는 그 건강진단을 받은 근로자에 대하여 일반건강진단을 실시한 것으로 본다.

○ 일반건강진단 실시의 인정 (산시규 제196조)
  1. 「국민건강보험법」에 따른 건강검진
  2. 「선원법」에 따른 건강진단
  3. 「진폐의 예방과 진폐근로자의 보호 등에 관한 법률」에 따른 정기 건강진단
  4. 「학교보건법」에 따른 건강검사   5. 「항공안전법」에 따른 신체검사
  6. 그 밖에 일반건강진단의 검사항목을 모두 포함하여 실시한 건강진단

정답 16. ⑤

17. 산업안전보건법령상 자율안전확인대상기계 등에 해당하는 것을 모두 고른 것은?

ㄱ. 용접용 보안면	ㄴ. 고정형 목재가공용 모떼기 기계
ㄷ. 롤러기 급정지장치	ㄹ. 추락 및 감전 위험방지용 안전모
ㅁ. 휴대형 연마기	ㅂ. 차광 및 비산물 위험방지용 보안경

① ㄱ, ㅁ ② ㄴ, ㄷ ③ ㄱ, ㄹ, ㅁ, ㅂ ④ ㄴ, ㄷ, ㄹ, ㅂ
⑤ ㄱ, ㄴ, ㄷ, ㄹ, ㅁ, ㅂ

해설 ② [○] (ㄴ)은 자율안전확인대상 기계, (ㄷ)은 자율안전확인대상 방호장치에 해당한다.

○ 자율안전확인대상기계 등 (산안령 제77조 제1항)
1. 다음 각 목의 어느 하나에 해당하는 기계 또는 설비
   가. 연삭기(硏削機) 또는 연마기 (휴대형은 제외한다)
   나. 산업용 로봇   다. 혼합기   라. 파쇄기 또는 분쇄기
   마. 식품가공용 기계 (파쇄·절단·혼합·제면기만 해당한다)
   바. 컨베이어   사. 자동차정비용 리프트
   아. 공작기계 (선반, 드릴기, 평삭·형삭기, 밀링만 해당한다)
   자. 고정형 목재가공용 기계 (둥근톱, 대패, 루타기, 띠톱, 모떼기 기계만 해당한다)
   차. 인쇄기
2. 다음 각 목의 어느 하나에 해당하는 방호장치
   가. 아세틸렌 용접장치용 또는 가스집합 용접장치용 안전기
   나. 교류 아크용접기용 자동전격방지기
   다. 롤러기 급정지장치
   라. 연삭기 덮개
   마. 목재 가공용 둥근톱 반발 예방장치와 날 접촉 예방장치
   바. 동력식 수동대패용 칼날 접촉 방지장치
   사. 추락·낙하 및 붕괴 등의 위험 방지 및 보호에 필요한 가설기자재(안전인증대상기계 등의 가설기자재는 제외한다)로서 고용노동부장관이 정하여 고시하는 것
3. 다음 각 목의 어느 하나에 해당하는 보호구

정답 17. ②

가. 안전모 (안전인증대상기계 등의 안전모는 제외한다)
나. 보안경 (안전인증대상기계 등의 보안경은 제외한다)
다. 보안면 (안전인증대상기계 등의 보안면은 제외한다)

18 산업안전보건법령상 유해인자의 유해성·위험성 분류기준 중 물리적 인자의 분류기준으로 옳지 않은 것은?

① 소음 : 소음성난청을 유발할 수 있는 85데시벨(A) 이상의 시끄러운 소리
② 진동 : 착암기, 손망치 등의 공구를 사용함으로써 발생되는 백랍병·레이노 현상·말초순환장애 등의 국소 진동 및 차량 등을 이용함으로써 발생되는 관절통·디스크·소화장애 등의 전신 진동
③ 방사선 : 직접·간접으로 공기 또는 세포를 전리하는 능력을 가진 알파선·베타선·감마선·엑스선·중성자선 등의 전자선
④ 에어로졸 : 재충전이 가능한 금속·유리 또는 플라스틱 용기에 압축가스·액화가스 또는 용해가스를 충전하고 내용물을 가스에 현탁시킨 고체나 액상입자로, 액상 또는 가스상에서 폼·페이스트·분말상으로 배출되는 분사장치를 갖춘 것
⑤ 이상기온 : 고열·한랭·다습으로 인하여 열사병·동상·피부질환 등을 일으킬 수 있는 기온

해설 ④ [×] "에어로졸"이라 함은 재충전이 불가능한 금속·유리 또는 플라스틱 용기에 압축가스·액화가스 또는 용해가스를 충전하고, 내용물을 가스에 현탁시킨 고체나 액상 입자로, 액상 또는 가스상에서 폼·페이스트·분말상으로 배출하는 분사장치를 갖춘 것을 말한다(물질안전보건자료 작성지침, KOSHA Guide W-15-2020).

19 산업안전보건법령상 제조 등이 금지되는 유해물질로서 대체물질이 개발되지 아니하여 고용노동부장관의 허가를 받아서 제조·사용할 수 있는 '허가대상 유해물질'에 해당하는 것은? (단, 제시된 내용 외의 다른 상황은 고려하지 않음)

① β-나프틸아민[91-59-8]과 그 염(β-Naphthylamine and its salts)
② 4-니트로디페닐[92-93-3]과 그 염(4-Nitrodiphenyl and its salts)
③ 염화비닐(Vinyl chloride; 75-01-4)

정답 18. ④   19. ③

④ 폴리클로리네이티드 터페닐(Polychlorinated terphenyls; 61788-33-8 등)

⑤ 황린[12185-10-3] 성냥(Yellow phosphorus match)

해설 ③ [○] 염화비닐을 제외한 나머지 항들은 금지 대상 유해물질이다(산안령 제87조).

○ 허가 대상 유해물질 (산안령 제88조)

1. α-나프틸아민 및 그 염
2. 디아니시딘 및 그 염
3. 디클로로벤지딘 및 그 염
4. 베릴륨
5. 벤조트리클로라이드
6. 비소 및 그 무기화합물
7. 염화비닐
8. 콜타르피치 휘발물
9. 크롬광 가공 (열을 가하여 소성 처리하는 경우만 해당한다)
10. 크롬산 아연
11. o-톨리딘 및 그 염
12. 황화니켈류
13. 제1호부터 제4호까지 또는 제6호부터 제12호까지의 어느 하나에 해당하는 물질을 포함한 혼합물 (포함된 중량의 비율이 1% 이하인 것은 제외한다)
14. 제5호의 물질을 포함한 혼합물 (포함된 중량의 비율이 0.5% 이하인 것은 제외한다)
15. 그 밖에 보건상 해로운 물질로서 산업재해보상보험 및 예방심의위원회의 심의를 거쳐 고용노동부장관이 정하는 유해물질

20 산업안전보건법령상 휴게실 설치·관리기준 준수대상 사업장에 관한 규정의 일부이다. [ ]에 들어갈 숫자를 옳게 나열한 것은?

> 시행령 제96조의 2(휴게시설 설치·관리기준 준수 대상 사업장의 사업주), 법 제128조의 2 제2항에서 "사업의 종류 및 사업장의 상시 근로자 수 등 대통령령으로 정하는 기준에 해당하는 사업장"이란 다음 각 호의 어느 하나에 해당하는 사업장을 말한다.
> 1. 상시근로자 (관계수급인의 근로자를 포함한다. 이하 제2호에서 같다)
>   [ㄱ]명 이상을 사용하는 사업장 (건설업의 경우에는 관계수급인의 공사금액을 포함한 해당 공사의 총공사금액이 [ㄴ]억원 이상인 사업장으로 한정한다)

정답 20. ④

① ㄱ : 10, ㄴ : 20   ② ㄱ : 10, ㄴ : 120   ③ ㄱ : 20, ㄴ : 10
④ ㄱ : 20, ㄴ : 20   ⑤ ㄱ : 20, ㄴ : 120

해설 ④ [○] 휴게시설 설치·관리기준 준수 대상 사업장의 사업주 (산안령 제96조의 2)

1. 상시근로자(관계수급인의 근로자를 포함한다. 이하 제2호에서 같다) 20명 이상을 사용하는 사업장 (건설업의 경우에는 관계수급인의 공사금액을 포함한 해당 공사의 총공사금액이 20억원 이상인 사업장으로 한정한다)
2. 다음 각 목의 어느 하나에 해당하는 직종(「통계법」에 따라 통계청장이 고시하는 한국표준직업분류에 따른다)의 상시근로자가 2명 이상인 사업장으로서 상시근로자 10명 이상 20명 미만을 사용하는 사업장 (건설업은 제외한다)

가. 전화 상담원   나. 돌봄 서비스 종사원
다. 텔레마케터   라. 배달원
마. 청소원 및 환경미화원   바. 아파트 경비원
사. 건물 경비원

21 산업안전보건법령상 작업환경측정기관으로 지정받을 수 있는 자에 해당하지 않는 것은?

① 지방자치단체의 소속기관   ② 「의료법」에 따른 종합병원
③ 「고등교육법」 제2조 제1호에 따른 대학
④ 작업환경측정 업무를 하려는 법인
⑤ 산업안전보건법」에 따라 자격증을 취득한 산업보건지도사

해설 ⑤ [×] 작업환경측정기관의 지정 요건 (산안령 제95조) : 작업환경측정기관으로 지정받을 수 있는 자는 다음 각 호의 어느 하나에 해당하는 자로서 작업환경측정기관의 유형별로 산안령 별표 29에 따른 인력·시설 및 장비를 갖추고 고용노동부장관이 실시하는 작업환경측정기관의 측정·분석능력 확인에서 적합 판정을 받은 자로 한다.

1. 국가 또는 지방자치단체의 소속기관
2. 「의료법」에 따른 종합병원 또는 병원
3. 「고등교육법」의 규정에 따른 대학 또는 그 부속기관
4. 작업환경측정 업무를 하려는 법인

정답 21. ⑤

5. 작업환경측정 대상 사업장의 부속기관 (해당 부속기관이 소속된 사업장 등 고용노동부령으로 정하는 범위로 한정하여 지정받으려는 경우로 한정한다)

22 산업안전보건법령상 1일 6시간을 초과하여 근무할 수 없는 작업은?

① 갱(抗) 내에서 하는 작업
② 잠함(潛函) 또는 잠수 작업 등 높은 기압에서 하는 작업
③ 현저히 덥고 뜨거운 장소에서 하는 작업
④ 강렬한 소음이 발생하는 장소에서 하는 작업
⑤ 라듐방사선이나 엑스선 그 밖의 유해 방사선을 취급하는 작업

해설 ② [○] 잠함(潛函) 또는 잠수 작업 등 높은 기압에서 하는 작업이 해당된다.

○ 유해·위험작업에 대한 근로시간 제한 등 (산안법 제139조)
① 사업주는 유해하거나 위험한 작업으로서 높은 기압에서 하는 작업 등 대통령령으로 정하는 작업에 종사하는 근로자에게는 1일 6시간, 1주 34시간을 초과하여 근로하게 해서는 아니 된다(산안법 제139조). "높은 기압에서 하는 작업 등 대통령령으로 정하는 작업"이란 잠함(潛函) 또는 잠수 작업 등 높은 기압에서 하는 작업을 말한다(산안령 제99조 제1항).
② 사업주는 대통령령으로 정하는 유해하거나 위험한 작업에 종사하는 근로자에게 필요한 안전조치 및 보건조치 외에 작업과 휴식의 적정한 배분 및 근로시간과 관련된 근로조건의 개선을 통하여 근로자의 건강 보호를 위한 조치를 하여야 한다.

23 산업안전보건법령상 1년 이하의 징역 또는 1천만원 이하의 벌금에 처해질 수 있는 자는?

① 물질안전보건자료 대상물질을 양도하면서 양도받는 자에게 물질안전 보건자료를 제공하지 아니한 자
② 자격대여행위의 금지를 위반하여 다른 사람에게 지도사자격증을 대여한 사람
③ 중대재해 발생 사실을 보고하지 아니하거나 거짓으로 보고한 사업주
④ 정당한 사유없이 역학조사를 거부·방해하거나 기피한 근로자
⑤ 물질안전보건자료의 일부 비공개 승인 신청 시 영업비밀과 관련되어 보호사유를 거짓으로 작성하여 신청한 자

해설 ② [○] 자격대여행위의 금지 위반으로서 질문의 벌칙에 해당이 된다.
① 10만원, ③ 3,000만원, ④ 5만원, ⑤ 500만원 등이 해당 벌금에 해당한다.
○ 벌칙(산안법 제170조) : 다음 각 호의 어느 하나에 해당하는 자는 1년 이하의 징역 또는 1천만원 이하의 벌금에 처한다.
  1. 고객의 폭언 등으로 인한 건강장해 예방조치 등(제41조 제3항)을 위반하여 해고나 그 밖의 불리한 처우를 한 자
  2. 중대재해 원인조사 등(제56조 제3항)을 위반하여 중대재해 발생 현장을 훼손하거나 고용노동부장관의 원인조사를 방해한 자
  3. 산업재해 발생 은폐 금지 및 보고 등(제57조 제1항)을 위반하여 산업재해 발생 사실을 은폐한 자 또는 그 발생 사실을 은폐하도록 교사(敎唆)하거나 공모(共謀)한 자
  4. 도급인의 안전 및 보건에 관한 정보 제공 등(제65조 제1항), 유해하거나 위험한 기계·기구에 대한 방호조치(제80조 제1항, 제2항, 제4항), 안전인증의 표시 등(제85조 제2항, 제3항), 자율안전확인대상기계 등의 제조 등의 금지 등(제92조 제1), 역학조사(제141조 제4) 또는 비밀 유지(제162조)를 위반한 자
  5. 안전인증의 표시 등(제85조 제4항) 또는 자율안전확인대상기계 등의 제조 등의 금지 등(제92조 제2항)에 따른 명령을 위반한 자
  6. 성능시험 등(제101조)에 따른 조사, 수거 또는 성능시험을 방해하거나 거부한 자
  7. 자격대여행위 및 대여알선행위 등의 금지(제153조 제1항)을 위반하여 다른 사람에게 자기의 성명이나 사무소의 명칭을 사용하여 지도사의 직무를 수행하게 하거나 자격증·등록증을 대여한 사람
  8. 자격대여행위 및 대여알선행위 등의 금지(제153조 제2항)을 위반하여 지도사의 성명이나 사무소의 명칭을 사용하여 지도사의 직무를 수행하거나 자격증·등록증을 대여받거나 이를 알선한 사람

24 산업안전보건법령상 근로감독관 등에 관한 설명으로 옳지 않은 것은?

① 근로감독관은 기계·설비 등에 대한 검사에 필요한 한도에서 무상으로 제품·원재료 또는 기구를 수거할 수 있다.
② 근로감독관은 「산업안전보건법」에 따른 명령의 시행을 위하여 근로자에게 출석을 명할 수 있다.

정답 24. ④

③ 근로자는 사업장의 「산업안전보건법」 위반 사실을 근로감독관에게 신고할 수 있다.
④ 한국산업안전보건공단 소속 직원이 지도업무 등을 하였을 때에는 그 결과를 근로감독관 및 사업주에게 즉시 보고하여야 한다.
⑤ 「의료법」에 따른 한의사는 5일의 입원치료가 필요한 부상이 환자의 업무와 관련성이 있다고 판단할 경우 치료과정에서 알게 된 정보를 고용노동부장관에게 신고할 수 있다.

해설 ④ [×] 안전보건공단 소속 직원이 지도업무 등을 하였을 때에는 그 결과를 고용노동부장관에게 보고해야 한다.
○ 공단 소속 직원의 검사 및 지도 등 (산안법 제156조)
① 고용노동부장관은 권한 등의 위임·위탁(제165조 제2항)에 따라 공단이 위탁받은 업무를 수행하기 위하여 필요하다고 인정할 때에는 공단 소속 직원에게 사업장에 출입하여 산업재해 예방에 필요한 검사 및 지도 등을 하게 하거나, 역학조사를 위하여 필요한 경우 관계자에게 질문하거나 필요한 서류의 제출을 요구하게 할 수 있다.
② 제1항에 따라 공단 소속 직원이 검사 또는 지도업무 등을 하였을 때에는 그 결과를 고용노동부장관에게 보고하여야 한다.
③ 공단 소속 직원이 제1항에 따라 사업장에 출입하는 경우에는 근로감독관의 권한(제155조 제4항)을 준용한다. 이 경우 "근로감독관"은 "공단 소속 직원"으로 본다.

25 산업안전보건법령상 지도사의 위반행위에 대해서 지도사 등록을 필수적으로 취소하여야 하는 경우를 모두 고른 것은?

ㄱ. 부정한 방법으로 갱신 등록을 한 경우
ㄴ. 업무정지 기간 중에 업무를 수행한 경우
ㄷ. 업무 관련 서류를 거짓으로 작성한 경우
ㄹ. 직무의 수행과정에서 고의로 인하여 중대재해가 발생한 경우
ㅁ. 보증보험에 가입하지 아니하거나 그 밖에 필요한 조치를 하지 아니한 경우

① ㄱ, ㅁ   ② ㄷ, ㄹ   ③ ㄱ, ㄴ, ㄷ   ④ ㄴ, ㄹ, ㅁ   ⑤ ㄱ, ㄴ, ㄷ, ㄹ, ㅁ

정답 25. ③

해설 ③ [○] 등록의 취소 등 (산안법 제154조) : 고용노동부장관은 지도사가 다음 각 호의 어느 하나에 해당하는 경우에는 그 등록을 취소하거나 2년 이내의 기간을 정하여 그 업무의 정지를 명할 수 있다. 다만, 제1호부터 제3호까지의 규정에 해당할 때에는 그 등록을 취소하여야 한다.
1. 거짓이나 그 밖의 부정한 방법으로 등록 또는 갱신등록을 한 경우
2. 업무정지 기간 중에 업무를 수행한 경우
3. 업무 관련 서류를 거짓으로 작성한 경우
4. 산업안전지도사 등의 직무(제142조)에 따른 직무의 수행과정에서 고의 또는 과실로 인하여 중대재해가 발생한 경우
5. 지도사의 등록(제145조) 제3항 제1호부터 제5호까지의 규정 중 어느 하나에 해당하게 된 경우
6. 손해배상의 책임(제148조) 제2항에 따른 보증보험에 가입하지 아니 하거나 그 밖에 필요한 조치를 하지 아니한 경우
7. 품위유지와 성실의무 등(제150조) 제1항을 위반하거나 같은 조 제2항에 따른 기명·날인 또는 서명을 하지 아니한 경우
8. 금지 행위(제151조), 자격대여행위 및 대여알선행위 등의 금지(제153조) 제1항 또는 비밀 유지(제162조)를 위반한 경우

8.4 2025년 기출문제

제1과목 : 산업안전보건법령

01 산업안전보건법령상 용어에 관한 설명으로 옳지 않은 것은?

① 「국가유산수리 등에 관한 법률」에 따른 국가유산 수리공사는 "건설공사"에 해당한다.
② 근로자의 과반수로 조직된 노동조합이 없는 경우 근로자의 과반수를 대표하는 자가 "근로자대표"이다.
③ "관계수급인"이란 도급이 여러 단계에 걸쳐 체결된 경우에 각 단계별로 도급받은 사업주 전부를 말한다.
④ 도급받은 건설공사를 다시 도급하는 자는 "건설공사발주자"가 아니다.
⑤ 건설공사발주자는 "도급인"에 해당한다.

해설 ⑤ [×] "건설공사발주자"란 건설공사를 도급하는 자로서 건설공사의 시공을 주도하여 총괄·관리하지 아니하는 자를 말한다. 다만, 도급받은 건설공사를 다시 도급하는 자는 제외한다. "도급인"이란 물건의 제조·건설·수리 또는 서비스의 제공, 그 밖의 업무를 도급하는 사업주를 말한다. 다만, 건설공사 발주자는 제외한다(산안법 제2조).

① 「국가유산수리 등에 관한 법률」에 따른 국가유산 수리공사는 "건설공사"에 해당한다(산안법 제2조).

② "근로자대표"란 근로자의 과반수로 조직된 노동조합이 있는 경우에는 그 노동조합을, 근로자의 과반수로 조직된 노동조합이 없는 경우에는 근로자의 과반수를 대표하는 자를 말한다(산안법 제2조).

③ "관계수급인"이란 도급이 여러 단계에 걸쳐 체결된 경우에 각 단계별로 도급받은 사업주 전부를 말한다(산안법 제2조).

④ 도급받은 건설공사를 다시 도급하는 자는 "건설공사발주자"에서 제외한다.

02 산업안전보건법령상 산업재해 중 중대재해에 해당하는 것을 모두 고른 것은?

정답 01. ⑤   02. ③

ㄱ. 사망자가 1명 이상 발생한 재해
ㄴ. 직업성 질병자가 동시에 5명 이상 발생한 재해
ㄷ. 3개월 이상의 요양이 필요한 부상자가 동시에 2명 이상 발생한 재해

① ㄱ   ② ㄴ   ③ ㄱ, ㄷ   ④ ㄴ, ㄷ   ⑤ ㄱ, ㄴ, ㄷ

해설 (ㄴ) [×] 부상자 또는 직업성 질병자가 동시에 10명 이상 발생한 재해

○ 중대재해의 범위 (산시규 제3조) : 다음 각 호의 어느 하나 해당하는 경우
  1. 사망자가 1명 이상 발생한 재해
  2. 3개월 이상의 요양이 필요한 부상자가 동시에 2명 이상 발생한 재해
  3. 부상자 또는 직업성 질병자가 동시에 10명 이상 발생한 재해

03 산업안전보건법령상 산업재해 발생건수 등의 공표대상 사업장이 아닌 것은?

① 사망재해자가 연간 1명 발생한 사업장
② 「산업안전보건법」 제44조 제1항 전단에 따른 중대산업사고가 발생한 사업장
③ 「산업안전보건법」 제57조 제1항을 위반하여 산업재해 발생 사실을 은폐한 사업장
④ 사망만인율(死亡萬人率)이 규모별 같은 업종의 평균 사망만인율 이상인 사업장
⑤ 「산업안전보건법」 제57조 제3항에 따른 산업재해의 발생에 관한 보고를 최근 3년 이내 2회 하지 않은 사업장

해설 ① [×] 사망재해자가 연간 2명 발생한 사업장이 옳은 내용이다.

○ 산업재해 관련 공표대상 사업장 (산안령 제10조) : 다음 각 호의 어느 하나에 해당하는 사업장
  1. 산업재해로 인한 사망자가 연간 2명 이상 발생한 사업장
  2. 사망만인율이 규모별 같은 업종의 평균 사망만인율 이상인 사업장
  3. 중대산업사고가 발생한 사업장
  4. 산업재해 발생 사실을 은폐한 사업장
  5. 산업재해 발생에 관한 보고를 최근 3년 이내 2회 이상 하지 않은 사업장

정답 03. ①

04 산업안전보건법령상 안전보건관리책임자에 관한 설명으로 옳은 것은?

① 안전보건교육에 관한 사항 중 안전에 관한 기술적인 사항에 관하여 안전관리자가 지도·조언하는 경우 안전보건관리책임자는 이에 상응하는 적절한 조치를 하여야 한다.
② 안전장치 및 보호구 구입 시 적격품 여부 확인에 관한 사항은 안전보건관리책임자의 업무가 아니다.
③ 안전보건관리책임자가 있는 경우 「건설기술진흥법」에 따른 안전관리책임자 및 안전관리담당자를 각각 둔 것으로 본다.
④ 안전관리자와 보건관리자는 안전보건관리책임자의 지휘·감독을 받지 아니한다.
⑤ 안전 및 보건에 관하여 사업주를 보좌하고 관리감독자에게 지도·조언하는 업무를 수행하는 것은 안전보건관리책임자의 업무에 해당한다.

해설 ① [○] 안전관리자 등의 지도·조언 (산안법 제20조) : 사업주, 안전보건관리책임자 및 관리감독자는 다음 각 호의 어느 하나에 해당하는 자가 안전 또는 보건에 관한 기술적인 사항에 관하여 지도·조언하는 경우에는 이에 상응하는 적절한 조치를 하여야 한다.
   1. 안전관리자   2. 보건관리자   3. 안전보건관리담당자
   4. 안전관리전문기관 또는 보건관리전문기관(해당 업무를 위탁받은 경우에 한정한다)
② 안전장치 및 보호구 구입 시 적격품 여부 확인에 관한 사항은 안전보건관리책임자의 업무이다(산안법 제15조).
③ 관리감독자가 있는 경우에는 「건설기술 진흥법」 제64조에 따른 안전관리책임자 및 안전관리담당자를 각각 둔 것으로 본다(산안법 제16조).
④ 안전관리자와 보건관리자는 안전보건관리책임자의 지휘·감독을 받는다(산안법 제15조).
⑤ 안전 및 보건에 관하여 사업주를 보좌하고 관리감독자에게 지도·조언하는 업무를 수행하는 것은 안전관리자의 업무에 해당한다(산안법 제17조).

05 산업안전보건법령상 산업안전보건위원회에 관한 설명으로 옳은 것은?

① 명예산업안전감독관이 위촉되어 있는 사업장의 경우 근로자대표가 지명하는 1명 이상의 명예산업안전감독관을 포함하여 사용자위원을 구성할 수 있다.

정답 04. ①   05. ③

② 해당 사업장에 선임되어 있지 않은 산업보건의도 사용자위원이 될 수 있다.
③ 상시근로자 50명을 사용하는 사업장에서는 '해당사업의 대표자가 지명하는 9명 이내의 해당 사업장 부서의 장'을 제외하고 사용자위원을 구성할 수 있다.
④ 산업안전보건위원회는 취업규칙에 구속받지 않고 심의·의결할 수 있다.
⑤ 산업재해에 관한 통계의 기록 및 유지에 관한 사항은 산업안전보건위원회의 심의·의결사항이 아니다.

해설 ③ [○] 상시근로자 50명 이상 100명 미만을 사용하는 사업장에서는 '해당사업의 대표자가 지명하는 9명 이내의 해당 사업장 부서의 장'을 제외하고 사용자위원을 구성할 수 있다(산안령 제35조).
① 명예산업안전감독관이 위촉되어 있는 사업장의 경우 근로자대표가 지명하는 1명 이상의 명예산업안전감독관을 근로자위원으로 구성한다(산안령 제35조).
② 산업보건의(해당 사업장에 선임되어 있는 경우로 한정한다)는 사용자위원이 될 수 있다.
④ 산업안전보건위원회는 이 법, 이 법에 따른 명령, 단체협약, 취업규칙 및 안전보건관리규정에 반하는 내용으로 심의·의결해서는 아니 된다(산안법 제24조).
⑤ 산업재해에 관한 통계의 기록 및 유지에 관한 사항은 산업안전보건위원회의 심의·의결사항이다(산안법 제24조, 제15조).

06 산업안전보건법령상 관계수급인 근로자가 도급인의 사업장에서 작업을 하는 경우 도급인이 이행하여야 할 사항이 아닌 것은?

① 작업장 순회점검
② 보호구 착용의 지시 등 관계수급인 근로자의 작업행동에 관한 직접적인 조치
③ 작업 장소에서 지진 등이 발생한 경우에 대비한 경보체계 운영과 대피방법 등 훈련
④ 관계수급인이 근로자에게 하는 「산업안전보건법」 제29조 제3항에 따른 안전보건교육의 실시 확인
⑤ 같은 장소에서 이루어지는 도급인과 관계수급인 등의 작업에 있어서 관계수급인 등의 작업시기·내용, 안전조치 및 보건조치 등의 확인

정답 06. ②

해설 ② [×] 도급인의 안전조치 및 보건조치 (산안법 제63조) : 도급인은 관계수급인 근로자가 도급인의 사업장에서 작업을 하는 경우에 자신의 근로자와 관계수급인 근로자의 산업재해를 예방하기 위하여 안전 및 보건 시설의 설치 등 필요한 안전조치 및 보건조치를 하여야 한다. 다만, 보호구 착용의 지시 등 관계수급인 근로자의 작업행동에 관한 직접적인 조치는 제외한다.

○ 도급에 따른 산업재해 예방조치 (산안법 제64조)
① 도급인은 관계수급인 근로자가 도급인의 사업장에서 작업을 하는 경우 다음 각 호의 사항을 이행하여야 한다. <개정 2021. 5. 18.>
1. 도급인과 수급인을 구성원으로 하는 안전 및 보건에 관한 협의체의 구성 및 운영
2. 작업장 순회점검
3. 관계수급인이 근로자에게 하는 안전보건교육을 위한 장소 및 자료의 제공 등 지원
4. 관계수급인이 근로자에게 하는 안전보건교육의 실시 확인
5. 다음 각 목의 어느 하나의 경우에 대비한 경보체계 운영과 대피방법 등 훈련
   가. 작업 장소에서 발파작업을 하는 경우
   나. 작업 장소에서 화재·폭발, 토사·구축물 등의 붕괴 또는 지진 등이 발생한 경우
6. 위생시설 등 고용노동부령으로 정하는 시설의 설치 등을 위하여 필요한 장소의 제공 또는 도급인이 설치한 위생시설 이용의 협조
7. 같은 장소에서 이루어지는 도급인과 관계수급인 등의 작업에 있어서 관계수급인 등의 작업시기·내용, 안전조치 및 보건조치 등의 확인
8. 제7호에 따른 확인 결과 관계수급인 등의 작업 혼재로 인하여 화재·폭발 등 대통령령으로 정하는 위험이 발생할 우려가 있는 경우 관계수급인 등의 작업시기·내용 등의 조정

07 산업안전보건법령상 도급인과 수급인을 구성원으로 안전 및 보건에 관한 협의체에 관한 설명으로 옳은 것은?

① 도급인 및 그의 수급인 대표로 구성해야 한다.

정답 07. ②

② 수급인 상호 간의 작업공정의 조정은 협의사항이다.
③ 사업주와 수급인 간의 연락 방법은 협의사항이 아니다.
④ 작업의 시작 시간은 협의사항이 아니다.
⑤ 분기별 1회 이상 정기적으로 회의를 개최하고 그 결과를 기록·보존해야 한다.

[해설] ② [○] 수급인 상호 간의 작업공정의 조정은 협의사항이다(산시규 제79조).
○ 협의체의 구성 및 운영 (산시규 제79조)
① 안전 및 보건에 관한 협의체는 도급인 및 그의 수급인 전원으로 구성해야 한다.
② 협의체는 다음 각 호의 사항을 협의해야 한다.
1. 작업의 시작 시간
2. 작업 또는 작업장 간의 연락방법
3. 재해발생 위험이 있는 경우 대피방법
4. 작업장에서의 법 제36조에 따른 위험성평가의 실시에 관한 사항
5. 사업주와 수급인 또는 수급인 상호 간의 연락 방법 및 작업공정의 조정
③ 협의체는 매월 1회 이상 정기적으로 회의를 개최하고 그 결과를 기록·보존해야 한다.

08 산업안전보건법령상 안전관리전문기관 또는 보건관리전문기관의 지정을 취소하여야 하는 경우는?

① 지정받은 사항을 위반하여 업무를 수행한 경우
② 안전관리 또는 보건관리 업무와 관련된 비치서류를 보존하지 않은 경우
③ 정당한 사유 없이 안전관리 또는 보건관리 업무의 수탁을 거부한 경우
④ 업무정지 기간 중에 업무를 수행한 경우
⑤ 안전관리 또는 보건관리 업무 수행과 관련한 대가 외에 금품을 받은 경우

[해설] ④ [○] 안전관리전문기관 등 (산안법 제21조) : ④ 고용노동부장관은 안전관리전문기관 또는 보건관리전문기관이 다음 각 호의 어느 하나에 해당할 때에는 그 지정을 취소하거나 6개월 이내의 기간을 정하여 그 업무의 정지를 명할 수 있다. 다만, 제1호 또는 제2호에 해당할 때에는 그 지정을 취소하여야 한다.

1. 거짓이나 그 밖의 부정한 방법으로 지정을 받은 경우
2. 업무정지 기간 중에 업무를 수행한 경우
3. 제1항에 따른 지정 요건을 충족하지 못한 경우
4. 지정받은 사항을 위반하여 업무를 수행한 경우
5. 그 밖에 대통령령으로 정하는 사유에 해당하는 경우

○ 안전관리전문기관 등의 지정 취소 등의 사유 (산안령 제28조) : 산안법 제21조 제4항 제5호에서 "대통령령으로 정하는 사유에 해당하는 경우"란 다음 각 호의 경우를 말한다.
1. 안전관리 또는 보건관리 업무 관련 서류를 거짓으로 작성한 경우
2. 정당한 사유 없이 안전관리 또는 보건관리 업무 수탁을 거부한 경우
3. 위탁받은 안전관리 또는 보건관리 업무에 차질을 일으키거나 업무를 게을리한 경우
4. 안전관리 또는 보건관리 업무를 수행하지 않고 위탁 수수료를 받은 경우
5. 안전관리 또는 보건관리 업무와 관련된 비치서류를 보존하지 않은 경우
6. 안전관리 또는 보건관리 업무 수행과 관련한 대가 외에 금품을 받은 경우
7. 법에 따른 관계 공무원의 지도·감독을 거부·방해 또는 기피한 경우

09 산업안전보건법령상 안전보건교육에 관한 설명으로 옳지 않은 것은?

① 사업주는 소속 근로자에게 고용노동부령으로 정하는 바에 따라 정기적으로 안전보건교육을 하여야 한다.
② 건설 일용근로자에 대한 건설업 기초안전보건교육의 교육시간은 4시간 이상이다.
③ 사업주가 건설업 기초안전보건교육을 이수한 건설 일용근로자를 채용하는 경우에는 해당 작업에 필요한 안전보건교육을 하지 않아도 된다.
④ 사업주가 근로자에 대한 안전보건교육을 자체적으로 실시하는 경우에 해당 사업장의 산업보건의는 교육을 할 수 있는 사람에 해당되지 않는다.
⑤ 관리감독자에 대한 안전보건교육 중 정기교육의 교육시간은 연간 16시간 이상이다.

정답 09. ④

해설 ④ [×] 사업주가 근로자에 대한 안전보건교육을 자체적으로 실시하는 경우에 해당 사업장의 산업보건의는 교육을 할 수 있는 사람에 해당된다(산시규 제26조).

○ 교육시간 및 교육내용 등 (산시규 제26조) : ③ 사업주가 안전보건교육을 자체적으로 실시하는 경우에 교육을 할 수 있는 사람은 다음 각 호의 어느 하나에 해당하는 사람으로 한다.
1. 다음 각 목의 어느 하나에 해당하는 사람
   가. 안전보건관리책임자   나. 관리감독자
   다. 안전관리자(안전관리전문기관에서 안전관리자의 위탁업무를 수행하는 사람을 포함한다)
   라. 보건관리자(보건관리전문기관에서 보건관리자의 위탁업무를 수행하는 사람을 포함한다)
   마. 안전보건관리담당자(안전관리전문기관 및 보건관리전문기관에서 안전보건관리담당자의 위탁업무를 수행하는 사람을 포함한다)
   바. 산업보건의
2. 공단에서 실시하는 해당 분야의 강사요원 교육과정을 이수한 사람
3. 산업안전지도사 또는 산업보건지도사
4. 산업안전보건에 관하여 학식과 경험이 있는 사람으로서 고용노동부장관이 정하는 기준에 해당하는 사람

10 산업안전보건법령상 안전보건교육기관에 관한 설명으로 옳은 것은?

① 보건관리자가 고용노동부장관이 정하여 고시하는 안전·보건에 관한 교육을 이수한 경우에는 직무교육 중 신규교육을 면제한다.
② 안전보건교육기관이 해당 업무를 폐지한 경우 지체 없이 근로자안전보건교육기관 등록증 또는 직무교육기관 등록증을 지방고용노동청장에게 반납해야 한다.
③ 고용노동부장관은 안전보건교육기관이 등록한 사항을 위반하여 업무를 수행한 경우에는 그 등록을 취소하여야 한다.
④ 지방고용노동관서의 장은 건설업 기초안전·보건교육기관 등록 취소 등을 한 경우에는 그 사실을 한국산업안전보건공단에 통보해야 한다(산시규 제34조).
⑤ 안전보건교육기관 등록이 취소된 자는 등록이 취소된 날부터 3년 이내에는 해당 안전보건교육기관으로 등록할 수 없다.

정답 10. ②

해설 ② [○] 안전보건교육기관이 해당 업무를 폐지하거나 등록이 취소된 경우 지체 없이 근로자안전보건교육기관 등록증 또는 직무교육기관 등록증을 지방고용노동청장에게 반납해야 한다(산시규 제36조 제6항).

① 보건관리자가 고용노동부장관이 정하여 고시하는 안전·보건에 관한 교육을 이수한 경우에는 직무교육 중 보수교육을 면제한다(산시규 제30조).

③ 고용노동부장관은 안전보건교육기관이 등록한 사항을 위반하여 업무를 수행한 경우에는 그 지정을 취소하거나 6개월 이내의 기간을 정하여 그 업무의 정지를 명할 수 있다.

○ 안전관리전문기관 등(산안법 제21조) : ④ 고용노동부장관은 안전관리전문기관 또는 보건관리전문기관이 다음 각 호의 어느 하나에 해당할 때에는 그 지정을 취소하거나 6개월 이내의 기간을 정하여 그 업무의 정지를 명할 수 있다. 다만, 제1호 또는 제2호에 해당할 때에는 그 지정을 취소하여야 한다.
1. 거짓이나 그 밖의 부정한 방법으로 지정을 받은 경우
2. 업무정지 기간 중에 업무를 수행한 경우
3. 제1항에 따른 지정 요건을 충족하지 못한 경우
4. 지정받은 사항을 위반하여 업무를 수행한 경우
5. 그 밖에 대통령령으로 정하는 사유에 해당하는 경우

④ 지방고용노동관서의 장은 건설업 기초안전·보건교육기관 등록 취소 등을 한 경우에는 그 사실을 한국산업인력공단에 통보해야 한다.

⑤ 안전보건교육기관 등록이 취소된 자는 등록이 취소된 날부터 2년 이내에는 해당 안전보건교육기관으로 등록할 수 없다(산안법 제15조).

11 산업안전보건법령상 유해·위험 방지를 위한 방호조치가 필요한 기계·기구가 아닌 것은?

① 절곡기(折曲機) ② 공기압축기 ③ 지게차 ④ 금속절단기
⑤ 원심기

해설 ① [×] 절곡기(折曲機)는 안전인증을 받아야 하는 기계·기구 등에 해당한다(산안령 제74조, 산시규 제107조)

정답 11. ①

○ 방호조치가 필요한 기계·기구 등 (산시규 제98조)
1. 예초기 : 날접촉 예방장치
2. 원심기 : 회전체 접촉 예방장치
3. 공기압축기 : 압력방출장치
4. 금속절단기 : 날접촉 예방장치
5. 지게차 : 헤드 가드, 백레스트(backrest), 전조등, 후미등, 안전벨트
6. 포장기계 : 구동부 방호 연동장치

12 산업안전보건법령상 '대여자 등이 안전조치 등을 해야 하는 기계·기구·설비 및 건축물 등'에 해당하는 것을 모두 고른 것은? (단, 고용노동부장관이 정하여 고시하는 기계·기구·설비 및 건축물 등은 고려하지 않음)

| ㄱ. 압력용기   ㄴ. 어스드릴   ㄷ. 사출성형기(射出成形機)   ㄹ. 파워 셔블 |

① ㄱ, ㄷ   ② ㄱ, ㄹ   ③ ㄴ, ㄹ   ④ ㄱ, ㄴ, ㄷ   ⑤ ㄴ, ㄷ, ㄹ

해설 ③ [○] 대여자 등이 안전조치 등을 해야 하는 기계·기구·설비 및 건축물 등 (산안령 별표 21)

1. 사무실 및 공장용 건축물   2. 이동식 크레인   3. 타워크레인
4. 불도저   5. 모터 그레이더   6. 로더
7. 스크레이퍼   8. 스크레이퍼 도저   9. 파워 셔블
10. 드래그라인   11. 클램셸   12. 버킷굴착기
13. 트렌치   14. 항타기   15. 항발기
16. 어스드릴   17. 천공기   18. 어스오거
19. 페이퍼드래그머신   20. 리프트   21. 지게차
22. 롤러기   23. 콘크리트 펌프   24. 고소작업대
25. 그 밖에 산업재해보상보험및예방심의위원회 심의를 거쳐 고용노동부장관이 정하여 고시하는 기계, 기구, 설비 및 건축물 등

13 산업안전보건법령상 유해성·위험성 조사 제외 화학물질이 아닌 것은? (단, 고용노동부장관이 공표하거나 고시하는 물질은 고려하지 않음)

① 천연으로 산출된 화학물질
② 「마약류 관리에 관한 법률」 제2조 제1호에 따른 마약류

정답 12. ③   13. ③

③ 「군수품관리법」 제3조에 따른 통상품
④ 「총포·도검·화약류 등의 안전관리에 관한 법률」 제2조 제3항에 따른 화약류
⑤ 「약사법」 제2조 제4호 및 제7호에 따른 의약품 및 의약외품(醫藥外品)

해설 ③ [×] 「군수품관리법」 및 「방위사업법」에 따른 군수품 중 통상품은 유해성·위험성 조사 대상 화학물질이다(산안령 제85조).

○ 유해성·위험성 조사 제외 화학물질 (산안령 제85조)
1. 원소   2. 천연으로 산출된 화학물질
3. 「건강기능식품에 관한 법률」에 따른 건강기능식품
4. 「군수품관리법」 및 「방위사업법」에 따른 군수품(통상품(痛常品)은 제외한다)
5. 「농약관리법」에 따른 농약 및 원제
6. 「마약류 관리에 관한 법률」에 따른 마약류
7. 「비료관리법」에 따른 비료   8. 「사료관리법」에 따른 사료
9. 「생활화학제품 및 살생물제의 안전관리에 관한 법률」에 따른 살생물물질 및 살생물제품
10. 「식품위생법」에 따른 식품 및 식품첨가물
11. 「약사법」에 따른 의약품 및 의약외품
12. 「원자력안전법」 따른 방사성물질
13. 「위생용품 관리법」에 따른 위생용품
14. 「의료기기법」에 따른 의료기기
15. 「총포·도검·화약류 등의 안전관리에 관한 법률」에 따른 화약류
16. 「화장품법」에 따른 화장품과 화장품에 사용하는 원료
17. 고용노동부장관이 명칭, 유해성·위험성, 근로자의 건강장해 예방을 위한 조치 사항 및 연간 제조량·수입량을 공표한 물질로서 공표된 연간 제조량·수입량 이하로 제조하거나 수입한 물질
18. 고용노동부장관이 환경부장관과 협의하여 고시하는 화학물질 목록에 기록되어 있는 물질

14 산업안전보건법령상 유해인자의 유해성·위험성 분류기준 중 물리적 위험성 분류기준에 관한 설명으로 옳지 않은 것은?

① 자연발화성 고체는 적은 양으로도 공기와 접촉하여 5분 안에 발화할 수 있는 고체이다.

② 20°C, 200킬로파스칼(kPa) 이상의 압력 하에서 용기에 충전되어 있는 가스는 고압가스에 해당한다.

③ 20°C, 표준압력(101.3kPa)에서 공기와 혼합하여 인화되는 범위에 있는 가스는 인화성 가스에 해당한다.

④ 유기과산화물은 2가의 -O-O- 구조를 가지고 5개의 수소 원자가 유기라디칼에 의하여 치환된 과산화수소의 유도체를 포함한 고체 유기물질이다.

⑤ 인화성 액체는 표준압력(101.3kPa)에서 인화점이 93°C 이하인 액체이다.

해설 ④ [×] 유기과산화물은 1개 혹은 2개의 수소 원자가 유기라디칼에 의하여 치환된 과산화수소의 유도체인 2가의 -O-O- 구조를 가지는 액체 또는 고체 유기물을 말한다(산시규 별표 18).

○ 유해인자의 유해성·위험성 분류기준(제141조 관련) (산시규 별표 18)

15 산업안전보건법령상 자율안전확인에 관한 설명으로 옳지 않은 것은?

① 자율안전확인의 표시를 하는 경우 인체에 상해를 입힐 우려가 있는 재질이나 표면이 거친 재질을 사용해서는 안 된다.

② 「농업기계화촉진법」 제9조에 따른 검정을 받은 경우에도 자율안전확인의 신고를 하여야 한다.

③ 한국산업안전보건공단은 자율안전확인대상기계 등에 대한 자율안전확인의 신고를 받은 날부터 15일 이내에 자율안전확인 신고증명서를 신고인에게 발급해야 한다.

④ 연구·개발을 목적으로 자율안전확인대상기계 등을 제조·수입하는 경우에는 자율안전확인의 신고를 면제할 수 있다.

⑤ 자동차정비용 리프트와 컨베이어는 자율안전확인대상기계 등에 해당한다.

해설 ② [×] 다른 법령에 따라 안전성에 관한 검사나 인증을 받은 경우로서 고용노동부령으로 정하는 경우에는 "자율안전확인 신고의 면제"에 해당한다(산안법 제89조).

정답 14. ④   15. ②

○ 자율안전확인 신고의 면제 (산시규 제119조) : 산업법 제89조(자율안전확인의 신고)에서 "고용노동부령으로 정하는 경우"란 다음 각 호의 어느 하나에 해당하는 경우를 말한다.
　1. 「농업기계화촉진법」에 따른 검정을 받은 경우
　2. 「산업표준화법」에 따른 인증을 받은 경우
　3. 「전기용품 및 생활용품 안전관리법」에 따른 안전인증 및 안전검사를 받은 경우
　4. 국제전기기술위원회의 국제방폭전기기계·기구 상호인정제도에 따라 인증을 받은 경우

16 산업안전보건법령상 안전인증에 관한 설명으로 옳지 않은 것은?

① 프레스 및 전단기 방호장치는 안전인증대상기계 등에 해당한다.
② 안전인증을 받은 유해·위험기계 등을 제조·수입·양도·대여하는 자는 안전인증표시를 임의로 변경하거나 제거해서는 아니 된다.
③ 안전인증이 취소된 자는 안전인증이 취소된 날부터 1년 이내에는 취소된 유해·위험기계 등에 대하여 안전인증을 신청할 수 없다.
④ 곤돌라는 설치·이전하는 경우뿐만 아니라 주요 구조 부분을 변경하는 경우에도 안전인증을 받지 않아도 된다.
⑤ 제품심사의 경우 처리기간 내에 심사를 끝낼 수 없는 부득이한 사유가 있을 때에는 안전인증기관은 15일의 범위에서 심사기간을 연장할 수 있다.

해설　④ [×] 곤돌라는 설치·이전하는 경우뿐만 아니라 주요 구조 부분을 변경하는 경우에도 안전인증을 받아야 한다(산시규 제107조).

○ 안전인증대상기계 등 (산시규 제107조)
　1. 설치·이전하는 경우 안전인증을 받아야 하는 기계
　　가. 크레인　　나. 리프트　　다. 곤돌라
　2. 주요 구조 부분을 변경하는 경우 안전인증을 받아야 하는 기계 및 설비
　　가. 프레스　　나. 전단기 및 절곡기(折曲機)　　다. 크레인
　　라. 리프트　　마. 압력용기　　바. 롤러기　　사. 사출성형기
　　아. 고소(高所)작업대　　자. 곤돌라

정답　16. ④

17 산업안전보건법령상 안전검사대상기계 등에 대한 안전검사를 면제할 수 있는 경우를 모두 고른 것은?

> ㄱ. 「광산안전법」에 따른 검사 중 광업시설의 설치·변경공사 완료 후 일정한 기간이 지날 때마다 받는 검사를 받은 경우
> ㄴ. 「소방시설 설치 및 관리에 관한 법률」에 따른 자체점검을 받은 경우
> ㄷ. 「화학물질관리법」에 따른 정기검사를 받은 경우
> ㄹ. 「위험물안전관리법」에 따른 정기점검 또는 정기검사를 받은 경우

① ㄱ, ㄴ ② ㄷ, ㄹ ③ ㄱ, ㄴ, ㄷ ④ ㄴ, ㄷ, ㄹ ⑤ ㄱ, ㄴ, ㄷ, ㄹ

해설 ⑤ [○] 산업안전보건법령상 안전검사를 면제할 수 있는 경우(산시규 제125조)
1. 「건설기계관리법」에 따른 검사를 받은 경우
2. 「고압가스 안전관리법」에 따른 검사를 받은 경우
3. 「광산안전법」에 따른 검사 중 광업시설의 설치·변경공사 완료 후 일정한 기간이 지날 때마다 받는 검사를 받은 경우
4. 「선박안전법」에 따른 검사를 받은 경우
5. 「에너지이용 합리화법」에 따른 검사를 받은 경우
6. 「원자력안전법」에 따른 검사를 받은 경우
7. 「위험물안전관리법」에 따른 정기점검 또는 정기검사를 받은 경우
8. 「전기사업법」에 따른 검사를 받은 경우
9. 「항만법」에 따른 검사를 받은 경우
10. 「소방시설 설치 및 관리에 관한 법률」에 따른 자체점검 등을 받은 경우 <개정 2024. 6. 28>
11. 「화학물질관리법」에 따른 정기검사를 받은 경우

18 산업안전보건법령상 작업환경측정 및 작업환경측정기관에 관한 설명으로 옳은 것은?

① 사업주는 작업환경측정 중 시료의 분석만을 작업환경측정기관에 위탁할 수는 없다.
② 사업주는 근로자대표가 요구하더라도 작업환경측정의 예비조사에 그를 참석시키지 아니할 수 있다.

정답 17. ⑤ 18. ⑤

③ 사업주는 작업환경측정 결과에 대한 신뢰성을 평가한 후 그 결과를 관할 지방고용노동관서의 장에게 보고하여야 한다.
④ 「의료법」에 따른 병원이 종합병원이 아닌 경우 작업환경측정기관으로 지정받을 수 없다.
⑤ 작업환경측정기관에 대한 평가는 서면조사 및 방문조사의 방법으로 실시한다.

> **해설** ⑤ [○] 작업환경측정기관에 대한 평가는 서면조사 및 방문조사의 방법으로 실시한다(산시규 제17조).
> ① 사업주는 작업환경측정 중 시료의 분석만을 작업환경측정기관에 위탁할 수는 있다(산안법 제125조).
> ② 사업주는 근로자대표(관계수급인의 근로자대표를 포함한다)가 요구하면 작업환경측정 시 근로자대표를 참석시켜야 한다(산안법 제125조).
> ③ 사업주는 작업환경측정 결과를 기록하여 보존하고 고용노동부령으로 정하는 바에 따라 고용노동부장관에게 보고하여야 한다. 다만, 사업주로부터 작업환경측정을 위탁받은 작업환경측정기관이 작업환경측정을 한 후 그 결과를 고용노동부령으로 정하는 바에 따라 고용노동부장관에게 제출한 경우에는 작업환경측정 결과를 보고한 것으로 본다(산안법 제125조).
> ④ 「의료법」에 따른 종합병원 또는 병원은 작업환경측정기관으로 지정받을 수 있다(산안령 제95조).
> ○ 작업환경측정기관의 지정 요건 (제95조) : 작업환경측정기관으로 지정받을 수 있는 자는 다음 각 호의 어느 하나에 해당하는 자로서 작업환경측정기관의 유형별로 별표 29에 따른 인력·시설 및 장비를 갖추고 고용노동부장관이 실시하는 작업환경측정기관의 측정·분석능력 확인에서 적합 판정을 받은 자로 한다.
> 1. 국가 또는 지방자치단체의 소속기관
> 2. 「의료법」에 따른 종합병원 또는 병원
> 3. 「고등교육법」의 규정에 따른 대학 또는 그 부속기관
> 4. 작업환경측정 업무를 하려는 법인
> 5. 작업환경측정 대상 사업장의 부속기관(해당 부속기관이 소속된 사업장 등 고용노동부령으로 정하는 범위로 한정하여 지정받으려는 경우로 한정한다)

19 산업안전보건법령상 상시근로자 수 300명 이상의 사업 중 안전보건관리규정을 작성해야 하는 사업이 아닌 것은?

① 부동산임대업   ② 정보서비스업   ③ 금융 및 보험업
④ 사업지원 서비스업   ⑤ 사회복지 서비스업

해설 ① [×] 부동산임대업은 상시근로자 100명 이상일 경우 안전보건관리규정 작성 대상 사업에 해당된다.

○ 안전보건관리규정 작성 대상 사업의 종류 및 상시근로자 수 (산시규 제25조 별표 2)

사업의 종류	상시근로자 수
1. 농업 2. 어업 3. 소프트웨어 개발 및 공급업 4. 컴퓨터 프로그래밍, 시스템 통합 및 관리업 5. 정보서비스업 6. 금융 및 보험업 7. 임대업 : 부동산 제외 8. 전문, 과학 및 기술 서비스업 (연구개발업은 제외한다) 9. 사업지원 서비스업 10. 사회복지 서비스업	300명 이상
11. 제1호부터 제10호까지의 사업을 제외한 사업	100명 이상

20 특수건강진단의 시기 및 주기에 관한 산업안전보건법 시행규칙 [별표 23]의 일부이다. ( )에 들어 갈 숫자로 옳은 것은? (단, 특수건강진단 주기의 예외 규정은 고려하지 않음)

대상 유해인자	시기 (배치 후 첫 번째 특수건강진단)	주기
벤젠	(ㄱ)개월 이내	6개월
석면, 면 분진	12개월 이내	(ㄴ)개월

① ㄱ : 1, ㄴ : 12   ② ㄱ : 2, ㄴ : 12   ③ ㄱ : 2, ㄴ : 24
④ ㄱ : 3, ㄴ : 12   ⑤ ㄱ : 3, ㄴ : 24

해설 ② [○] (ㄱ) 2개월 이내, (ㄴ) 12개월 (산시규 별표 23)

정답   19. ①   20. ②

○ 특수건강진단의 시기 및 주기 (산시규 별표 23)

구분	대상 유해인자	시기(배치후 첫 번째 특수건강진단)	주기
1	N,N-디메틸아세트아미드 N,N-디메틸포름아미드	1개월 이내	6개월
2	벤젠	2개월 이내	6개월
3	1,1,2,2-테트라클로로에탄, 사염화탄소, 아크릴로니트릴, 염화비닐	3개월 이내	6개월
4	석면, 면분진	12개월 이내	12개월
5	광물성분진, 목재분진, 소음 및 충격소음	12개월 이내	24개월
6	1부터 5까지의 규정의 대상 유해인자를 제외한 별표 22의 모든 대상 유해인자	6개월 이내	12개월

21 산업안전보건법령상 작업환경측정 또는 건강진단의 실시 결과만으로 직업성 질환에 걸렸는지를 판단하기 곤란한 근로자의 질병에 대하여 한국산업안전보건공단에 역학조사를 요청할 수 있는 자로 규정되어 있지 않은 자는?

① 사업주　　② 근로자대표　　③ 건강진단기관의 의사
④ 역학조사평가위원회 위원장　　⑤ 보건관리자(보건관리전문기관 포함)

[해설] ④ [×] 역학조사의 대상 및 절차 등 (산시규 제222조) : ① 공단은 다음 각 호의 어느 하나에 해당하는 경우에는 역학조사를 할 수 있다.
1. 작업환경측정 또는 건강진단의 실시 결과만으로 직업성 질환에 걸렸는지를 판단하기 곤란한 근로자의 질병에 대하여 사업주·근로자대표·보건관리자(보건관리전문기관을 포함한다) 또는 건강진단기관의 의사가 역학조사를 요청하는 경우
2. 「산업재해보상보험법」에 따른 근로복지공단이 고용노동부장관이 정하는 바에 따라 업무상 질병 여부의 결정을 위하여 역학조사를 요청하는 경우
3. 공단이 직업성 질환의 예방을 위하여 필요하다고 판단하여 역학조사평가위원회의 심의를 거친 경우

정답　21. ④

4. 그 밖에 직업성 질환에 걸렸는지 여부로 사회적 물의를 일으킨 질병에 대하여 작업장 내 유해요인과의 연관성 규명이 필요한 경우 등으로서 지방고용노동관서의 장이 요청하는 경우

22 산업안전보건법령상 산업안전지도사(이하 '지도사'라 함)에 관한 설명으로 옳지 않은 것은?

① 산업안전에 관한 사항으로서 안전보건개선계획서의 작성은 지도사의 직무에 해당한다.
② 직무 수행을 위하여 지도사 등록을 한 자는 5년마다 등록을 갱신하여야 한다.
③ 지도사는 직무 수행과 관련하여 보증보험금으로 손해배상을 한 경우에는 그 날부터 15일 이내에 다시 보증보험에 가입해야 한다.
④ 금고 이상의 실형을 선고받고 그 집행이 끝난 날부터 2년이 지나지 아니한 사람은 지도사 등록을 할 수 없다.
⑤ 지도사가 직무의 조직적·전문적 수행을 위하여 설립하는 법인에 관하여는 「상법」 중 합명회사에 관한 규정을 적용한다.

해설 ③ [×] 지도사는 직무 수행과 관련하여 보증보험금으로 손해배상을 한 경우에는 그 날부터 10일 이내에 다시 보증보험에 가입해야 한다(산안령 제108조).

23 산업안전보건법령상 질병자의 근로 금지·제한 및 유해·위험작업에 대한 근로시간 제한에 관한 설명으로 옳은 것을 모두 고른 것은?

ㄱ. 사업주는 마비성 치매에 걸린 사람에 대해서 「의료법」에 따른 의사의 진단에 따라 근로를 금지해야 한다.
ㄴ. 사업주는 「의료법」에 따른 의사의 진단에 따라 정신신경증의 질병이 있는 근로자를 고기압 업무에 종사하도록 해서는 안 된다.
ㄷ. 사업주는 유해하거나 위험한 작업으로서 잠함(潛函) 또는 잠수 작업 등 높은 기압에서 하는 작업에 종사하는 근로자에게는 1일 6시간, 1주 30시간을 초과하여 근로하게 해서는 아니 된다.

① ㄱ   ② ㄷ   ③ ㄱ, ㄴ   ④ ㄴ, ㄷ   ⑤ ㄱ, ㄴ, ㄷ

정답 22. ③   23. ③

해설 ③ [○] (ㄱ)은 질병자의 근로금지(산시규 제220조), (ㄴ)은 질병자 등의 근로 제한(산시규 제221조)으로 규정되어 있다. (ㄷ)은 유해·위험작업에 대한 근로시간 제한 등(산안법 제139조)에 의거 "1일 6시간, 1주 34시간을 초과"로 되어야 옳은 내용이다.

○ 질병자의 근로금지 (산시규 제220조) : ① 사업주는 다음 각 호의 어느 하나에 해당하는 사람에 대해서는 근로를 금지해야 한다.
 1. 전염될 우려가 있는 질병에 걸린 사람. 다만, 전염을 예방하기 위한 조치를 한 경우는 제외한다.
 2. 조현병, 마비성 치매에 걸린 사람
 3. 심장·신장·폐 등의 질환이 있는 사람으로서 근로에 의하여 병세가 악화될 우려가 있는 사람
 4. 제1호부터 제3호까지의 규정에 준하는 질병으로서 고용노동부장관이 정하는 질병에 걸린 사람

○ 질병자 등의 근로 제한 (산시규 제221조) : ② 사업주는 다음 각 호의 어느 하나에 해당하는 질병이 있는 근로자를 고기압 업무에 종사하도록 해서는 안 된다.
 1. 감압증이나 그 밖에 고기압에 의한 장해 또는 그 후유증
 2. 결핵, 급성상기도감염, 진폐, 폐기종, 그 밖의 호흡기계의 질병
 3. 빈혈증, 심장판막증, 관상동맥경화증, 고혈압증, 그 밖의 혈액 또는 순환기계의 질병
 4. 정신신경증, 알코올중독, 신경통, 그 밖의 정신신경계의 질병
 5. 메니에르씨병, 중이염, 그 밖의 이관(耳管)협착을 수반하는 귀 질환
 6. 관절염, 류마티스, 그 밖의 운동기계의 질병
 7. 천식, 비만증, 바세도우씨병, 그 밖에 알레르기성·내분비계·물질대사 또는 영양장해 등과 관련된 질병

24 산업안전보건법령상 공정안전보고서에 포함해야 할 비상조치계획의 세부내용으로 규정된 것은?

① 주민홍보계획
② 변경요소 관리계획
③ 도급업체 안전관리계획
④ 자체감사 및 사고조사계획
⑤ 각종 건물·설비의 배치도

정답 24. ①

[해설] ① [○] 공정안전보고서의 세부 내용 등 (산시규 제50조) : ① 산안령 제44조에 따라 공정안전보고서 중 '비상조치계획'에 포함해야 할 세부내용은 다음 각 호와 같다.
1. 비상조치를 위한 장비・인력 보유현황
2. 사고발생 시 각 부서・관련 기관과의 비상연락체계
3. 사고발생 시 비상조치를 위한 조직의 임무 및 수행 절차
4. 비상조치계획에 따른 교육계획
5. 주민홍보계획
6. 그 밖에 비상조치 관련 사항

25 산업안전보건법령상 위반행위에 대한 과태료 금액이 다른 하나는? (단, 가중 및 감경 규정은 고려하지 않음)

① 「산업안전보건법」 제137조 제3항을 위반하여 건강관리카드를 타인에게 양도하거나 대여한 경우
② 「산업안전보건법」 제17조 제1항을 위반하여 안전관리자를 선임하지 않은 경우
③ 「산업안전보건법」 제68조 제1항을 위반하여 안전보건조정자를 두지 않은 경우
④ 「산업안전보건법」 제109조 제1항에 따른 유해성・위험성 조사 결과 또는 유해성・위험성 평가에 필요한 자료를 제출하지 않은 경우
⑤ 「산업안전보건법」 제10조 제3항 후단을 위반하여 관계수급인에 관한 자료를 거짓으로 제출한 경우

[해설] ⑤ [○] 과태료 (산안법 제175조) : ① 500만원 이하, ② 500만원 이하, ③ 500만원 이하, ④ 500만원 이하, ⑤ 1천만원 이하

[정답] 25. ⑤

산업안전지도사 1차대비
최신 산업안전보건법령

2025년 5월 1일 개정2판 1쇄 발행

저　자　권 오 운
펴낸이　이 병 덕
펴낸곳　도서출판 정일
등록날짜　1989년 8월 25일
등록번호　제 3-261호
주소　경기도 파주시 한빛로 11
전화　031) 946-9152(대)
팩스　031) 946-9153
도서 내용 문의　jungilb@naver.com, kwonohw@naver.com
www.atpm.co.kr

잘못된 책은 구입하신 서점이나 본사에서 교환해 드립니다.

저작권 : 도서출판 정일에서는 저작권법에 따른 저작권을 준수하고 있습니다.
　　　　본 도서 내용 중 저작권자나 발행인의 승인없이 무단복제나 인용할 수 없습니다.

저작권법 : 제97조의5(권리의침해죄) 저작재산권 그 밖의 이 법에 의하여 보호되는 재산
　　　　　적 권리를 복제·공연·방송·전시·전송·배포·2차적 저작물 작성의 방법
　　　　　으로 침해한 자는 5년 이하의 징역 또는 5천만원 이하의 벌금에 처하거나 이
　　　　　를 병과할 수 있다.